书中精彩案例欣赏

视差切换动画

电影式结尾

数字滚动动画

动态笔刷动画

手机滑动动画

内容交互效果

诗词配音

课件导航控制条

书签切换效果

视频背景

控制平滑切换

使用表格展示数据

毛玻璃蒙版

文字拆分

渐变蒙版

造光蒙版

虚化背景

渐隐文字

页面排版

制作时间线

同步视频教程 + 同步学习素材 + 学习典型案例，做PPT高手

PPT完美设计入门与进阶

王妍玮　胥文婷　编　著

清華大学出版社
北　京

内 容 简 介

本书以通俗易懂的语言、翔实生动的案例全面介绍了设计、制作与美化PPT的方法与技巧，全书共分9章，内容涵盖了PPT基础知识、PPT快速制作、PPT母版设置、PPT页面排版、PPT视觉设计、PPT数据展示、PPT动画创作、PPT功能优化、PPT演示技巧等，力求为读者带来良好的学习体验。

本书全彩印刷，与书中内容同步的案例操作教学视频可供读者随时扫码学习。本书具有很强的实用性和可操作性，可以作为初学者的自学用书，也可作为人力资源管理人员、商务及财务办公管理人员的首选参考书，还可作为高等院校相关专业和培训班的授课教材。

本书配套的电子课件、实例源文件可以到http://www.tupwk.com.cn/downpage网站下载，也可以通过扫描前言中的二维码获取。扫描正文中的视频二维码可以直接观看教学视频。

图书在版编目(CIP)数据

PPT 完美设计入门与进阶 / 王妍玮，胥文婷编著. —北京：清华大学出版社，2024.1 (2024.11重印)
(入门与进阶)
ISBN 978-7-302-64793-5
Ⅰ.①P… Ⅱ.①王… ②胥… Ⅲ.①图形软件—高等学校—教材 Ⅳ.①TP391.412

中国国家版本馆CIP数据核字(2023)第204797号

责任编辑：胡辰浩
封面设计：高娟妮
版式设计：妙思品位
责任校对：成凤进
责任印制：刘海龙
出版发行：清华大学出版社
网　　址：https://www.tup.com.cn，https://www.wqxuetang.com
地　　址：北京清华大学学研大厦A座　　邮　　编：100084
社 总 机：010-83470000　　邮　　购：010-62786544
投稿与读者服务：010-62776969，c-service@tup.tsinghua.edu.cn
质 量 反 馈：010-62772015，zhiliang@tup.tsinghua.edu.cn
印 装 者：三河市君旺印务有限公司
经　　销：全国新华书店
开　　本：185mm×260mm　　印　　张：19.25　　插　　页：1　　字　　数：480千字
版　　次：2024年1月第1版　　印　　次：2024年11月第2次印刷
定　　价：98.00元

产品编号：062101-01

前言 PREFACE

本书结合大量操作实例，由浅入深、循序渐进地介绍了PPT制作的相关知识，包括PPT的内容规划、素材收集、页面排版、视觉设计、动画制作、功能优化和演示技巧。书中内容反映当前PPT设计中主流的技术和理念，可以帮助读者在掌握PPT制作技术的同时，提高自身的审美水平与设计能力。

本书主要内容

第1章介绍什么是PPT，构成PPT的主要元素，设计PPT之前的准备工作，整理PPT素材资源的方法、工具和技巧，以及制作PPT的常用工具。

第2章介绍将工作文档转换为PPT的方法，利用AI自动生成PPT，套用模板制作PPT的步骤和注意事项，PPT模板的获取途径，以及通过设计封面页、目录页、内容结构、结尾页提升PPT整体效果的方法。

第3章介绍母版的基础知识，利用母版统一添加页面元素，使用占位符设计PPT版式页，设置主题调整PPT视觉风格，以及自定义PPT母版尺寸的方法。

第4章介绍PPT页面排版的基础知识(对齐、对比、重复、亲密)，常用的排版工具(形状、SmartArt图形、文本框、表格等)，以及使用网格线、对齐选项、参考线对齐PPT页面元素的方法。

第5章介绍在PPT中通过加工图片(包括图片的裁剪、缩放、抠图以及多样化展示)、设置蒙版(包括纯色蒙版、渐变蒙版、造光蒙版)、设计文字、应用图标、搭配色彩设计PPT视觉效果的方法。

第6章介绍在PPT中使用表格(包括套用表格样式、整理表格信息、调整表格结构、设置对比数据以及制作可视化表格元素)、图表(包括美化图表视觉效果和制作动态可视化图表)和数字展示数据的方法和技巧。

第7章介绍PPT动画的基础知识，并通过众多案例详细介绍了为PPT开场、过渡、内容和结尾等页面添加动画效果的方法。

第8章介绍使用超链接、动作按钮、声音、视频、页眉/页脚、批注等优化PPT功能的方法与技巧。

第9章介绍使用PPT辅助演讲的技巧，以及在PowerPoint中合并与输出PPT文件的方法(包括将PPT输出为视频、图片、PDF、Word文档等)。

本书主要特色

❑ 图文并茂，案例精彩，实用性强

本书以大量案例结合理论知识贯穿全书，详细介绍了使用PowerPoint软件结合各种辅助工具设计与制作PPT的实战应用技巧。通过本书的学习，读者不仅能够学会软件的实际应用技巧，还能够获得更多宝贵的PPT设计经验。

❑ 内容结构合理，案例操作一扫就看，简单易学

本书涵盖了制作PPT需要涉及的所有常用工具，采用“理论知识+实例操作+技巧提示”的模式编写，从理论的讲解到实例完成效果的展示，都进行了全程式的图解，可让读者真正快速地掌握PPT制作的实战技能。对于一些需要展示效果的实例(如动画)和部分工具应用的基础知识，读者可以使用手机扫描视频教学二维码进行观看，提高学习效率。

❑ 免费提供配套资源，全方位扩展应用水平

本书免费提供电子课件和实例源文件，读者可以扫描下方的二维码获取，也可以进入本书信息支持网站(http://www.tupwk.com.cn/downpage)下载。

扫码推送配套资源到邮箱

由于编者水平有限，本书难免有不足之处，欢迎广大读者批评指正。我们的邮箱是992116@qq.com，电话是010-62796045。

编 者

2023年9月

目录 CONTENTS

第 1 章

PPT 基础知识

本章导读

面对工作中快节奏的内容表达、大场面的汇报总结，掌握 PPT 设计技能，又快又好地完成 PPT 的制作，能够帮助我们节省宝贵的时间，令工作事半功倍。

本章作为全书的开端，将通过介绍各种基础知识，帮助想要成为 PPT 设计高手的新手用户尽快入门 PPT 制作，为后面进一步学习设计与优化 PPT 的内容逻辑和视觉效果打下坚实的基础。

1.1 什么是 PPT

PPT是英文PowerPoint的简称，简单来说就是演示文稿。在日常工作中，工作汇报中使用的投影、教师授课时使用的课件，以及新产品发布会上使用的大屏幕，这些所有辅助演讲者演讲的演示工具就是PPT。图1-1所示为PPT的常见应用场景。

工作汇报

教师授课

产品发布

融资路演

公开竞聘

演讲

图 1-1　常见 PPT 的应用场景

1.2 构成 PPT 的主要元素

PPT主要由内容逻辑与设计形式组成。

内容逻辑是支撑PPT说服力的基础，设计形式则是扎根于内容逻辑之上，由形形色色的各类元素构成的PPT视觉化的呈现。元素是构成PPT的基本要素，如常见的文本、图片、动画、背景、配色和形状等，如图1-2所示。

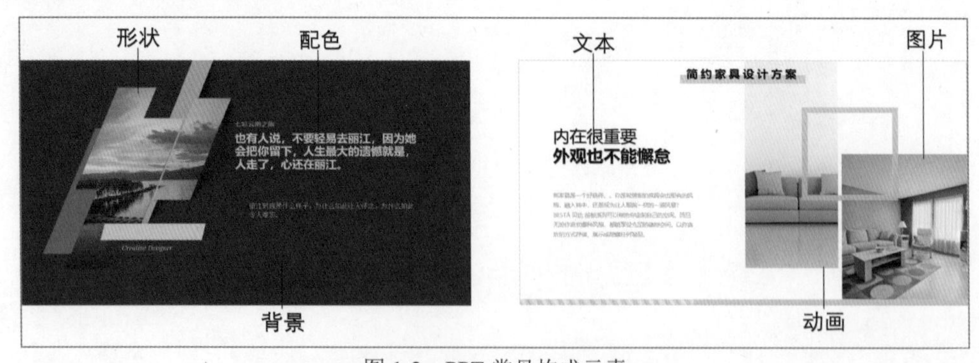

图 1-2　PPT 常见构成元素

除此之外，一个完整的PPT一般包括封面页、目录页、过渡页、内容页、封底页等多种页面。在不同的PPT设计方案中，为了烘托内容逻辑的理念和意境氛围，音频、视频、图表、图标、标题、数字、数据、色块、线条、字体等也常常被应用于PPT中，如图1-3所示。

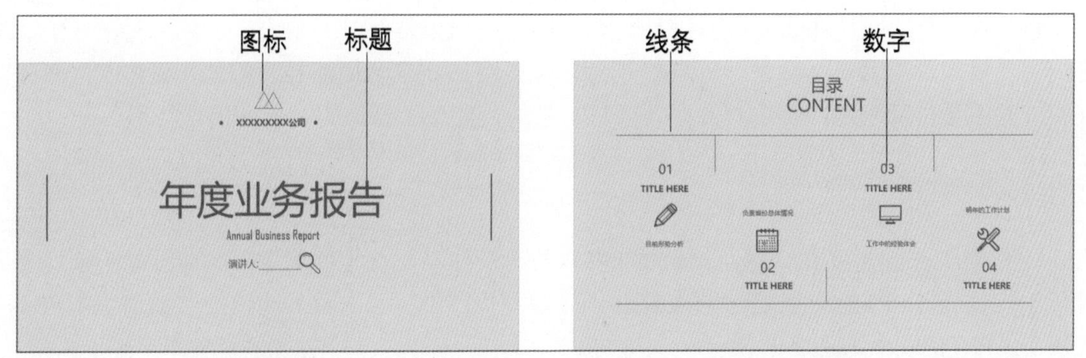

封面页　　　　目录页

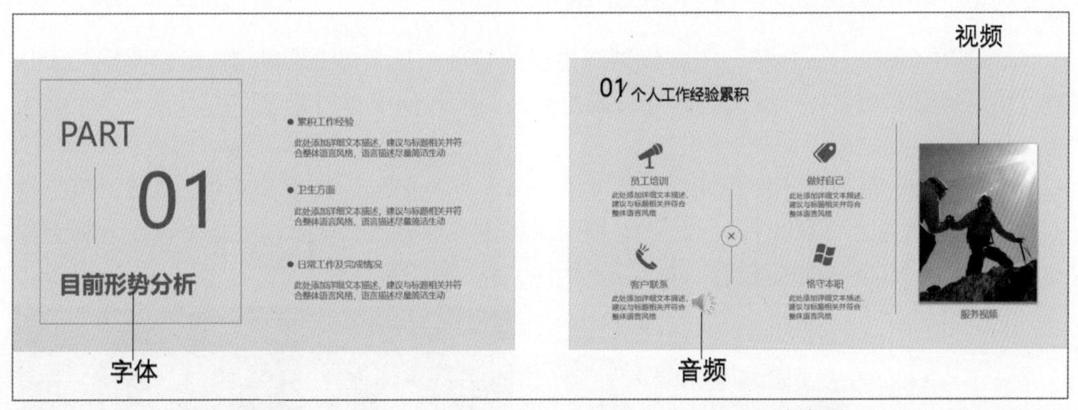

过渡页　　　　内容页 1

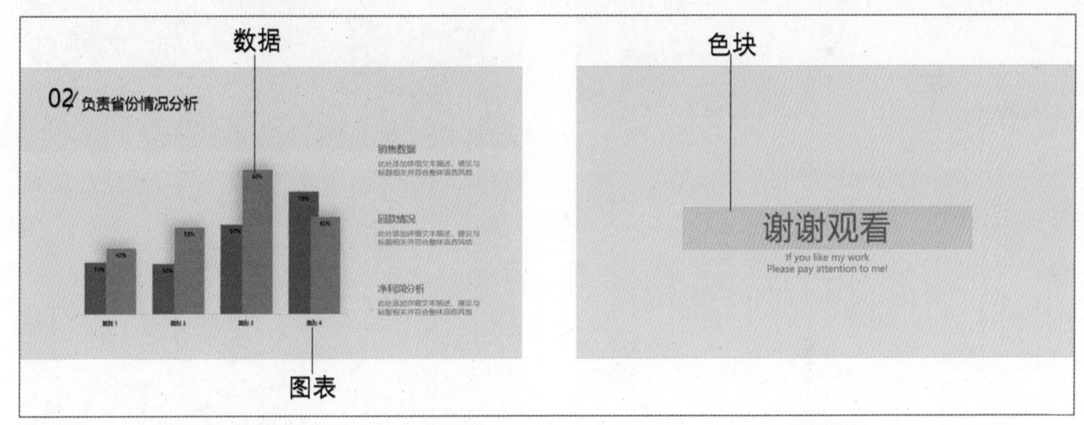

内容页 2　　　　封底页

图 1-3　PPT 主要构成页面

对于任何一种设计形式来说，元素都是必需的。

1.3 设计 PPT 之前的准备工作

PPT的主要功能是辅助演讲者进行内容表达，但如果是面对一份没有制作完善的PPT，即使演讲者对演讲内容多么熟悉，糟糕的视觉体验也会让观众感到沮丧。因此，做PPT的第一步准备，并不是打开软件，而是对内容、素材、逻辑、信息、结构的一系列梳理与准备。

1.3.1 确定目标

做任何工作都需要有目标，构思PPT内容的第一件事，就是要确定PPT的制作目标。这个目标不仅决定了PPT的类型是给别人看的“阅读型”PPT，还是用来演说的“演讲型”PPT，还决定了PPT的观点与主题的设定。

1. 明确PPT的类型是阅读型还是演讲型

阅读型PPT是对一个项目、一些策划等内容的呈现。这类PPT的制作是根据文案、策划书等进行的。阅读型PPT的特点就是读者不需要他人的解释便能自己看懂，所以其一个页面上往往会呈现出大量的信息，如图1-4左图所示。

演讲型PPT就是我们平时演讲时所用到的PPT。在投影仪上使用演讲型PPT时，整个舞台上的核心是演讲人，而非PPT，因此不能把演讲稿的文字放在PPT上让观众去读，这样会导致观众偏于阅读，而不会重视演讲人的存在，如图1-4右图所示。

图 1-4　阅读型 PPT(左图) 和演讲型 PPT(右图)

阅读型PPT和演讲型PPT这两者之间最明显的区别就是一个字多，一个字少。

2. 确定PPT目标时需要思考的问题

由于PPT的主题、结构、题材、排版、配色以及视频和音频都与目标息息相关，因此在制作PPT时，需要认真思考以下几个问题。

- 观众能通过 PPT 了解什么？
- 我们需要通过 PPT 展现什么观点？
- 观众会通过 PPT 记住些什么？
- 观众看完 PPT 后会做什么？

只有得到这些问题的答案后，才能帮助我们找到PPT的目标。

3. 将目标分层次(阶段)并提炼出观点

PPT的制作目标可以是分层次的，也可以是分阶段的，如下所示。

- 本月业绩良好：制作 PPT 的目标是争取奖励。
- 本月业绩良好：制作 PPT 的目标是请大家来提出建议，从而进一步改进工作。
- 本月业绩良好：制作 PPT 的目标是获得更多的支持。

在确定了目标的层次或阶段之后，可以制作一份草图或思维导图，将目标中的主要观点提炼出来，以便后期使用，如图1-5所示。

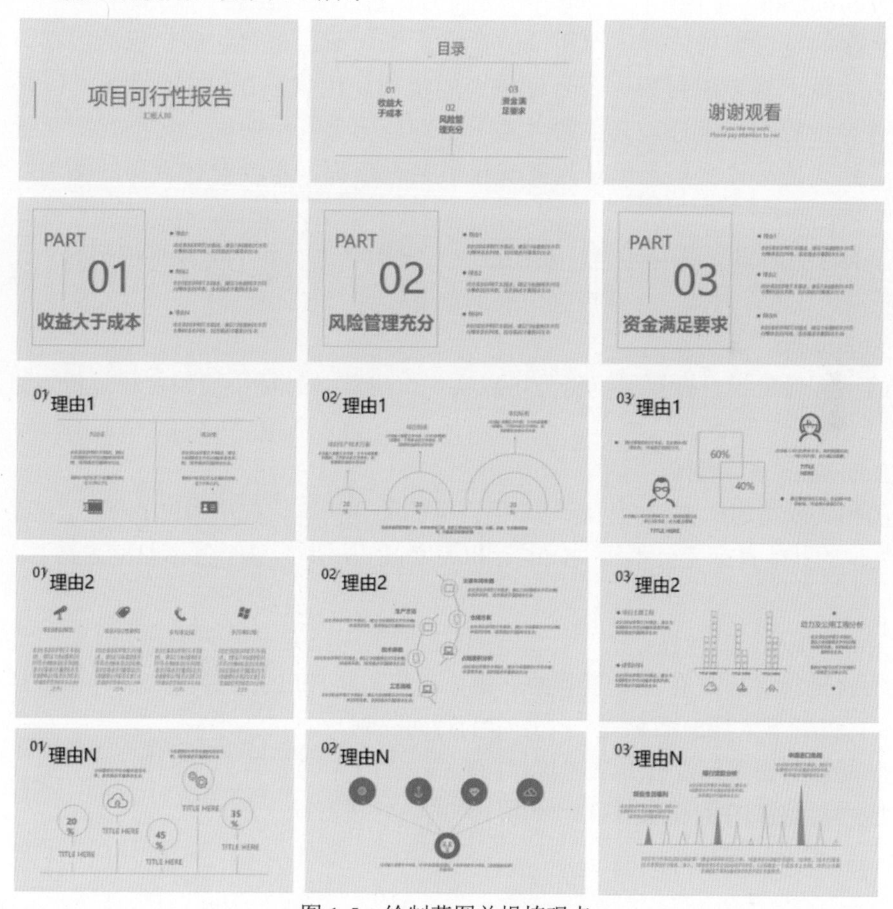

图 1-5　绘制草图并提炼观点

4. 参考SMART原则分析目标

目标管理中的SMART原则，分别代表Specific、Measurable、Attainable、Relevant、Time-based五个词。这是制定目标时必须谨记的五项要点。在为PPT确定目标时，SMART原则也可以作为参考。

1) S(Specific，明确性)

所谓“明确性”就是要用具体的语言，清楚地说明要达成的行为标准。明确目标，几乎是所有成功的PPT的一致特点。

很多PPT不成功的重要原因之一就是其目标设定得模棱两可，或没有将目标有效地传达给观众。例如，PPT设定的目标是“增强客户意识”。这种对目标的描述就很不明确，因为增强客户意识有许多具体做法。比如：

- 减少客户投诉；
- 过去的客户投诉率是 3%，把它降低到 1.5% 或 1%；
- 提升服务的速度，使用规范、礼貌的用语，采用规范的服务流程等。

有这么多增强客户意识的做法，PPT所要表达的“增强客户意识”到底是指哪一方面？目标不明确就无法评判、衡量。

2) M(Measurable，可量化)

可量化指的是目标应该有一组明确的数据，作为衡量是否达成目标的依据。如果制定的目标无法衡量，就无法判断这个目标是否能实现。例如，在PPT中设置目标是为所有老会员安排进一步的培训管理，其中的“进一步”是一个既不明确，又不容易衡量的概念。“进一步”到底是指什么？是不是只要安排了某个培训，不管是什么样的培训，也不管效果好坏都叫“进一步”？

因此，对于目标的可量化设置，我们应该避免用“进一步”等模糊的概念，而应从详细的数量、质量、成本、时间、上级或客户的满意度等多个方面来进行。

3) A(Attainable，可实现)

目标的可实现是指目标要通过努力可以实现，也就是目标不能确定得过低或过高：过低了无意义，过高了实现不了。

4) R(Relevant，相关联)

目标的相关联指的是实现此目标与其他目标的关联情况。如果为PPT设置了某个目标，但与我们要展现的其他目标完全不相关，或者相关度很低，那么这个目标即使达到了，意义也不是很大。

5) T(Time-based，时效性)

时效性就是指目标是有时间限制的。例如，我们将在PPT中展现2023年5月31日之前完成某个项目，2023年5月31日就是一个确定的时间限制。

没有时间限制的目标没有办法考核。同时，在PPT中确定目标时间限制，也是PPT制作者通过PPT使所有观看PPT的观众对目标轻重缓急的认知进行统一的过程。

1.3.2　分析观众

在确定了PPT的制作目标后，需要根据目标分析观众，确定他们的身份是上司、同事、下属还是客户。从观众的认知水平构思PPT的内容，才能做到用PPT吸引他们的眼、打动他们的心。

1. 确定观众

分析观众之前首先要确定观众的类型。在实际工作中，不同身份的观众所处的角度和思维方式都具有很明显的差异，所关心的内容也会有所不同。例如：

- 对象为上司或者客户，可能更偏向关心结果、收益或特色亮点等；
- 对象为同事，可能更关心该 PPT 与其自身有什么关系 (如果有关系，最好在内容中单独列出来)；
- 对象为下属，可能更关心需要做什么，以及有什么样的要求和标准。

一次成功的PPT演示一定是呈现观众想看的内容，而不是一味站在演讲者的角度呈现想讲的内容。所以，在构思PPT时需要站在观众的角度，这样观众才会觉得PPT所讲述的目标与自己有关系而不至于在观看PPT演示时打瞌睡。

2. 预判观众立场

确定观众的类型后，需要对观众的立场做一个预判，判断其对PPT所要展现的目标是支持、中立还是反对。例如：

- 如果观众支持 PPT 所表述的立场，可以在内容中多鼓励他们，并感谢其对立场的支持，请求给予更多的支持；
- 如果观众对 PPT 所表述的内容持中立态度，可以在内容中多使用数据、逻辑和事实来打动他们，使其偏向支持 PPT 所制定的目标，如图 1-6 所示；
- 如果观众反对 PPT 所表述的立场，则可以在内容中通过对他们的观点的理解争取其好感，然后阐述并说明为什么要在 PPT 中坚持自己的立场，引导观众的态度发生改变，如图 1-7 所示。

图 1-6　用数据引起观众重视

图 1-7　用观点影响观众

3. 寻找观众注意力的“痛点”

面对不同的观众，引发其关注的“痛点”是完全不同的。例如：

- 有些观众容易被感性的图片或逻辑严密的图表所吸引；

- 有些观众容易被代表权威的专家发言或特定人群的亲身体验影响；
- 还有些观众关注数据和容易被忽略的细节和常识。

只有把握住观众所注意的“痛点”，才能通过分析、了解吸引他们的素材和主题，从而使PPT能够真正吸引观众。

4. 分析观众的喜好

不同认知水平的观众，其知识背景、人生经历和经验都不相同。在分析观众时，我们还应考虑其喜欢的PPT风格。例如，如果观众喜欢看数据，我们就可以在内容中加入图表或表格，用直观的数据去影响他们，如图1-8所示。

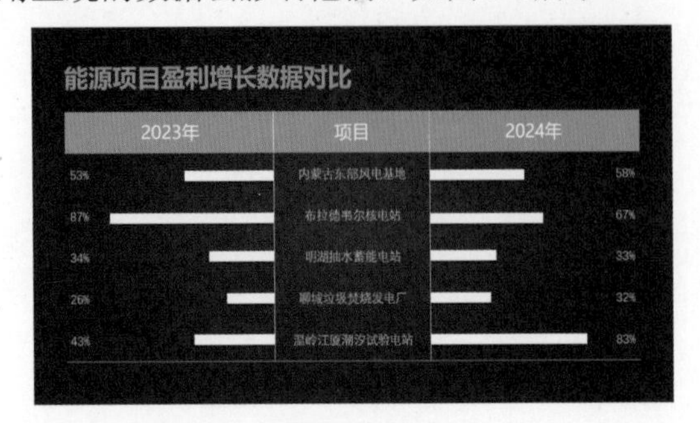

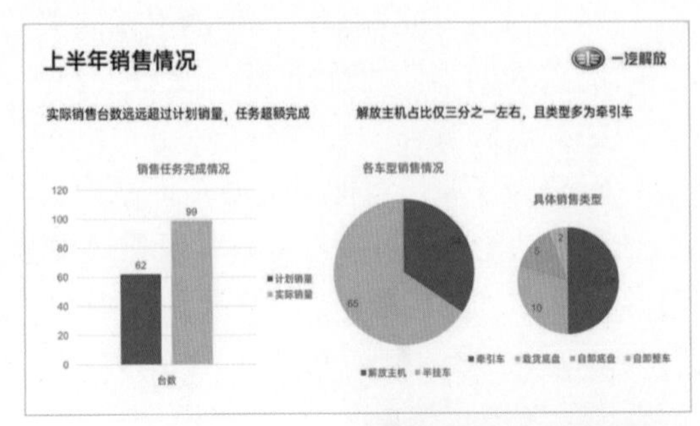

年度销售数据分析

数据来源：公司数据库

季　度	销售数量(件)	销售金额(万元)	实现利润(万元)
一季度	31	2010	140
二季度	45	2545	176
三季度	18	1480	65
四季度	10	1050	36

CLEANPOINT

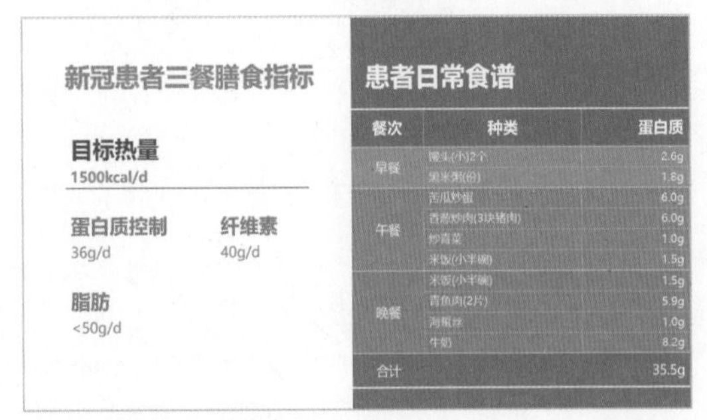

图 1-8　在 PPT 中加入表格和图表呈现数据

1.3.3　设计主题

PPT的主题决定了PPT内容制作的大致方向。以制作一份推广策划方案或一份产品介绍为例，为PPT设计不同的主题就好比确定产品的卖点：如果制作市场的推广方案，那么制作这份PPT的主题方向就是向领导清晰地传达我们的推广计划和思路；而如果要制作的是某个产品的介绍，那么我们的主题方向就是要向消费者清晰地传达该产品的特点，以及消费者使用它能得到什么好处。

1. 什么是好的主题

一个好的主题不是回答“通过演示得到什么”，而是通过PPT回答“观众想在演示中听到什么”，或者说需要在PPT中表达什么样的观点才能吸引观众。例如：

- 在销售策划 PPT 中，应该让观众意识到“我们的产品是水果，别人的产品是蔬菜”，其主题可能是“如何帮助你的产品扩大销售”；
- 在项目提案 PPT 中，主题应该让观众认识到风险和机遇，其主题可能是“为公司业绩寻找下一个增长点”。

为了寻找适合演讲内容的PPT主题，我们可以多思考以下几个问题。

- 观众的真正需求是什么？
- 为什么我们能满足观众的需求？
- 为什么是我们而不是其他人？
- 什么才是真正有价值的建议？

这样的问题问得越多，找到目标的沟通切入点就越明确。

2. 将主题突出在PPT封面页上

好的PPT主题应该体现在封面页上，如图1-9所示。

在实际演示中，如果没有封面页的引导，观众的思路在演讲一开始就容易发散，无法理解演讲者所要谈的是什么话题和观点。

因此，对主题的改进最能立竿见影的就是使用一个好的封面标题，而好的标题应该具备以下几个特点。

- 能够点出演示的主题。
- 能够吸引观众的眼球。
- 能够在 PPT 中制造出兴奋点。

下面举几个例子。

- 突出关键数字的标题：在标题中使用数字可以让观众清晰地看到利益点，如图 1-10 所示。

图 1-9　在封面页突出 PPT 主题

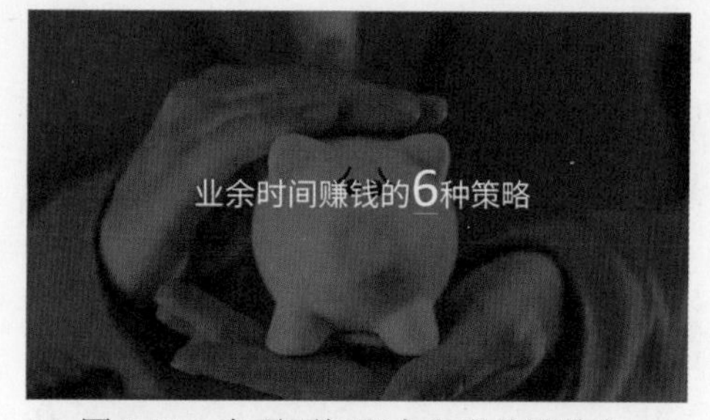

图 1-10　在页面标题中突出关键数字

- 未知揭秘的标题：在标题中加入奥秘、秘密、揭秘等词语，引起观众的好奇心，如图 1-11 所示。
- 直指利益型的标题：使用简单、直接的文字表达出演示内容能给观众带来什么利益，如图 1-12 所示。

图 1-11　有悬念的标题

图 1-12　能够直指观众切身利益的标题

- 故事型标题：故事型标题适合成功者传授经验时使用，一般写法是从 A 到 B，如图 1-13 所示。
- 如何型标题：使用如何型标题能够很好地向观众传递有价值的利益点，从而吸引观众的注意力，如图 1-14 所示。

图 1-13　故事型标题

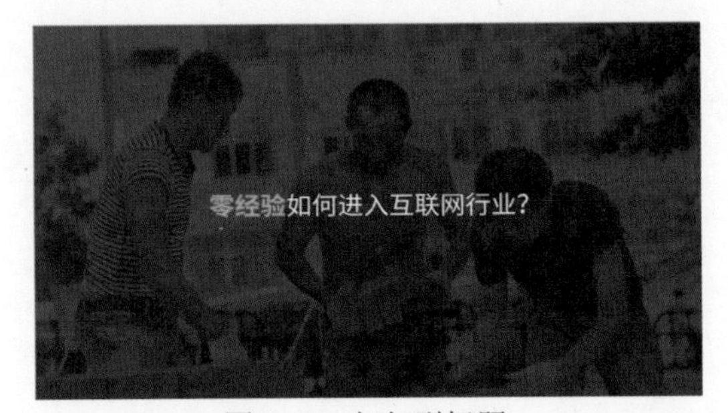

图 1-14　如何型标题

- 疑问型标题：使用疑问式的表达能够勾起观众的好奇心，如果能再有一些打破常理的内容，标题就会更加吸引人，如图 1-15 所示。

3. 为主题设置副标题

将主题内容作为标题放置到PPT的封面页之后，如果只有一个标题，有时可能会让观众无法完全了解演讲者需要表达的意图，需要用副标题对PPT的内容加以解释，如图1-16 所示。

图 1-15　疑问型标题

图 1-16　页面中的副标题

副标题在页面中能够为标题提供细节描述，使整个页面不缺乏信息量。

不过，既然是副标题，在排版时就应相对弱化，不能在封面中喧宾夺主，影响主标题内容的展现。

4. 设计主题包含的各种元素

为一份演示文稿设计主题，除了要确定前面介绍的标题、副标题外，还需要系统地规划围绕主题内容需要包含的元素，包括：

- 基本的背景设计和色彩搭配；
- 封面页、目录页、正文页、结束页等不同版式的样式；
- 形状、图表、图片、文本等图文内容的外观效果；
- PPT 内容的结构；
- 单页幻灯片上的信息量；
- PPT 的切换效果及转场方式。

1.3.4　构思框架

在明确了PPT的目标、观众和主题三大问题后，接下来我们要做的就是为整个内容构建一个逻辑框架，以便在框架的基础上填充需要表达的内容。

1. 什么是PPT中的逻辑

在许多用户对PPT的认知中，以为PPT做好看就可以了，于是他们热衷收藏各种漂亮的模板，在需要做PPT时，直接套用模板，却忽视了PPT的本质——“更精准的表达”，而实现精准表达的关键就是“逻辑”。

没有逻辑的PPT，只是文字与图片的堆砌，类似于“相册”，只会让观众不知所云。在PPT的制作过程中，可以将逻辑简单理解成一种顺序，一种观众可以理解的顺序。

2. PPT中有哪些逻辑

PPT主要由三部分组成，分别是素材、逻辑和排版。其中，逻辑包括主线逻辑和单页幻灯片的页面逻辑，它是整个PPT的灵魂，是PPT不可或缺的一部分。

- 主线逻辑

PPT的主线逻辑在PPT的目录页上可以看到(如图1-17所示)，它是整个PPT的框架。不同内容和功能的PPT，其主线逻辑都是不一样的，需要根据PPT的主题通过整理线索、设计结构来逐步构思。

- 页面逻辑

单页幻灯片的页面逻辑，就是PPT正文页中的内容，在单页PPT里，主要有以下6种常见的逻辑关系。

(1) 并列关系。

并列关系指的是页面中两个元素之间是平等的，处于同一逻辑层级，没有先后和主次之分。它是PPT中最常见的一种逻辑关系，如图1-18所示。

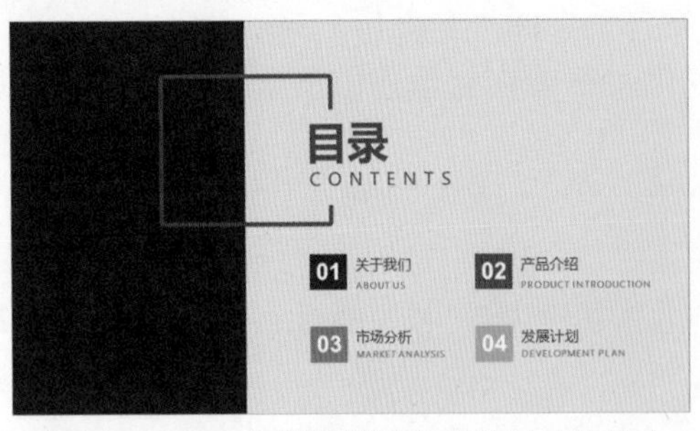

图 1-17　PPT 主线逻辑反映在其目录结构上

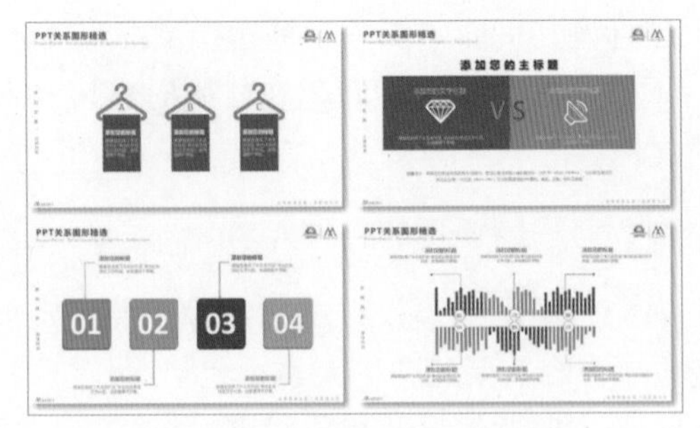

图 1-18　并列关系的页面元素

在并列关系中一般使用色块+项目符号、数字、图标等来表达逻辑关系。

(2) 递进关系。

递进关系指的是各项目之间在时间或者逻辑上有先后的关系，它也是PPT中最常见的一种逻辑关系，如图1-19所示。

在递进关系中一般用数字、时间、线条、箭头等元素来展示内容。在设计页面时，通常会使用向右指向的箭头或阶梯式的结构来表示逐层递增的效果。

此外，递进关系中也可以用“时间轴”来表示事件的先后顺序，如图1-20所示。

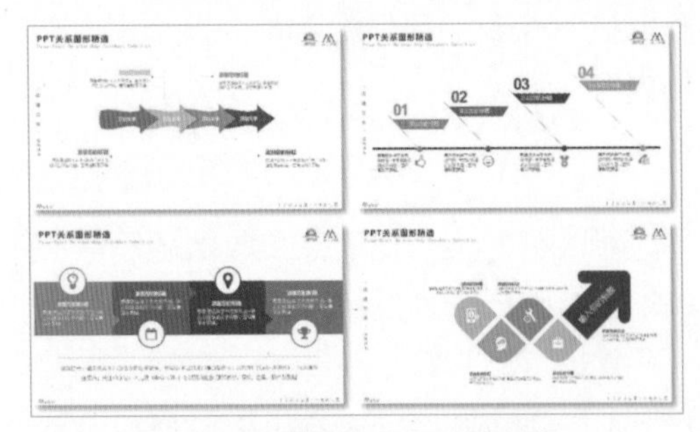

图 1-19　递进关系的页面元素

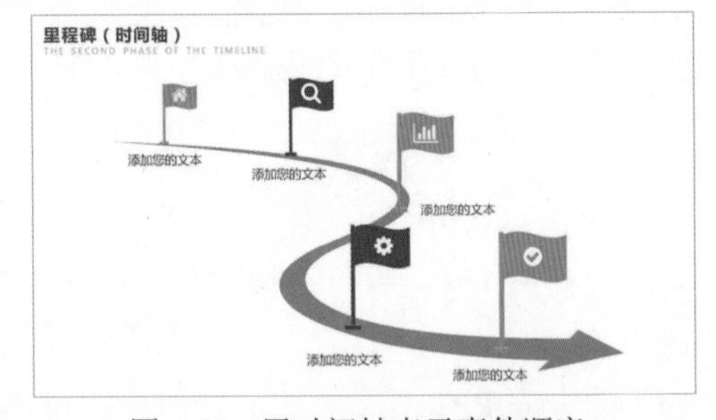

图 1-20　用时间轴表示事件顺序

(3) 循环关系。

循环关系指的是页面中每个元素之间互相影响最后形成闭环的一个状态，如图1-21所示。循环关系在PPT中最常见的应用就是通过使用环状结构来表达逻辑关系。

(4) 包含关系。

包含关系也称为总分关系，其指的是不同级别项目之间的一种“一对多”的归属关系，也就是类似图1-22所示页面中大标题下有好几个小标题的结构。

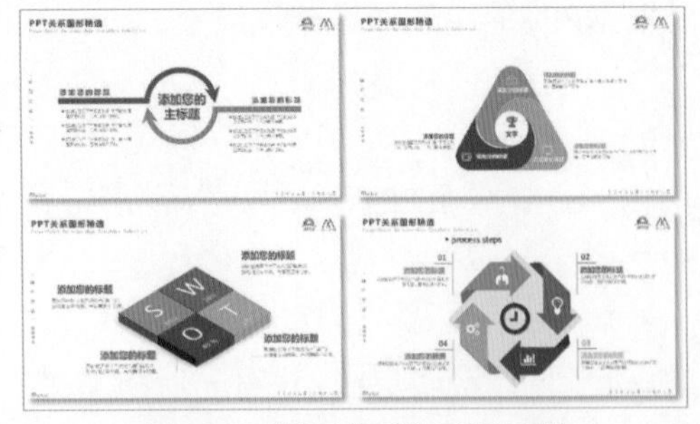

图 1-21　循环关系的页面元素

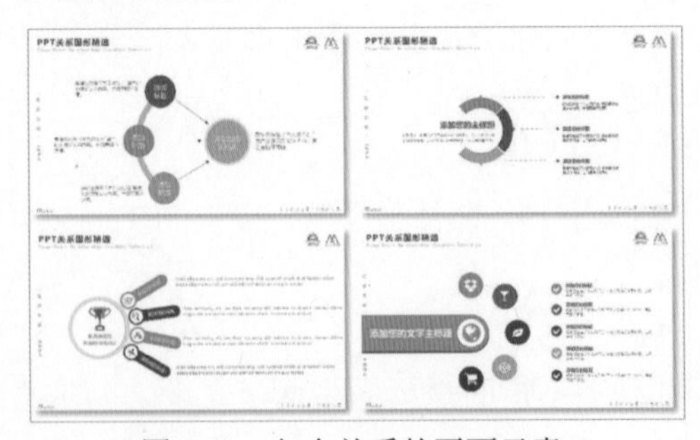

图 1-22　包含关系的页面元素

(5) 对比关系。

对比关系也称为主次关系，它是同一层级的两组或者多组项目相互比较，从而形成的逻辑关系，如图1-23所示。

(6) 等级关系。

在等级关系中各个项目处于同一逻辑结构，相互并列，但由于它们在其他方面有高低之别，因此在位置上有上下之分，如图1-24所示。

等级关系最常见的形式是PPT模板中的组织架构图和金字塔图(如图1-25所示)，此类逻辑关系一般从上往下等级依次递减。

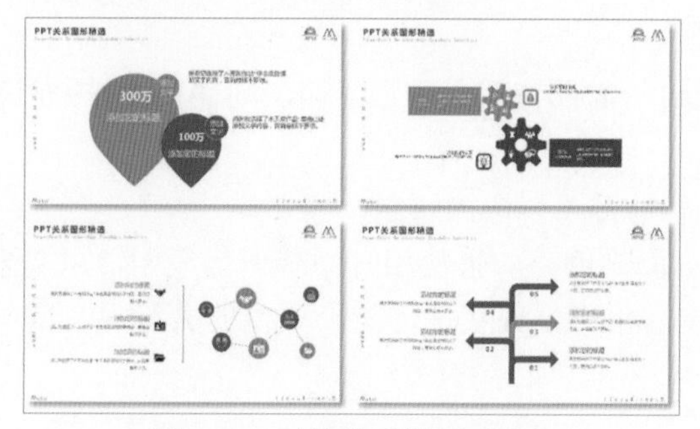

图1-23 对比关系的页面元素

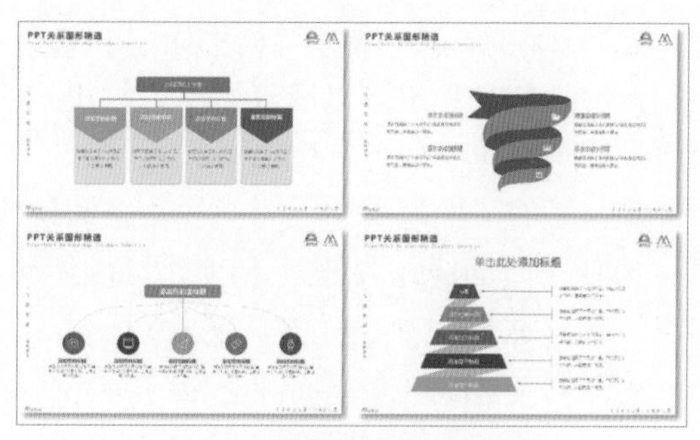

图1-24 等级关系的页面元素

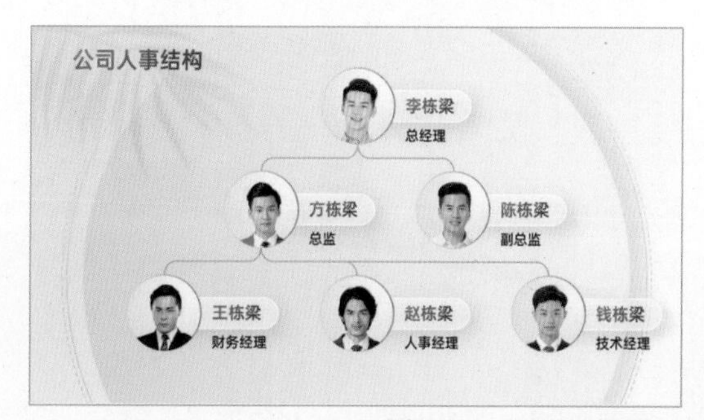

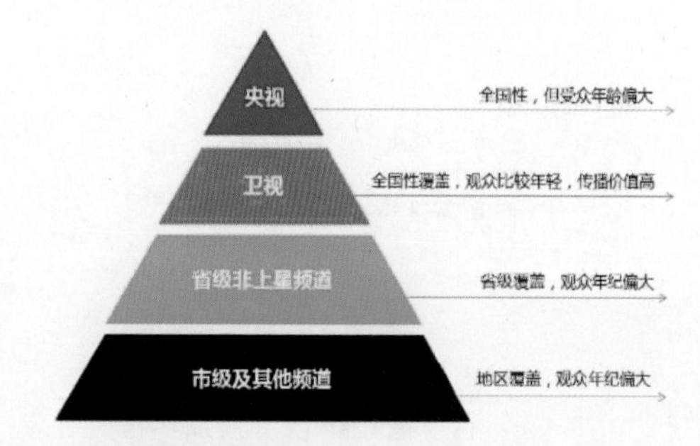

图1-25 组织架构图(左图)和金字塔图(右图)

3. 整理框架线索

在构思PPT框架时，首先要做的就是整理出一条属于PPT的线索，用一条主线将PPT中所有的页面和素材，按符合演讲(或演示)的逻辑串联在一起，形成主线逻辑。

也可以把这个过程通俗地称为“讲故事”，具体步骤如下。

(1) 根据目标和主题收集许多素材，如图1-26所示。分析目标和主题，找到一条主线，如图1-27所示。利用主线将素材串联起来，形成逻辑，如图1-28所示。

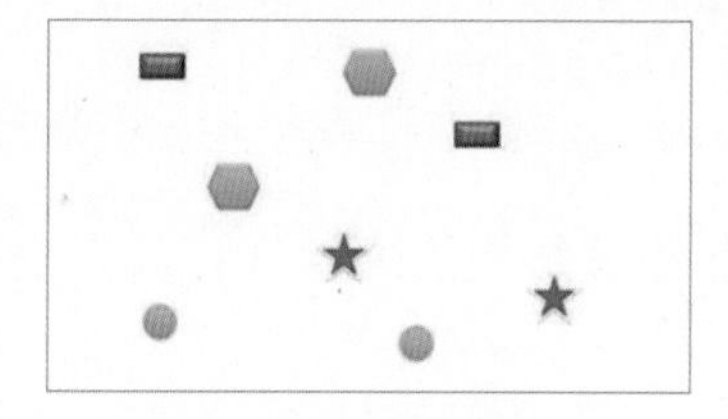

图1-26 收集素材

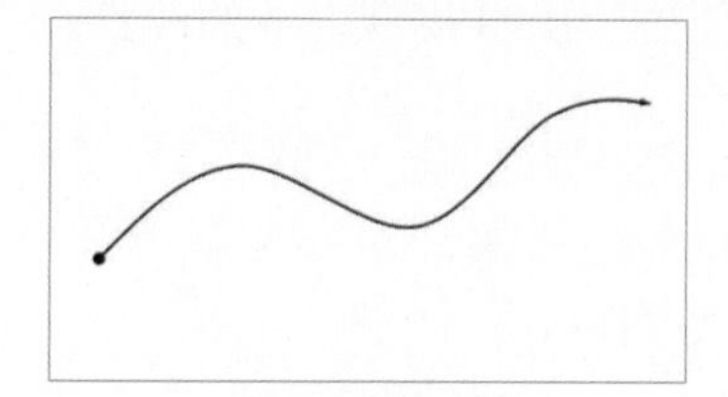

图1-27 找到主线

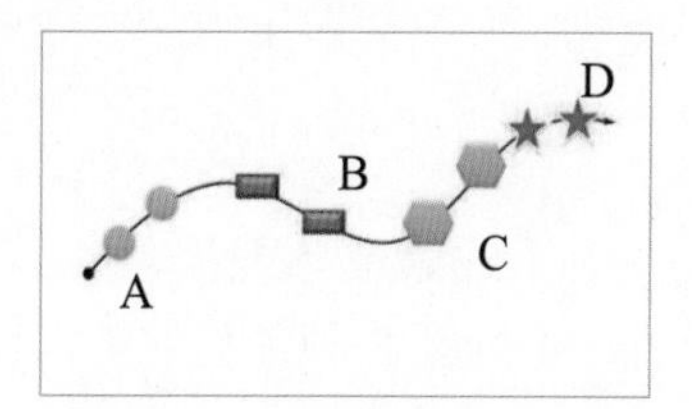

图1-28 根据主线串联素材

(2) 有时，根据主线逻辑构思框架时会发现素材不足，如图1-29所示。此时，也可以尝试改变其他的主线串联方式，如图1-30所示。或者，在主线之外构思暗线，如图1-31所示。

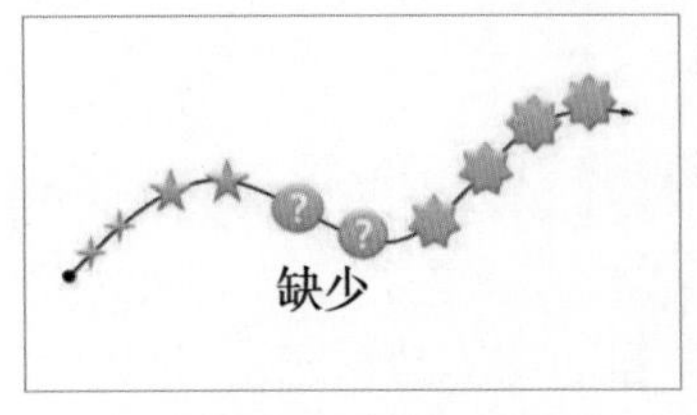

图 1-29　素材不足

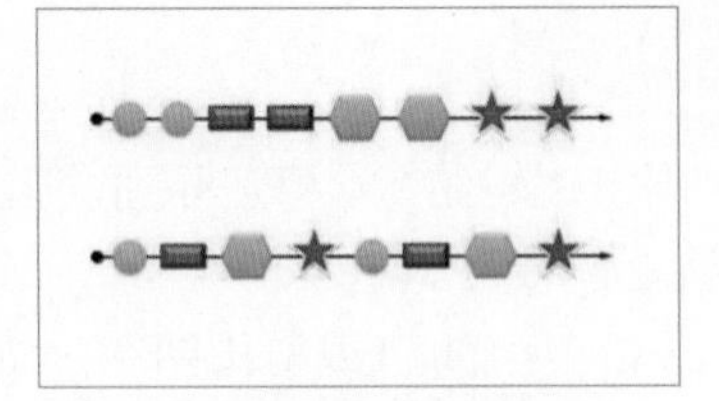

图 1-30　改变主线串联方式

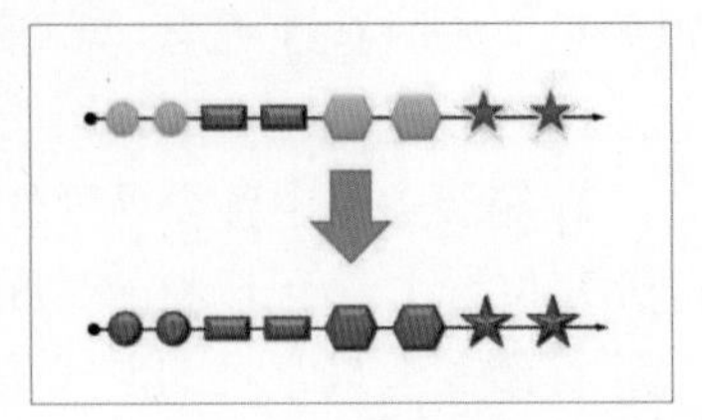

图 1-31　构思暗线

(3) 一个完整的PPT框架构思如图1-32所示。

此外，好的构思可以反复借鉴。如果一次演讲还需要与观众进行互动，则需要安排好PPT的演示时间和与观众交流的时间。

在整理线索的过程中，时间线、空间线或结构线都可以成为线索。

- 使用时间线作为线索。以图1-33所示的页面为例。如果使用时间线作为线索，可以采用过去、现在、未来，创业、发展、腾飞，历史、现状、远景，项目的关键里程碑等几种方式。

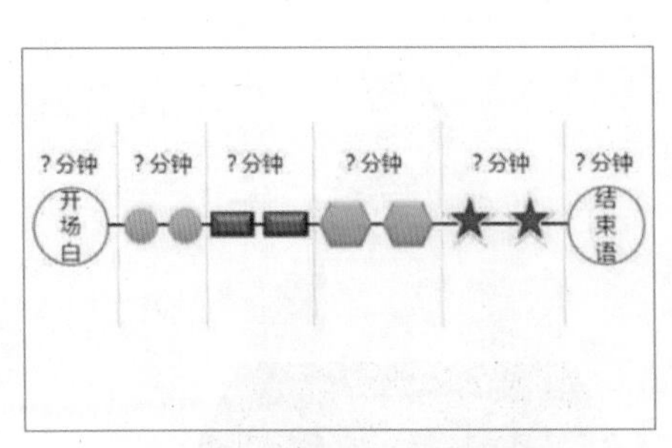

图 1-32　完整的 PPT 框架构思

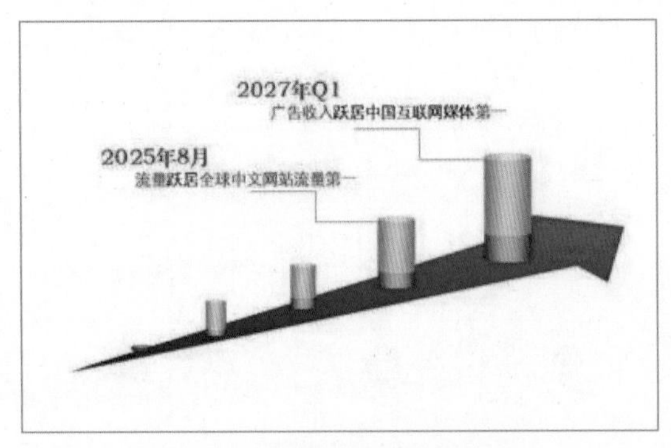

图 1-33　使用时间线作为线索

- 使用空间线作为线索。如果以空间线作为线索，可以采用不同的业务区域，本地、全国、世界范围的递进等几种方式。此外，广义的空间可以包括一切有空间感的线索，不仅仅局限于地理的概念，如生产流水线、建筑导航图等。
- 使用结构线作为线索。如果使用结构线作为线索，可以将 PPT 的内容分解为一系列的单元，根据需要互换顺序和裁剪，如优秀团队、主流产品、企业文化、未来规划。此外，结构线也可以采取其他的分类方式来作为线索，如按业务范围分类、按客户类型分类、按产品型号分类。

总之，只要善于思考，就一定能为PPT找到合适的线索。

4. 设计结构清晰的PPT框架

有了线索，下面要做的就是使线索上的每一段幻灯片页面能够结构清晰地进行内容表达。下面介绍几种常见的结构模型和思路。

1) 结构模型1：金字塔结构

金字塔原理是一种突出重点、逻辑清晰、主次分明的逻辑思路、表达方式和规范动作，其基本结构是：中心思想明确，结论先行，以上统下，归类分组，逻辑递进。该结构先重要后次要，先全局后细节，先结论后原因，先结果后过程，如图1-34所示。

在PPT中，应用金字塔原理可以帮助演讲者达到沟通的效果，即突出重点、思路清晰、主次分明，让观众有兴趣、能理解、能接受，并且记得住。

搭建金字塔结构的具体方法如下。

(1) 自上而下的表达，如图1-35所示。

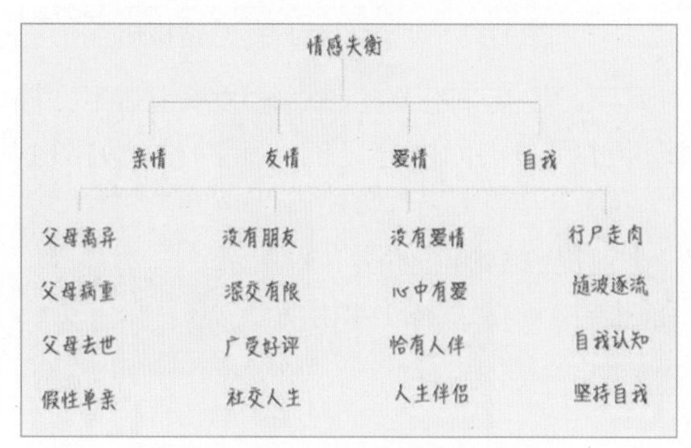

图1-34 结论先行的金字塔结构

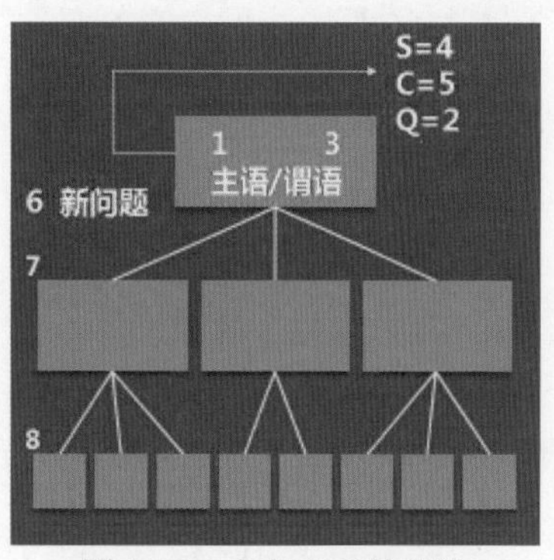

图1-35 自上而下的表达

在PPT的最顶部填入：

- 1. 准备讨论的主题；
- 2. 准备回答观众头脑中已经存在的问题 (关于主题的问题)；
- 3. 对问题的回答方案。

将回答与序言部分对照：

- 4. 列出“情境”；
- 5. 列出“冲突”；
- 2. 判断以上问题及回答是否成立。

确定关键句：

- 6. 以上回答会引起的新问题；
- 7. 确定以演绎法或归纳法回答新问题。如果采用归纳法，需要确定可用于概括的附属名次。

组织支持以上观点的思想：

- 8. 在此层次上重复以上疑问 / 回答式对话过程。

(2) 自下而上的思考，即在PPT中提出所要表达的思想，找出各种思想之间的逻辑，然后得出演讲者想要的结论，如图1-36所示。

(3) 纵向疑问回答/总结概括，简单地说就是上一层论点是下一层论点的总结和结论，下一层观点是上一层观点的论据支撑，从上到下逐层展开，从下到上逐层支撑，如图1-37所示。

图 1-36　自下而上的思考

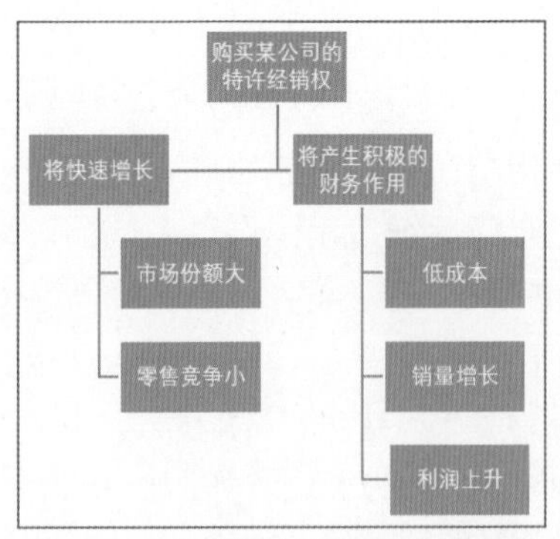

图 1-37　纵向疑问回答 / 总结概括

(4) 横向归类分组/演绎归纳。横向的归纳与演绎，使某一层次的表述能够承上启下，确保上下不同层次的内容合乎逻辑，就好像建立演讲过程中不同内容之间的缓冲站，如图 1-38 所示。

演绎的作用是确定性推理的三段论(大前提+小前提=结论)，如图 1-39 所示。

归纳的作用是概括共性(小前提+小前提+小前提=结论)，如图 1-40 所示。

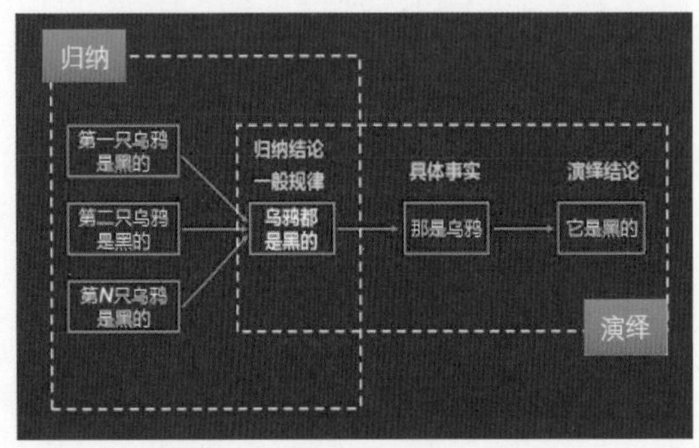

图 1-38　横向的归纳与演绎

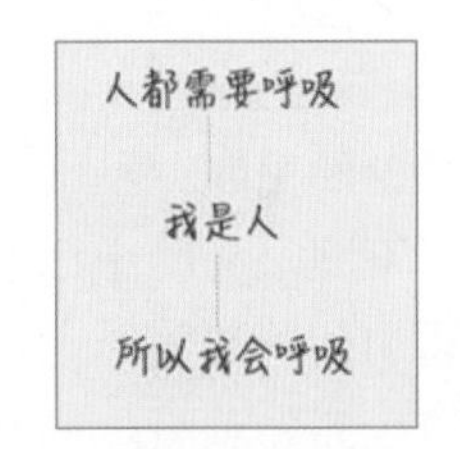

图 1-39　确定性推理的三段论

横向思维组织的逻辑顺序一般有以下几种。

- 演绎顺序：大前提、小前提、结论。
- 时间 (步骤)：第一、第二、第三。
- 结构 (空间)：北京、上海、厦门。
- 程度 (重要性)：最重要、次重要等。

(5) 用序言讲故事。我们在构建金字塔结构之前要考虑序言的书写方式。因为在我们试图利用PPT向观众传递信息并引起他们的兴趣之前，需要介绍清楚相关的背景资料，以此引导观众了解我们的思维过程并产生兴趣。

序言中应当介绍如下 4 个要素(如图 1-41 所示)。

- 介绍情景 (Situation)：在高峰时段，在偏僻的路段，很难打到出租车。
- 指出冲突 (Complication)：其实在离你很近的地方就有出租车，只是没有向你这边开过来。
- 引发疑问 (Question)：很多时候问题不言自明，可以省略。
- 给出答案 (Answer)：如果有一款 App，可以将你的位置通知附近的空车司机，这样空车司机就可以很容易找到你。这就是我们开发的软件——×× 打车。

我妈常吃鸡
我爸常吃鸭
我常吃鱼
所以我们一家有钱开荤

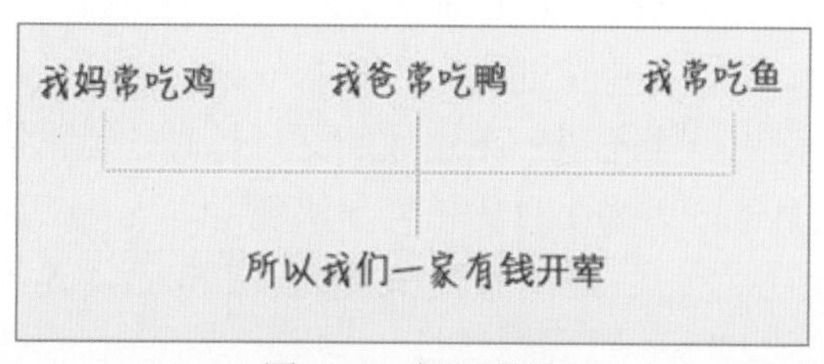

图1-40　概括共性

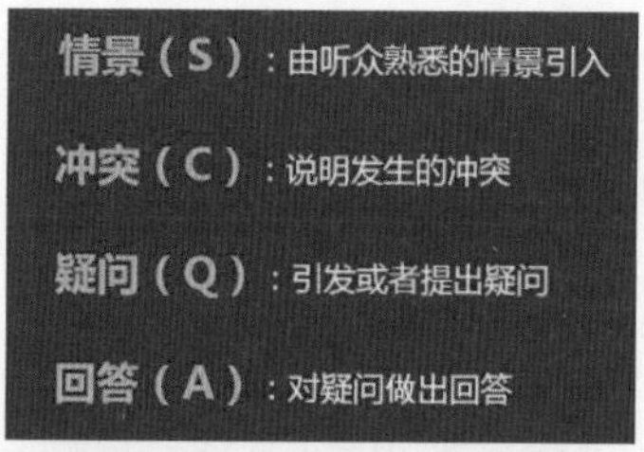

情景（S）：由听众熟悉的情景引入
冲突（C）：说明发生的冲突
疑问（Q）：引发或者提出疑问
回答（A）：对疑问做出回答

图1-41　序言的4个要素

(6) 用标题提炼精华。使用标题提炼出各个页面中需要表达的精华内容，从而吸引观众的关注。

2) 结构模型2：PREP结构

所谓PREP结构，就是PPT中最常见的“总—分—总”结构。该结构适用于各种演讲场合，不论PPT内容长短，都可以使用。

- 提出立场(Point)：公司白领必须学会如何制作PPT。
- 阐述理由(Reason)：PPT比Word更加直观，现在领导都喜欢PPT，好的PPT可以让你脱颖而出，等等。
- 列举事实(Example)：上个月某人PPT做砸了，绩效被扣了。
- 强调立场(Position)：要学好做PPT，不妨购买《PPT完美设计入门与进阶》，并观看教学视频。

PREP结构是最简单且最符合人们日常表述习惯的PPT结构，它能够顺应听众的疑问进行讲述。

- 当我们抛出某种观点后，观众就会产生“为什么你这么说”的疑问。
- 然后我们表述我们的理由：1、2、3……此刻观众又会好奇“你说的是真的吗”。
- 于是我们就需要提供实例进行论证。至此，观众没有新的疑问产生。
- 最后，我们进行观点的总结，并获得观众的认同。

例如，我们现在想要通过PPT说服客户购买一款办公软件，可以这样来组织PPT的结构。

(1) 提出观点：作为一家员工数量超过15人的企业，协同办公很有必要，因此，建议你们采购我们的软件产品。

(2) 提出对方购买产品的理由：我们的软件可以帮你们解决很多问题，比如，团队网盘、任务看板、共享文档等。

(3) 使用一些相关案例：其他公司是如何利用我们的产品进行协同办公的，取得了哪些效果。

(4) 最后，基于以上讨论再次建议你们购买我们的产品。

3) 结构模型3：AIDA结构

AIDA结构是一种按照“注意—兴趣—欲望—行动”的故事线逐步引导他人采取某种行动的表达结构。

- 注意(Attention)：还记得上次发布会上那个精彩的PPT吗？
- 兴趣(Interest)：要是没有这个PPT，我们也不可能那么容易说服客户。
- 欲望(Desire)：你现在想成为制作PPT的高手吗？

▶ 行动 (Action)：现在就买一本《PPT 完美设计入门与进阶》开始学习吧。

当我们希望别人采取某种我们所希望的行动时，往往在说服的过程中具有一定的挑战性。比如，约女神共进晚餐，怎样才能如愿以偿呢？在面对一个难以一下达成的大目标时，通常需要将大目标分拆成若干小目标，以此逐步逼近最终目标，因为小目标更容易实现。

例如，如何才能约到女神共进晚餐？有人总结出三三法则，每天和女神说三句话，连续三天，然后再约被拒绝的可能性就很小了。

在PPT中，使用AIDA结构组织的故事线就是一个将最终目标分解成阶段性目标的引导过程：

▶ 目标一，引起注意；

▶ 目标二，产生兴趣；

▶ 目标三，挑动欲望；

▶ 最后，开始行动。

5. 用结构图规划PPT框架

在为PPT设计结构时，我们需要通过一种直观的方式了解结构，但在PowerPoint默认的普通视图、浏览器视图或者阅读视图中，无法做到这一点。为了能够在设计PPT结构的过程中，将我们的思维逐步清晰地表现出来，就应抛弃使用PowerPoint中利用视图浏览PPT结构的习惯，使用结构图的方式来设计与表现PPT，如使用图1-42所示的“总—分—总”结构模型规划PPT框架。

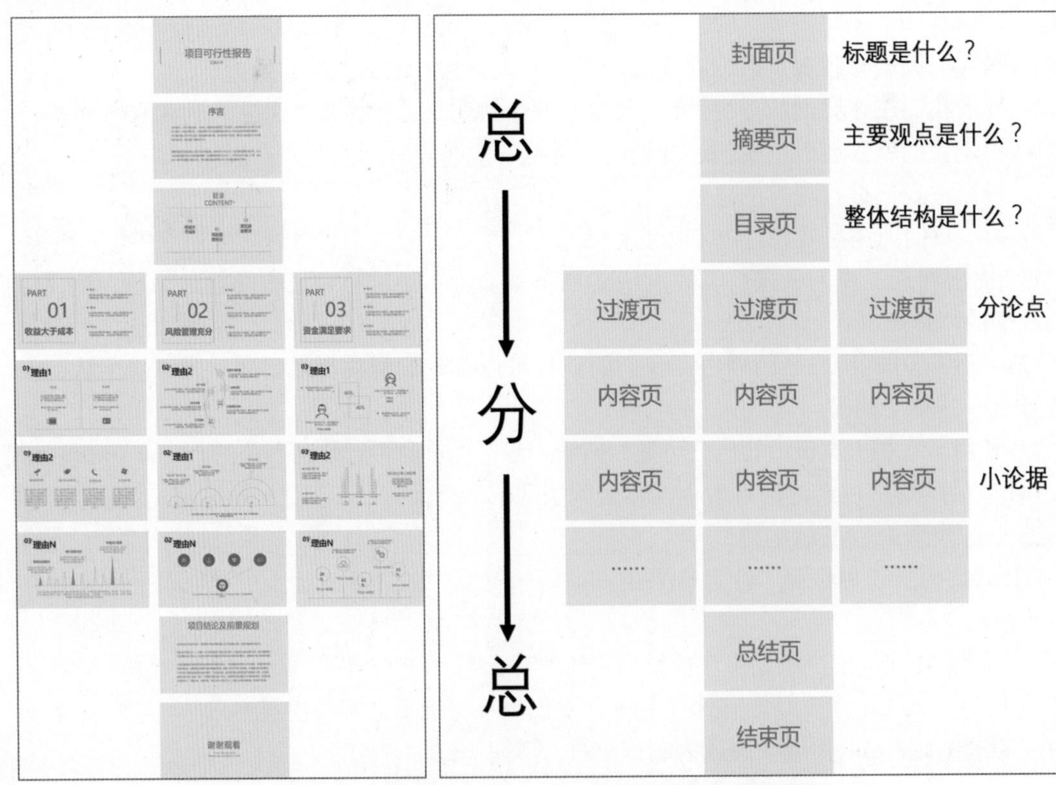

图 1-42 使用“总—分—总”结构模型规划 PPT 框架

(1) 用整理好的内容构建一个大的框架，粗略输入内容。

(2) 对每一页的内容进行提取和排版设计。

(3) 调整整体的逻辑和风格。

在PPT的整体结构构思完成之后，将构思的结果反映到目录页上，可以将目录页看成是整个PPT最简明的大纲。

1.4 整理PPT素材资源

素材指的是从现实生活或网络中搜集到的、未经整理加工的、分散的原始材料。这些材料并不都能加入PPT中，但是经过设计者的加工、提炼和改造，并合理地融入PPT之后，即可成为PPT主题服务的元素。

1.4.1 内容提炼

PPT的本质是一个辅助演讲(阅读)的工具，在工作中，重点始终是演讲者的表述(呈现)。因此，在制作PPT时，其文案内容需要提炼、精简，使表达的信息可以快速地传达，让观众一目了然。

1. 明确表达重点

内容提炼的第一步是在读懂文案之后，根据想要表达的主题逻辑，画出重点文字。例如，在图1-43左图所示的文本中，根据读出的内容我们可以提炼出无桩共享、轻松骑行、场景营销等关键字，如图1-43右图所示。

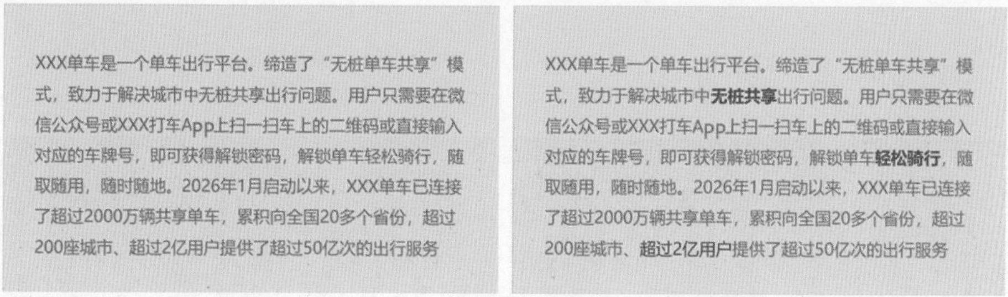

XXX单车是一个单车出行平台，缔造了"无桩单车共享"模式，致力于解决城市中无桩共享出行问题。用户只需要在微信公众号或XXX打车App上扫一扫车上的二维码或直接输入对应的车牌号，即可获得解锁密码，解锁单车轻松骑行，随取随用，随时随地。2026年1月启动以来，XXX单车已连接了超过2000万辆共享单车，累积向全国20多个省份，超过200座城市、超过2亿用户提供了超过50亿次的出行服务

XXX单车是一个单车出行平台，缔造了"无桩单车共享"模式，致力于解决城市中**无桩共享**出行问题。用户只需要在微信公众号或XXX打车App上扫一扫车上的二维码或直接输入对应的车牌号，即可获得解锁密码，解锁单车**轻松骑行**，随取随用，随时随地。2026年1月启动以来，XXX单车已连接了超过2000万辆共享单车，累积向全国20多个省份，超过200座城市、**超过2亿用户**提供了超过50亿次的出行服务

文案一

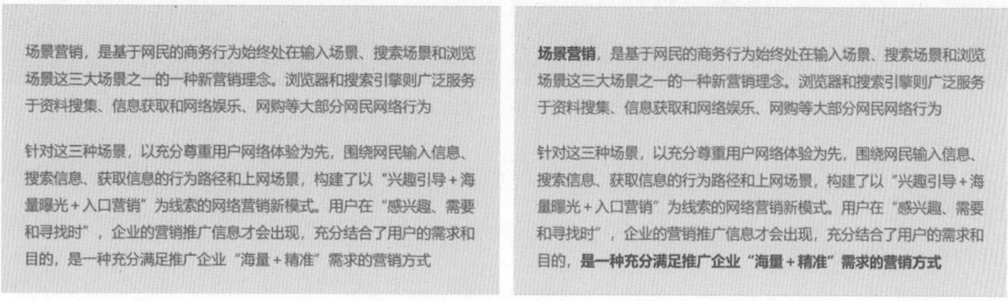

场景营销，是基于网民的商务行为始终处在输入场景、搜索场景和浏览场景这三大场景之一的一种新营销理念。浏览器和搜索引擎则广泛服务于资料搜集、信息获取和网络娱乐、网购等大部分网民网络行为

针对这三种场景，以充分尊重用户网络体验为先，围绕网民输入信息、搜索信息、获取信息的行为路径和上网场景，构建了以"兴趣引导+海量曝光+入口营销"为线索的网络营销新模式。用户在"感兴趣、需要和寻找时"，企业的营销推广信息才会出现，充分结合了用户的需求和目的，是一种充分满足推广企业"海量+精准"需求的营销方式

场景营销，是基于网民的商务行为始终处在输入场景、搜索场景和浏览场景这三大场景之一的一种新营销理念。浏览器和搜索引擎则广泛服务于资料搜集、信息获取和网络娱乐、网购等大部分网民网络行为

针对这三种场景，以充分尊重用户网络体验为先，围绕网民输入信息、搜索信息、获取信息的行为路径和上网场景，构建了以"兴趣引导+海量曝光+入口营销"为线索的网络营销新模式。用户在"感兴趣、需要和寻找时"，企业的营销推广信息才会出现，充分结合了用户的需求和目的，**是一种充分满足推广企业"海量+精准"需求的营销方式**

文案二

图1-43 在文案中画出重点

2. 梳理内容结构

围绕从文案内容中提取的关键字，可以将连续的段落重新划分为多个段落，并概括段落大意、简化内容。例如，将图1-43右图进一步梳理，结果如图1-44所示。

图 1-44　根据关键字梳理内容结构

3. 提取支撑信息

有了关键字和段落，就可以根据PPT的类型，在内容中分门别类地找出能够支撑PPT主题的重点。此时，在阅读型PPT中，由于PPT的内容主要是给别人看的，文案内容不能过于精简，否则观众无法看懂PPT的重点思想，如图1-45所示；在演讲型PPT中，由于PPT的作用是辅助演讲，就可以在形式上设计得简洁一些，文字能少则少，如图1-46所示。

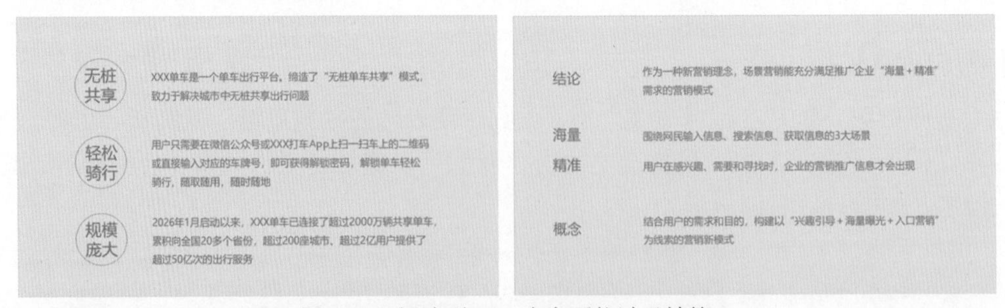

图 1-45　阅读型 PPT 内容不能过于精简

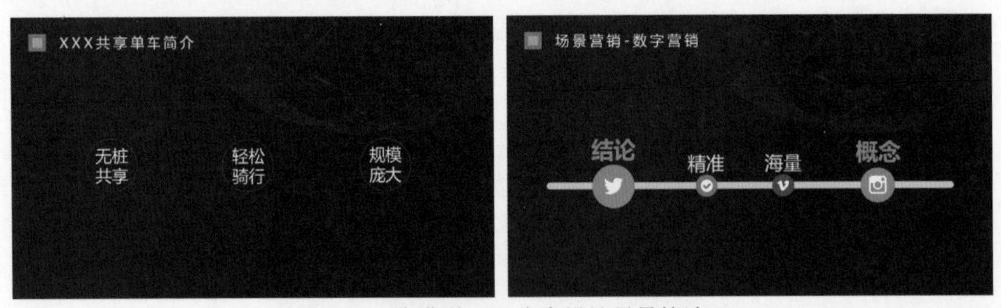

图 1-46　演讲型 PPT 内容设计尽量简洁

在实际工作中，基于内容之间的逻辑关系，在提炼PPT内容时，可以使用以下3种方法来归纳文案的类型。

▶ 方法 1：内容拆解法

如图1-43和图1-44所示，将PPT文案内容按照某种模型(或重点)结构进行内容提炼、拆解后，再整理呈现，从而便于别人理解内容的含义。

▶ 方法 2：共性归纳法

基于对PPT文案内容的某些共同特征，进行归纳总结，从而对信息进行分类，这样，可以让页面内容更具结构性。例如，在整理图 1-47 所示的PPT文案时，通过对内容的分析，我们可以从内容性质方面将内容归纳为多个类别，以便对信息的进一步了解，如图 1-48 所示。同时，我们也可以站在不同的维度从内容的结果出发，将文案归纳为多个类别，如图 1-49 所示。通过提取内容中的支撑信息，可以将内容重新提炼，结果如图 1-50 所示。

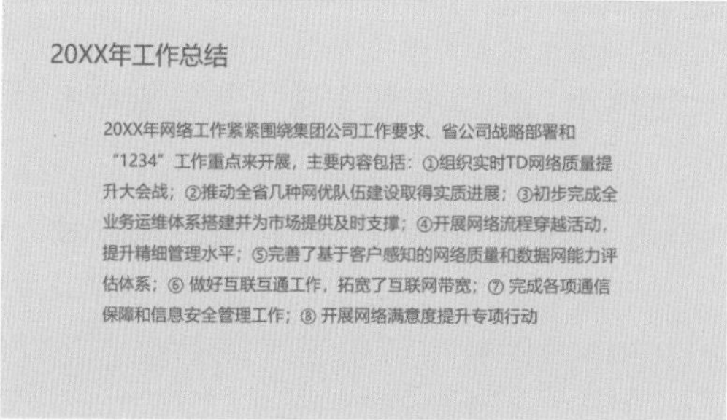

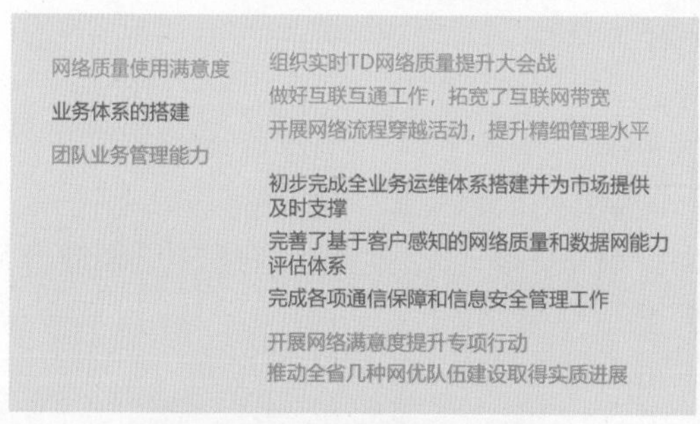

图 1-47　原始文案

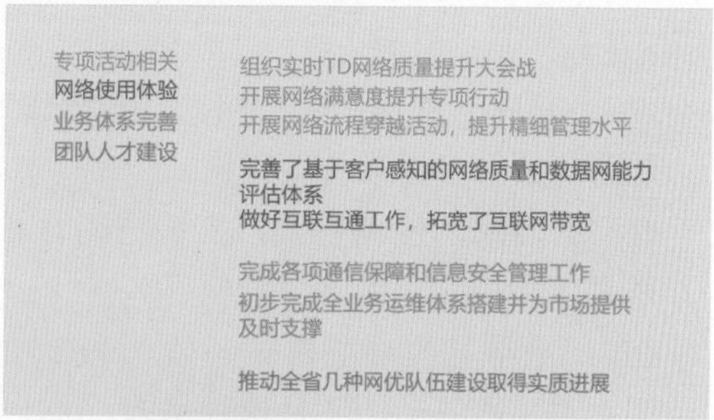

图 1-48　按内容性质归纳内容

图 1-49　按内容维度归纳信息

图 1-50　进一步提炼内容

▶ 方法 3：事件流程法

基于信息发生的先后顺序，对内容进行梳理。简单来说，在制作PPT时，如果内容牵扯到传播规划，我们可以基于活动前、活动中和活动后的流程，对页面信息进行组织。例如，在整理图 1-51 左图所示的PPT文案时，我们可以基于写作的不同阶段，对内容进行分类、提炼，划分为写作前、写作中和写作后，如图 1-51 右图所示。

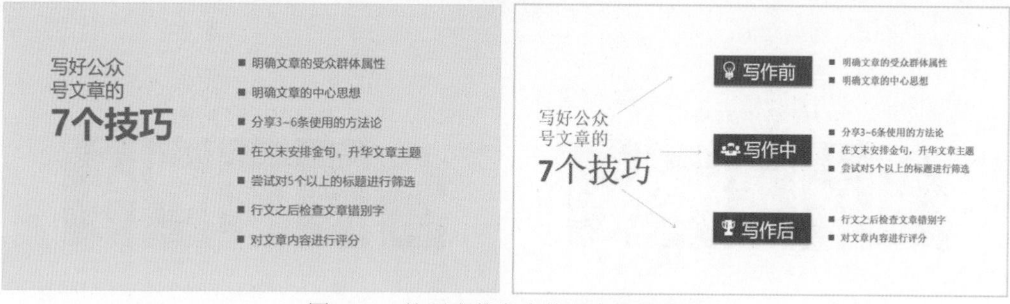

图 1-51　按照事件发生的顺序提炼信息

1.4.2　图片选择

在传递同一组信息时，图片往往比文字的体验更好。这也意味着，在PPT的制作过程中，从素材库中选择一批与主题关联、高质量的图片非常关键。

1. PPT中图片的常用格式

PPT制作软件(PowerPoint或WPS Office)中支持的图片格式非常多，其中JPG、PNG、GIF和矢量图是最常见的几种。

- JPG：最常见的压缩位图格式，压缩率高，文件小，网络资源丰富，获取途径多。缺点是图片放大多倍后会变模糊。
- PNG：压缩的位图格式，支持透明背景，插入 PPT 后可以和背景高度自由融合。缺点是文件比较大，不宜大量使用。
- GIF：最常见的动图格式，插入 PPT 中的 GIF 格式图片可以自带动画效果。目前微信图文消息中的动图便是这种格式。
- 矢量图：矢量图可以任意放大，且可以在 PPT 中进行填充等二次加工。PowerPoint 中支持直接插入的矢量格式包括 WMF 和 EMF。

2. 选择图片的3B原则

3B原则是广告大师大卫·奥格威提出的一个非常有用的创意原则。

所谓“3B”指的是Beauty(美女)、Beast(动物)、Baby(婴儿)。据说，应用该原则最容易赢得消费者的注意和喜欢。在制作PPT时，也可以用到这个原则。

3. 应用图片时的两个统一

在PPT中使用图片素材时，要注意的两个统一指的是图片内容与版式和页面的统一，即视线统一和风格统一。

- 视线统一

视线统一通常应用于人物图片排版。例如，在图1-52中，为图片中人物的视线加上两条参考线后，效果如图1-53所示。这种人物视线不在一条直线上的效果，即为“视线不统一”。通过裁剪、缩放图片，使人物的视线在一条直线上，如图1-54所示。调整之后，即为“视线统一”，效果如图1-55所示。

图 1-52　人物图片排版页面

图 1-53　添加参考线

图1-54 使人物的视线在一条直线上

图1-55 图片调整后的效果

▶ 风格统一

所谓“风格统一”，指的是在PPT中设置多张图片时，应注意图片与图片之间的联系，使其风格接近。如图1-56所示，右上角一张突兀的黑白图片，破坏了整个页面的风格统一，替换后的效果如图1-57所示。

图1-56 图片风格不统一的页面

图1-57 图片风格统一的页面

4. 使用图片的三种方法

在为PPT挑选素材图片时，应根据内容选择能够为内容服务的图片。其中，图片在PPT中配合内容最常见的三种方法是留白、虚实和穿插，下面将分别进行介绍。

▶ 留白

所谓“留白”，就是在选择图片时，选择其中有空白空间的图片，如图1-58所示。从图中我们可以看到，图片的左下方和右边都被“鹿”和“狼”占满了。这样的图，称为“饱和状态”的图片，因为我们只能将文字内容放在图片的左上角，如图1-59所示。

图1-58 页面中的留白

图1-59 文本只能放在图片左上角

又如图1-60所示的图片，图片中留白的位置很多，这样的图片可以称为“不饱和状态”的图片。处理此类图片，我们需要寻找一个合适的参考坐标系(如图片中的灯塔)，来定位文字内容的位置，如图1-61所示。

图 1-60　不饱和状态的图片

图 1-61　通过参考坐标系来定位文字位置

▶ 虚实

在PPT中，用虚实的方法选择并使用图片，可以让页面更具有层次感。如图1-62所示，用茶园的图片作为背景，使用素材网站上找到的一些树叶图片做虚实对比，可以使整个页面显得更有层次。

▶ 穿插

将图片穿插应用在PPT中，可以使页面效果更具吸引力，如图1-63所示。

图 1-62　虚实效果

图 1-63　在页面中的文本上穿插使用图片

5. 图片素材的常见问题

在PPT中使用图片素材时，一般最容易出现的问题有以下几个。

▶ 图片过时

曾经火爆一时，被反复使用的图片素材，当再次使用时，可能就显得过时了，如图1-64所示的3D小人。过时的图片使PPT的整体效果显得陈旧，我们可以选择一些有创意的图片或图形来表达文字的内容，如图1-65所示。

图 1-64　PPT 页面中的 3D 小人

图 1-65　在页面中使用创意图片

▶ 图文不符

PPT中图片使用的第一原则是与主题内容相关。也就是说，配图一定要和内容相关，绝不能在PPT中为了用图而用图。如果使用与内容无关的图片，轻则图片会干扰主题的呈现，重则可能会误导观众，如图1-66所示。

▶ 图片变形

在设置PPT版式时，为了使图文对齐，很多用户会通过拖拉等方式改变图片的长度或宽度，从而导致图片不能等比例地拉伸变形，如图1-67所示。

图1-66 页面图文不符

图1-67 图片变形

▶ 图片太过突出

例如，如图1-68所示的图片在页面中过于突出。这时需要加一点修饰以使内容主题鲜明突出。对图片进一步处理，为文字留出更多的空间，同时增加一些透明的底框以助文字突出显示，效果会更好，如图1-69所示。

图1-68 图片在页面中过于突出

图1-69 调整图片以突出文本

▶ 图片模糊

有时，通过网络下载的图片可能在网页上显示的效果是清晰的，但将图片放入PPT后，就会变得模糊。模糊的图片被投射到投影设备上后，会破坏PPT的整体效果。因此，在收集图片素材时，一定要确保图片效果是高清的。

1.4.3 信息加工

就像大堆的蔬菜不会自己变成美味佳肴一样，把各种素材堆砌在一起也做不出效果非凡的PPT。完成PPT素材整理的最后一步就是学会如何加工信息。

1. 将数据图表化

数据是客观评价一件事情的重要依据，图表是视觉化呈现数据变化趋势或占比的重要工具。当一份PPT文件有较多数据时，可以通过图片、图形、图表的使用尽可能地实现数据图表化，如图1-70所示。

“能用图，不用表；能用表，不用字”。采用该原则能够使PPT增强表达的说服力。

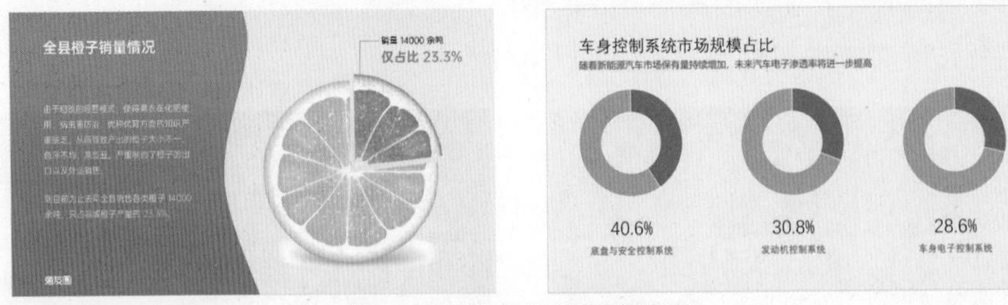

图 1-70　将数据用图表呈现

2. 将信息可视化

将信息可视化指的是将PPT的文字信息内容用图片、图标的形式展现出来，使PPT内容的呈现更加清晰、客观、形象生动，更能吸引观众的眼球，使观众的注意力更加集中，如图1-71所示。

图 1-71　用图片、图标呈现 PPT 中的信息

3. 将重点突出化

将重点突出化指的是将PPT中想要重点传递的内容在排版上表现出来，再通过适当的配色增强视觉冲击，让观众能在第一时间接收到重点信息，强化重点信息在脑海中的印象。例如：

- 使用大小对比的方式，如图 1-72 所示。
- 使用区域对比的方式，如图 1-73 所示。

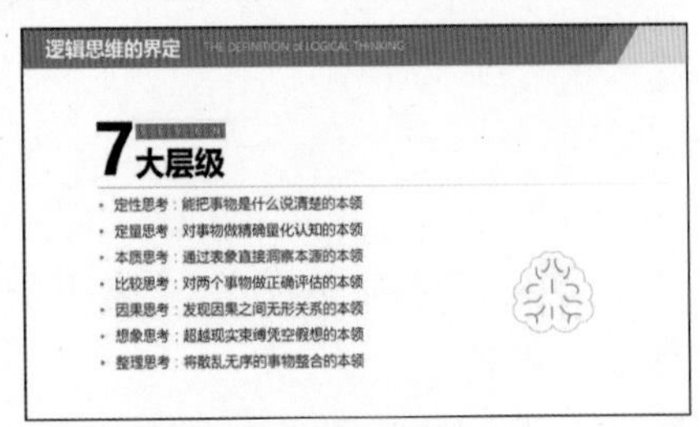

图 1-72　大小对比

图 1-73　区域对比

- 使用色彩对比的方式，如图 1-74 所示。
- 使用字体对比的方式，如图 1-75 所示。

图 1-74　色彩对比

图 1-75　字体对比

- 使用虚实对比的方式，如图 1-76 所示。
- 使用质感对比的方式，如图 1-77 所示。

图 1-76　虚实对比

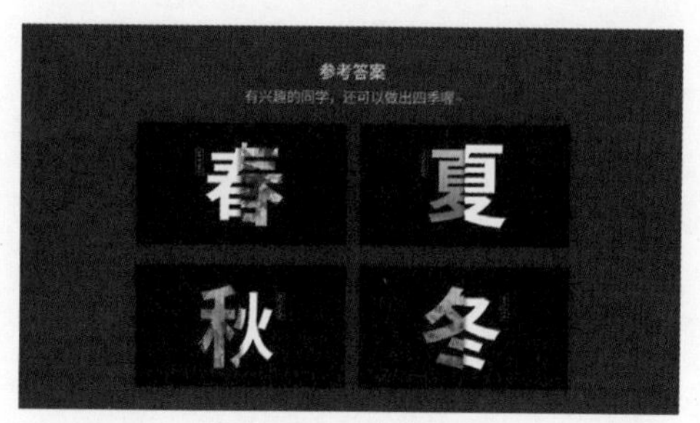

图 1-77　质感对比

- 使用疏密对比的方式，如图 1-78 所示。
- 使用形状对比的方式，如图 1-79 所示。

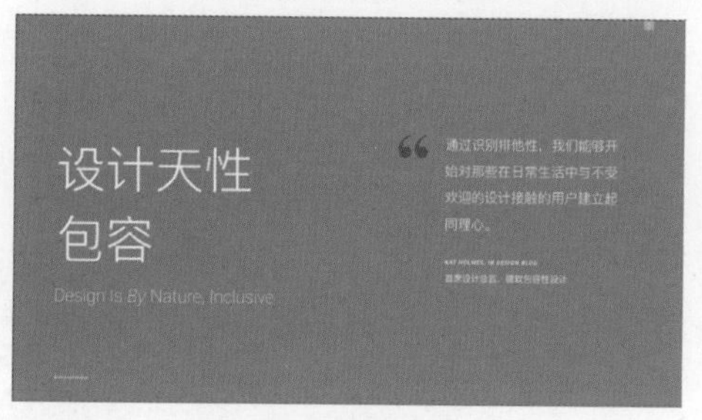

图 1-78　疏密对比

图 1-79　形状对比

提示

以上提到的各种突出重点的对比方式，在PPT中还可以组合使用。组合后，层次越丰富，重点越突出，效果就越好。

1.5　制作 PPT 的常用工具

制作PPT最常用的三款软件是PowerPoint、WPS演示和Keynote。

- PowerPoint

PowerPoint是微软公司开发的一款功能十分强大的PPT制作软件，它可以将文字、图形、图像和声音等多媒体元素融合在一起，赋予演示对象强大的感染力。利用PowerPoint制作的PPT，不但可以使内容丰富翔实，还可以使阐述过程简明清晰，从而达到更有效地与他人沟通的效果，如图1-80所示。

▶ WPS演示

WPS演示是由金山公司开发的一款PPT制作软件，如图1-81所示。该软件体积小，安装方便。在软件功能的全面性方面，WPS演示虽然相比PowerPoint略有不足，但是其提供供给量大、销售量大的PPT模板平台，并且拥有强大的文件备份和云存储功能，以及各种辅助设置(如将文档快速转换为PPT，将PPT快速转换为文档，在PPT中一次性批量插入多张图片)，可以在工作中大大提高PPT的制作效率。

图1-80　PowerPoint 2019

图1-81　WPS演示

▶ Keynote

Keynote是苹果操作系统专属的PPT制作软件。由于苹果操作系统在PPT用户市场份额上低于Windows操作系统，一般PPT用户很少使用Keynote软件(这里将不做介绍，感兴趣的用户可以自行查阅相关资料)。

本书将以目前流行的PowerPoint软件为主，辅以WPS相关知识来介绍PPT的制作技巧。关于PowerPoint的工作界面、基本操作和常用设置等基础知识，新手用户可以扫描右侧的二维码，通过扩展资料详细了解。

1.6　新手常见问题答疑

新手用户在学习制作PPT之前，常见问题汇总如下。

问题一：如何获取PowerPoint和WPS演示软件？

PowerPoint是微软公司Office软件和Microsoft 365中的一个组件。用户可以通过微软公司官方网站下载Office安装包并在计算机中安装Office软件获取PowerPoint软件。这里需要注意的是，Office软件是一款收费软件，它在微软官方网站上的售价为700元左右。用户也可以通过购买微软公司的Microsoft 365订阅服务(1年新订或续订)来获取PowerPoint软件的使用权(价格

略低)。目前，Microsoft 365服务包括个人账户和家庭账户两种账户，其中个人账户就是一个人一个账户(最多支持5台设备)，家庭账户则支持6个账户同时使用。

WPS演示是金山公司WPS Office软件中的一个组件。WPS Office是一款采用基础功能免费、高级功能会员订阅制的软件，用户可以通过搜索引擎(如百度、必应)搜索WPS或在金山公司网站下载该软件的安装包，并免费使用软件提供的基础功能制作功能简单的PPT。

问题二：要制作PPT，在PowerPoint和WPS演示之间应该如何选择？

目前，常用的PPT制作软件如表1-1所示。

表1-1 常用的PPT制作软件

产品	PowerPoint 365	PowerPoint 2019/2021等	WPS演示	Keynote
公司	微软公司		金山公司	苹果公司
购买方式	订阅(1年)	买断	基础功能免费 高级功能订阅	免费
更新	保持更新	不再更新	保持更新	保持更新
平台	全平台	Windows	全平台	macOS/iOS

PowerPoint 365功能强大、兼容性广且会持续更新，适合专业PPT设计师使用；PowerPoint 2019/2021功能强大，但不会再更新，适合职场办公人员使用；WPS演示软件的免费功能较多，使用方便，但是有较多广告，适合对PPT制作品质要求不高的用户使用；Keynote软件功能强大，但是需要使用苹果设备，兼容性一般，适合专业的苹果PPT设计师使用。

问题三：如何选择制作PPT的PowerPoint软件版本？

目前，PowerPoint拥有许多版本，包括PowerPoint 2003/2007/2013/2010/2019/2021/365等。在这些版本中，推荐用户使用PowerPoint 2019以上版本(包括PowerPoint 2019/2021/365)来制作PPT。因为，这些版本的PowerPoint软件拥有其他低版本PowerPoint软件所不具备的以下四大功能。

- 功能一：支持SVG矢量格式。用户可以通过素材网站下载很多的矢量图标，并将其应用于PPT中(SVG矢量格式的图标加入PPT后，可以随意更改颜色)。
- 功能二：支持“缩放定位”功能，可以在PPT中完美解决在一张幻灯片中置入大量内容的问题。
- 功能三：支持插入3D模型。用户可以在PPT中插入各种3D模型，并在PPT中实现3D模型的转动展示。
- 功能四：支持“平滑切换”功能。有了这个功能，用户可以用PPT做出各种炫酷的动画效果，让PPT的演示效果更加精彩。

提示

本书将在后面的章节中通过实例来具体介绍以上功能。

问题四：什么是PPT插件？常见的PPT插件有哪些？

简单来说，PPT插件就是一个依附于PPT制作软件(PowerPoint或WPS)之上的工具，它不能单独运行，但可以在PPT制作软件中帮助我们提高PPT的制作效率，并且需要额外安装(插件不是PowerPoint或者WPS自带的功能)。

常见的PPT插件有些能够为制作者提供各种PPT模板、素材、智能图表、动画效果；有些则提供免费开源的PPT设计辅助，制作者可以通过这些插件设计各种效果独特的形状、图片、配色、表格、音频、辅助效果等；还有一些提供各种一键全自动智能美化功能，可以让PPT的制作更加简单。目前常见的PPT插件有以下几款。

- iSlide：iSlide 是一款基于 PowerPoint 的插件工具，即便用户不懂设计，也能简单、高效地创建各类专业的 PPT 演示文档。iSlide 中包含数十万种会自动更新的 PPT 模板。使用这些模板，用户可以通过快速检索一键插入创建 PPT。
- OneKeyTools：OneKeyTools 简称“OK 插件”，是一款免费开源的 PPT 设计辅助插件。其功能覆盖形状、图片、调色、表格、图表、音频、辅助等领域。
- PPT 美化大师：PPT 美化大师拥有海量在线模板素材、专业模板、精美图示、创意画册、实用形状等，分类细致，内容也会持续更新。该插件最大的特点是支持一键全自动智能美化，让精美的 PPT 制作变得简单起来。同时，它还支持将 PPT 一键生成不能复制、修改的只读格式。目前 PPT 美化大师插件同时支持微软 Office PowerPoint 和金山的 WPS 演示。
- ispring suite：ispring suite 是一款为教师或者课程开发者设计的插件，这类用户可能会有制作在线课程的需要，而 ispring suite 插件可以帮助用户把普通的 PPT 演示文档转换为适合在 Windows、Android 等多种平台独立使用的在线课程。用户可以将 PPT 生成为 H5 或者 Flash 格式的文件，也可以集成为 EXE 格式的软件或者 MP4 视频。目前 ispring suite 插件仅支持微软 Office 2007 及以上版本。

提示

用户可以通过搜索引擎搜索并下载各种PPT插件。

问题五：在写PPT文案时没有灵感怎么办？

在PPT制作中，设计是形，文案是魂，表面炫酷的设计纵然可以吸引观众的眼球，但真正打动人心的、让人印象深刻的永远是有灵魂的文案。在制作PPT时，如果在文案写作上遇到困难，可以尝试使用以下方法寻找灵感。

- 使用 Giiso 写作机器人。Giiso 写作机器人是一款内容创作 AI 辅助工具，可以为用户提供热点写作、提纲写作、营销写作等类型的写作辅助。用户只需要输入一个关键词，它就可以根据关键词自动生成文案写作的热点内容，以供参考。
- 使用文案狗查询谐音案例。文案狗是一个可以在创作中为用户提供灵感的工具网站，用户只需要在该网站平台中输入一个汉字进行查询，网站就能够生成相关字的谐音案例，包括这个字的诗词、名人名句、俗语等，并给出使用场景的分析。
- 使用毒鸡汤文案生成器网站生成金句。通过该网站用户可以搜索并复制许多令人意想不到的金句，为 PPT 文案提供点睛之笔。
- 使用 33 台词网站搜索电影台词。在 33 台词网，用户可以通过输入自己想要的台词描述，

找到所有出现过相关描述的电影台词和相关电影。

- 使用阿里妈妈智能文案一键生成营销文案。在阿里妈妈网站，用户只需要输入商品链接，就可以一键生成营销文案、图片或者短视频，可以帮助撰写营销类 PPT 的用户轻松写出商品的卖点。
- 使用 get 智能写作模板。通过 get 智能写作网站，用户可以根据 PPT 的内容搜索自己需要的文案模板。
- 使用 Aii 文章生成器快速生成文案。在 Aii 文章生成器网站，可以通过输入关键字生成逻辑清晰的 PPT 文案，以供用户参考。
- 使用 Inspo 人工智能模型辅助撰写文案。Inspo 是一款可以平替 ChatGPT 的国内人工智能模型，可以使用免费模式，辅助用户撰写用于 PPT 的文章或者论文。

提示

在写PPT文案遇到困难时，还可以使用人工智能工具库(如“未来百科Futurepedia”)搜索并使用AI工具辅助PPT文案的撰写。

问题六：整理PPT素材时，免费、可商用的图片、图标、字体和音频/视频去哪儿找？

通过网站搜索PPT图片素材是许多人最常用的素材收集手段。目前，表 1-2 所示的几个网站可以满足大部分用户制作PPT的素材需求(读者可以通过搜索引擎自行搜索相关网址)。

表 1-2　常用的 PPT 素材资源网站

图片素材		字体素材	
网　站	简　介	网　站	简　介
pixabay	一个提供免费、可商用图片/视频搜索与下载的素材资源网站	求字体网	一个无须注册、登录，即可通过搜索找到各种字体文件的网站
Yandex	目前世界第五大搜索引擎，用户可以通过它搜索各种高质量的图片	猫啃网	一个提供免费、可商用字体文件下载的网站
Photopea	一个在线图片编辑网站，拥有类似Photoshop的功能	360 查字体	一个可以自动检查电脑中已安装字体是否为免费字体的网站
创客贴	一个可以快速实现抠图的网站	第一字体	一个提供多国文字字体的网站
MAGICERASER	一个可以快速删除图片中多余元素的网站	Dafont	一个提供各种英文字体下载的字体素材资源网站
图标素材		**音频/视频素材**	
网　站	简　介	网　站	简　介
Logoeps	一个下载 logo 的网站，里面收集了超 20 万个的 logo素材	33 台词网	一个可以通过电影台词搜索影视片段的网站(可剪辑并下载)
Isoflat	一个提供大量插画、立体图标素材的资源网站	Mixkit	一个提供免费视频资源下载的素材资源网站
阿里巴巴官方矢量图库	一个提供免费下载各种图标和插画素材的网站	VJshi	一个提供视频素材、PR模板、AE模板文件的素材网站
Freepik	一个提供免费矢量图、图标、PSD文件下载的网站	预告片世界	一个免费下载电影预告片的网站
iKonate	一个提供极简风格图标素材下载的网站	耳铃网	一个音频文件分享社区，提供原创音频素材下载

(续表)

配色素材		地图素材	
网　站	简　介	网　站	简　介
中国色	一个提供单一配色方案的网站	标准地图服务系统	一个提供规范校验地图素材的资源下载网站
ColorDrop	一个提供多种配色组合方案的网站	NB Map	一个提供3D地图模型的网站
uigradients	一个提供渐变配色方案的网站	DataV可视化平台	一个提供完整全国、省级、市级等各个区域地图素材的网站

提示

除了上面介绍的网站以外，还有一些网站也提供PPT制作中需要用到的各种素材，本书将在扩展资源中向用户提供。

问题七：学会做PPT有什么用？能赚钱吗？

PPT不仅仅是一个办公和辅助演讲的工具，它更多的作用是帮助我们表达和展现审美。而拥有制作精美PPT能力的人，会在学业、职场甚至生活中变得强大且有趣。因为PPT的潜在影响在于思维方式、审美能力、工作能力，以及平衡微小与整体能力的提升，它可以帮助我们抓住一切可能的机会。

例如，一份逻辑清晰、内容优秀、制作精美的PPT可能是职场新人拿到Offer的敲门砖，是已经工作多年的职场人升职加薪的加分项，是教学中老师向学生展示新知识的教案，是企业新产品打开销路的展示平台，是学生毕业论文能否通过的关键。

此外，如果用户能够熟练掌握PPT制作技能、会排版、有审美，也可以尝试通过制作PPT来赚钱。赚钱主要有4个途径：一是通过询问企业是否需要PPT出售自己的PPT作品；二是通过在淘宝和拼多多上开设PPT商店出售PPT模板和作品；三是签约PPT设计类网站，以买断的形式出售PPT作品；四是通过求职平台找一份PPT设计师的副业。

问题八：如何正确、系统地学习制作PPT？

用户不仅要学习PPT的制作技法，还要学习对美的认识，并不断积累知识和加以练习。要系统学习PPT的制作，可以将学习分为以下几个阶段。

- 阶段一：学习 PPT 制作软件的基本操作、常用的基础工具以及提升 PPT 制作效率的技巧，夯实 PPT 制作的基础。
- 阶段二：掌握 PPT 中主要元素的操作方法，包括图片、形状、字体以及页面排版、视觉设计、数据展示、动画创作的方法，并在平时收集各种素材资源。
- 阶段三：进一步学习 PPT 的制作，参考优秀设计师的作品，站在他们的“肩膀”上汲取灵感，了解各种风格 PPT 的特点，培养自身的创造力。
- 阶段四：尝试创造拥有自己独特风格的 PPT，并通过不断的练习表达自己的创造力。
- 阶段五：走进灵感世界，创作一个或者多个属于自己且拿得出手的 PPT 作品。

从下一章开始，本书将从快速制作PPT的基础操作开始，由浅入深地介绍学习设计PPT的方法与技巧，通过大量实际案例帮助读者逐步完成以上几个阶段的学习。

第 2 章

PPT 快速制作

本章导读

工作中，可能很多人都经历过下面类似的情况。

- ❑ 下班前，领导要求把方案发给他。
- ❑ 论文被抽查，明天就要你上台答辩。
- ❑ 下午开述职大会，我要第一个上台。
- ❑ ……

一般遇到这样的情况，我们需要面对的都是"时间紧，任务重"的处境。此时，灵活应用一些办公技巧，快速整理并制作一份逻辑清晰、质量过关的 PPT，可以为我们节省大量的时间，腾出手来应对挑战。同时，掌握快速制作 PPT 的方法，也是学习使用各种软件相互配合制作 PPT 的第一步，是每个初学者必须学会的技能。

2.1 将工作文档转换为 PPT

将工作中常用的各类文档直接转换为PPT，可以节省我们80%以上的时间。

2.1.1 Word 文档转换成 PPT

一份Word文档只需要执行简单的几步操作，即可转换为PPT。

步骤1：设置Word文本层级

(1) 打开Word文档并完成PPT文本内容的组织与撰写后，选择【视图】选项卡，在【视图】组中选择【大纲】选项，切换至大纲视图，如图2-1所示。

(2) 选择【大纲显示】选项卡，按住Ctrl键将文档中需要单独在一个幻灯片页面中显示的标题设置为1级大纲级别，将其余内容设置为2级和3级大纲级别，如图2-2所示。

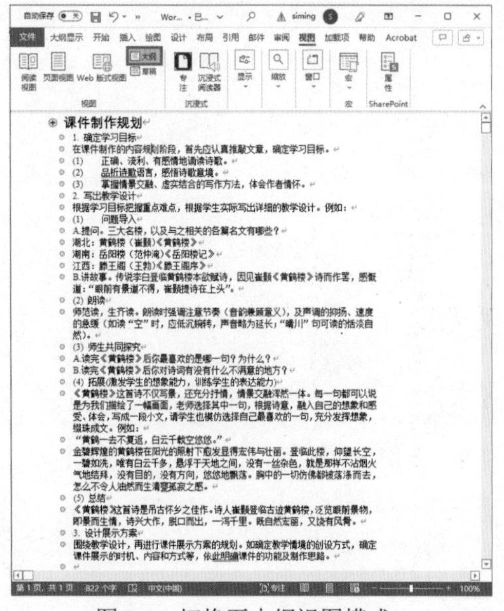

图 2-1　切换至大纲视图模式

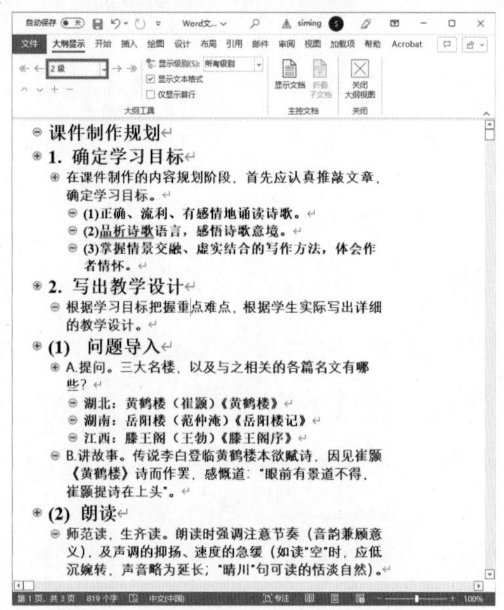

图 2-2　设置标题和正文的大纲级别

(3) 按F12键，打开【另存为】对话框，将制作好的Word大纲文件保存。

在Word大纲视图中，文档各级标题和文本与PPT内容的对应关系如表2-1所示。

表 2-1　文档各级标题和文本对应 PPT 内容说明

Word大纲视图标题	PPT内容
1级大纲	幻灯片目录页内容、章节页标题、内容页标题
2级大纲	幻灯片内容副标题
3级大纲(正文文本)	幻灯片内容页正文

步骤2：通过大纲创建PPT

(1) 启动PowerPoint软件后，按Ctrl+N组合键，在打开的界面中单击【空白演示文稿】图标，新建一个PPT文档。

(2) 在【开始】选项卡中单击【新建幻灯片】下拉按钮，从弹出的下拉列表中选择【幻灯片(从大纲)】选项，如图2-3所示。

(3) 打开【插入大纲】对话框，选择前面保存的Word大纲文档，然后单击【插入】按钮，即可在PowerPoint中根据Word大纲文档创建一个包含文本的简单PPT文档(该文档按照Word文档中大纲级别1的文本划分幻灯片页面)，如图2-4所示。

图 2-3　从 Word 大纲创建幻灯片

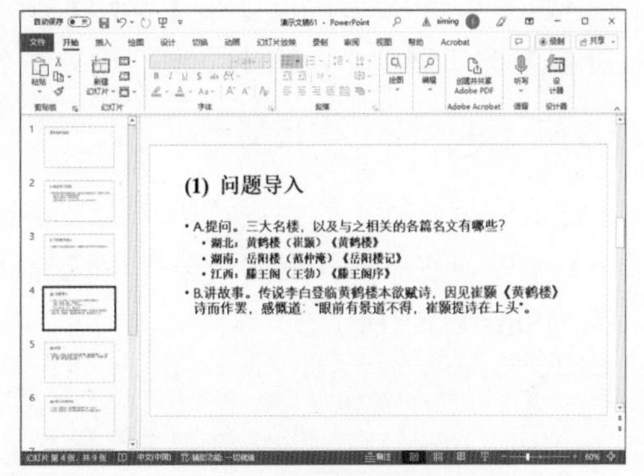

图 2-4　创建简单 PPT

步骤3：为PPT文档应用主题

(1) 在PowerPoint中选择【设计】选项卡，单击【主题】组右侧的【其他】按钮，在弹出的下拉列表中选择一个软件自带的主题样式，如图2-5所示，将主题应用于PPT。

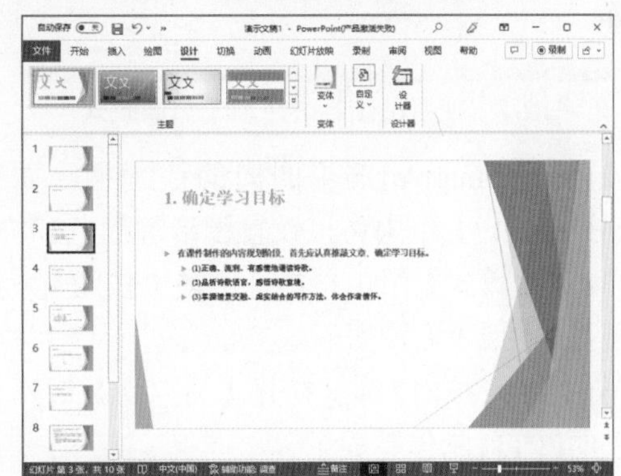

图 2-5　将 PowerPoint 预设主题应用于 PPT

(2) 用户也可在图2-5左图所示的下拉列表中选择【浏览主题】选项，打开【选择主题或主题文档】对话框，选择一个制作好的主题文档，然后单击【应用】按钮将该主题应用于PPT中，如图2-6所示(关于PPT主题文档的制作方法，将在后面的章节中详细介绍)。

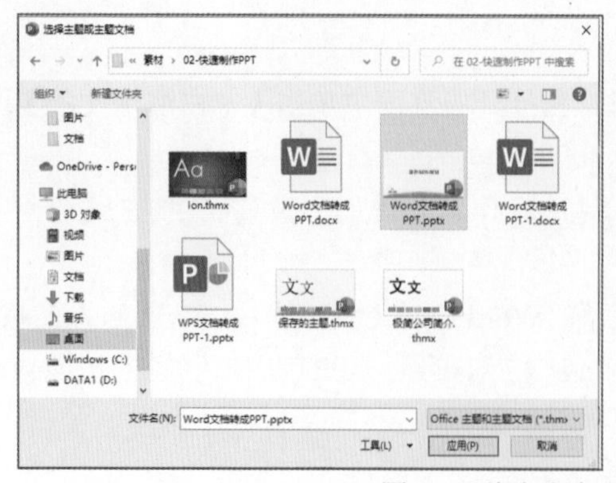

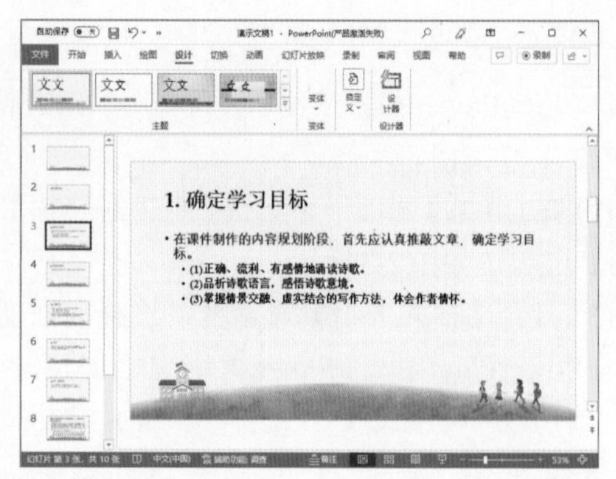

图 2-6　将自定义主题文件应用于 PPT

步骤4：使用设计器调整PPT

将主题应用于PPT后，可以在【设计】选项卡的【设计器】组中激活【设计器】按钮，打开【设计器】窗口调整当前选中页面的设计效果，如图2-7所示。

步骤5：使用SmartArt快速排版文本

(1) 将鼠标指针置于需要设计版式的文本框中，右击鼠标，从弹出的菜单中选择【转换为SmartArt】命令，然后在弹出的子菜单中选择一种合适的SmartArt图形样式，如图2-8所示，将文本转换为SmartArt图形。

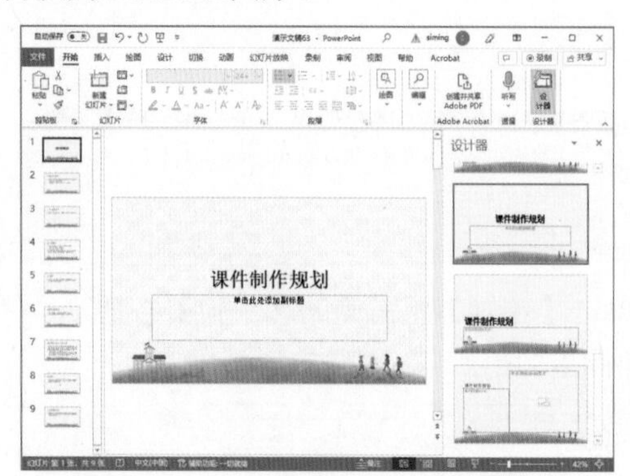

图 2-7　使用设计器调整 PPT 页面版式

图 2-8　将文本转换为 SmartArt 图形

(2) 拖动SmartArt图形四周的控制柄，调整图形的大小，在【SmartArt设计】选项卡的【SmartArt样式】组中可以设置图形的配色和样式，如图2-9左图所示。

(3) 在【版式】组中单击【更多】按钮，在弹出的下拉列表中可以调整SmartArt图形的样式效果，如图2-9右图所示。

(4) 最后，按F12键，打开【另存为】对话框，将PPT文档保存。一份逻辑清晰，版式和效果过关的PPT就制作完成了。

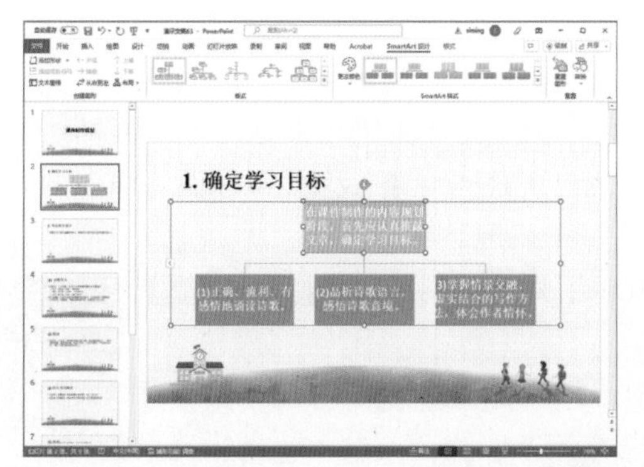

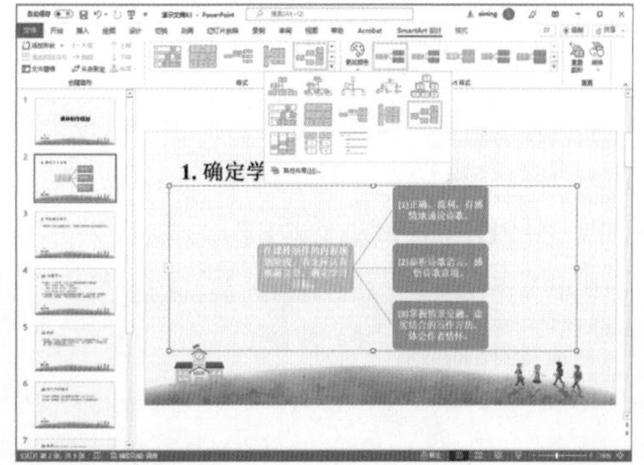

图 2-9　调整 SmartArt 图形效果

除了使用上面介绍的方法将Word文档转换为PPT以外，用户还可以通过在Word中添加一个“发送到Microsoft PowerPoint”命令，使用该命令将组织好的Word文档一键转换为PPT(用户可以扫描右侧的二维码观看具体操作)。

2.1.2　WPS 文档转换成 PPT

在Word或WPS Office中完成PPT内容文本的编写并设置文档标题结构后(如图2-2所示)，使用WPS Office打开文档，选择【文件】|【输出为PPTX】选项，如图2-10左图所示，在打开的窗口右侧的窗格中选择一种PPT模板后，单击【导出PPT】按钮即可将文档转换为PPT，如图2-10右图所示。

图 2-10　通过 WPS 将文档转换为 PPT

使用WPS Office软件制作PPT的优点是在快速生成PPT文档的同时，软件可以自动套用预置的PPT模板，无须用户再使用类似主题、SmartArt、设计器之类的工具即可得到一份效果出色的PPT文档。这样可以大大提高PPT的制作效率。

2.1.3 PDF 文件转换成 PPT

PDF文件和PPT文件是工作中常见的两种文件。PDF文件浏览效果好，可以很好地保护文档内容免遭随意篡改，并且在网络传输过程中不会出现乱码现象，但是作为课件演示，效果就不如PPT，将PDF文件转换为PPT可以很好地解决这个问题。

将PDF文件转换为PPT的方法有很多，下面介绍几种常用的方法(扫描右侧的二维码可获取相关扩展资料)。

- ilovePDF 是一个 PDF 文件在线处理网站，用户无须注册就可以使用该网站上提供的各种工具对 PDF 文件进行合并、拆分、压缩、旋转、添加水印、转换等操作。如果要将 PDF 文件转换为 PPT，单击 ilovePDF 网站中的【PDF 转换至 PowerPoint】链接，然后在打开的页面中上传 PDF 文件即可将文件转换为 PPT(需要通过下载获取)，如图 2-11 所示。

图 2-11　通过 ilovePDF 网站将 PDF 文件转换为 PPT

- PDF24 是一个免费好用的 PDF 工具网站，访问该网站后单击页面中的【PDF 转换器】按钮 (如图 2-12 左图所示)，在打开的页面中上传 PDF 文件，可以通过网站将 PDF 文件转换为包括 PPT 在内的各种工作文件，如图 2-12 右图所示。

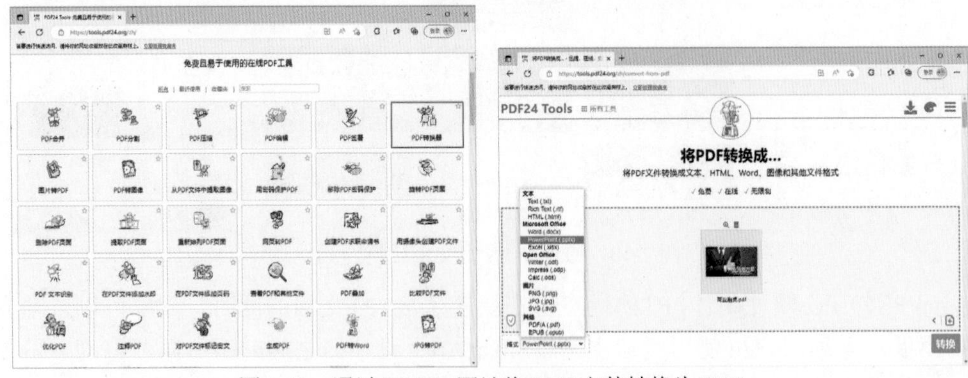

图 2-12　通过 PDF24 网站将 PDF 文件转换为 PPT

- 迅捷 PDF 转换器是一款体积小、功能强的 PDF 转换软件。使用该软件可以快速将各种工作文档转换为 PDF 文件，或者将 PDF 文件转换为其他类型的工作文档。如果要将

PDF 文件转换为 PPT，可以在迅捷 PDF 转换器中选择【文件转 PPT】选项，然后单击【点击添加文件或拖拽文件添加】按钮，然后在打开的软件界面中单击【开始转换】按钮即可将 PDF 文件转换为 PPT，如图 2-13 所示。

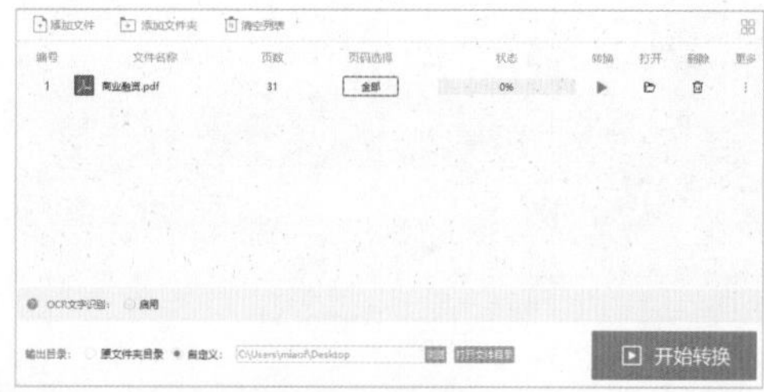

图 2-13　使用迅捷 PDF 转换器将 PDF 文件转换为 PPT

2.2　利用 AI 自动生成 PPT

随着第四次工业革命的到来，人工智能(Artificial Intelligence，AI)已经从科幻逐步走入现实。智能写作、AI美图已经融入许多人的日常生活。在PPT制作领域，相关应用已经在市场掀起波澜，其层出不穷的自动设计让人叹为观止。下面将简单介绍几款目前可用的自动生成PPT的AI工具(扫描右侧的二维码可获取相关扩展资料)。

- MINDSHOW 是一款可以自动生成 PPT 的网页应用，它可以根据用户输入的大纲和内容自动生成幻灯片，同时为幻灯片应用网站内置的主题和模板，其制作的 PPT 文档也可以导出为 PDF 文件格式，如图 2-14 所示。

图 2-14　通过 MINDSHOW 在线输入大纲生成 PPT

- Tome AI 是一款 AI 驱动的 PPT 内容辅助生成工具 (目前免费)，如图 2-15 所示。使用该工具，用户只需要输入标题或者一段 PPT 内容描述，AI 便会自动生成一套包括标题、大纲、内容、配图的完整 PPT。

- ChatBA 是一款能一键自动将文本转换为 PPT 的 AI 产品，用户只需要输入关键字，ChatBA 就能快速生成出一份 PPT，如图 2-16 所示。

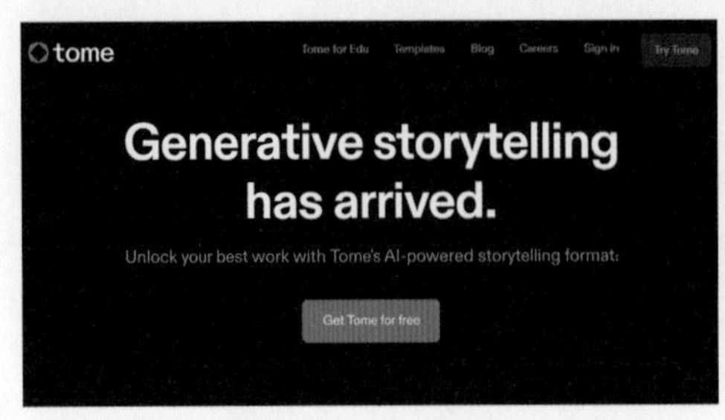

图 2-15　Tome AI

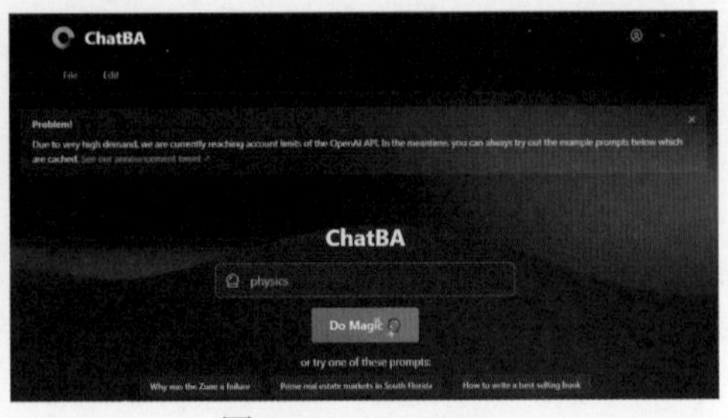

图 2-16　ChatBA

- WPS 智能 PPT 是金山公司推出的一个 AI 自动美化 PPT 工具，可以对 PPT 进行自动排版。用户只需要像填表单一样写好图文内容就可以非常便捷地做出效果不错的 PPT，如图 2-17 所示。

访问网站

选择 PPT 范文类型

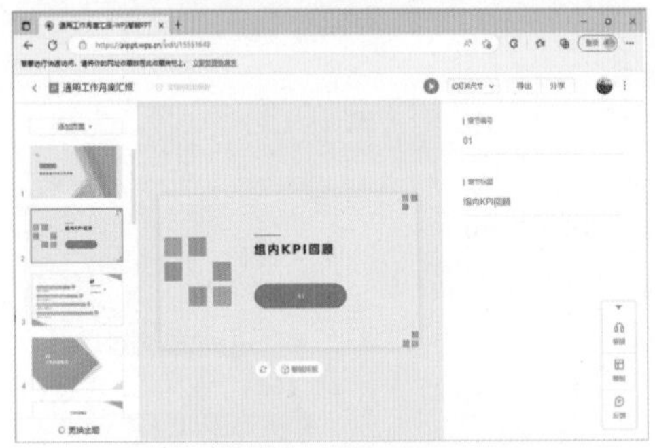

输入 PPT 内容文字

智能排版

图 2-17　使用 WPS 智能 PPT 快速完成演示文稿的制作与排版

2.3　套用模板制作 PPT

对于许多人而言，在制作PPT的过程中使用模板不仅可以提高制作速度，还能为PPT设置统一的页面版式，使整个演示效果风格统一。所谓PPT模板就是指具有优秀版式设计的PPT载体，通常由一系列设计完善(包括字体、配色、图形、图片、表格、图表、声音、动画、视频等)的封面页、目录页、过渡页、内容页和结束页等部分组成。使用者打开模板后只需要修改其中的内容即可制作出一份属于自己的PPT。

2.3.1　获取免费 PPT 模板

通常，要获取免费的PPT模板，用户可以采用网站下载和PowerPoint软件搜索两种方法。

1. 通过网站下载免费模板

HiPPTer是一个PPT资源聚合类网站，该网站推荐PPT相关的各种模板、素材、插件、字体、背景、工具、配色、灵感等资源，如图2-18所示。其不仅提供当前网上最常用的模板资源站点的访问链接，而且还在链接上给出提示，告诉使用者链接网站是否免费提供模板资源，以及除了PPT模板以外该网站还提供哪些相关资源(扫描右侧的二维码可获取HiPPTer相关扩展资料)。

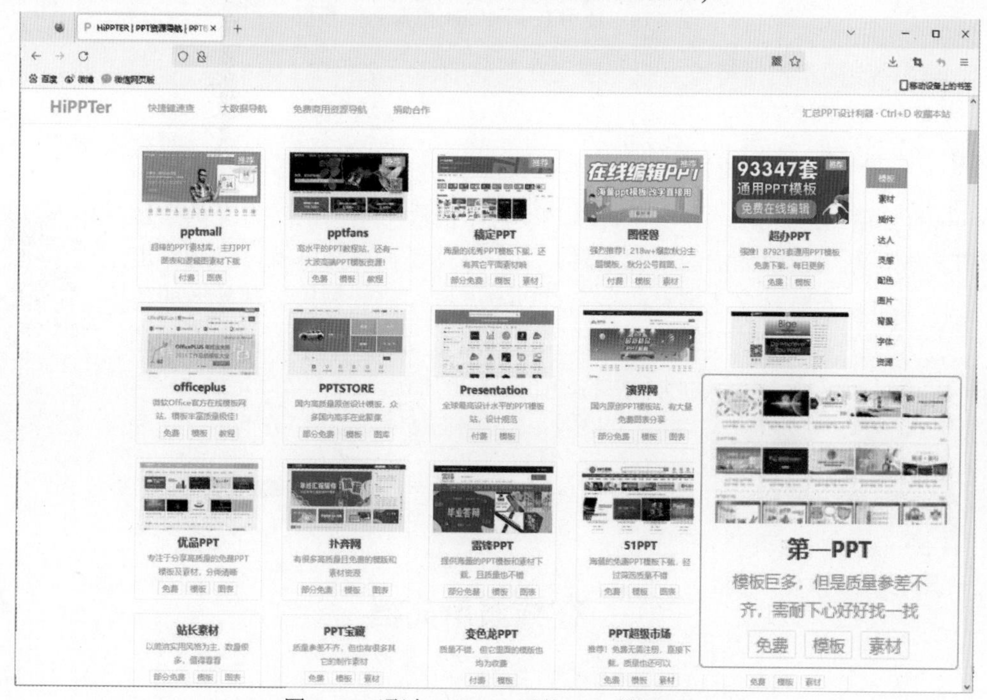

图 2-18　通过 HiPPTer 寻找 PPT 模板网站

目前，提供免费PPT模板下载的网站有“第一PPT”“PPT超级市场”“51PPT”“PPT宝藏”“叮当设计”“优品PPT”等，这些网站的地址全部可以在HiPPTer上找到。

2. 通过PowerPoint搜索免费模板

样本模板是PowerPoint自带的模板，这些模板将演示文稿的样式与风格，包括幻灯片的背景、装饰图案、文字布局及颜色、大小等均预先定义好。用户在设计演示文稿时可以先选择演示文稿的整体风格，再进行进一步的编辑和修改。

【例2-1】在PowerPoint中，根据样本模板创建PPT。

(1) 单击【文件】按钮，从弹出的菜单中选择【新建】命令，在显示的选项区域的文本框中输入文本“课件”，然后按回车键，搜索相关的模板，如图2-19左图所示。

(2) 在中间的窗格中显示【样本模板】列表框，在其中双击一个PPT模板，在打开的对话框中单击【创建】按钮，如图2-19右图所示。

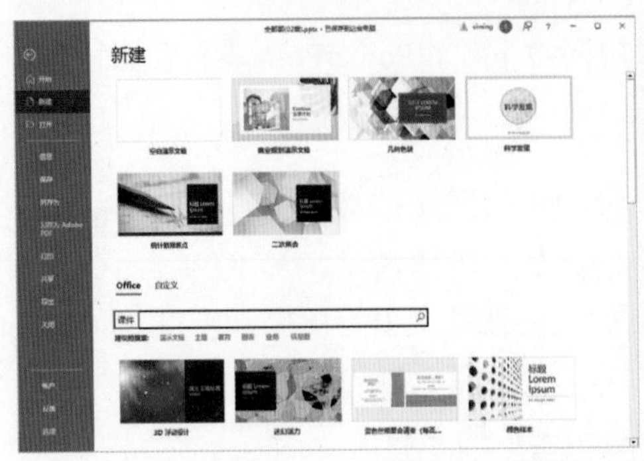

图 2-19　使用 PowerPoint 搜索 PPT 模板

(3) 此时，该样本模板将被下载并应用在新建的演示文稿中。

2.3.2　使用线上模板资源

Woodo(吾道幻灯片)是一个专业在线PPT制作模板网站，该网站提供大量专业PPT模板，利用模板提供的各种素材，用户只需要输入文本就可以制作出效果出色的PPT。同时，它还拥有海量素材以及云端存储、导出等功能，即使电脑中没有安装PowerPoint或者WPS等软件，也能完成PPT的制作(扫描右侧的二维码可获取吾道幻灯片相关扩展资料)，如图2-20所示。

图 2-20　Woodo 网站

【例2-2】通过Woodo模板在线制作PPT。

(1) 访问Woodo网站后，单击页面中的【立即免费制作】按钮进入【吾道-工作台】页面，在该页面中单击【从模板创建】下拉按钮，用户可以根据PPT的内容要求选择一种PPT模板类型。网站会根据用户的选择在页面中推荐相关的PPT模板(单击向左 ‹ 和向右 › 按钮可浏览模板)，如图2-21所示。

图 2-21　根据分类搜索 PPT 模板

(2) 选择一款模板后，在打开的页面中单击【应用该模板】按钮，即可应用模板并进入编辑页面，通过编辑模板中的文字制作PPT，如图2-22所示。

图 2-22　套用模板制作 PPT

(3) PPT制作完成后，单击页面右上方的【导出】按钮，即可将制作好的PPT导出至本地电脑硬盘中。

2.3.3　使用模板时的注意事项

PPT设计师在设计模板时，会考虑到模板的风格、场景、字体、配图、内容等诸多问题，他们追求的是模板效果的协调、统一。而大多数普通PPT新手在使用模板制作PPT时，由于不知道如何使用模板中的文本框和图片的占位符，加上又不熟悉PPT中对齐排列的快捷操作，随意更改文字信息，常常会违背基本的排版规范，很容易导致模板版式错乱，做出的PPT效果与模板提供的效果背道而驰。

那么，在使用模板的过程中，用户需要注意些什么呢？下面将详细介绍。

1. 模板风格与内容匹配

每一套模板都有自己独特的风格，有的偏向科技感，有的偏商务，有的属中国风。所以，在为PPT选择模板时，用户首先需要清楚自己要做一个什么主题的内容，然后根据内容选择与之风格相匹配的模板。

例如，在模板素材网站挑选商务风格的PPT时，要符合公司内部的配色使用规范，如果没有成文的配色手册，一般可以参考公司的Logo标志、官网和宣传单来获取配色灵感。

此外，对于商务演示，数据可视化非常必要，还要着重观察模板中提供的图表是否合适。

2. 可自由编辑的空间

在选用较华丽的PPT模板时，一定要注意模板的可自由编辑空间，有时此类模板能提供给用户自己修改的地方很少。

3. 模板中的字体和文本

在套用模板制作PPT时，用户应确保使用模板提供的字体。正规的模板网站都会提供字体打包文件，用户只要记得安装即可。

如果用户是PPT制作新手，那么在使用网上下载的模板时，还需要注意PPT中的内容字数要和模板中文本框内自带的字数相匹配，不能超过原模板的文字承载量，如图2-23所示。文字超出模板提供的文本框后的效果如图2-24所示。

图 2-23　PPT 模板中的文字

图 2-24　文字超出模板

如果要表达的文字过多，用户可以将文字内容分段、分页处理，用两页PPT呈现。将多余的文字分段放在下一页，如图2-25所示。

图 2-25　将文字放在两页呈现

4. 图片素材的协调感

优质的PPT模板在整体上具有明显的协调统一感，用户在使用这些协调度很高的PPT模板时，如果要更换图片素材，也要保证图片素材的协调统一，如图片的色调统一，如图2-26所示。

如果一定要在页面中使用与模板色调不统一的图片，可以将图片的颜色处理为单色，以此来缓和色彩之间的对抗关系，如图2-27所示。

色调统一

调整为单色

色调不统一

图 2-26　图片素材的色调应统一　　　　图 2-27　将图片颜色处理为单色

5. 处理清晰度不足的图片

PPT模板之所以好看，很大的原因在于其中配图的质量本身就很高，加强了版面的渲染力。

如果要为模板替换低质量的图片，用户最好对图片进行适当的裁剪。例如，要使用图2-28左图所示的素材图片，由于版面所限，将图片缩小放入模板页面后，图片画面主体将无法完整呈现。此时，用户可以通过裁剪图片、去掉不需要的图像、着重展示图像中的关键信息，如图2-28右图所示。

图 2-28　剪裁图片解决图片清晰度不足的问题

6. 调整特殊的图片素材

在模板中使用含有视线、手指、指向标等图片素材时，应通过旋转或拖动操作，改变它们的位置，使其对准画面中心，增强画面的灵动感。例如图2-29左图所示的页面，通过旋转图片素材，使其改变方向，结果如图2-29右图所示。

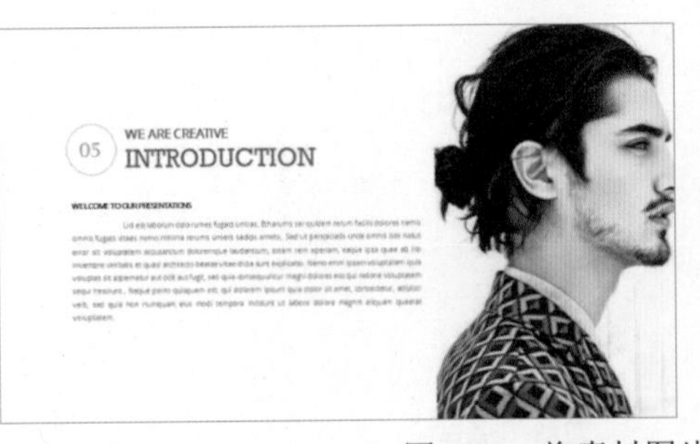

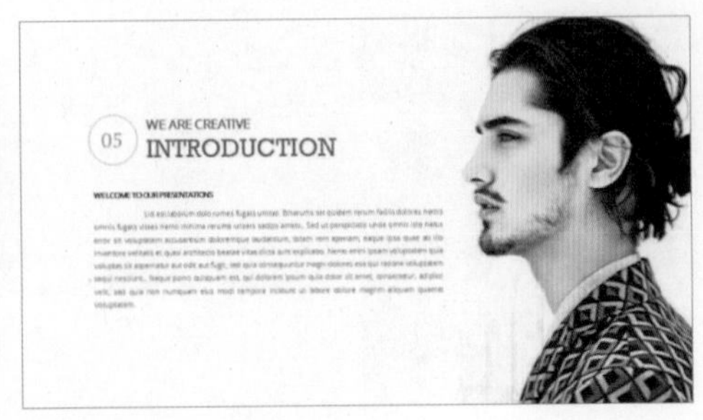

图 2-29　将素材图片对准页面中心位置

此外，在使用模板时还应注意页边距和对齐这两项模板的基本版式。

- 页边距。在 PPT 模板的版式设置中，页边距虽然没有添加任何信息，但却是页面的重要组成部分。在模板页面中画面主要元素之外的四周就是页边距。在套用模板时，应注意不要使重要的信息超出页边距部分。
- 对齐。在 PPT 模板中，最常见的对齐方式是左对齐，因为它符合人眼从左到右的视觉习惯。在平面设计中，我们一般称左上角为视觉入点，右下角为视觉出点。所以，当我们在 PPT 模板中进行可读性文字排版时，应尽量以左对齐的方式进行排版。

2.4　进一步设计 PPT 页面

职场中PPT无处不在，其用途有大有小。往小里说，公司内部培训，向上级汇报工作，企业季度/年度总结要用到PPT；往大里说，产品发布会、商业路演，也要用到PPT。

企业要求员工掌握制作PPT的方法，其原因不仅仅是因为通过制作PPT能够从侧面反映一个人的能力(如信息收集、提炼的能力，思考与总结的能力，厘清逻辑关系的能力)，更因为通过PPT我们能更快地传达信息，让观众快速了解PPT。

因此，想要制作一份优秀的PPT，本质上并不是简单地使用工作文件、模板或者AI完成内容排版和堆砌，而是需要在内容中找到工作的重心，并通过进一步设计页面将思维逻辑体现在PPT中，并使PPT能美观、清晰、合理地呈现内容，从而帮助我们在演讲中能够快速、有效地传达自己的观点。

2.4.1　制作高质量的封面

封面页作为PPT的起始页，能够让观众迅速了解主题，吸引观众的注意力，同时还是展示内容逻辑的关键。因此，在PPT页面设计中，封面页的设计非常重要。一个好的封面展示能起到吸引观众注意力，引起观众共鸣的作用。

1. 选择封面页背景

PPT的封面页通常由背景、标题和各种修饰元素组成。其中，封面背景一般使用纯色背景、渐变背景、磨砂质感背景、底面背景、图片背景、照片墙背景。通常在制作PPT时，我们会根据演示的场景(情况)需求选择不同类型的封面背景，如纯色背景常用于学术报告、毕业答辩等比较严谨、庄重的场合；深色的渐变背景常用于产品发布会；图片背景在需要宣扬价值、提出结论、衬托主题、唤醒观众等情况下使用，如图2-30所示。

纯色背景

渐变背景

图片背景

图2-30 在PPT封面中使用背景

在封面页中使用背景经常会碰到这样一种情况，就是文字无论如何放置都会被背景所影响。此时，如果使用一些形状和蒙版效果来承载文字，则可以在保证文字易读性的同时，突出文字在封面页中的地位，如图2-31所示。

使用蒙版承载文字

使用形状突出文字

图2-31 在背景上使用蒙版和形状

2. 设计吸引观众的标题

PPT封面中漂亮的图片、有创意的设计或是震撼的特效，这些虽然都很重要，但却不是重点。好的封面，重点在于具有能够吸引观众关注的标题。

以图2-32左图所示的“校园招聘宣讲会”PPT的封面标题为例，重新设计该封面标题内容后(如图2-32右图所示)，哪一个标题更能吸引观众的注意力？

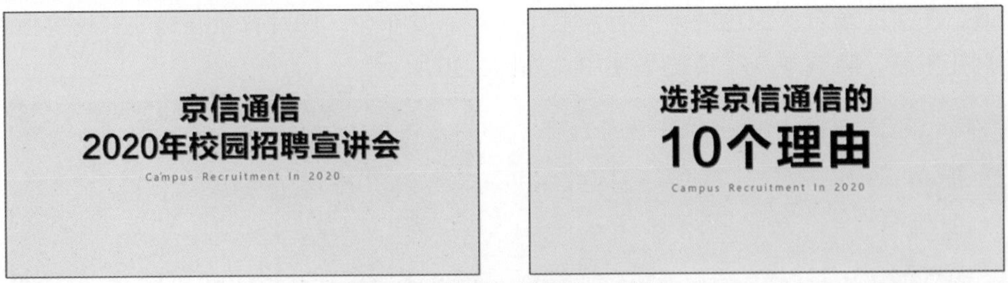

京信通信
2020年校园招聘宣讲会
Campus Recruitment In 2020
选择京信通信的
10个理由
Campus Recruitment In 2020

图 2-32　校园招聘宣讲会标题

又以图2-33左图所示的“销售经验分享”PPT的封面标题为例，修改该封面标题后(如图2-33右图所示)，是不是更能吸引观众的目光？

销售经验分享
Experience Sharing
销售精英是
如何炼成的
?
How To Become A Sales Elite

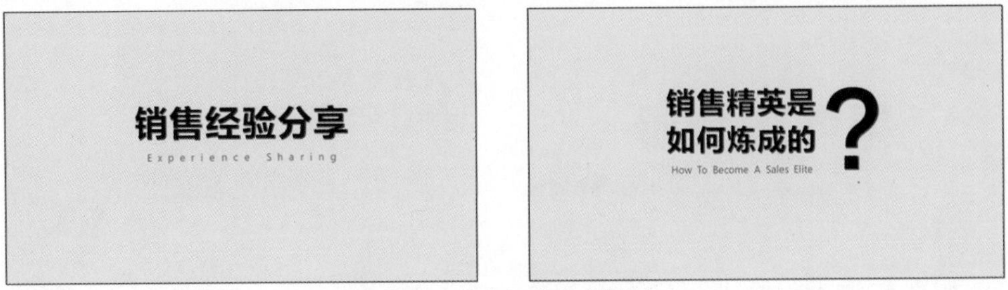

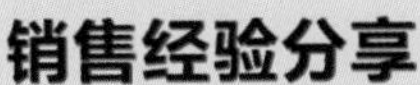

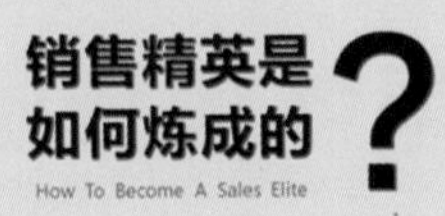

图 2-33　销售经验分享标题

大部分人都会选择上面两个例子中修改标题后的设计。因为在PPT的展示中，真正吸引观众打起精神听的内容，往往并不是设计，而是一个能调动观众兴趣和思考的好标题。下面将介绍几个设计PPT封面标题的常用技巧。

▶ 寻找“痛点”

如果PPT的功能是解决某个问题点，设计其标题的关键是转换思维，将“讲什么”变成“怎么办”。如图2-34左图所示的“保险经纪人基础课程”主题PPT，该标题修改后的描述如图2-34右图所示。

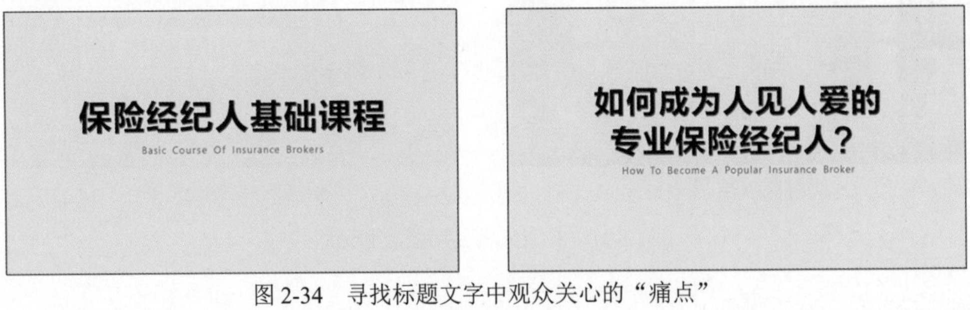

保险经纪人基础课程
Basic Course Of Insurance Brokers
如何成为人见人爱的
专业保险经纪人?
How To Become A Popular Insurance Broker

图 2-34　寻找标题文字中观众关心的“痛点”

又如“新入职培训课程”宣讲PPT，其标题如图2-35左图所示。将标题修改后的描述如图2-35右图所示。

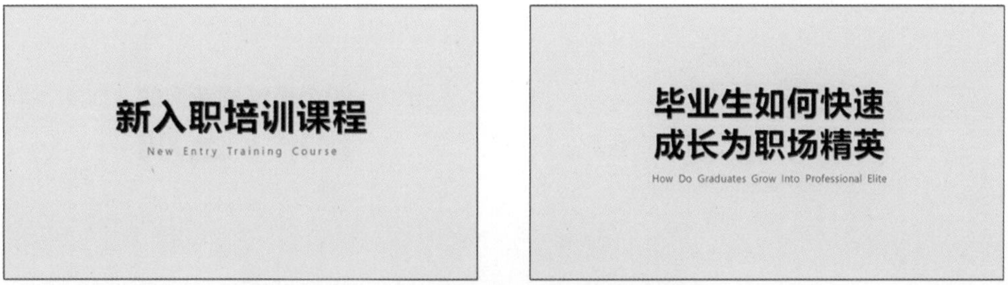

图 2-35　抓住标题中观众感兴趣的“痛点”

▶ 解决“方案”

如果PPT的功能是向观众传授一些技巧或经验。设计其标题的关键则应该是转换思维，将标题内容从“讲什么”变成“有什么”。例如，下面两个案例，看完之后，是不是容易让人产生好奇心？

案例一：成为PPT高手须知的四大关键思维，如图2-36所示。

案例二：文案写作高手的十大不传之秘，如图2-37所示。

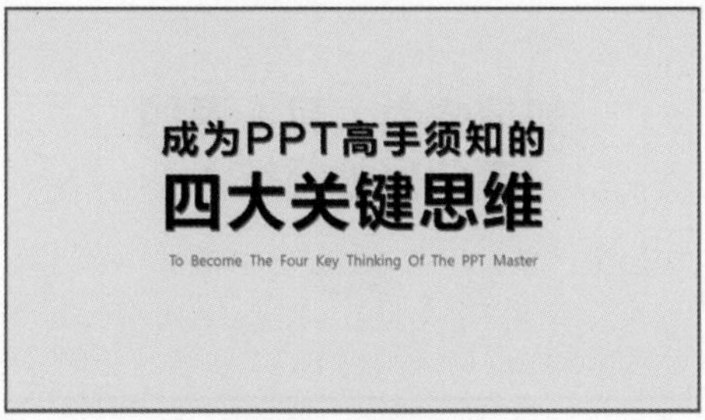

图 2-36　案例一

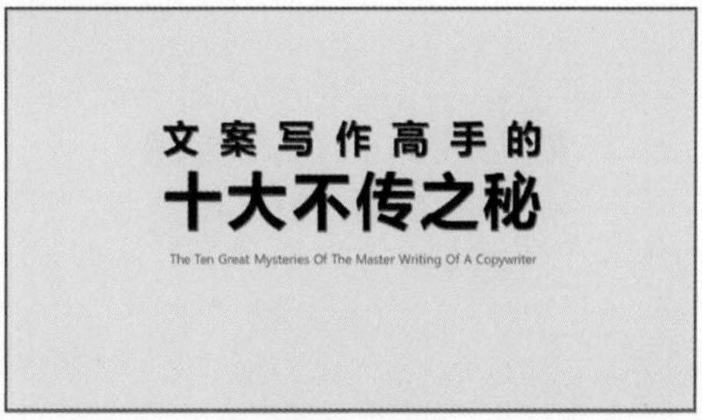

图 2-37　案例二

解决“方案”式的PPT封面标题，文字需要高度凝练，并能够罗列要点，转化为数字，让观众看了心里有数。

▶ 提供“愿景”

此类标题在政府单位和企业战略规划会议所用的PPT中比较常见。其设置关键在于：转换思维，将“价值”提升，如图2-38所示。

应用此类标题，给观众带来的感觉并不是单纯为了完成某件事，而是创造一种价值观或带动产业发展造福社会。

▶ 一语“双关”

在设置封面标题时，巧妙地将标题与某个词结合，有时会起到不言而喻的效果。如图2-39所示，将PPT的正确认知观与价值观结合。

此外，在PPT标题文案中应用修辞格，能有效引起观众的注意力和兴趣，同时优化演示内容的脉络。修辞格不仅可以通过文字表达，也可以表现在幻灯片设计中，通过图片与文字相互结合的方式加强比喻、对比、对照、双关、设问、反问等修辞格的视觉冲击力。

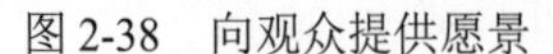

图 2-38　向观众提供愿景

图 2-39　将观点与价值观结合

3. 利用对比使页面有层次感

在没有图片素材的情况下，我们可以通过在页面中设置对比来增强页面的层次感，让封面看上去并不简单。例如，在图2-40所示的页面中设置对比，可以有以下几种方式。

- 设置内容对比：可以为封面添加副标题、英文、拼音、署名、日期等可选内容，来形成对比，如图 2-41 所示。

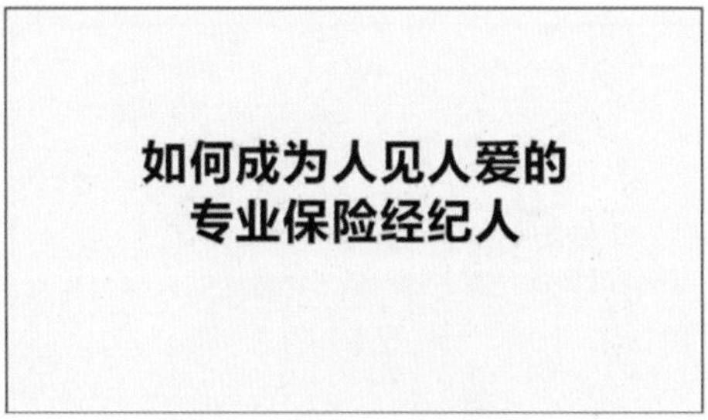

图 2-40　纯文本封面页

图 2-41　利用英文、署名、日期形成内容对比

- 设置字体对比：在没有图片辅助的情况下，使用有冲击力的字体，可以让封面页具有较强的视觉冲击力，如图 2-42 所示。
- 设置背景对比：使用强烈的前后景对比，可以让封面的主题更加突出。用户可以改变页面的背景底色，可以使用纯色，也可以使用渐变色，如图 2-43 所示。

图 2-42　通过设置字体对比增强视觉效果

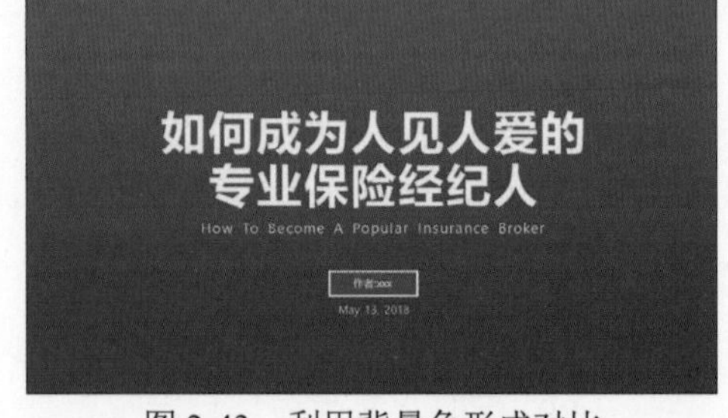

图 2-43　利用背景色形成对比

4. 利用图片/形状增强视觉效果

在封面页中，我们可以利用图片或形状来增强页面的视觉效果，例如：

- 如果封面页中有大面积留白，就会显得有些单调，适当地在页面中添加修饰形状（色块、线框），可以丰富封面视觉效果，提升封面的设计感，如图 2-44 所示。

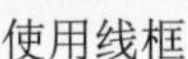
使用线框

使用色块

图 2-44　使用形状丰富页面

- 如果想制作一个能够给观众留下深刻印象的封面效果，可以在页面中使用全图背景 (这也是演讲大师 Garr 推崇的 PPT 设计方式)，或者在页面中添加与主题契合的图片来突出 PPT 的观点，如图 2-45 所示。

使用全图

使用契合主题的图片

图 2-45　在封面页使用图片增强视觉效果

5. 利用变化丰富封面效果

在封面页中通过变化排版，用户可以得到更多的设计版式，例如：

- 在没有图片素材的情况下，可以在页面中增加矩形色块，为封面设计横向拦腰式页面效果，如图 2-46 所示。
- 在页面中将图片和文字分隔开来，上下放置。例如，图 2-47 所示为上图下文的布局 (此类布局可以清晰地显示内容在页面上的布局)。

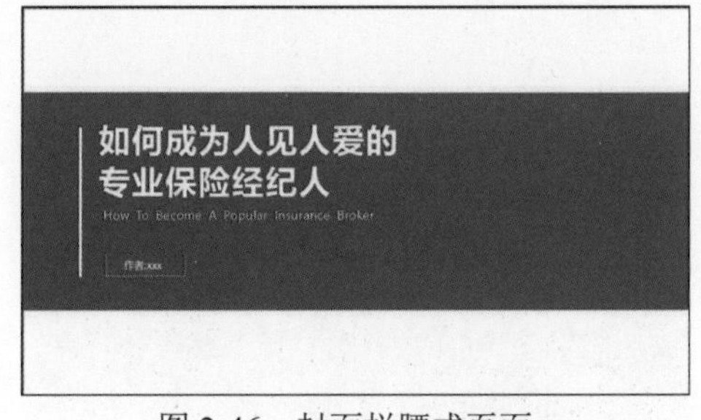

图 2-46　封面拦腰式页面

图 2-47　上图下文布局

- 在页面中将图片和文字左右放置，如图 2-48 所示。

- 在居中排版的图片中，如果我们很难找到好的图片素材，或者图片素材的长度不够或内容重点偏向一边。此时，可以复制一份背景图，然后对图片进行翻转处理，将两张图片拼接在一起，制作出如图 2-49 所示的对称效果的页面。

图 2-48　图片和文字左右放置

图 2-49　两张图片拼接

6. 通过对齐调整封面风格

对齐排版中的一个重要原则是，在任何PPT页面中，只要换一种对齐方式，就可以得到效果完全不同的页面。例如，将图2-50所示页面中左对齐的文本设置为右对齐。之后，封面将会给观众带来完全不同的感觉，如图2-51所示。

图 2-50　页面文本左对齐

图 2-51　页面文本右对齐

2.4.2　规划逻辑清晰的目录

目录页用于提示观众整个PPT的逻辑结构和内容框架。一个好的PPT目录页能够清晰地表达内容从总到分的逻辑过渡，能让观众了解到整个PPT的内容框架，从而达到更好的演示效果，如图2-52所示。

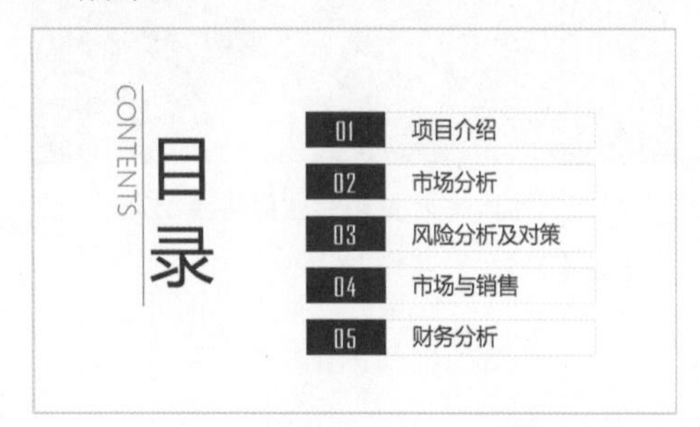

图 2-52　PPT 中常见的目录页

仔细观察图2-52所示的目录页截图，我们会发现，目录页可以分为三部分，即目录标识、序号和章节标题。

- 目录标识：目录标识主要围绕“目录”两个字进行修饰，使用简单的设计防止页面单调。
- 序号：序号能够对多个内容板块指定一个排列顺序，一般使用数字，也可以使用小图标（或文本）代替。
- 章节标题：章节标题将内容划分为多个板块，并对每个板块做总结归纳。

1. 目录页的设计原则

因为目录页内容较少，所以在页面设计上需要遵循两个原则：一是不要把标题都放在一个文本框，要做到版式统一；二是等距对齐。

- 版式统一

所谓“版式统一”，指的是目录的标题要一模一样，无论是形状的使用，还是英文搭配，或者字体的格式和对齐距离等，都应保持一致。

有些用户在为目录页设置标题时，喜欢在一个文本框内把所有的章节标题都写进去，其实这是不利于对页面进行二次排版设计的。正确的做法是将不同的标题放在不同的文本框中，如图2-53所示。因为没有分开的章节标题，在PowerPoint中很难对它进行添加序号、英文翻译等多种二次设计。

- 等距对齐

等距对齐指的是目录页面的章节标题之间应保持相等的距离(包括每个序号与对应章节标题间的距离)，如图2-54所示。

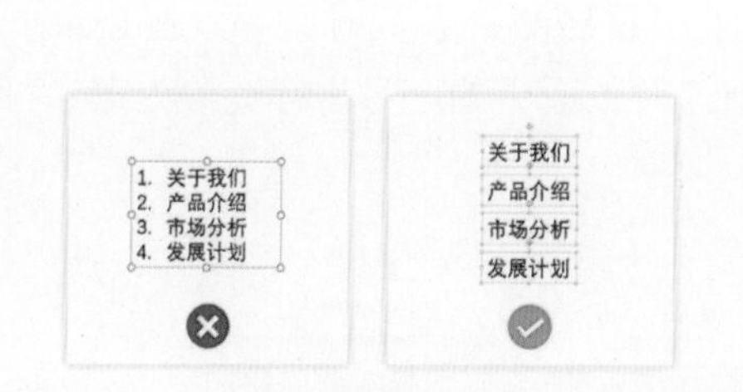

图 2-53　不同的标题应放在不同的文本框内

图 2-54　目录页面章节标题保持相等距离

将目录页中的大标题和小标题之间的距离等距以后，目录页的排版会很整齐，让人看上去很舒服，阅读起来很省力。

2. 目录页的常用布局设计

PPT目录页要根据PPT的整体风格、使用元素来设计。下面将提供几个常见的目录页设计布局，以供用户参考。

- 左右布局

左右布局是最常见的目录页布局方式。对于左右布局的目录页，通常在一侧放置图片、色块或者“目录”文字，另一侧放置具体的文字内容，如图2-55所示。

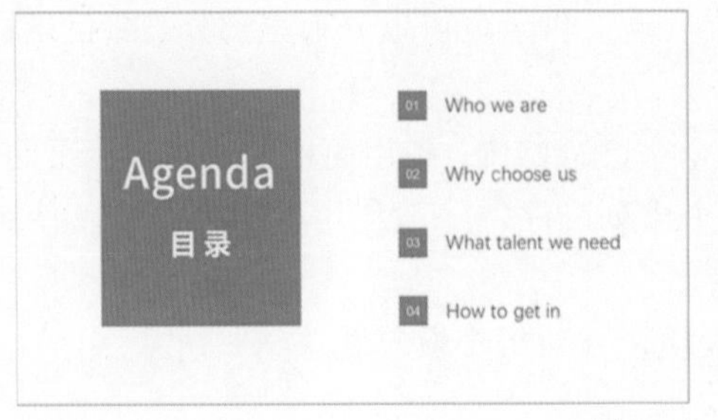

图 2-55　左右布局的目录页

此外，页面的左侧还可以放置图片，或者给图片添加一层蒙版，然后加入“目录”文字，如图2-56左图所示。为了避免版式过于单一，也可以在页面左侧的图片上加一个色块，突出页面的层次感，如图2-56右图所示。

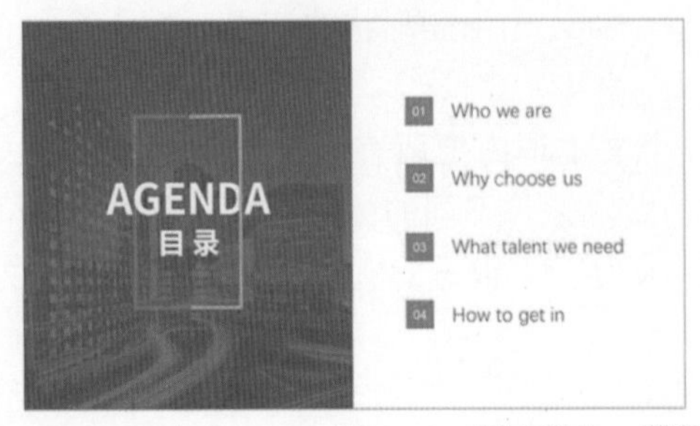

图 2-56　利用图片、蒙版、色块修饰目录页左侧区域

▶ 上下布局

所谓上下布局的目录页，就是在页面上方放置色块或者“目录”二字，在页面下方放置具体的文本的一种版式，如图2-57所示。在设计上下布局的目录页时，可以在目录页的外层添加一个线框作为修饰，这样版式会显得更加规整。对页面中的序号进行遮盖处理，可以让页面效果显得不那么“呆板”，如图2-58所示。

图 2-57　上下布局

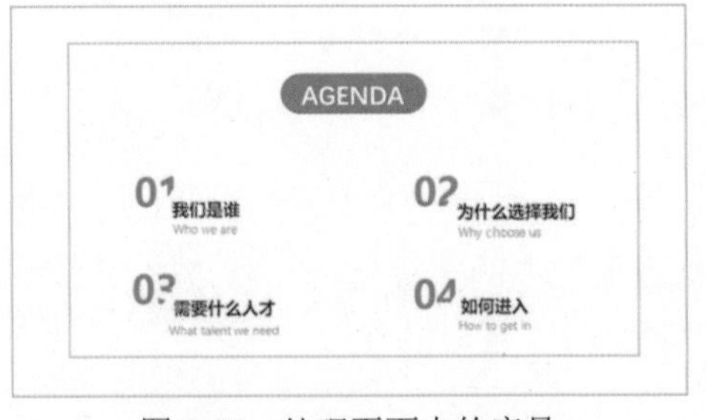

图 2-58　处理页面中的序号

如果在页面的两侧添加一些不规则的色块作为修饰，则能够让整个版面显得更加充实，如图2-59所示。或者，也可以在页面上方放置图片作为背景，如图2-60所示。

图 2-59　添加不规则色块

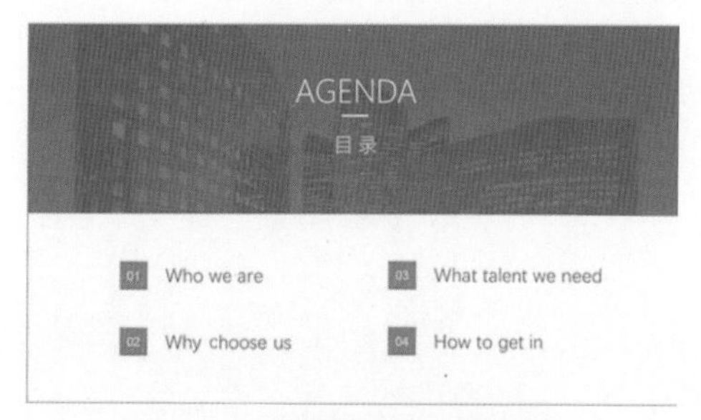

图 2-60　在页面上方放置图片

此外，页面中的图片也不一定非要使用矩形，也可以选择其他的图形，如圆弧、三角形等，如图2-61所示。

▶ 卡片布局

卡片布局的目录页使用图片铺满页面，然后在图片上添加色块作为文字的载体，承载文字内容。其中色块可以分成几部分，如图2-62所示的页面添加了4个色块。

图 2-61　使用圆弧状图片修饰页面

图 2-62　在图片上添加色块

也可以在卡片布局的目录页中使用色块，将几部分内容放置在一起，如图2-63所示。或者为页面中的色块设置一种透明效果形成蒙版，让页面看起来更有质感，如图2-64所示。

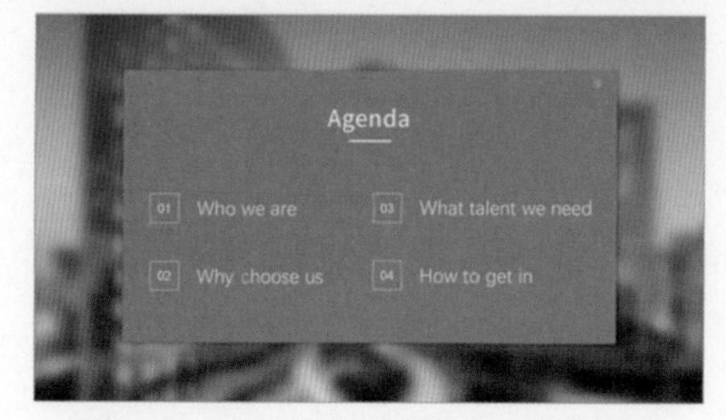

图 2-63　将几部分内容放在一个色块中

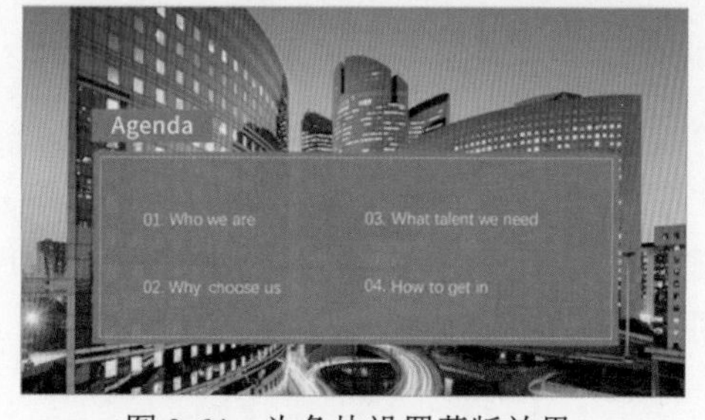

图 2-64　为色块设置蒙版效果

▶ 斜切布局

斜切布局指的是在目录页中将图片或者色块斜切成几个部分的一种结构，这种斜切排列的目录可以使页面看上去更有动感，更具活力，如图2-65所示。

▶ 创意布局

除了上面介绍的4种常见的目录设计方案外，还有许多创意型目录页布局。例如，将目录制作成图2-66所示的时间轴的形状，使页面的引导性更强，逻辑关系更明确；将目录页制作成图2-67所示的全局整版结构，此类设计只要图片与形状使用得当，素材质量好，就能够为页面带来非常震撼的效果；在PowerPoint中利用表格，制作表格式目录页，可以使页面效果既规整又大气，如图2-68所示。

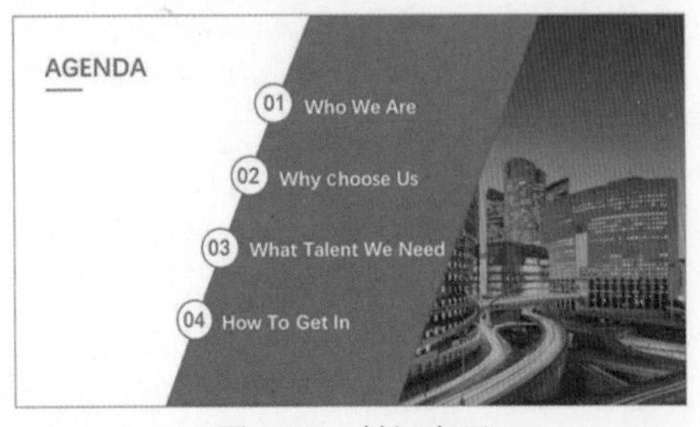

AGENDA
01 Who We Are
02 Why choose Us
03 What Talent We Need
04 How To Get In

图 2-65　斜切布局

CONTENTS 目录
2022年 进入世界500强
2023年 总产值突破100亿
2024年 纳斯达克上市
2025年 上海分公司成立

图 2-66　时间轴目录页

目
CONTENTS
录
清新
壹
文艺
贰
邂逅
叁
时光
肆

图 2-67　全局整版结构目录页

贰
肆
Part 1
Part 2
Part 3
Part 4

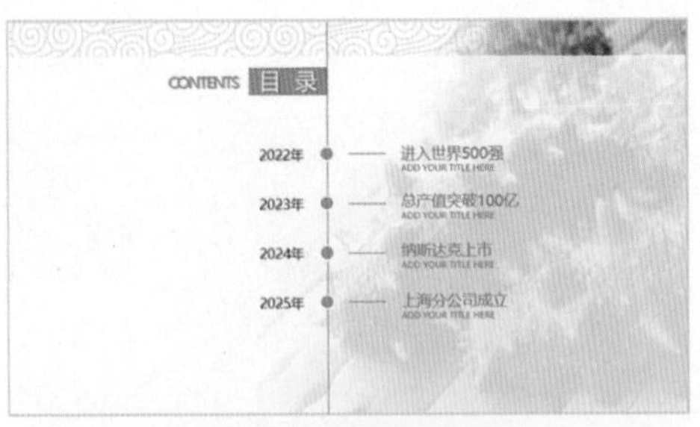

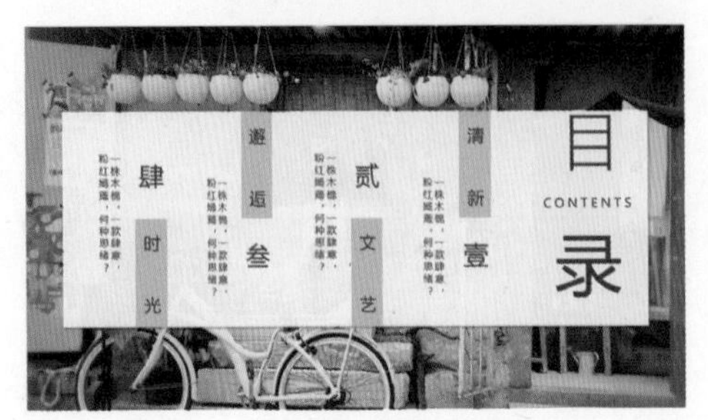

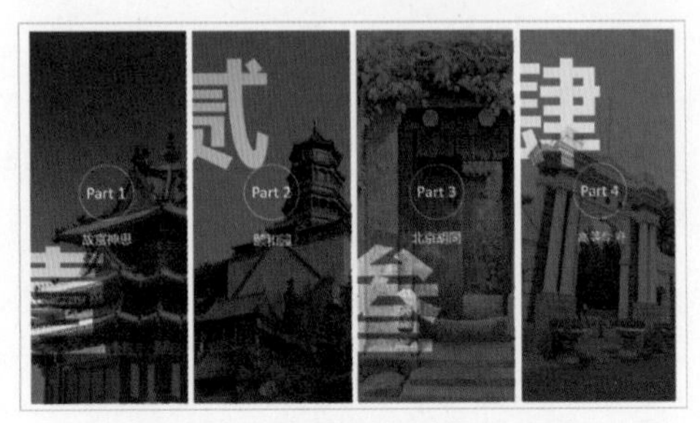

图 2-68　利用表格制作目录页

2.4.3　设计结构合理的内容

内容页用于承载PPT的核心内容。在内容页中，决定页面效果的关键因素是页面版式。虽然在页面的版式框架方面，很多用户都能应用布局来组织内容。但在实际工作中，不同内容对于相同内容页的设计效果要求是千差万别的。

1. 标题和正文字号的选择

在设计内容页时，为了能够体现出层次感，通常我们会为标题设置较大的字号，为正文设置相对小一些的字号，如图2-69所示。但是，很少有人关注标题和正文的字号到底应该设置为多大，很多人可能会随意设置，但在PPT页面设计中，有一个大致恒定的比例，即标题字号是正文字号的1.5倍，如图2-70所示。

LOYAL产品简介
IMPROVEMENT
HOME

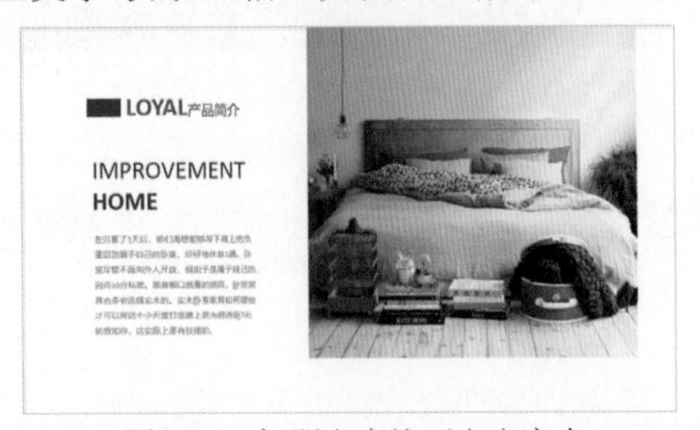

图 2-69　标题文字比正文文字大

24
荣耀V10或年底现身
麒麟970+全面屏
×
1.5
16
华为mate10系列的推出，除了证明了国产手机的强大，还带来了一款强悍芯片麒麟970，并肩骁龙835般的存在。荣耀V10作为荣耀旗舰，无疑是搭载麒麟970的首选，荣耀畅玩7X已经率先采用全面屏设计，荣耀V10能否在此基础上优化体验，令人好奇。

图 2-70　正文和标题文字的大小比例

将图2-70所示的比例应用到PPT内容页后，效果如图2-71所示。

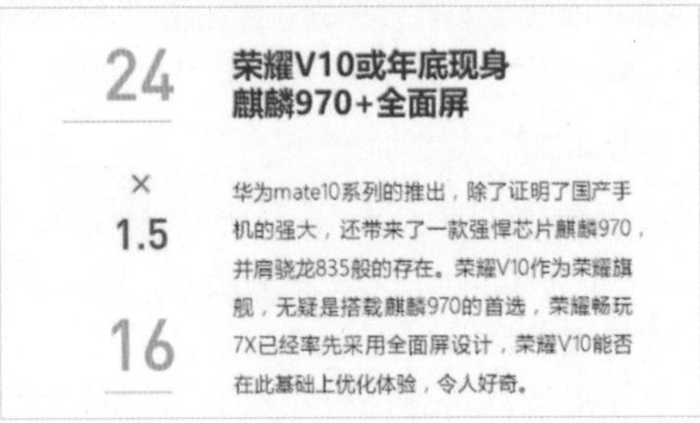

2. 标题文字的间距

内容页中文字间距的控制可以帮助用户快速理解信息，所以用户需注意文字的间距，如图2-72所示。

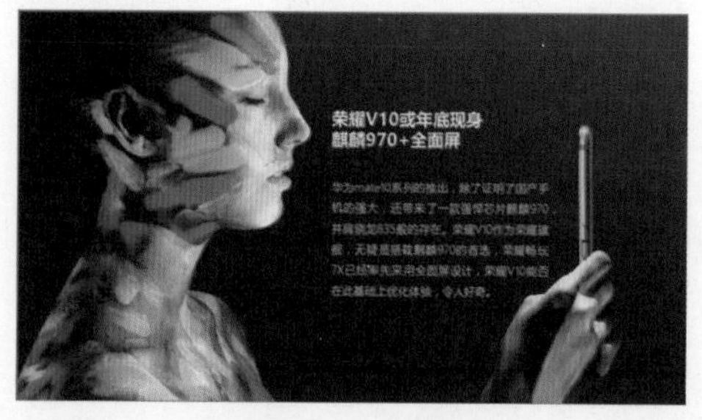

图 2-71　将标题正文比例应用到 PPT 页面

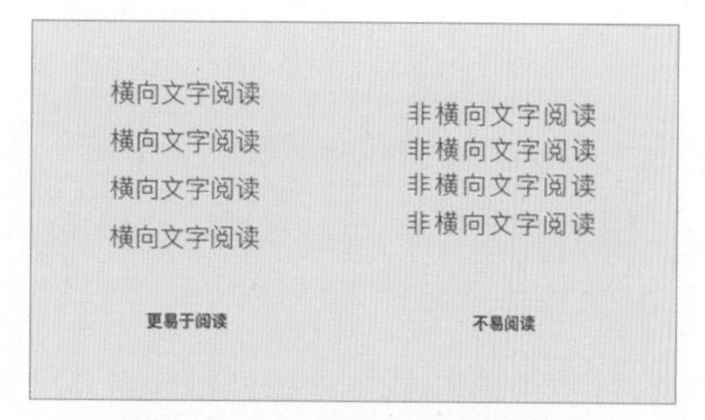

图 2-72　PPT 页面中的文字间距

在设计页面时，用户可以对文字的标题进行间距调整，让它变得更加易于阅读。如图2-73左图所示，在图中增加横向的字间距与段间距的关系，保持A＞B的宽度，效果将如图2-73右图所示。

图 2-73　在页面中增加横向字间距与段间距

3. 主/副标题的间距

在内容页中，一级标题是主要的文字信息，要进行主观强化，二级标题需要弱化，主/副标题之间应保持图2-74左图所示A-B中间空出1倍的距离(不小于1/3的主标题高度，如图2-74右图所示)，这样可以使标题文字在页面中阅读起来更舒服。

图 2-74　主 / 副标题的间距控制

4. 主/副标题的修饰

在内容页中，我们可以对主/副标题进行必要的修饰来强化对比效果，但每一个修饰都不能胡乱添加。常用的修饰方式有以下几种。

- 使用装饰线对主 / 副标题进行等分分割，也就是图 2-75 所示的 A=B 的关系。
- 使用装饰线对副标题进行等分分割，也就是图 2-76 所示的 B=C ＜ A 的关系。

图 2-75　使用装饰线分割主 / 副标题

图 2-76　使用装饰线分割副标题

- 使用描边和填充进行修饰时，应保持主 / 副标题的两端对齐，如图 2-77 所示。

5. 中/英文排版关系

当内容页中使用中/英文辅助排版时，中文和英文如何进行排版，取决于用户如何看待英文的功能属性。此时，应注意以下两点。

- 当英文属性为装饰时，应适当调大字号放在主标题的上方，如图 2-78 所示。

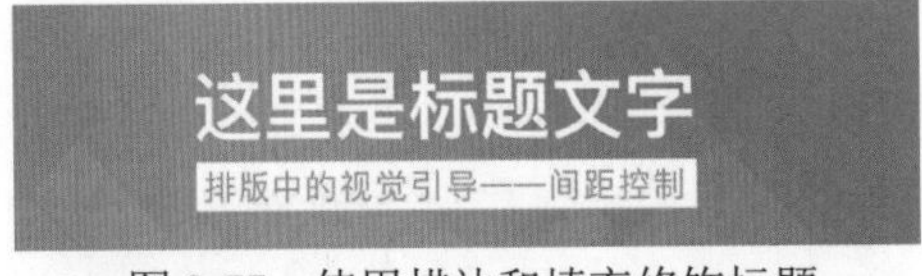

图 2-77　使用描边和填充修饰标题

图 2-78　调整英文装饰

- 当英文属性为补充信息时，应适当调小字号放在主标题的下方，如图 2-79 所示。

英文的功能属性决定了中英文混排的位置关系，但这种形式的组合并不局限于英文，重点是我们怎么给“英文”做定义。关于这一点，我们可通过图2-80所示的幻灯片来理解。

图 2-79　调整英文补充信息

图 2-80　英文和中文在页面中的排版

6. 标题与图形的组合

当用户需要对PPT的标题文字进行图案装饰时，应保持线段的宽度与文本的笔画的粗细相同。装饰线太粗，很抢画面；装饰线太细，则达不到修饰的作用，如图2-81左图所示的装饰线太细，而图2-81右图所示的装饰线则太粗。

在设计页面时，用户需要将装饰线的宽度与文本的笔画的粗细设置为相同，也就是图2-82左图所示A=B的关系。将其应用在PPT页面中的效果如图2-82右图所示。

图 2-81　使用装饰线修饰页面

图 2-82　将修饰线宽度与文本的笔画的粗细设置一致

7. 大段文本的处理

在内容页中，处理大段文本是很常见的版面设计。当页面上需要放置大段文本内容时，可能由于标点符号、英文单词、数字等元素的存在，导致页面边缘难以对齐，显得很乱。此时，最简单的方法就是对文字段落设置两端对齐，如图2-83所示。将这个方法应用到PPT内容页设计中，可以制作出如图2-84所示的页面效果。

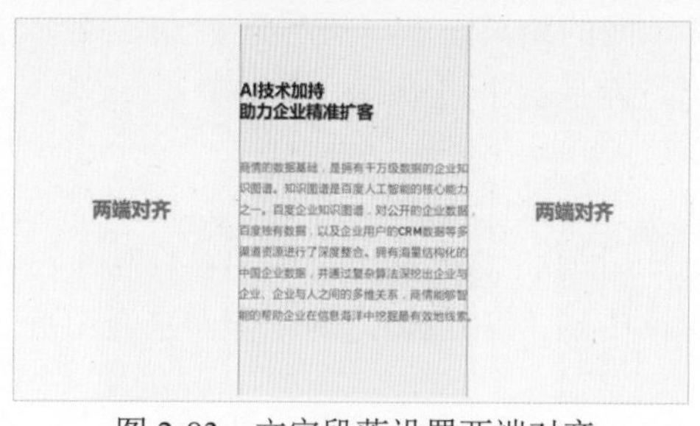

图 2-83　文字段落设置两端对齐

图 2-84　将两端对齐应用于 PPT 页面

8. 元素之间的距离

在设计PPT内容页时，页内各元素的间距应小于页面左右边距。如图2-85所示的页面在设计PPT时经常会遇到，这种内容页上往往需要放置多个元素。

在内容页的设计中，有一个恒定的规则，即B<A(其中A为页面左右的边距，B为元素之间的距离)，如图2-86所示。

图 2-85　页面中需要放置多个元素

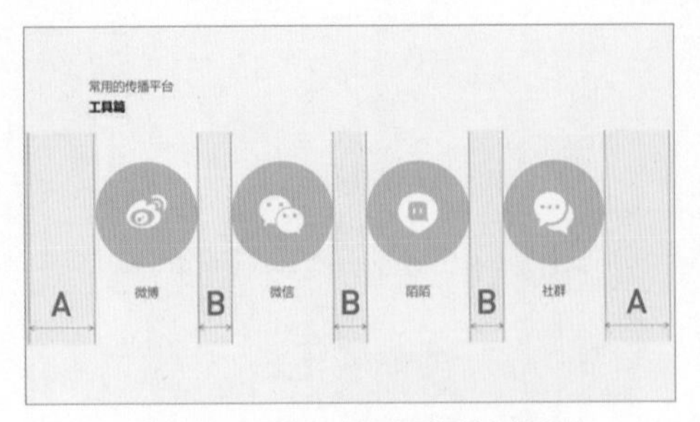

图 2-86　B<A 的页面设计规则

至于为什么元素间距要小于页边距，是因为这样会让页面上的内容在视觉上产生关联性。否则，页面看起来就会很分散。

9. 分散对齐时的间距

所谓分散对齐，是指文字随着栏宽平均分布的一种排列方式。如图2-87左图所示，不同段落文本采用的对齐方式是不同的，“2027全球移动宽带论坛”采用居中对齐，而标题文字“移动重塑世界”则采用分散对齐。在使用分散对齐时，字与字之间的距离不能过大，保持一个字的宽度即可，如图2-87右图所示。

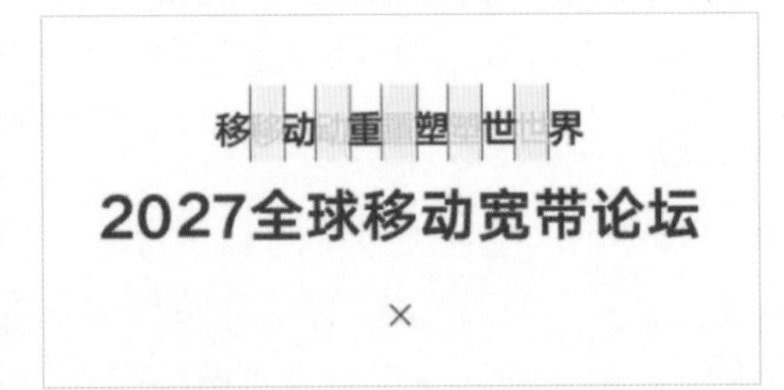

图 2-87　标题文本的分散对齐

至于为什么要保持一字间隔，是因为如果文字间的距离过大，会导致观众在阅读时感觉特别不顺畅，很多人在观看PPT时，不是读一句话，而是逐个阅读每一个文字。

10. 图片细节的统一

观众在浏览PPT作品时，细节的表现力最强。一个不经意的细节往往能够反映出设计者深层次要表达的内涵和设计能力的优劣。下面将从图片的比例和色调这两个方面来介绍页面设计中需要注意并统一的细节。

▶ 比例统一

对于很多管理者来说，在日常培训和汇报的PPT中，经常会因为种种原因，选择直接在模板中套用图片素材来做演讲或是培训，如图2-88左图所示。此时，PPT就容易出现图片细节不统一的问题。乍看之下，观众觉得风格和格式都很统一，但仔细观看，就会发现人物占画面的比例大小不一致(有的是正面照，有的则是半身像)，这样的图片效果在视觉上会显得不和谐，修改后的页面效果如图2-88右图所示。

图 2-88　统一页面中图片元素的比例

▶ 色调统一

在页面中插入一些风格不太一致的图片后，页面的风格会显得有些混乱。例如，在图2-89左图所示的幻灯片页面中，可以尝试将图片的色调进行统一，从而获得页面风格的统一，如图2-89右图所示。

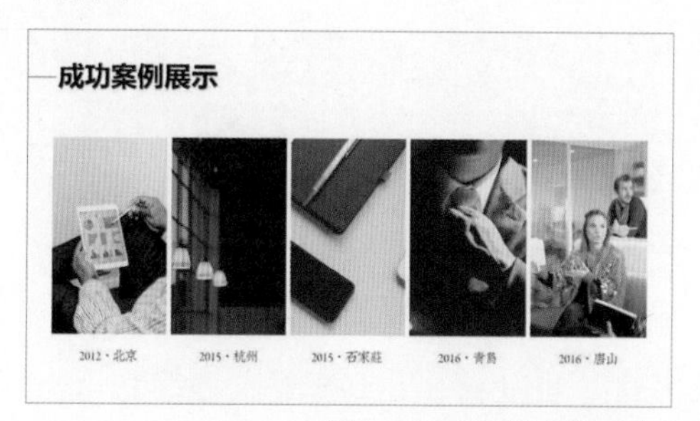

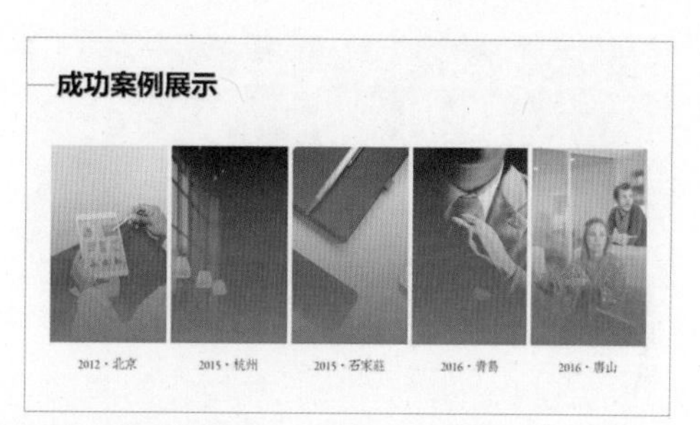

图 2-89　通过调整图片色调获得页面风格的统一效果

2.4.4　构思得体的结尾

在使用模板设计PPT时，通常模板中的结尾设计都是千篇一律，如“谢谢观看”或“Thanks”等。虽然这样设计结尾没有什么问题，但是千篇一律的结尾页看多了，难免会让观众感觉乏味，提不起精神。

如果能为PPT设计一个独特的结尾，使PPT的整体效果得到提升，即便演讲不是那么出彩，一个好的结尾也可以让人有眼前一亮的好感。例如，图2-90所示的发布会PPT中使用的结尾，能够给观众带来强烈的代入感，放在整场演讲的结尾既得体，又能提升格调。这类结尾金句可以加深观众对演讲内容的印象，引起观众的共鸣，既表达出PPT内容的态度，又与开头内容相呼应，起到了画龙点睛的作用。

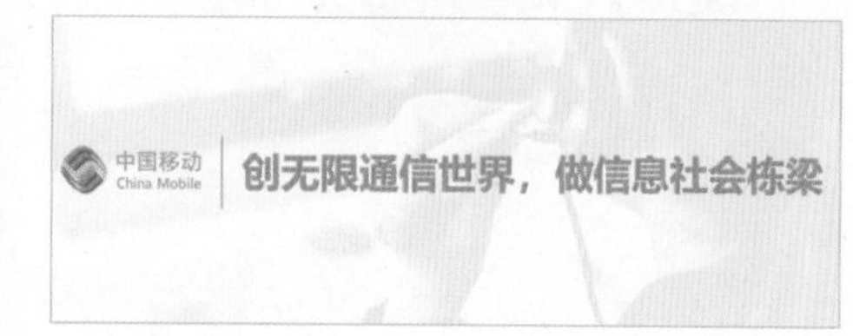

图 2-90　发布会 PPT 的结尾

还有一种PPT以企业Logo(标志)或PPT主题内容结尾，如图2-91所示。这种结尾形式比较适合企业形象宣传、产品宣传类PPT。在此类结尾页中加入公司联系方式或二维码，可以增加与观众之间的交流机会，或增进与观众的进一步交流。

宣传企业

宣传产品

图2-91　以企业标志或PPT主题内容结尾

PPT内容分享结束后，一般情况下演讲者会留出15分钟至30分钟的时间与观众交流互动，在这个环节中，也可以采用图2-92所示的问答形式结尾。

图2-92　以问答形式结尾的演讲可以采用问答结尾

此外，在PPT的结尾采用一些金句或者名人名言，也能够引出PPT要表达的观点，或者对内容进行转折总结，在结尾处升华主题，如图2-93所示。

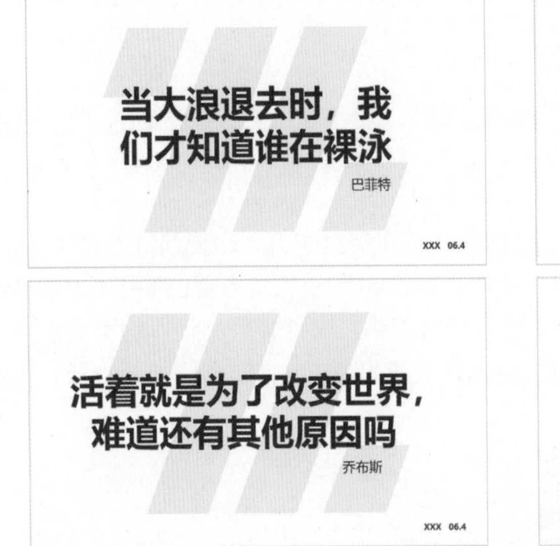

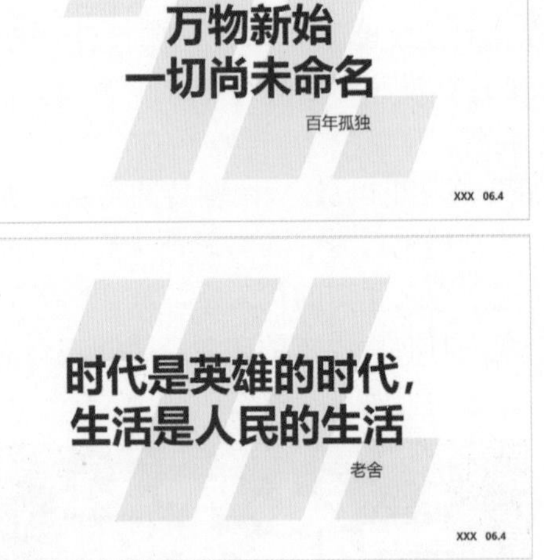

图2-93　PPT结尾金句

提示

在PPT结尾采用金句结束，也可以搭配一些图片来衬托环境。

2.5 新手常见问题答疑

新手在快速设计并制作PPT时，常见问题汇总如下。

问题一：我是一名学生，制作PPT时在哪里能找到相关的学术文献和期刊？

常用的学术文献和期刊下载网站如表2-2所示。

表2-2 常用的学术文献和期刊网站

网 站	介 绍
国家哲学社会科学文献中心	我国重要的公益性学术传播平台，提供免费文章搜索与下载
Sci-Hub	一个包含3200万篇生物医学文献和摘要的网站，虽然该网站不提供期刊文件的全文，但通常会给出一个指向全文的链接
MedSci梅斯	一个医学类文献资料查询网站，可以通过输入关键词检索并下载文献资料
MDPI/曼迪匹艾	MDPI是一家期刊出版商网站，其经营领域包括生物、化学、医药、机械、能源、环境等各学科，用户可以在该网站上搜索并获取自己想要的文献资料
OA Library	该网站为浏览者免费提供了500万篇学术文章，并不断更新
Library Genesis图书馆创世纪	一个图书搜索工具，可以搜索网上免费提供的电子书，包括约240万本电子图书、8000万本科学杂志和220万篇小说
全国图书馆参考咨询联盟	一个提供与知网内容质量不相上下的文献信息查找网站，其文献获取方式是通过留下电子邮箱，等待系统自动确认后发送文件(3小时之内)
科研通	一个完全免费的文献互助平台，当我们需要的文献无法获取时，在该平台尝试通过留言得到其他用户(或AI机器人)的帮助
CiteSeerX	一个免费论文搜索网，是CiteSeer的换代产品，而CiteSeer引文搜索引擎是利用自动引文标引系统(ACI)建立的第一个学术论文数字图书馆

问题二：我是一名公务员，制作PPT时在哪里可以找到自己需要的写作材料？

首先，用户可以在百度搜索引擎使用site命令，将搜索范围限定在指定的某一个或某一类网站中，从而大幅提高检索效率。例如，搜索政府网站：site:gov.cn；搜索人民网：site:people.com.cn；搜索新华网：site:xinhuanet.com；搜索高校网站：site:edu.cn等，图2-94所示为通过政府网站搜索2022年终总结(site命令除了可以保证百度搜索引擎中搜索结果的质量，还可以缩小搜索的行业领域)。

图2-94 使用site命令

其次，用户可以通过如人民日报电子版、人民论坛网和人民日报评论(微信搜索“人民日报评论”关注)获取材料。人民日报是党中央的机关报，其网站与公众号最大的优势是从宏观到微观的材料应有尽有。而能够在人民论坛网刊发社论的用户，大多对时事政治有着高度的敏感，其文章所包含的信息量往往较大，值得用户写材料时琢磨和学习。

再次，用户还可以通过新华网、半月谈微信公众号(微信搜索“半月谈”关注)、党建网、共产党员网、宣讲家网等网站搜索材料。其中，宣讲家网在各类相关公文范文类网站中，文稿的质量比较高，涵盖范围也比较广，既有形势政策、专门报告，也有理论文库等，特别是其中的课件和宣讲稿，尤其优秀(其他同类网站没有)。

最后，用户可以访问国务院政策文件库网查找资料。该网站最大的优点是国务院发布的政策文件均可以通过搜索找到，如果在PPT内容中引用到一些最新专业性的法规文件，一定会为PPT的内容质量增色不少。

问题三：我是一位想做多媒体PPT课件的老师，在哪里能找到自己想要的教学素材？

制作微课视频常用的素材网站如表2-3所示。

表 2-3　常用的微课素材网站

网　站	介　绍
字幕说	一个可以将输入文字自动转换成语音的网站
国家中小学智慧教育平台	一个拥有覆盖小学到高中全科目全课程、全专题教育教学视频资源的网站，其内容比通过搜索引擎找到的内容优质很多
希沃白板	一个能够提供海量课件库的软件，可以随时修改库中提供的课件并上传共享
第一备课网	一个免费教学课件PPT下载网站，包含各个学科的课件、教案和试题
教研网	一个服务全国教研工作和广大中小学教师专业发展的公益性专业网站，其特点在于定期会推出多种多样的研修班，包括活动、资源、课程等
菁优网	一个资料丰富的学习网站，其中收录了全国各地历届高考题，以及初高中期中、期末考试题、名校月考题
瑞文网	一个完全免费的学习教育网站

问题四：在网上找PPT模板时，如何判断一个模板的优劣？

虽然使用模板是非设计专业用户制作PPT的入门捷径，也是一个“欣赏—学习—模仿—提高”的完整过程，但由于模板市场(模板素材网站)上PPT模板的质量鱼龙混杂、良莠不齐，给许多新手用户带来了困惑。因此，下面将介绍几个判断模板是否优秀的标准，以供用户参考。

- 风格统一。优秀的 PPT 模板应该具有统一的设计风格，字体、配色方案要前后保持一致。
- 分类清晰。分类清晰的 PPT 模板可以快速定位幻灯片版式。例如，用户可以在模板中快速找到“关于我们”“团队建设”或“服务信息”等板块幻灯片。
- 页数没有水分。模板中的页数多并不代表每一页都有用。有些 PPT 模板可能包含大量页面，但其中很多页面有水分的，这些页面只是更改了一下配色方案或字体，也被算进了总页数里。
- 提供使用说明 (或配套文件)。一般情况下，用户通过模板网站下载或购买 PPT 模板后，需要对模板的内容进行二次修改，如更改文字、调整颜色、添加图标等。此时，应通过模板下载 (或购买) 页面确认模板中是否提供了额外的帮助指南 (文本或视频) 或字体文件，以确保模板能够正常使用。

许多用户在套用PPT模板后，仍不能得到预期的PPT效果，这是因为没有正确地使用模板。

问题五：在快速制作教学课件PPT内容时，有哪些需要注意的问题？

在课堂中，教学课件PPT在其中扮演了很重要的角色，PPT质量的好坏会直接影响教师的授课效果。通常，在制作教学课件PPT时，我们需要注意以下一些问题。

- PPT 的本质在于可视化，就是要把原本晦涩的抽象文字转化为图片、图表、动画以及声音所构成的生动场景，以求通俗易懂。因此，在制作教学课件 PPT 时可以参考两个原则：能用图的不用表格，能用表格的不用文字；尽量将文字分为条目，单页幻灯片内文字条目最好控制在 5 行以内。
- 逻辑是 PPT 的灵魂，没有逻辑和层次的 PPT 只是文字和图片的堆砌。在制作教学课件 PPT 时不能想到哪里就做到哪里，应先厘清课堂教学内容的逻辑，拟定 PPT 的大纲。在制作 PPT 时，可以通过添加导航来展示整个课件的结构。例如，用目录来呈现课件的清晰脉络，使学生一目了然，便于抓住主要内容；每个页面除了标明整个 PPT 的标题，更重要的是要标明章节标题和文本主题；为 PPT 的每一页添加页面，以便授课时随时调取 PPT 中相应的页面。
- 教学课件 PPT 主要用于辅助教师授课，如果在课件中加入过多与教学无关的花哨元素 (如过多的字体、颜色、图片、动画等)，会使学生的注意力分散，打乱他们的思维，反而削弱课堂教学的效果。因此，教师在制作课件时应注意，使用整体模板、PPT 中的颜色搭配要统一；课件中字体应尽量少用并统一；选择图片素材应与教学内容相关；不要使用过于复杂的动作和动画设置。
- 有些教师在做完教学课件 PPT 后忘记了测试 PPT，在课堂上用 PPT 时才发现自己原先设计的一些图片或功能因为 PPT 文件的复制和输出而失效，从而影响了课件在课堂中所发挥的作用。因此，在使用本章介绍的方法完成 PPT 课件的制作后还需要对其内容和功能进行测试，如检查 PPT 版本是不是与教学点的放映软件兼容；检查 PPT 中的超链接和动作按钮是否正确有效；对比电脑和大屏幕投影设备的 PPT 演示效果。

问题六：有哪些操作可以提高PPT制作效率？

除了本章介绍的一些方法之外，在制作PPT时使用以下几个操作可以提高效率。

- 使用 F4 键重复上一步操作

当需要执行一系列重复的操作时，将操作执行一遍后按F4键可以重复执行上一次的操作，如在PPT中按住Ctrl键拖动图2-95左图中的色块，将其复制一份后，按F4键可以快速制作出一行等距色块，如图2-95右图所示。

复制色块

按 F4 键等距复制

图 2-95　使用 F4 键快速复制色块

在图2-96左图所示的页面中对PPT中文字执行改色操作后，再选中其他文字后按F4键(如图2-96中图所示)，可以快速对其执行相同的操作，如图2-96右图所示。

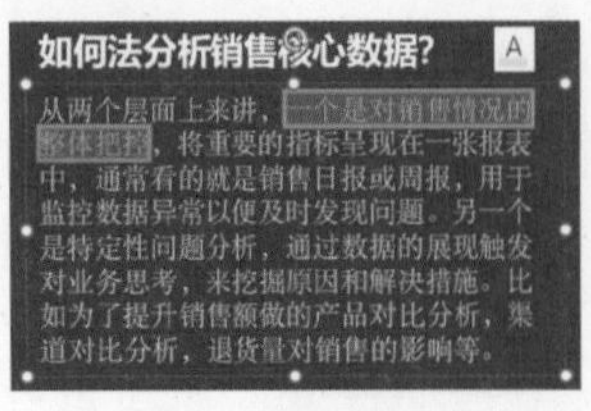

修改文本颜色

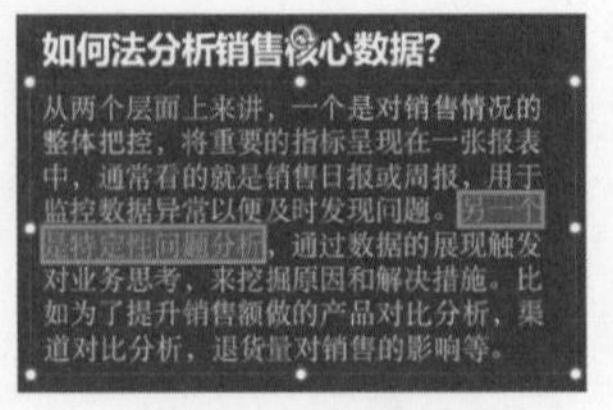

选中另一段文本

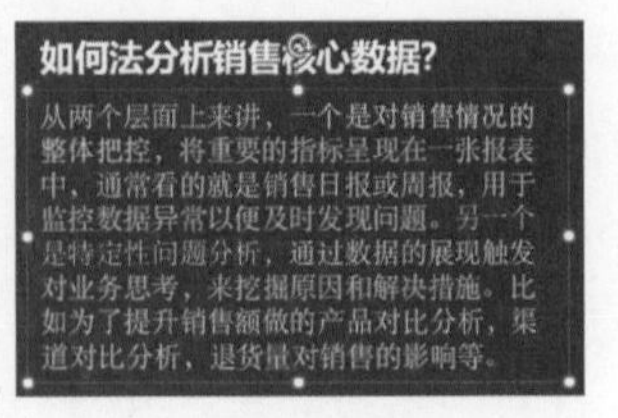

按 F4 键

图 2-96　使用 F4 键快速修改文字颜色

在图2-97左图所示的表格中增加了一行，按F4键可以快速在表格中增加更多的行，如图2-97右图所示。

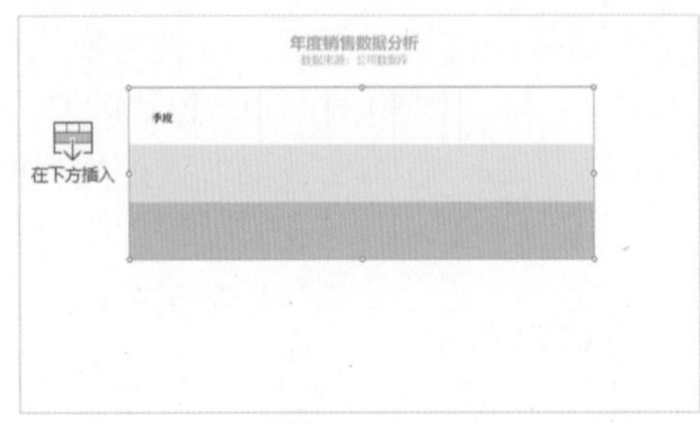

插入一行

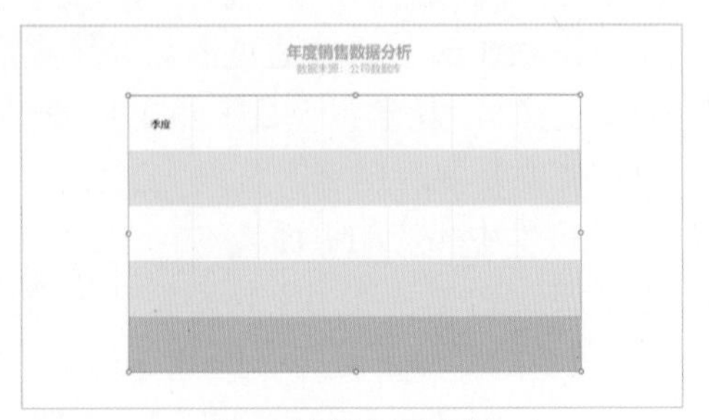

按 F4 键插入更多行

图 2-97　使用 F4 键在表格快速增加行

按照同样的操作思路，当我们在使用表格设计PPT页面布局时，为一个单元格设置背景颜色和透明度参数后，将鼠标指针置于其他单元格中后按F4键，可以快速将其他单元格设置为同样的效果，如图2-98所示。

设置一个单元格背景效果

按 F4 键快速设置其他单元格

图 2-98　使用 F4 键快速设置表格单元格格式

▶ 自定义快速访问工具栏

在PowerPoint软件中有许多功能选项，在制作PPT时想使用某些功能，往往需要选择多个选项卡，在不同的组中才能找到这些选项。例如，我们要在PPT中插入一个文本框，就要选择【插入】选项卡，然后在【文本】组中找到执行插入文本框的【文本框】选项；要为文本框添加一个动画，就要选择【动画】选项卡，在【高级动画】组中单击【添加动画】选项；想要打开【选择】窗格查看当前幻灯片中都包含了哪些元素，需要选择【开始】选项卡，在【编辑】组中单击【选择】下拉按钮，从弹出的列表中选择【选择窗格】选项等。这些需要反复执行的操作往

往会占用大量的时间，我们可以通过自定义快速访问工具栏，将制作PPT时常用的选项放置在快速访问工具栏中，以提高PPT的制作效率。

以上面提到的【文本框】【添加动画】【选择窗格】选项为例，将这些选项加入PowerPoint工作界面左上角快速访问工具栏的方法如下。

(1) 单击快速访问工具栏右侧的【自定义快速访问工具栏】按钮 ，从弹出的列表中选择【其他命令】选项，如图2-99左图所示。

(2) 打开【PowerPoint选项】对话框，将【从下列位置选择命令】设置为【所有命令】，然后在其下方的列表中分别选择【插入文本框】【添加动画】【选择窗格】选项后，单击【添加】按钮，将这些选项添加至【自定义快速访问工具栏】列表中，如图2-99右图所示。

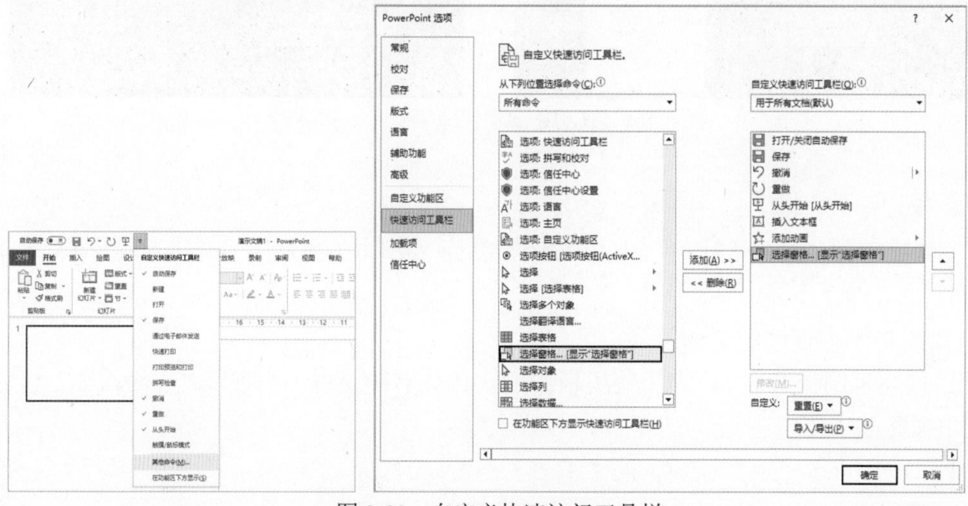

图2-99　自定义快速访问工具栏

(3) 最后，在【PowerPoint选项】对话框中单击【确定】按钮，即可将【插入文本框】【添加动画】【选择窗格】选项添加进快速访问工具栏中，如图2-100所示。

插入文本框　选择窗格

添加动画

图2-100　自定义工具栏选项

▶ 为PPT设置默认字体

PowerPoint中默认使用"等线(正文)"字体，我们在制作PPT时每输入一段文字，往往就需要为文字重新设置字体，久而久之就大大增加了制作PPT的时间，降低了效率。

我们可以通过为PPT重新设置默认字体来解决这个问题，具体方法是，创建一个文本框，在其中输入任意一段文本并为其设置字体格式后，右击文本框，从弹出的快捷菜单中选择【设置为默认文本框】命令。这样，在PPT中插入的其他文本框将采用默认文本框中的字体格式。

▶ 快速复制PPT中的幻灯片

在制作PPT时经常需要在不同的页面使用相同的元素(如文本框、图片、形状、表格、背景、图表等)，在PowerPoint左侧的幻灯片预览窗格中选中一个幻灯片缩略图后按Ctrl+D组合键(或Ctrl+Shift+D组合键)，可以快速复制选中的幻灯片。

提示

在PPT中选中任意一个元素后，按Ctrl+D组合键可以快速复制该元素。

▶ 使用格式刷快速复制元素格式

使用PowerPoint【开始】选项卡的【剪贴板】组中的【格式刷】选项，可以将PPT中一个元素上设置的格式快速复制应用于其他元素。例如，选中图2-101左图中的文本框后单击【格式刷】按钮，然后分别单击图2-101右图所示的其他两个文本框，可以将左图文本框中所设置的格式复制到右图所示的文本框中。

图 2-101　使用格式刷快速复制文本框格式

提 示

单击【格式刷】按钮，只能使用一次格式复制操作；双击【格式刷】按钮，可以进入格式刷状态，对多个元素执行格式复制操作(按Esc键退出格式刷状态)。

▶ 替换 PPT 模板中的字体

在使用模板制作PPT时，为了让模板中的字体能够满足PPT主题和内容的需要，经常需要更换其中文本的字体。

在PowerPoint【开始】选项卡的【编辑】组中单击【替换】下拉按钮，在弹出的下拉列表中选择【替换字体】选项，可以打开【替换字体】对话框。在该对话框的【替换】和【替换为】下拉列表中分别选择PPT文件中使用的字体和需要替换的字体后，单击【替换】按钮即可快速将PPT中使用的字体替换为我们想要的字体，如图2-102所示。

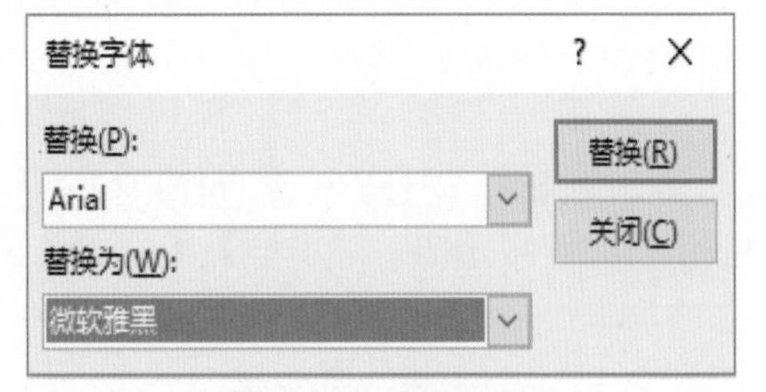

图 2-102　替换字体

▶ 使页面适应窗口大小

在设计PPT页面时，单击PowerPoint右下角的视图缩放比例滑块 - + 100%，可以调整当前视图的大小。当视图被放大或缩小后，单击滑块右侧的【适应窗口大小】按钮，可以使PPT视图大小快速适应当前PowerPoint工作界面窗口大小。

▶ 使用翻译工具

在制作某些类型的PPT时，需要使用英文，并将英文翻译为中文。在PowerPoint中选中一个包含英文的文本框后，单击【审阅】选项卡的【语言】组中的【翻译】按钮，在打开的【翻译工具】窗格中即可将文本框中的英文翻译为中文，如图2-103所示。单击【插入】按钮，可以直接将文本框中的英文替换为中文。

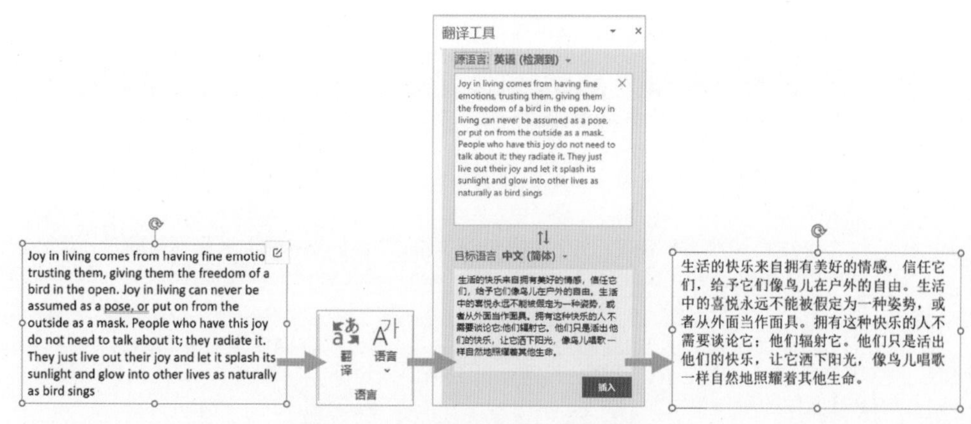

图 2-103　使用 PowerPoint 翻译英文

▶ 使用图像库 / 图标库 / 视频库 / 贴纸库 / 插图库 / 卡通人物库 / 人像抠图库

在PowerPoint中单击【插入】选项卡中的【图片】下拉按钮，从弹出的下拉列表中选择【图像集】选项，可以打开图2-104所示的【图像集】窗口，该窗口中提供了许多免费、可商用的图片、图标、视频、贴纸、卡通人物和人像抠图素材资源。选中一个素材图标后，单击窗口右下角的【插入】按钮，可以将其插入PPT中。

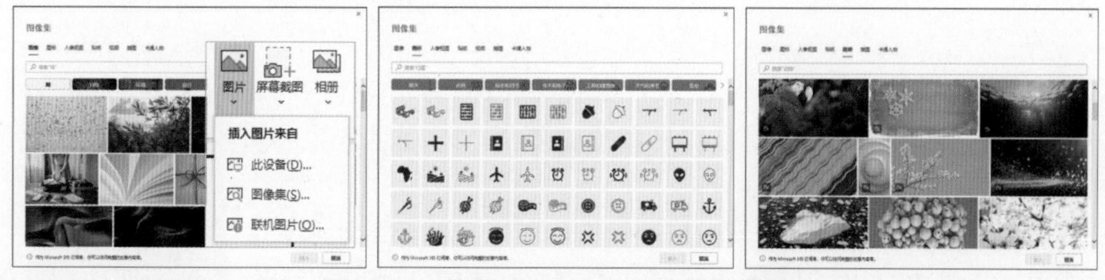

图 2-104　使用 PowerPoint 自带的素材库

提示

在PowerPoint中可以通过多种方法打开图2-104所示的【图像集】窗口，如单击【插入】选项卡中的【图标】选项；单击【插入】选项卡中的【视频】下拉按钮，从弹出的下拉列表中选择【库存视频】选项。

▶ 使用 PowerPoint 录制视频

在PowerPoint中选择【录制】选项卡，然后单击【录制】组中的【屏幕录制】选项，可以将电脑屏幕上的操作录制为视频。此类视频在用于授课的多媒体课件中经常使用。

问题七：有哪些工具可以在线制作PPT？

除了本章2.3.2节介绍的Woodo(吾道幻灯片)以外，还有一些在线平台提供线上制作PPT的功能，具体如表2-4所示(读者可以通过百度、必应等搜索引擎自行搜索相应的网址)。

表 2-4　提供在线制作 PPT 的网站

网　站	介　绍
PPtist	一个堪比Office软件的在线PPT编辑器，其提供大部分PowerPoint 常用功能，支持文字、图片、形状、线条、图表、表格、视频、音频、公式等最常用的元素类型，且每一种元素都拥有高度可编辑能力，同时支持丰富的快捷键和右键菜单，支持导出本地 PPTX 文件，支持移动端基础编辑和预览
Canva	一个在线设计网站平台，用户可以根据不同的需求在该网站上选择不同的设计模式，依照不同的PPT模板按引导设计自己想要的PPT。同时，在Canva网站还提供一个资源库，包含图片、图标、图表等PPT设计素材
布丁演示	一个功能非常强大的专业PPT在线制作网站，其内置了丰富多样的PPT模板，包括教育培训、毕业答辩、个人介绍、计划总结等，适合需要快速编辑制作PPT，但电脑中又没有安装任何PPT软件的用户使用
闪击PPT	一个主打内容的PPT在线设计网站，用户在该网站上通过输入文字就可以在线生成PPT，网站会根据用户输入的文字自动生成PPT版式，无须用户对PPT进行复杂的设计

问题八：通过各种文稿、模板、在线编辑器生成的PPT需要进一步设计吗？

不同的应用场景对于PPT的需求不一样，但对于观众而言，感受到PPT的作用只包含“看”和“听”两部分。需要观众“听”多于“看”的PPT(也就是主要由演讲者语言主导)一般不需要过多的设计；而需要“看”多于“听”或者“看”与“听”兼备的PPT，则需要进一步设计。例如：

- 培训类 PPT 需要演讲者站在讲台上使用 PPT 对培训内容进行合理、完整的讲授和演绎，PPT 中需要的是重点信息和关键要点，对视觉效果和讲授的逻辑、框架都需要有一定的设计水平；
- 发布会类 PPT 应用的场景往往有许多人参与，由于场地和设备的限制，一部分观众可能很难看清 PPT 内容，因此需要我们在生成 PPT 后将其设计得简洁、明快，并采用关键字、关键句、大图片、大图标的效果；
- 报告类 PPT 往往是给甲方 / 领导 / 同事看的，制作者只有较少的机会去主动讲述其内容，所以要求在生成 PPT 后，将内容尽量设计得完整和精准；
- 展示板类 PPT 就是一个辅助演讲的图片展示道具，其主要作用就是在演讲中展示一些提示信息或资料，观众看与不看都不重要，对此类 PPT 进一步设计的意义不大。

第 3 章
PPT 母版设置

本章导读

PPT 由多个相互关联的页面组成。在制作 PPT 的过程中，我们可能会碰到以下情况。

- 要把相同的元素放在每个页面的同一个位置
- 要为整个 PPT 设置相同风格的背景
- 要在某些页面的相同位置插入相同的图片
- 要把一个 PPT 的版式给另一个 PPT 使用
- ……

如果我们一张一张地操作页面，那真的是非常麻烦。其实，在 PowerPoint 中只要运用好母版，就可以对页面进行批量操作，轻松提高制作效率。

3.1 母版概述

母版就是在PPT中预先设置的一些版式信息，包括文字的字体、字号、颜色，图片和占位符的大小、位置、形状，背景设计的配色方案，页面的布局等。在PPT中使用母版中的版式，用户可以通过简单的操作快速实现PPT页面的设计与内容的填充，如图3-1所示。

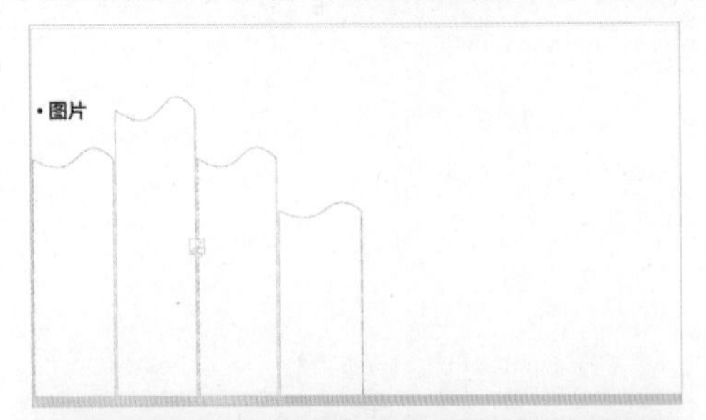

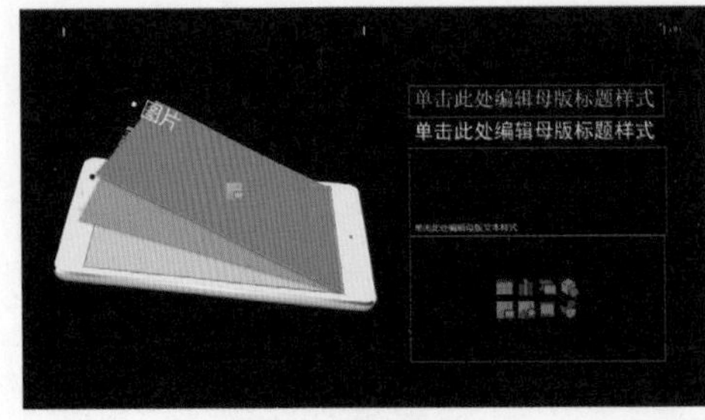

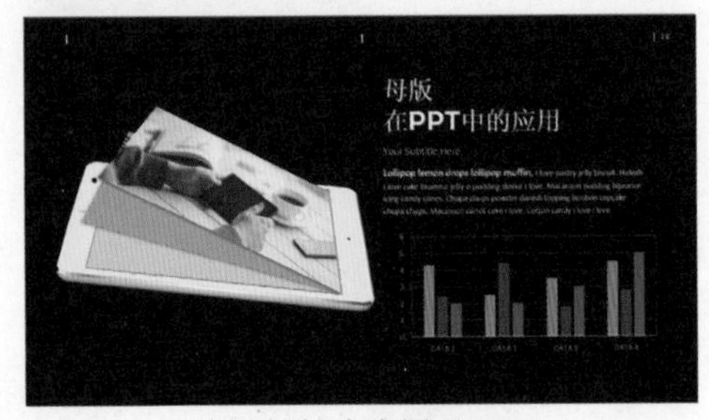

母版中预设的版式　　将母版版式应用于 PPT

图 3-1　使用母版快速制作 PPT

PowerPoint 中提供了幻灯片母版、讲义母版和备注母版3种母版，其中：

- 讲义母版和备注母版通常用于打印 PPT 时调整格式或对幻灯片内容进行备注；
- 幻灯片母版用于批量、快速建立风格统一的精美 PPT。

通常，母版的设置指的是对幻灯片母版的设置。要打开幻灯片母版，可使用以下两种方法。

- 方法 1：选择【视图】选项卡，在【母版视图】组中单击【幻灯片母版】按钮。
- 方法 2：按住 Shift 键，单击 PowerPoint 窗口右下角视图栏中的【普通视图】按钮。

打开幻灯片母版后，PowerPoint将显示如图3-2所示的【幻灯片母版】选项卡、版式预览窗格和版式编辑窗口。在幻灯片母版中，使用母版时需要对母版中的版式、主题、背景和尺寸进行设置。

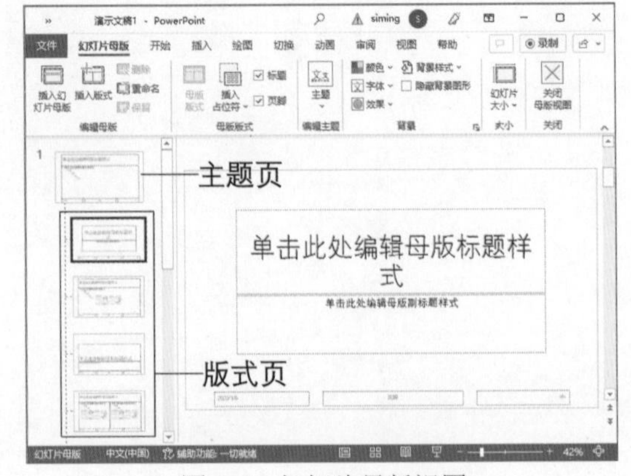

图 3-2　幻灯片母版视图

3.2　使用母版

在图3-2所示的版式预览窗口中显示了PPT母版的版式列表，母版版式主要由主题页和版式页组成。

- 主题页是幻灯片母版的母版，当用户为主题页设置格式后，该格式将被应用在 PPT 所有的幻灯片中。
- 版式页包括标题页和内容页，其中标题页一般用于 PPT 的封面或封底；内容页可根据 PPT 的内容自行设置 (移动、复制、删除或者自定义)。

3.2.1　利用主题页统一添加页面元素

我们在制作PPT的时候，经常会碰到下面一些情况：

- 给整套模板设置一样的背景；
- 把相同的元素放在同一个位置；
- 在某些页面的相同位置插入图片。

如果我们在PPT的每个幻灯片中重复这些操作，就需要不断地执行复制和粘贴命令，耗时且麻烦。但如果运用幻灯片母版，就可以执行批量操作，轻松且高效地得到自己想要的结果。

1. 设置统一背景

【例3-1】 通过设置母版的主题页为PPT所有的幻灯片设置统一背景。

(1) 进入幻灯片母版视图后，在版式预览窗格中选中幻灯片主题页，然后在版式编辑窗口中右击鼠标，从弹出的快捷菜单中选择【设置背景格式】命令，如图3-3左图所示。

(2) 打开【设置背景格式】窗格，为主题页设置背景(如设置图片背景)，然后单击【应用到全部】按钮。幻灯片中所有的版式页都将应用相同的背景，如图3-3右图所示。

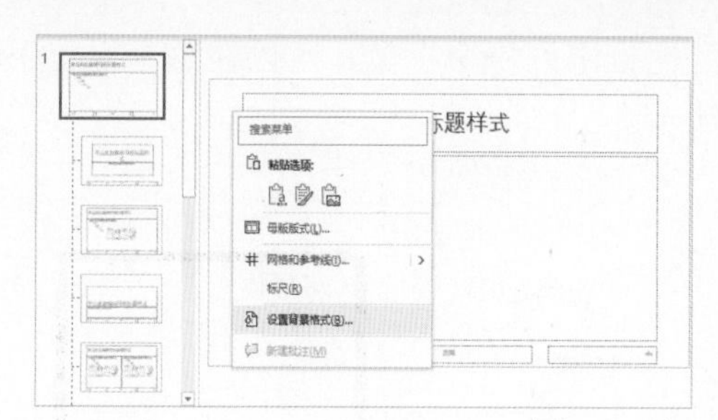

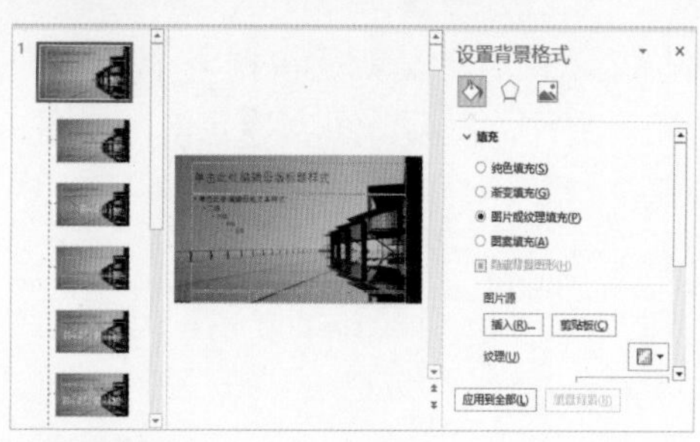

图 3-3　为主题页设置背景

(3) 在【幻灯片母版】选项卡中单击【关闭】组中的【关闭母版视图】按钮，退出幻灯片母版视图，PPT中的所有幻灯片(包括新建的幻灯片)将应用统一的背景。

2. 设置统一字体

【例3-2】 在母版的主题页中为PPT所有幻灯片中的文字设置统一字体。

(1) 进入幻灯片母版视图后，在版式预览窗格中选中幻灯片主题页，选中主题页中的占位符后，在【开始】选项卡的【字体】组中设置占位符中文字的字体，如图3-4所示。

(2) 使用同样的方法，在主题页中设置正文占位符所应用的字体，然后退出幻灯片母版视图，PPT中所有标题和正文将被统一修改。

3. 添加相同的图标

【例3-3】在母版的主题页中为PPT所有页面添加相同的图标。

(1) 进入幻灯片母版视图后，在版式预览窗格中选中幻灯片主题页，选择【插入】选项卡，在【图像】组中单击【图片】按钮，在主题页中插入图3-5所示的图标。

(2) 在【幻灯片母版】选项卡中单击【关闭母版视图】按钮，退出幻灯片母版视图，PPT所有的页面(包括新建的页面)将在如图3-5所示的位置添加相同的图标。

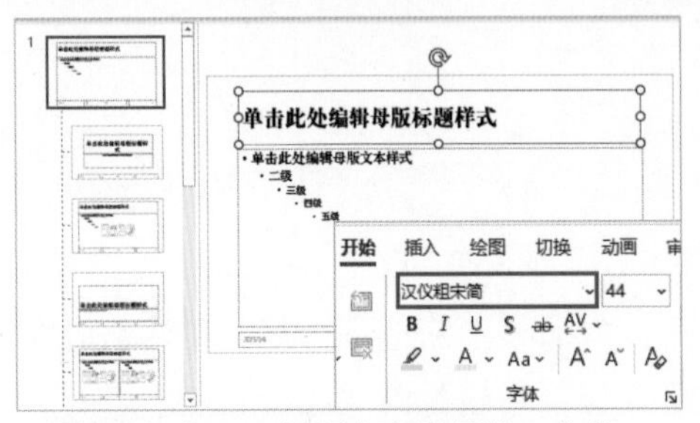

图 3-4　为 PPT 标题文本设置统一字体

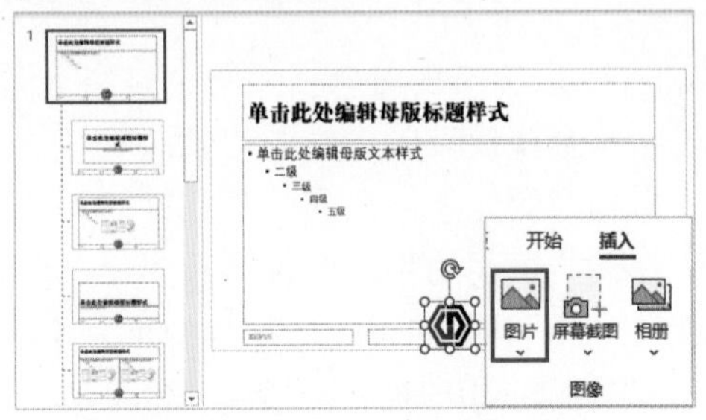

图 3-5　为 PPT 添加相同的图标

3.2.2　使用占位符设计 PPT 版式页

占位符是设计PPT母版时最常用的一种对象，只能在幻灯片母版视图中设置。通过合理地设置占位符，我们可以制作出各种符合PPT设计规范和要求的版式页。

1. 什么是占位符

占位符，顾名思义就是占据一个位置，就好比设定好一个框架，可以在这个框架中输入文本，插入图片、视频、图表等元素，如图3-6所示。

图 3-6　母版版式页中的占位符

下面将详细介绍在PPT中使用占位符的方法，以及利用占位符在幻灯片母版的版式页中设计各种版式布局的技巧。

2. 插入统一尺寸的图片

【例3-4】利用占位符在PPT的不同页面中插入相同尺寸的图片。

(1) 打开PPT文档后，选择【视图】选项卡，在【母版视图】组中单击【幻灯片母版】按钮，进入幻灯片母版视图，在窗口左侧的幻灯片版式列表中选中【空白】版式。

(2) 选择【幻灯片母版】选项卡，在【母版版式】组中单击【插入占位符】下拉按钮，在弹出的下拉列表中选择【图片】选项，如图3-7左图所示。

(3) 按住鼠标左键，在幻灯片中绘制一个图片占位符，然后在图片占位符左侧绘制一个如图3-7右图所示形状。

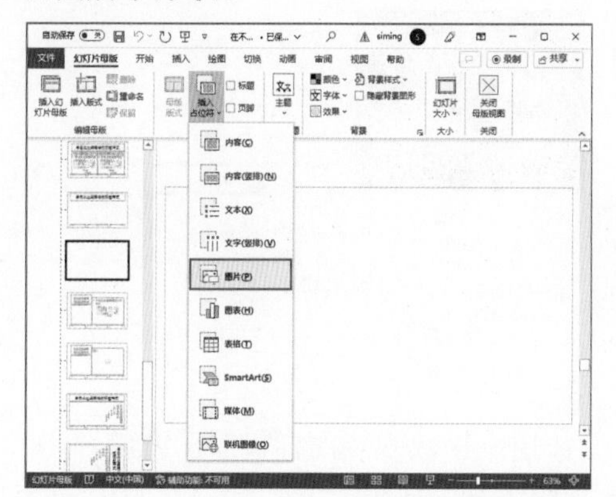

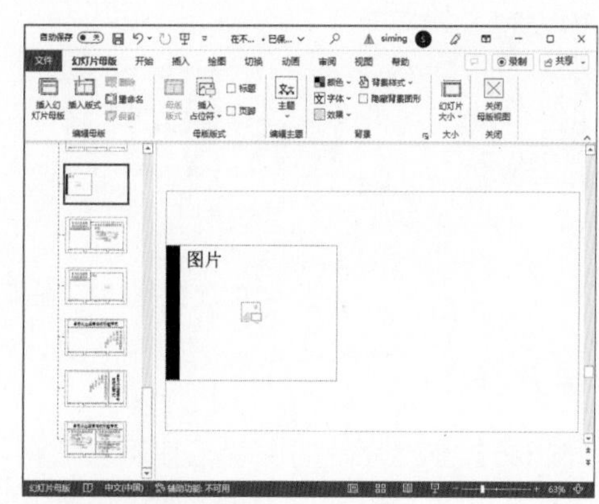

图3-7 在幻灯片中插入图片占位符和形状

(4) 在幻灯片版式列表中右击【空白】版式，从弹出的快捷菜单中选择【重命名版式】命令，在打开的【重命名版式】对话框中输入一个新的版式名称(如“统一尺寸图片”)，然后单击【重命名】按钮，如图3-8所示。

(5) 退出幻灯片母版视图。在PowerPoint工作界面左侧的幻灯片列表窗口中按住Ctrl键选择多张幻灯片，选择【插入】选项卡，在【幻灯片】组中单击【版式】下拉按钮，在弹出的下拉列表中选择“统一尺寸图片”版式，如图3-9所示。

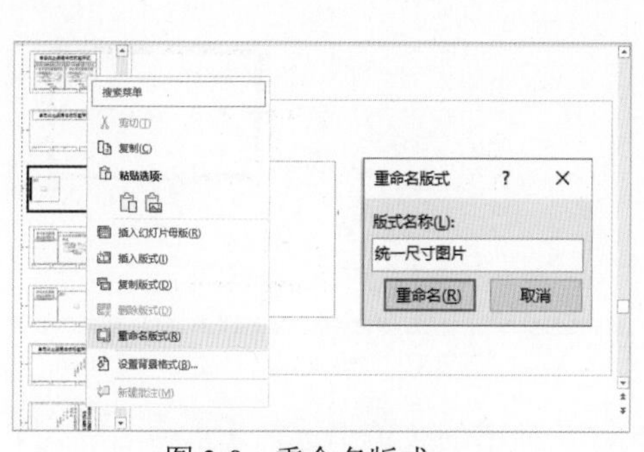

图3-8 重命名版式

图3-9 为多张幻灯片应用版式

(6) 此时，选中的幻灯片将统一添加相同的版式(版式中包含一个图片占位符)，分别单击版式内图片占位符中的【图片】按钮，在打开的【插入图片】对话框中选择一个图片文件，然后单击【插入】按钮，即可在不同的幻灯片中插入相同大小的图片，如图3-10所示。

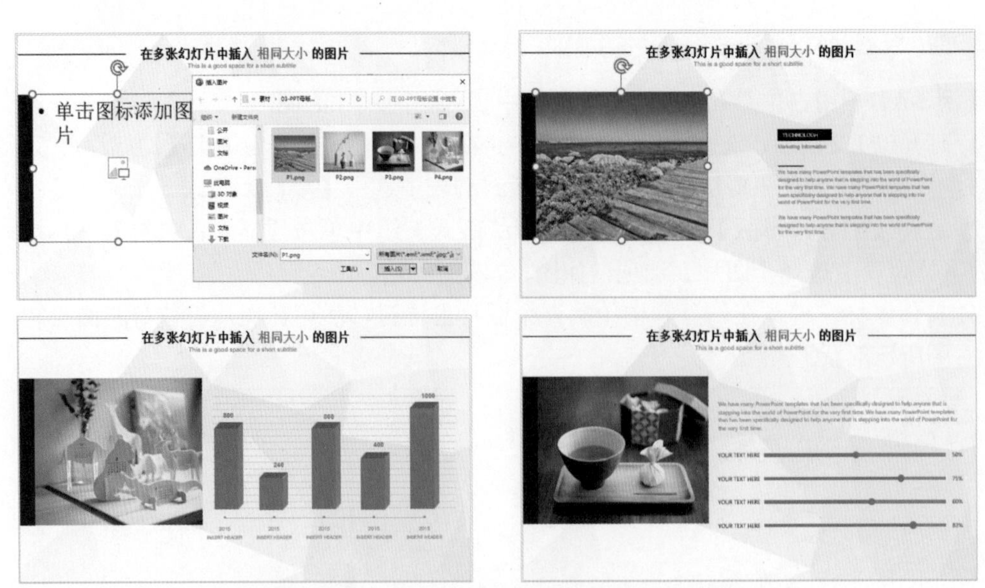

图 3-10　利用占位符在不同页面插入相同尺寸的图片

3. 制作样机演示

【例3-5】在幻灯片的图片上使用占位符，制作用于播放视频的样机演示窗口。

(1) 打开PPT文档后，在【母版视图】组中单击【幻灯片母版】按钮，进入幻灯片母版视图，在窗口左侧的版式列表中选择一个PPT版式，删除其中多余的占位符，选择【插入】选项卡，在【图像】组中单击【图片】选项，在版式中插入图3-11所示的样机图片。

(2) 选择【幻灯片母版】选项卡，在【母版版式】组中单击【插入占位符】下拉按钮，在弹出的下拉列表中选择【媒体】选项，在幻灯片中的样机图片的屏幕位置绘制一个媒体占位符，并调整图片和占位符在版式中的位置，如图3-12所示。

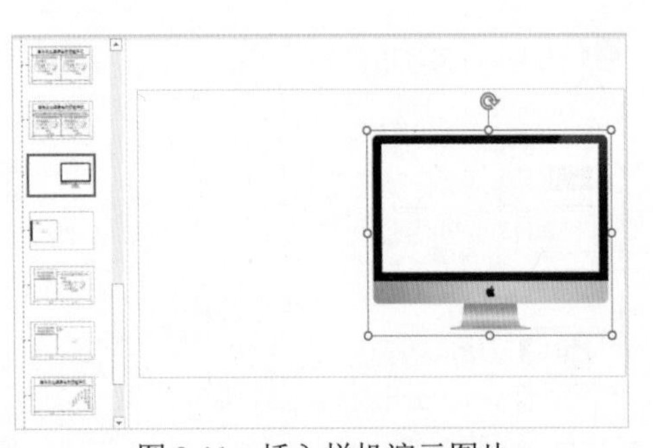

图 3-11　插入样机演示图片

图 3-12　插入媒体占位符

(3) 在版式列表中右击添加媒体占位符的版式，从弹出的菜单中选择【重命名版式】命令，将该版式的名称重命名为“样机演示版式”。

(4) 在【幻灯片母版】选项卡中单击【关闭母版视图】按钮，退出幻灯片母版视图。在PPT中选中一张幻灯片，右击该幻灯片，从弹出的快捷菜单中选择【版式】|【样机演示版式】选项，将“样机演示版式”应用于幻灯片，如图3-13所示。

(5) 单击版式中媒体占位符中的□按钮，在打开的对话框中选择一个视频文件，单击【插入】按钮后即可在幻灯片中插入图3-14所示的视频。

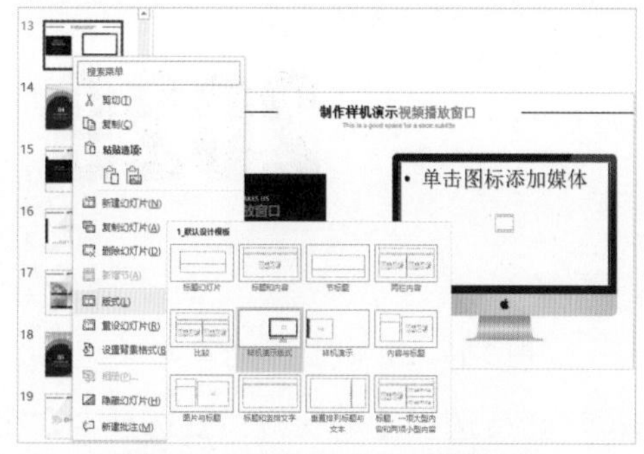

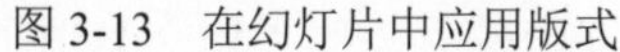
图3-13　在幻灯片中应用版式

图3-14　利用视频占位符插入视频

(6) 按F5键播放PPT，单击幻灯片中的样机演示视频即可播放视频。

参考例3-5介绍的方法，还可以制作手机、平板电脑等其他类型的样机演示，占位符类型不仅可以是视频，也可以是图片，如图3-15所示。

图3-15　制作各种样机演示

4. 实现镂空效果

【例3-6】 在幻灯片母版的版式页中制作镂空文本形状占位符。

(1) 打开PPT文档后，在【母版视图】组中单击【幻灯片母版】按钮，进入幻灯片母版视图，在窗口左侧的版式列表中选择一个PPT版式，删除其中多余的占位符，选择【插入】选项卡，在【文本】组中单击【文本框】下拉按钮，从弹出的下拉列表中选择【绘制横排文本框】选项，在版式页中绘制一个文本框。

(2) 在文本框中输入一段文本(如“2029”)，在【开始】选项卡的【字体】组中设置文本的字体和大小，如图3-16所示。

(3) 选择【幻灯片母版】选项卡，在【母版版式】组中单击【插入占位符】按钮，在弹出的列表中选择【图片】选项，在幻灯片中的样机图片的屏幕位置绘制一个图片占位符，使其覆盖版式中的文本框，如图3-17所示。

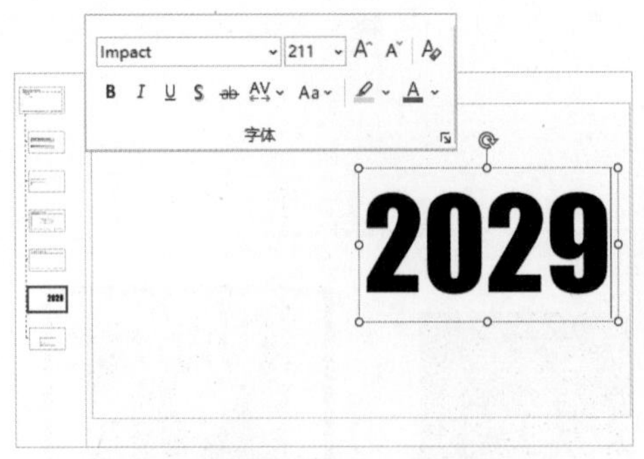

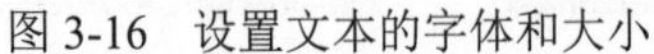

图 3-16　设置文本的字体和大小

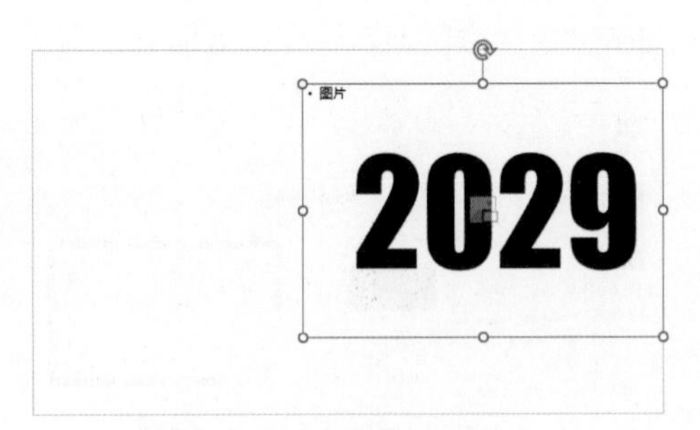

图 3-17　绘制图片占位符

(4) 按住Ctrl键选中图片占位符，再选中文本框，然后选择【形状格式】选项卡，在【插入形状】组中单击【合并形状】下拉按钮，从弹出的下拉列表中选择【相交】选项，如图3-18所示，制作文本形状的图片占位符。

(5) 选中文本状图片占位符，选择【形状格式】选项卡，在【形状样式】组中单击【形状效果】下拉按钮，从弹出的下拉列表中选择【映像】|【紧密映像】选项。

(6) 在版式列表中右击添加占位符的版式，从弹出的快捷菜单中选择【重命名版式】命令，将该版式的名称重命名为"文本形状"，然后退出幻灯片母版视图。

(7) 在PPT中选择一张幻灯片，右击该幻灯片，从弹出的快捷菜单中选择【版式】|【文本形状】选项，将"文本形状"版式应用于幻灯片，如图3-19所示。

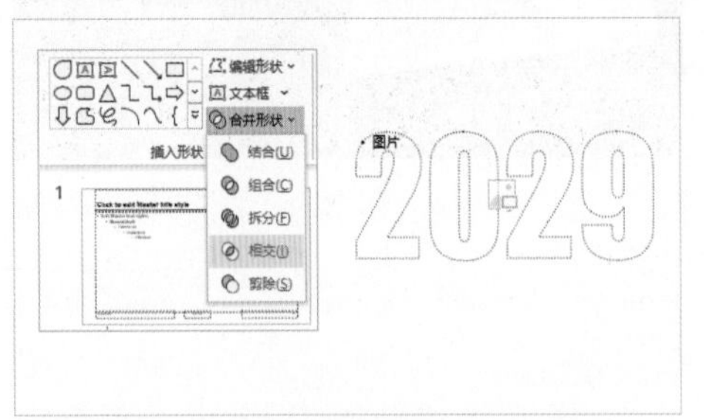

图 3-18　制作文本形状的图片占位符

图 3-19　将版式应用于幻灯片

(8) 单击幻灯片图片占位符中的【图片】按钮，即可通过图片占位符在页面中插入各种图片，制作图3-20所示的文本形状图片效果。

图 3-20　在 PPT 中制作文本状图片

【例3-7】在幻灯片母版的版式页中制作组合镂空形状。

(1) 打开PPT文档后，在【母版视图】组中单击【幻灯片母版】按钮，进入幻灯片母版视图，在窗口左侧的版式列表中选择一个PPT版式，删除其中多余的占位符。选择【插入】选项卡，在【插图】组中单击【形状】下拉按钮，在弹出的下拉列表中选择【矩形：圆角】选项，在版式中插入多个圆角矩形形状，并调整其位置如图3-21所示。

(2) 选择【幻灯片母版】选项卡，在【母版版式】组中单击【插入占位符】下拉按钮，在弹出的下拉列表中选择【图片】选项，在版式页面中绘制一个图片占位符。

(3) 按住Ctrl键，先选中版式中的图片占位符，再选中圆角矩形形状，选择【形状格式】选项卡，在【插入形状】组中单击【合并形状】下拉按钮，从弹出的下拉列表中选择【相交】选项，如图3-22所示。

图3-21　绘制圆角矩形形状

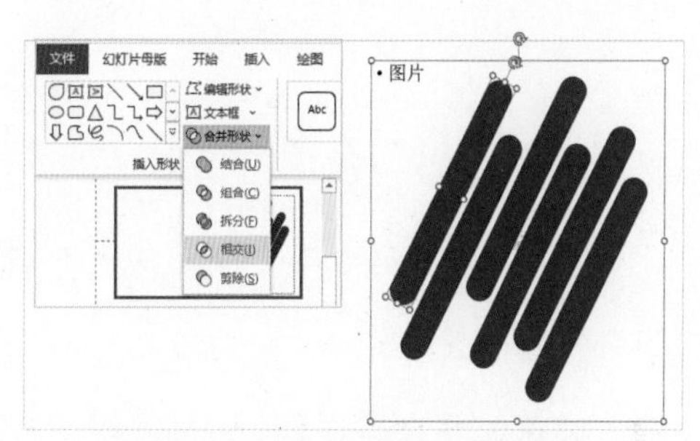

图3-22　设置占位符与形状相交

(4) 此时，在版式页中将创建图3-23所示圆角矩形状的图片占位符。

(5) 按住Ctrl键并选中版式页中的所有圆角矩形和图片占位符，再次单击【插入形状】组中的【合并形状】下拉按钮，从弹出的下拉列表中选择【组合】选项，可以得到图3-23所示的组合形状占位符。

(6) 退出幻灯片母版视图，将制作的母版版式应用于PPT中的某张幻灯片，单击图片占位符【图片】按钮，即可快速制作出图3-24所示的图片切割的效果。

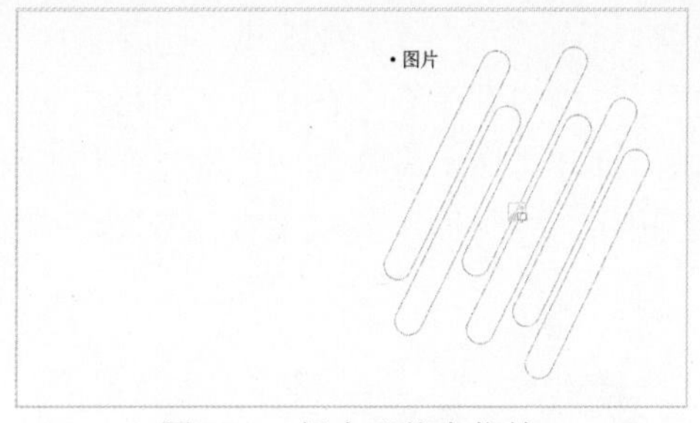

图3-23　组合形状占位符

图3-24　组合形状切割图片效果

提示

参考例3-7介绍的方法，可以在幻灯片母版中制作出多种多样的异形占位符(包括图片占位符和媒体占位符)，如图3-25左图所示，通过将包含异形占位符的版式应用于PPT，可以帮助设计者在PPT中快速制作出形状各异的页面效果，如图3-25右图所示。

图 3-25　使用占位符制作形状各异的页面效果

5. 设计预置版式

使用占位符，并设置占位符的字体、颜色、版面位置，或是利用线条、简单的图形来修饰页面，可以在母版中为PPT的封面页、目录页、内容页、过渡页和结束页设置预置版式，从而大大提高PPT的制作效率。

【例3-8】 通过设置占位符，为PPT预置一个可套用在任何幻灯片中的封面页版式。

PPT的封面页通常由背景、占位符和形状等修饰元素组成。通常在制作PPT时，我们会根据演示的场景需求选择不同类型的封面背景，如纯色背景常用于学术报告、毕业答辩等比较严谨、庄重的场合，深色的渐变背景和图片背景常用于产品发布会等，然后再根据PPT的风格和内容在封面中添加标题文本和内容文本，并利用形状或图片修饰页面效果。

(1) 进入幻灯片母版视图，在窗口左侧的版式列表中选择一个PPT版式，删除其中多余的占位符。右击版式页，在弹出的菜单中选择【设置背景格式】命令，在打开的窗格中选中【图片或纹理填充】单选按钮，然后单击【插入】按钮，打开【插入图片】对话框，在该对话框中选择一张图片作为封面页背景后，再单击【插入】按钮，为封面页版式设置背景图，如图3-26所示。

图 3-26　为封面页设置图片背景

(2) 选择【插入】选项卡，在【插图】组中单击【形状】下拉按钮，从弹出的下拉列表中选择【矩形】和【直线】选项，在封面页版式中绘制矩形和直线形状，并通过【形状格式】选项卡设置形状的颜色、粗细等格式，使其效果如图3-27所示。

(3) 选择【幻灯片母版】选项卡，在【母版版式】组中单击【插入占位符】下拉按钮，从弹出的下拉列表中选择【文本】选项，在封面页版式中拖动鼠标，绘制图3-28所示的文本占位符。

图 3-27　使用形状修饰页面

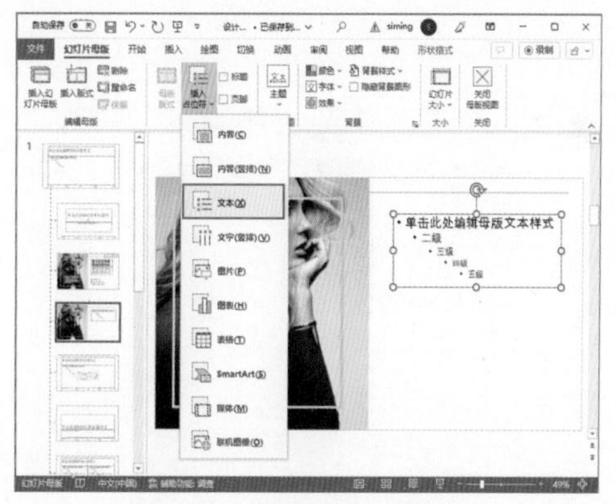

图 3-28　插入文本占位符

(4) 删除文本占位符中所有系统自动生成的文本和格式，输入新的文本“单击此处编辑母版标题样式”，然后在【开始】选项卡的【字体】组中设置文本占位符中文本的字体和字号，如图3-29左图所示。

(5) 调整文本占位符在版式中的大小，然后使用与步骤(3)和步骤(4)相同的方法，在封面页版式中插入更多文本占位符，分别用于输入封面页的标题、副标题、公司名称、汇报人和汇报时间，如图3-29右图所示。

图 3-29　在封面页版式中设置文本占位符格式

(6) 选择【插入】选项卡，在【文本】组中单击【文本框】下拉按钮，从弹出的下拉列表中选择【绘制横排文本框】选项，在封面页版式中绘制两个文本框，并在其中分别输入文本“汇报人：”和“汇报时间：”后调整文本框的位置，使其与对应的内容占位符对齐。

(7) 在版式列表窗口中右击制作的母版版式，从弹出的菜单中选择【重命名版式】命令，在打开的【重命名版式】对话框中输入“封面页”后单击【重命名】按钮，如图3-30所示。

(8) 单击PowerPoint状态栏右侧的【普通】按钮▣，切换至普通视图的同时退出幻灯片母版编辑视图。

(9) 在PowerPoint工作界面的幻灯片列表窗口中右击一个幻灯片预览，从弹出的菜单中选择【版式】|【封面页】命令，如图3-31所示，即可将制作好的封面页版式应用于幻灯片。

图 3-30　重命名版式页

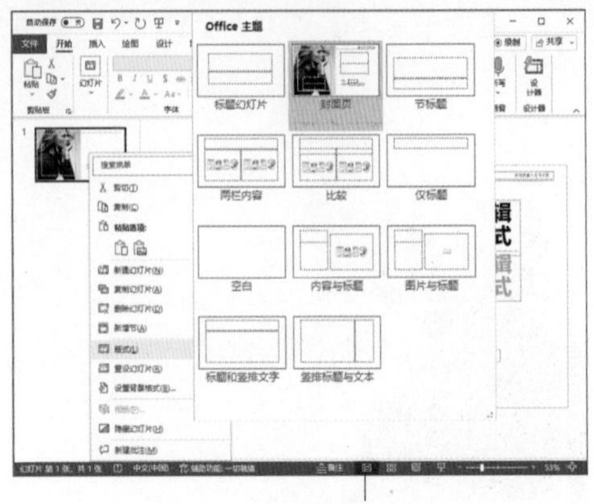

【普通】按钮

图 3-31　应用封面页版式

上例制作的封面页版式被应用于幻灯片后，效果如图3-32左图所示。用户在制作PPT时，只需要将鼠标指针置于页面的文本占位符中，输入编写好的文案内容，即可完成封面页的制作，如图3-32右图所示。在制作封面页的过程中，如果将占位符内的文本全部删除，或者在输入内容后按Delete键删除某个占位符，该占位符中将恢复为图3-32左图所示的预设文本状态，并不会被删除或者显示为无内容状态(注意，占位符在显示默认文本的状态下可以通过按Delete键将其删除)。

图 3-32　应用封面页版式并输入文本

提示

参考例3-8介绍的方法可以使用占位符为PPT预置更多的版式页面。使用这些版式，我们几乎可以不对页面进行任何设计，只要用对了图片、文字、视频等素材，就能快速地制作出相当不错的PPT效果，如图3-33所示。

图 3-33　使用封面页版式快速制作 PPT 封面页

3.2.3　设置主题调整 PPT 视觉风格

利用好主题，可以使PPT的制作达到事半功倍的效果。

【例3-9】在幻灯片母版中创建自定义主题，并将其应用到其他PPT中。

(1) 创建一个新的PPT文档后，在【设计】选项卡的【主题】组中单击【其他】按钮，从弹出的列表中选择一种幻灯片主题，如图3-34所示。

(2) 进入幻灯片视图，选中主题页，重新设置背景图片，如图3-35所示。

图 3-34　为 PPT 应用主题

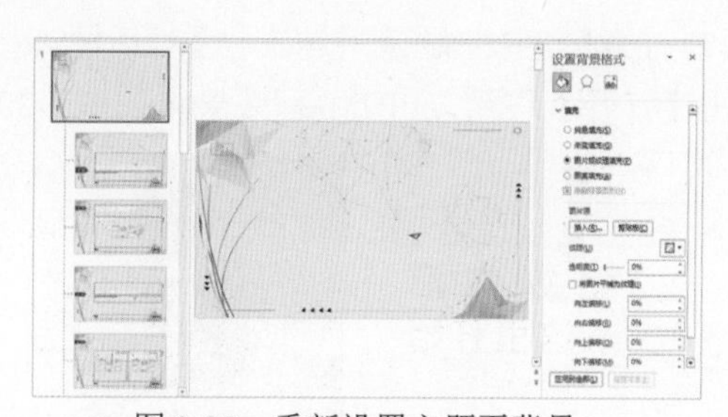

图 3-35　重新设置主题页背景

(3) 删除主题页中多余的元素。在【幻灯片母版】选项卡的【背景】组中单击【颜色】下拉按钮，从弹出的下拉列表中选择【自定义颜色】选项，打开【新建主题颜色】对话框，在【名称】文本框中输入“主题颜色”，然后分别单击【文字/背景-深色1(1)】【着色1(1)】【超链接】下拉按钮，从弹出的下拉列表中选择这些元素的自定义颜色，最后单击【保存】按钮，如图3-36所示。

(4) 单击【背景】组中的【字体】下拉按钮，从弹出的下拉列表中选择一种字体作为主题中统一采用的字体，如图3-37所示。

(5) 退出幻灯片母版视图，再次单击【设计】选项卡的【主题】组中的【其他】按钮，从弹出的列表中选择【保存当前主题】选项，打开【保存当前主题】对话框，在该对话框中将制作的主题文件以文件名“自定义主题”保存，如图3-38所示。

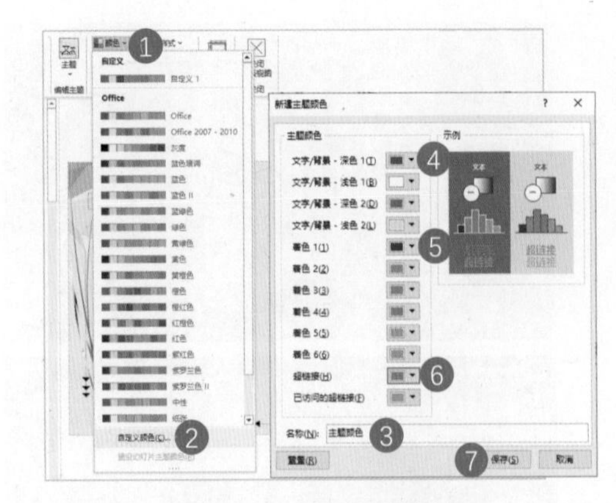

图 3-36　设置主题颜色

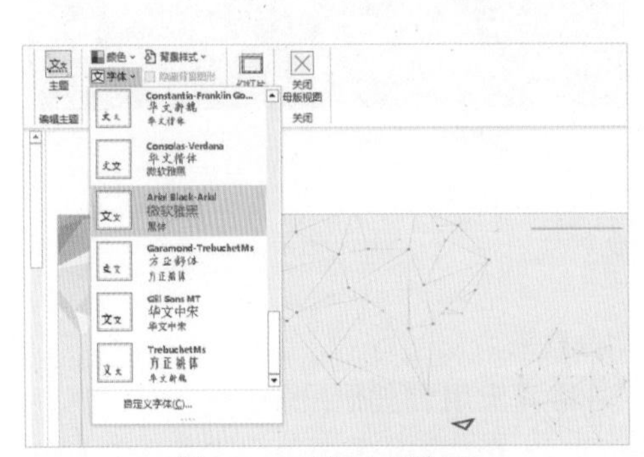

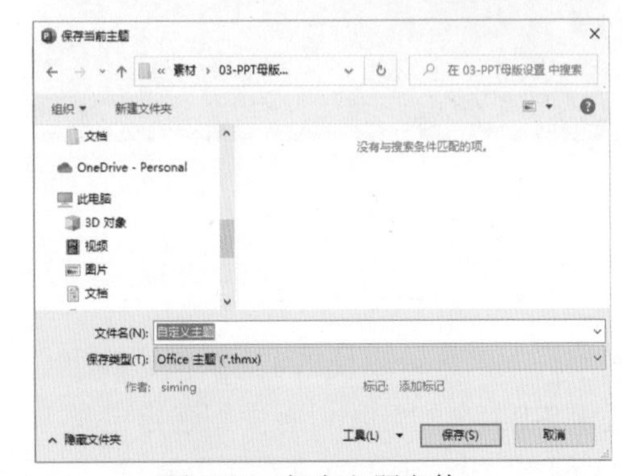

图 3-37　设置主题字体　　图 3-38　保存主题文件

(6) 关闭当前PPT，打开图3-39左图所示的PPT文件，选择【设计】选项卡，单击【主题】组中的【其他】按钮，从弹出的列表中选择【浏览主题】选项。

(7) 打开【选择主题或主题文档】对话框，选中步骤(5)保存的主题文件(“自定义主题.thmx”)后单击【打开】按钮，PPT主题效果将如图3-39右图所示。

图 3-39　为 PPT 应用自定义主题

3.3　自定义母版尺寸

我们可以使用幻灯片母版为PPT页面设置尺寸。在PowerPoint 中，默认可供选择的页面尺寸有16∶9和4∶3两种，如图3-40所示。

3.3.1 不同尺寸母版的区别

在【幻灯片母版】选项卡的【大小】组中单击【幻灯片大小】下拉按钮，在弹出的下拉列表中即可更改母版中所有页面版式的尺寸，如图3-41所示。

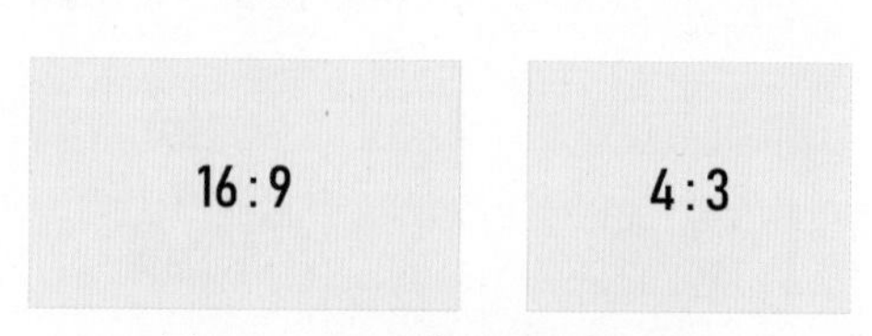

图3-40 两种常见的母版尺寸

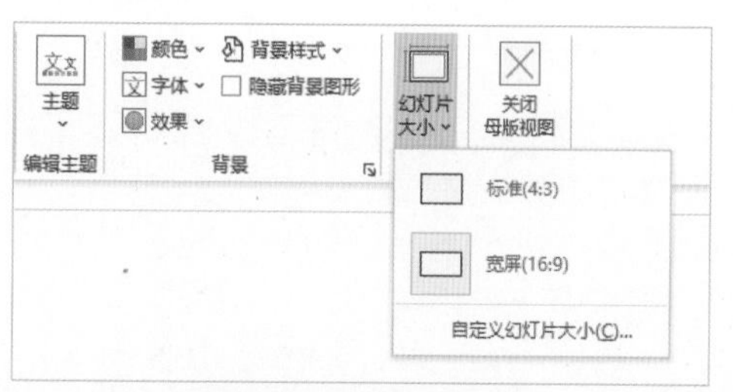

图3-41 切换母版尺寸

16：9和4：3这两种尺寸各有特点。对于PPT封面图片，4：3的PPT尺寸更贴近于图片的原始比例，看上去更自然，如图3-42左图所示。当使用同样的图片在16：9的尺寸下时，如果保持宽度不变，就不得不对图片进行上下裁剪，如图3-42右图所示。

图3-42 不同尺寸PPT中图片的显示对比

在4：3的比例下，PPT的图形在排版上可能会显得自由一些，如图3-43左图所示。而同样的内容展示在16：9的页面中则会显得更加紧凑，如图3-43右图所示。

在实际工作中，对PPT页面尺寸的选择，用户需要根据PPT最终的用途和呈现的终端来确定。例如，由于目前16：9的尺寸已成为电脑显示器分辨率的主流比例，如果PPT只是作为一个报告文档，用于发给观众自行阅读，16：9的尺寸恰好能在显示器屏幕中全屏显示，可以让页面上的文字看起来更大、更清楚，如图3-44所示。

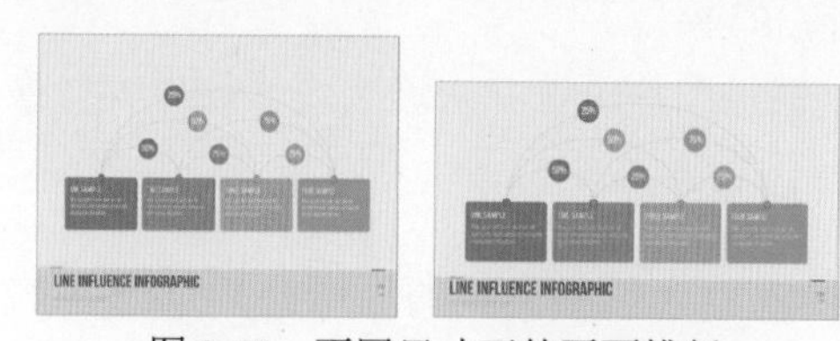

图3-43 不同尺寸下的页面排版

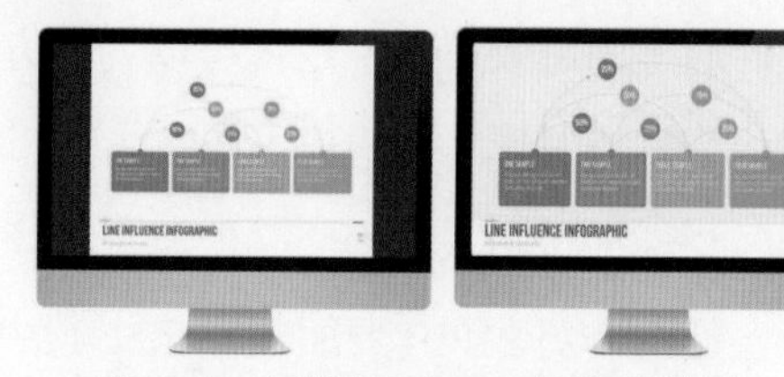

图3-44 不同尺寸PPT的演示效果

如果PPT是用于会议、提案的“演讲”型PPT，则需要根据投影幕布的尺寸来设置合适的尺寸。目前，大部分投影幕布的尺寸比例都是4：3。

3.3.2 自定义幻灯片母版尺寸

除了使用PowerPoint提供的默认尺寸外，在【大小】组中单击【幻灯片大小】下拉按钮，从弹出的下拉列表中选择【自定义幻灯片大小】选项，用户可以在打开的【幻灯片大小】对话框中为幻灯片设置信纸、分类账纸张、A3、A4等其他尺寸，如图3-45所示。

这里需要特别说明的是，当在不同的页面尺寸之间切换时，PowerPoint会打开图3-46所示的提示对话框，提示用户改变PPT尺寸后是最大化地显示PPT内容，还是按比例缩小PPT内容，此时：

- 选择【最大化】选项，PPT 会切掉页面左右两边的内容，强行显示最大化内容。
- 选择【确保适合】选项，PPT 会按比例缩放内容，在页面的上方和下方增加黑的边框。

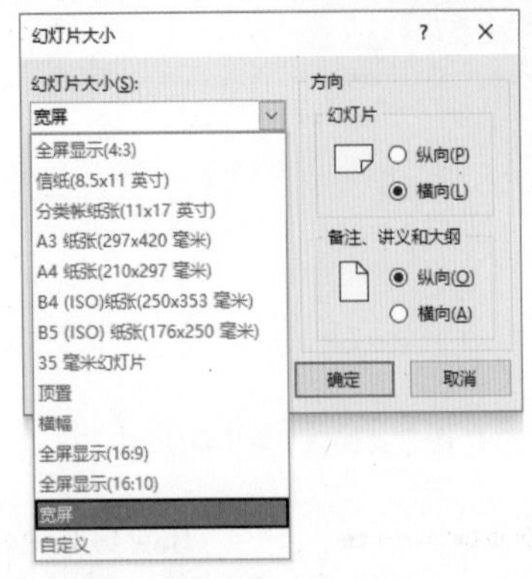

图 3-45　自定义幻灯片大小

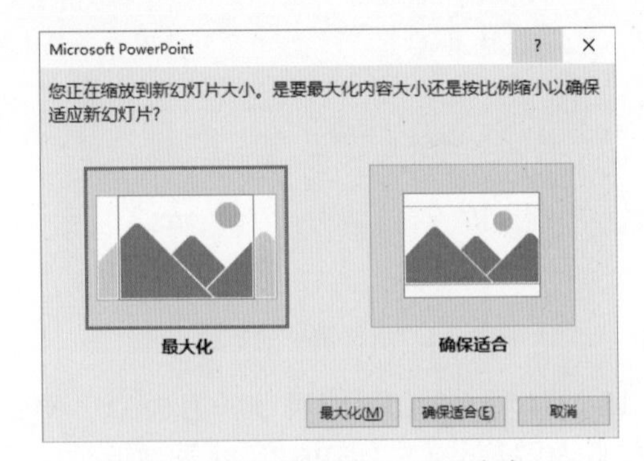

图 3-46　提示如何显示 PPT 内容

3.4　新手常见问题答疑

新手用户在应用PPT母版时，常见问题汇总如下。

问题一：作为一位PPT设计师，巧用母版有什么好处？

第一，通过在母版中批量添加水印，可以防止PPT中图片被非法盗用。

第二，在制作页面较多的PPT时(如多媒体教学课件)，设置母版的版式，可以快速完成排版设计工作。

第三，通过为母版设置主题，可以为甲方定制PPT模板。

第四，通过应用母版制作PPT展示样机，可以锁定图片位置并快速实现作品内容替换。

问题二：如何将制作好的PPT页面布局保存为母版版式？

打开一个制作好的PPT页面后，选中其中需要保存为母版版式的页面元素(如图3-47左图所示)，按Ctrl+C组合键执行“复制”命令，然后进入幻灯片母版视图，单击【编辑母版】组中的【插入版式】选项插入一个新的版式，按Ctrl+V组合键执行“粘贴”命令，将复制的元素粘贴至新版式页中，然后为版式页添加一些占位符，即可使用PPT页面元素制作新的母版版式，如图3-47右图所示。

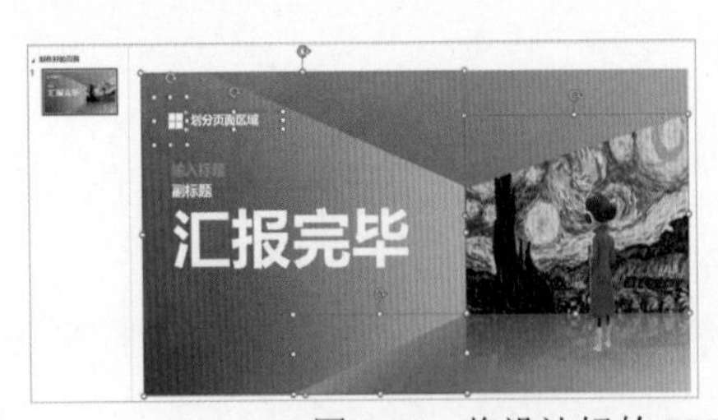

图 3-47　将设计好的 PPT 页面布局制作为母版版式

问题三：如何在PPT中快速消除母版中设置的背景？

如果当前PPT中应用了带有背景图片的母版版式，在幻灯片中右击鼠标，从弹出的快捷菜单中选择【设置背景格式】命令，在打开的【设置背景格式】窗格中选中【隐藏背景图形】复选框(如图3-48左图所示)，将隐藏母版版式页中的背景，只显示PPT中的内容，如图3-48右图所示。

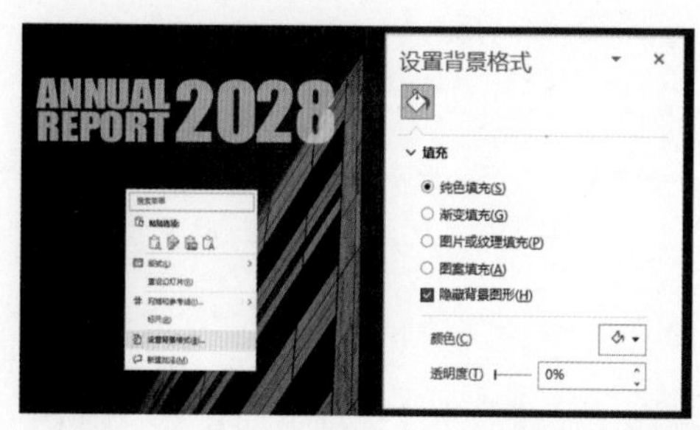

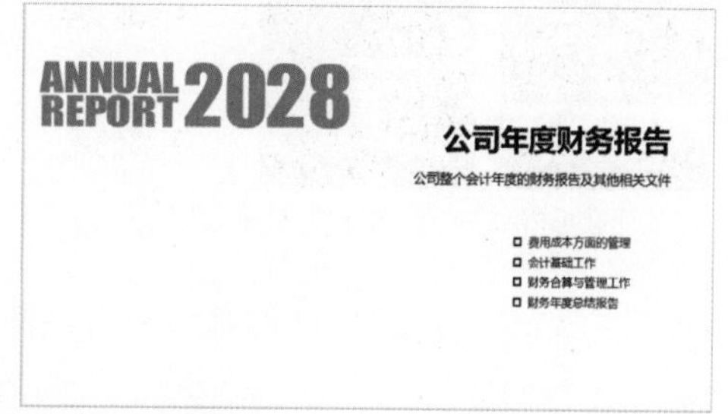

图 3-48　隐藏母版版式页中的背景

问题四：如何通过设置母版尺寸制作PPT长图海报？

使用PowerPoint创建一个PPT文件后，页面默认的尺寸有两种：宽屏33.87厘米×19.05厘米；标准25.4厘米×19.05厘米。如果要制作长图海报，我们首先需要手动修改PPT尺寸。

(1) 进入幻灯片母版视图后，单击【幻灯片母版】选项卡的【大小】组中的【幻灯片大小】下拉按钮，在弹出的下拉列表中选择【自定义幻灯片大小】选项，在打开的【幻灯片大小】对话框中设置长图海报的宽度和高度值，然后单击【确定】按钮，如图3-49左图所示。

(2) 打开图3-46所示的提示对话框，单击【确保适合】按钮后即可修改母版中所有版式的尺寸，如图3-49右图所示。

提示

这里需要注意的是，幻灯片可以设置最大宽度为142.22厘米，最大高度为142.22厘米，如果要制作的长图海报超出这个尺寸限制，可以将海报按比例缩小。

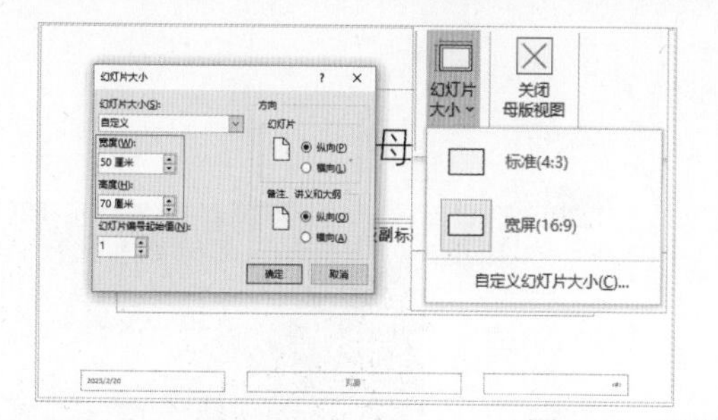

图 3-49　设置幻灯片尺寸

在PPT中完成长图海报的尺寸设置后，退出幻灯片母版视图，我们就可以在PPT中构思并设计海报中要呈现的内容框架。与制作PPT一样，首先应该组织海报中的文字，然后将按照海报头部文字、中部内容、底部信息的结构整理并制作海报内容，如图3-50所示。

海报制作完成后，按F12键打开【另存为】对话框，将PPT保存为图片格式即可得到海报图片，如图3-51所示。

图 3-50　使用 PPT 设计长图海报

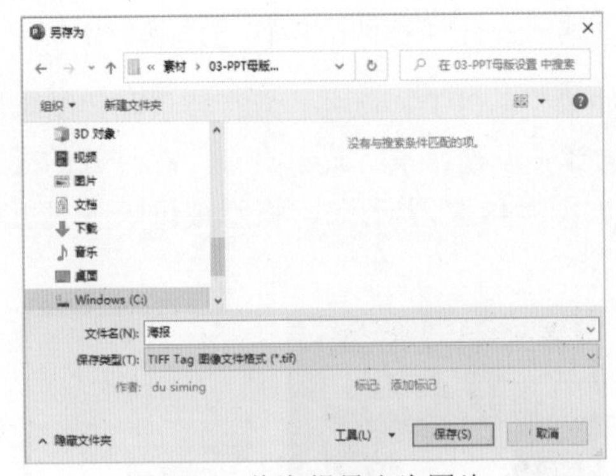

图 3-51　将海报导出为图片

问题五：如何通过幻灯片母版为PPT快速添加页码？

打开PPT后，进入幻灯片母版视图并选中主题页，单击【插入】选项卡的【文本】组中的【文本框】下拉按钮，在弹出的下拉列表中选择【绘制横排文本框】选项，在主题页中合适的位置绘制一个文本框，然后单击【幻灯片编号】按钮，在文本框中插入一个“<#>”符号，如图3-52所示。

为“<#>”符号设置合适的字体格式后，退出幻灯片母版视图，即可为PPT中所有页面统一设置页码(新建页面也将自动调整页码顺序)，如图3-53所示。

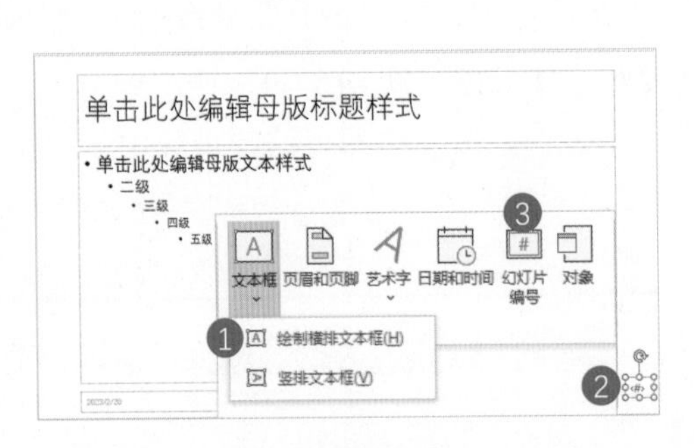

图 3-52　在主题页添加幻灯片码符

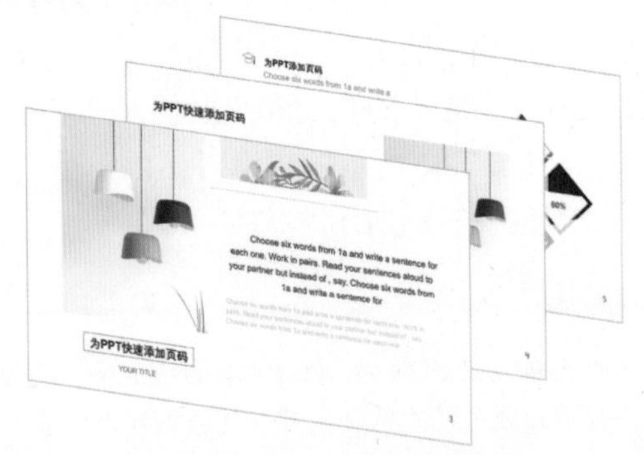

图 3-53　PPT 自动添加页码

问题六：一个PPT只能使用一个幻灯片母版吗？

一个PPT可以使用多个幻灯片母版。以PowerPoint软件为例，如果要在当前PPT中使用其他PPT中的母版，可以打开另外一个PPT，复制其中的任意一张幻灯片，然后切换到当前PPT，在幻灯片预览窗格中右击鼠标，从弹出的快捷菜单中单击【保留源格式】按钮，如图3-54所示。此时，将同时粘贴另外一个PPT中的版式(注意，删除幻灯片其携带的版式也将一并删除)。

图 3-54　粘贴时保留源格式

第 4 章
PPT 页面排版

本章导读

PPT 页面排版就是对 PPT 中的多种元素进行合理规划和安排，从中找到表现创建和呈现内容的最佳方式。

页面排版一直是设计 PPT 时最重要的，也是最能体现设计制作水平的一环。在制作 PPT 时，任何元素都不能在页面中随意摆放，每个元素都应当与页面上的另一个元素建立某种视觉联系，其核心目的都是增加 PPT 页面的可读性。在这个过程中，如果能利用一些技巧，则可以将信息更准确地传达给观众。

4.1 基础知识

在制作PPT的过程中，除了吸引人的主题和优秀的内容逻辑以外，好的排版也是十分关键的一环。虽然现在各种自动排版、AI排版工具层出不穷，但是由设计师精心设计的排版，其效果能够让PPT远超系统模板自动生成的版式效果，给观众带来一种整齐、规则的美感。

4.1.1 PPT 页面排版基本原则

所谓PPT页面排版的原则，指的是一套制作专业PPT的方法，包括对齐、对比、重复和亲密等排版技巧。

1. 对齐

对齐是很重要却很容易被遗忘的一个排版基本原则。对齐决定了一个PPT页面整体的统一视觉效果，当页面中存在多个元素时，用户可以通过对齐处理方式，使页面中的内容产生逻辑联系，这样才能建立一种清晰、精巧且清爽的外观，如图4-1所示。

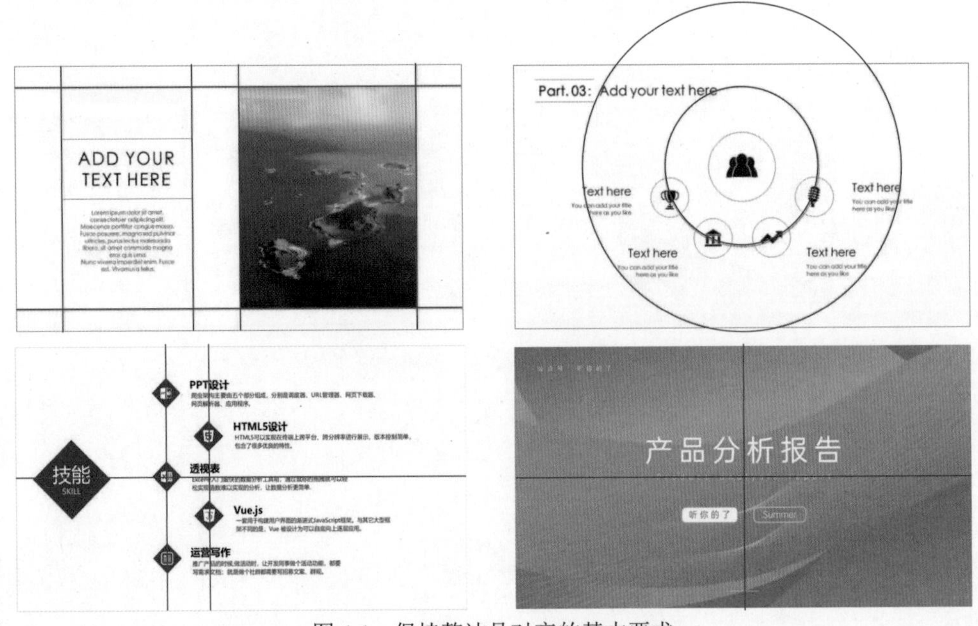

图 4-1　保持整洁是对齐的基本要求

左对齐、居中对齐和右对齐是PPT页面布局中最基本的3种对齐方式。

- 左对齐：左对齐是最常见的对齐方式。版面中的元素以左为基准对齐，简洁大方，便于阅读，PPT 中常用于正文过渡页。
- 居中对齐：居中对齐将版面中的元素以页面中线为基准对齐，给人一种大气与正式感，PPT 中常用于封面页和结束页。
- 右对齐：右对齐将版面中的元素以右为基准对齐。右对齐会使文本的阅读速度降低，常见于一些需要介绍细节的 PPT 页面中。

如果通过上述3种对齐方式将页面中所有元素都对齐，那么PPT的页面效果就不会难看，如在图4-2所示的页面中为文本和图片设置对齐。

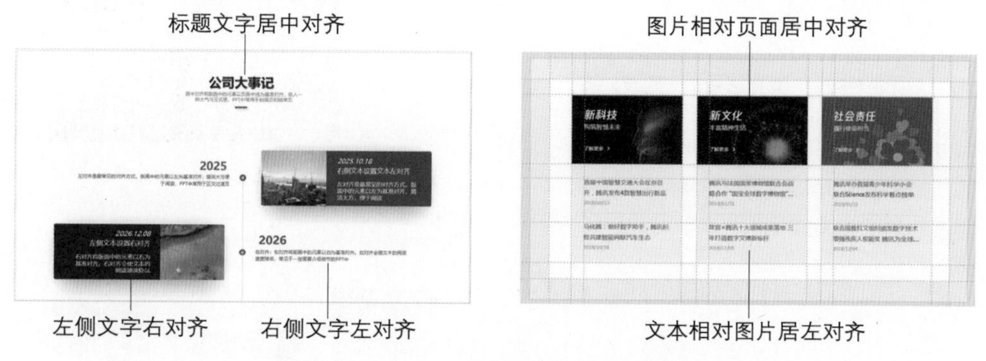

图4-2　在PPT页面排版中应用对齐原则

通常，在PPT页面中需要进行对齐的主要是文字和元素。

1) 文字对齐

对齐在文字排版设计中是一项必须掌握的技能。想让设计看着舒服，就得先设定文字对齐方式。例如，在图4-3所示的PPT页面中，设计者对文字统一运用了左对齐。这种左对齐的方式比较适合人们的阅读习惯，可读性较强。

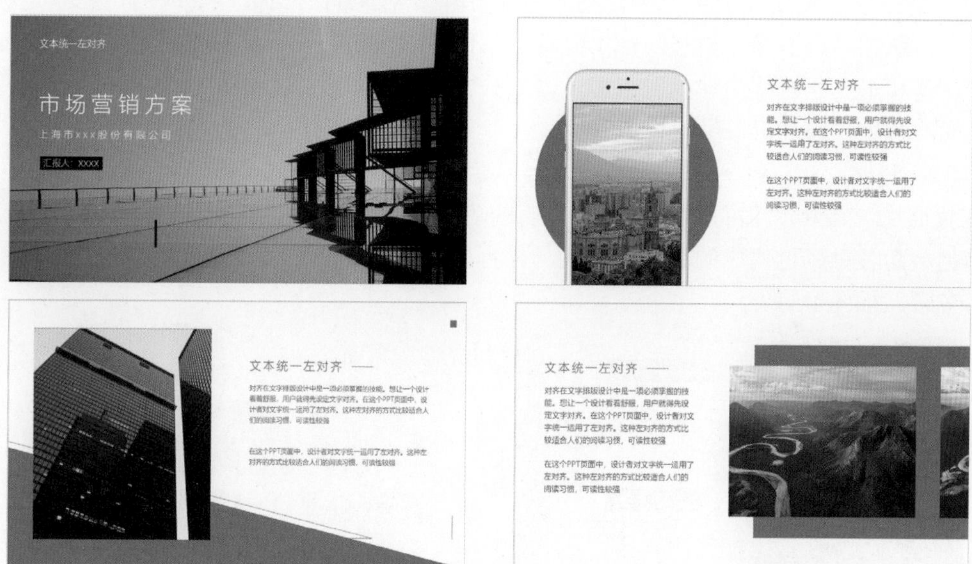

图4-3　PPT各页面中文字统一左对齐

2) 元素对齐

PPT中的元素包括图片、形状、SmartArt图形、文本框、图标、视频、音频、图表、表格、动画等一切可操作的对象。一个PPT页面中可能会同时存在多个元素，设置元素对齐可以相对于PPT幻灯片页面，也可以相对于某个选定的对象，其对齐方式也较为复杂，除了前面介绍过的左对齐、右对齐等基本对齐方式以外，PPT页面中元素的对齐方式被细分为水平居中、垂直居中、顶端对齐、底端对齐、横向分布和纵向分布(如图4-4左上图所示)。根据PPT元素的特点，合理地设置元素对齐，可以让整个PPT页面看上去井然有序，如图4-4所示。

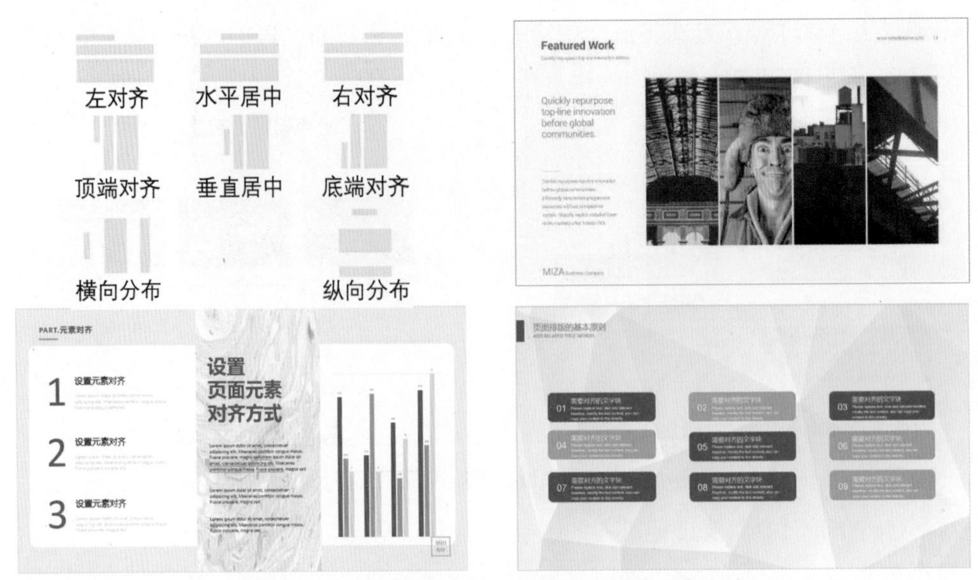

图 4-4　为 PPT 中的各种元素设置不同的对齐方式

2. 对比

对比是设计中重要的原则之一。在实际工作中，对比的形式被广泛应用，特别是在平面设计领域，从招贴、书籍、包装、样本到标志、网页、图形、文字、编排、色彩，无一不涉及对比的原理和形式。对比的形式有很多，其形式主要用于体现形象与形象之间的关系，形象与空间之间的关系，以及形象编排的方式。

1) 颜色对比

在页面中，各种颜色的对比会产生鲜明的色彩效果，能够很容易地给观众带来视觉与心理的满足。而各种颜色构成的面积、形状、位置以及色相、明度、纯度之间的差别，能够使页面丰富多彩，如图4-5所示。

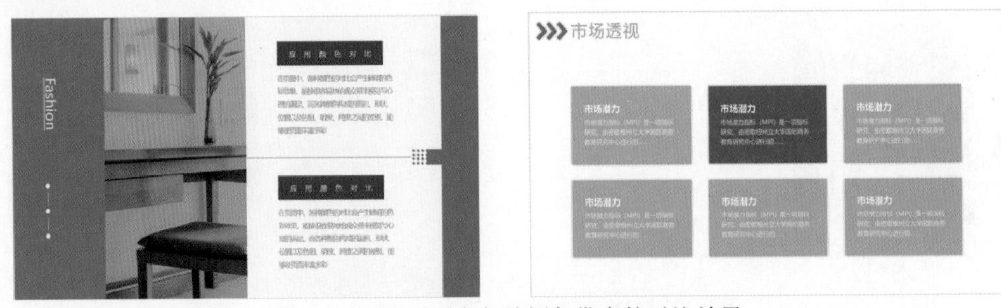

图 4-5　PPT 页面中各种颜色带来的对比效果

2) 大小对比

大小对比是设计中最受重视的一项。大小差别小，给人的感觉是较沉着、温和，如图4-6左图所示；大小差别大，给人的感觉是鲜明，并且具有强力感，如图4-6右图所示。

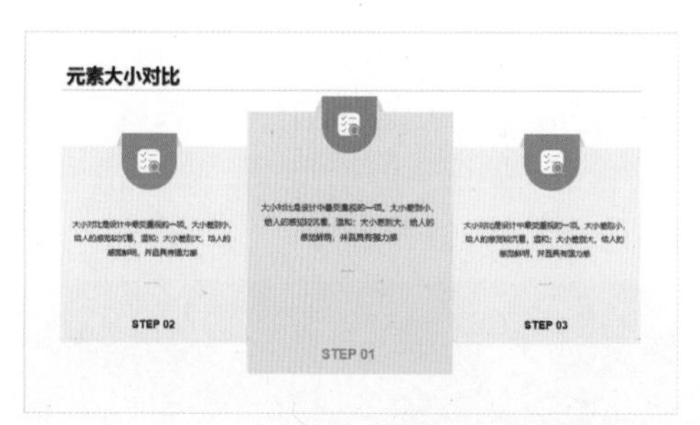

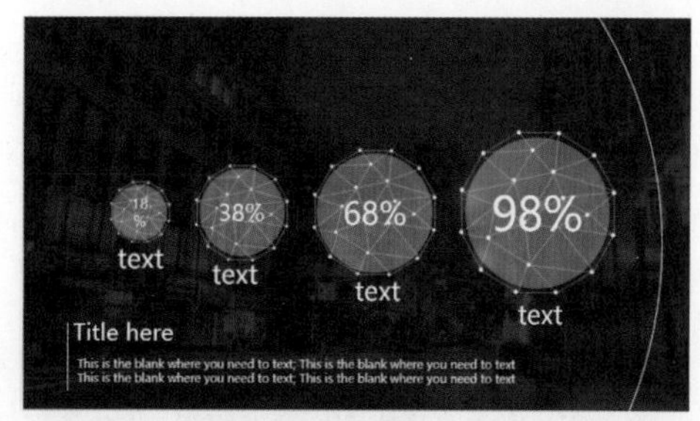

图 4-6　元素大小差别小 (左图) 和元素大小差别大 (右图)

3) 明暗对比

明暗对比在设计中经常被用到，准确的明暗关系，丰富的明暗层次，有利于在PPT中突出内容主体。在设计明暗对比时，用户应注意黑、白、灰的对比关系，要有一定比重的暗色块和搭配得当的亮色块以及适当的留白。单纯的明暗对比运用在设计中一般表现为阴和阳、正和反、昼和夜等，其中黑与白是典型的明暗对比，如图4-7所示。

图 4-7　在 PPT 页面中应用明暗对比原则排版页面元素

4) 曲直对比

直线与曲线的特性各不相同，对版面的作用也不同。直线挺拔、平静、稳重，放在PPT页面中有稳定版面的作用；曲线则柔美优雅、富有弹性和动感，能给版面增加活力，如图4-8所示。

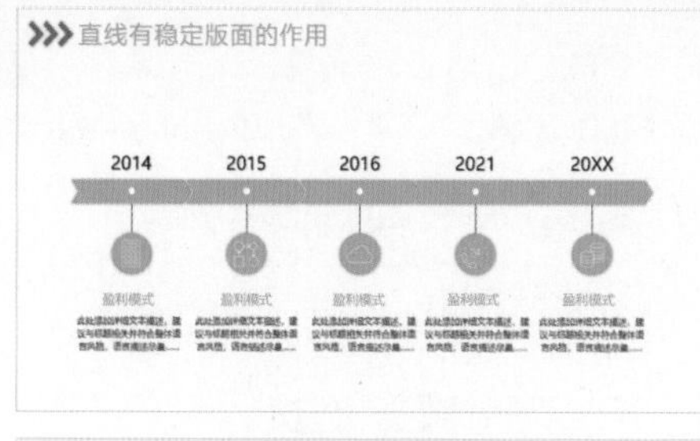

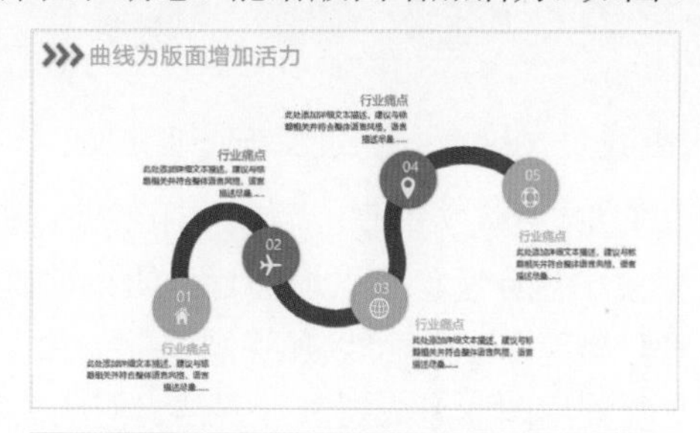

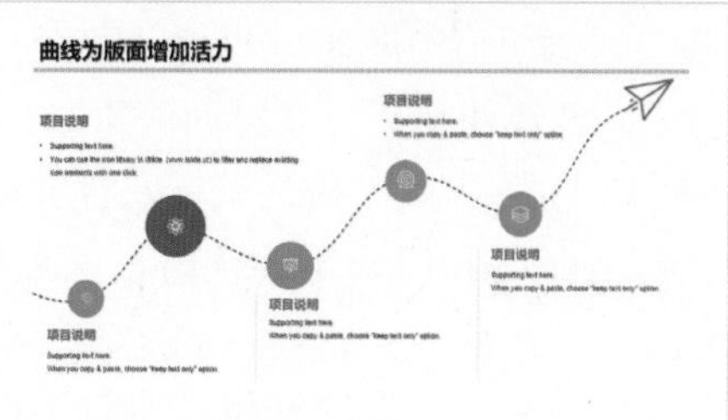

图 4-8　在 PPT 页面中使用直线 (左图) 和曲线 (右图)

5) 虚实对比

虚实对比是中国美学的一个原则，在中国风PPT中经常能见到。这种对比方式可以增强页面的表现力，能衬托主体，营造出一种特殊的气氛或意境，如图4-9所示。将“虚无”和“有无”辩证思想融入中国风的设计中，可以体现中国风独特的艺术风格和魅力。

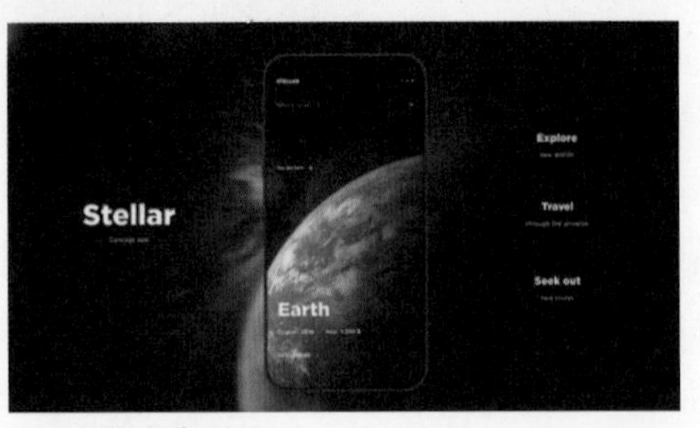

图 4-9　PPT 页面中的虚实对比

3. 重复

在PPT页面的排版设计中，重复原则的应用可以分为页面内的重复和页面间的重复。

- 页面内的重复：页面内的重复可以增强内容给观众的印象，让页面更富有层次感、逻辑性，如图 4-10 所示。
- 页面间的重复：页面间的重复可以让视觉要素在整个 PPT 中重复出现，这样既能增加内容的条理性，还可以加强统一性，如图 4-11 所示。

图 4-10　在页面中重复使用同一类元素

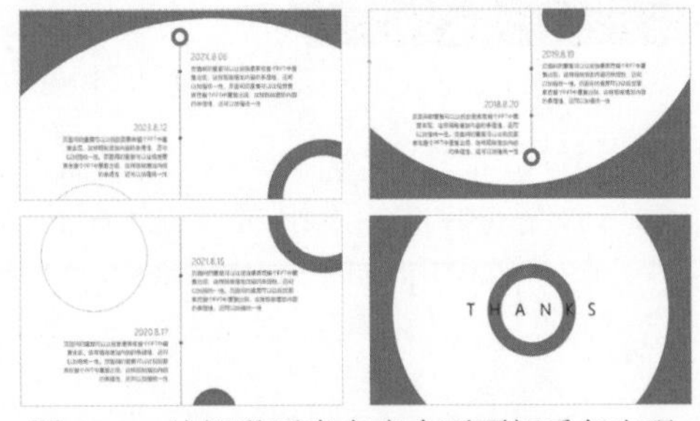

图 4-11　让视觉要素在多个页面间重复出现

为了在PPT中建立重复，可以使用线条、装饰符号或者某种空间布局，例如：

- 重复出现标题，可以增强封面的视觉冲击力。
- 重复出现 Logo，可以加深观众的印象。
- 重复使用图标形成图表，并结合对比的技巧，可以增强数据可视化。

PPT设计中重复的元素可以是图形、大小、宽度、材质、颜色甚至是动画效果。在PowerPoint中，要快速实现元素之间的重复，可以使用以下几个技巧。

- 按住 Ctrl 键的同时，按住鼠标左键并拖动，可以通过拖动鼠标复制元素，如图 4-12 所示。
- 按住 Ctrl+Shift 组合键的同时，按住鼠标左键并拖动，可以平行复制元素，如图 4-13 所示。
- 按 F4 键重复上一次的操作，如图 4-14 所示。
- 选中一个包含样式的元素后，单击【开始】选项卡的【剪贴板】组中的【格式刷】按钮复制样式，然后单击目标元素，可以将复制的样式应用在该元素上，如图 4-15 所示。

图4-12 拖动复制

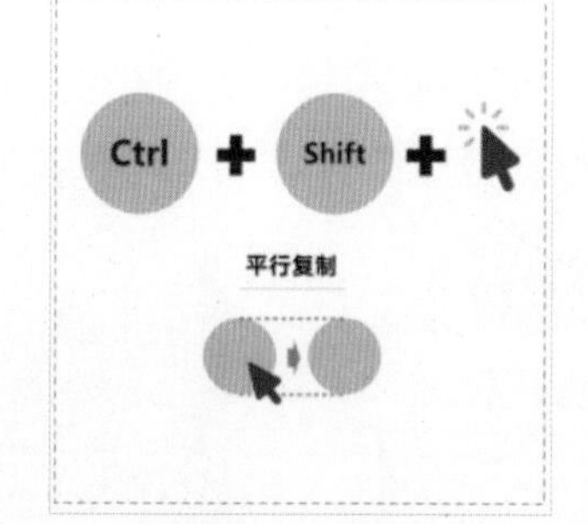

图4-13 平行复制

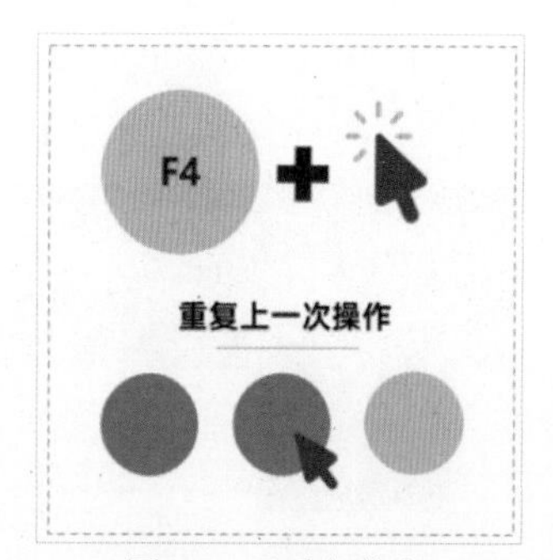

图4-14 重复执行

- 选中设置动画的对象后，单击【动画】选项卡中的【动画刷】按钮复制动画，然后单击另一个对象，可以将复制的动画应用在该对象上，如图4-16所示。

以上5种技巧的具体操作方法，用户可以扫描右侧的二维码进行详细的了解。

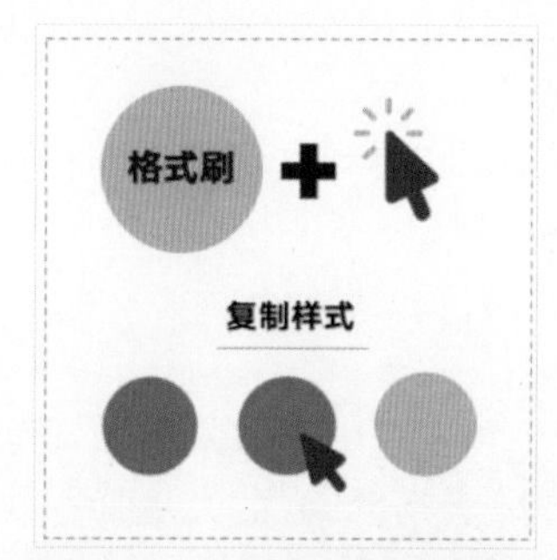

图4-15 使用格式刷复制样式

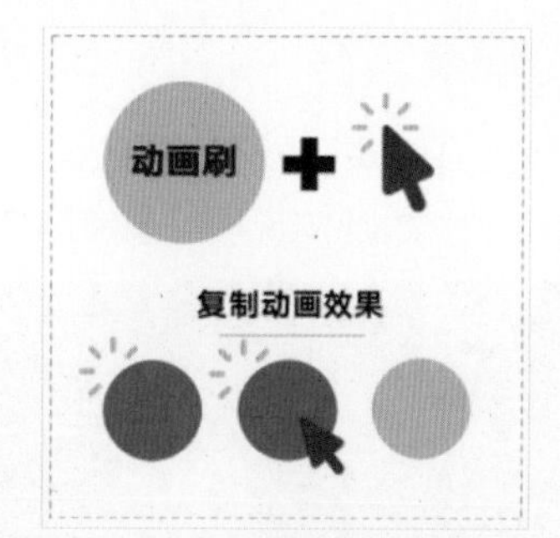

图4-16 使用动画刷复制动画效果

4. 亲密

亲密原则指的是在设计页面时将相关的元素组织在一起，通过移动，使它们的位置靠近，让这些元素在PPT中被观众视为一个整体，而不是彼此无关的信息。

在实际操作中，当面对元素众多、繁杂的PPT页面时，用户首先要分析哪些孤立的元素可以归在一组以建立更近的亲密性，然后才能采用合适的方法，使它们成为一个视觉单元，例如：

- 对同一组合内的元素在物理位置上赋予更近的距离，如图4-17所示。
- 对同一组合内的元素使用相同或相近的颜色，如图4-18所示。

图4-17 同一类型元素相对其他元素更近

图4-18 亲密元素使用相同或相近的颜色

▶ 对同一组合内的元素使用相同或相近的字体和字号，如图 4-19 所示。

▶ 在同一页内使用线条或图形来分割不同组合，如图 4-20 所示。

图 4-19　亲密元素使用相同或相近的字体和字号

图 4-20　亲密元素使用线条或图形进行分割

4.1.2　PPT 页面排版常见设计

PPT的排版方式多种多样，在实际设计中，要想排版出好看的幻灯片页面，用户对于版式就要有一定的了解。下面将介绍几种常见的排版布局设计类型，以供参考。

1. 全图型版式

全图型PPT页面版式有一个显著的特点，即它的背景都由一张或多张图片构成，而在图片上通常都会有几个字，以作说明，如图4-21所示。

图 4-21　全图型 PPT 页面

由于全图型PPT有一个很明显的特点，就是图大文字少，因此就决定了这种类型的PPT并不是所有的场合都适用。全图型PPT页面适用于个人旅游、学习心得的分享，新产品发布会，企业团队建设说明等环境。

提示

全图型PPT除了上图所示的满屏使用一个图形的版式外，还可以有其他多种应用，如在一个屏幕中并排放置多张图片的并排型版式，将多张图片拼接在一起的拼图型版式，以及通过分割图片制作出的倾斜型版式和不规则型版式等。

- 满屏版式：满屏版式指的是图片占满整个页面的 PPT 版式。在这种版式中，借助图片本身的冲击力，可以给观众带来很好的视觉效果。在制作 PPT 时，根据 PPT 内容和主题是否合适，我们可以优先考虑是否在 PPT 中使用满屏版式。在使用满屏版式时，可以在页面中使用一张或多张图片，如图 4-22 所示。

应用 1 张图片

应用 2 张图片

应用 3 张图片

应用 6 张图片

图 4-22　PPT 页面中应用不同数量图片的全图型满屏版式

- 并列型版式：并列型版式指的是将图片并列放置在页面中的 PPT 版式。在此类版式中，需要使用大小一致的图片素材，以保证页面中的图片间隔一致，如图 4-23 所示。

设置 2 张图片并排

设置 3 张图片并排

设置 4 张图片并排

设置 5 张图片并排

图 4-23　将多张图片并排放置的页面版式

- 拼图型版式：拼图型版式适合当图片素材为奇数(3、5、7 张)时使用，该版式可以维持页面的平衡，如图 4-24 所示。

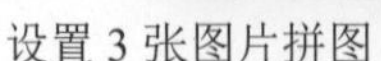
设置 3 张图片拼图

设置 9 张图片拼图

图 4-24　PPT 页面中多图拼接的拼图型版式

- 倾斜型版式：倾斜型版式通过主体或整体画面的倾斜编排，可以使画面具有非常强的律动感，让人眼前一亮，如图 4-25 所示。
- 不规则型版式：不规则型版式没有规律可循，在图片素材尺寸不统一时，用户可以考虑使用该版式，如图 4-26 所示。

图 4-25　倾斜型版式

图 4-26　不规则型版式

- 蜂巢型版式：蜂巢型版式最少使用 7 张图片，且图片显示内容较小，适用于在页面中展示重点图片，如图 4-27 所示。

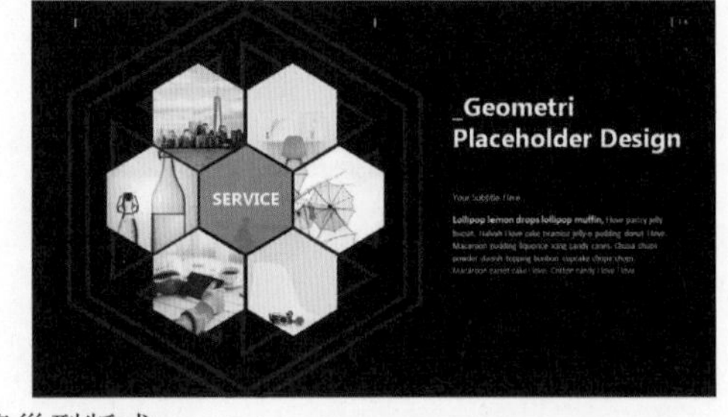

图 4-27　蜂巢型版式

2. 半图型版式

常见的半图型PPT版式分为左右版式和上下版式两种。

1) 左右版式

当需要突出情境时(内容较少，逻辑关系简单)，可以采用左右版式。在左右版式中，大部分图片能以矩形的方式“完整呈现”，图片越完整，意境体现效果越好，如图4-28所示。

2) 上下版式

在需要突出内容时(内容多，并且逻辑关系复杂)，可以采用上下版式。在显示比例为16∶9的PPT页面尺寸下，横向的空间比纵向的多，有足够的空间来呈现逻辑关系复杂的内容，如图4-29所示。

图 4-28　左右版式 (左图右文或左文右图)

图 4-29　上下版式 (上图下文)

提 示

很多复杂的版式都是由左右或上下版式变化而来的，用户可以从以下两个方面对半图型版式进行调整。

- 调整图文占比：当页面呈现的内容较多时，可以减少图片的占比 (适用于论述内容的 PPT 类型)，如图 4-30 所示。反之，当页面呈现的内容较少时，可以增加图片的占比 (适用于传达情感或概念性的 PPT 类型)，如图 4-31 所示。

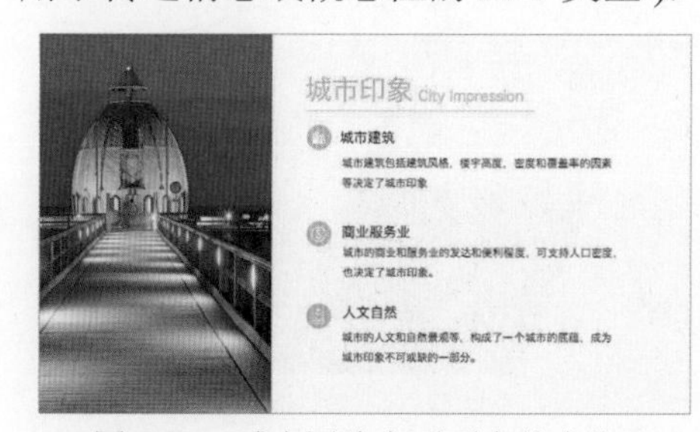

图 4-30　减少图片在页面中的占比

图 4-31　增加图片在页面中的占比

- 增加层次：所谓“增加层次”，就是通过带有阴影的色块或蒙版，使画面区分出两个以上的层次，如图 4-32 所示。

图 4-32　在页面中增加层次感

3. 四周型版式

四周型版式是指将文字摆放在页面中心元素的四周，中心的元素可以随意进行替换，如

图4-33所示。在设计四周型版式的文案内容时，用户只需要注意标题和内容的对比即可。

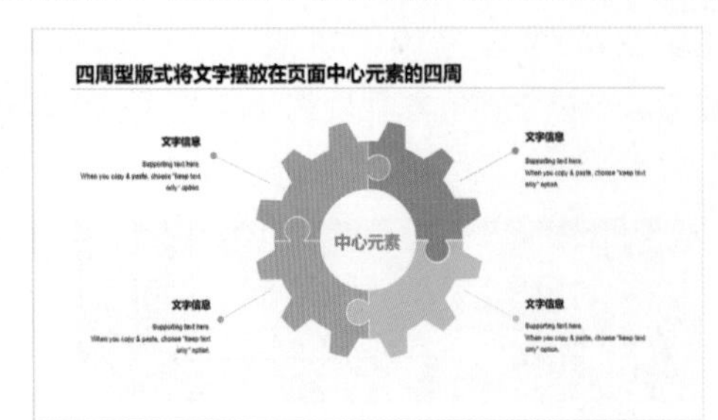

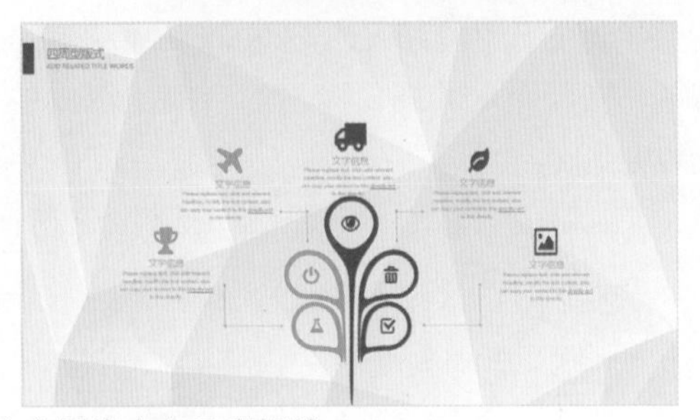

图 4-33　四周型版式中文字围绕中心元素摆放

4. 分割型版式

分割型版式指的是利用多个面，将PPT的版面分割成若干个区域。

1) 分割“面”的类型

“面”可以有多种具体的形状，如矩形、平行四边形、圆形等，不同形状的“面”能够通过分割页面，在PPT中营造出各种不同的氛围。

- 矩形分割：使用矩形分割的页面，多用于各种风格严肃、正式的商务 PPT 中，如图 4-34 所示。
- 斜形分割：使用斜形分割页面，能够给人带来不拘一格的动感，如图 4-35 所示。

图 4-34　矩形分割

图 4-35　斜形分割

- 圆形分割：相比矩形和斜形有棱有角的形状，用圆形或曲形来分割版面，更能营造出一种柔和、轻松的氛围，如图 4-36 所示。

提示

用户还可以使用不规则的形状来分割页面，能够给观众带来创意感、新鲜感，如图4-37所示。

图 4-36　圆形分割

图 4-37　不规则形状分割

2) 分割“面”的作用

分割“面”的作用主要是盛放信息和提升页面的饱满度。

- 盛放信息：在一个 PPT 页面中可能会有多种不同类型的内容。为了使内容之间不互相混淆，我们通常需要把它们分开来排版，那么此时使用分割型版面就非常合适了，内容繁杂的页面通过分割就变得非常清晰。在分割型版式中，“面”可以起到“容器”的作用，它们各自装载着独立的信息，互不干扰，使页面看上去有“骨是骨，肉是肉”的分明感。
- 提升页面的饱满度：在 PPT 页面中，内容过多或过少都会给排版带来困扰。当页面内容过少时，通常页面会显得比较单调。此时，如果用户想提升页面的饱满度，就可以使用分割型版式中的“面”来填充页面的空白处。

5. 均衡型版式

均衡型版式对页面中上、下、左、右的元素进行了划分，可以细分为上下型均衡版式、左右型均衡版式及对角线型均衡版式3种。

- 上下型均衡版式：上下型均衡版式可以用在 PPT 目录页或表示多个项目且存在并列关系的页面中，如图 4-38 所示。
- 左右型均衡版式：左右型均衡版式将页面的左右部分进行了划分，分别在左和右两部分显示不同的元素，如图 4-39 所示。

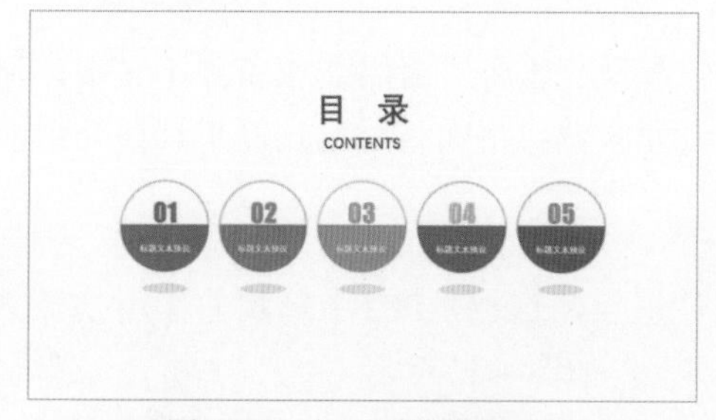

图 4-38　上下型均衡版式

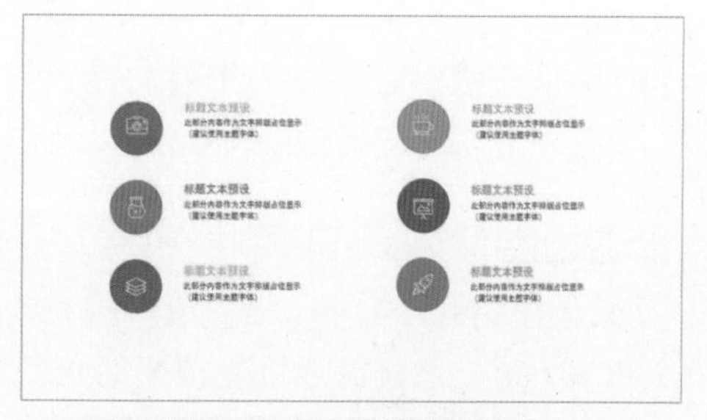

图 4-39　左右型均衡版式

- 对角线型均衡版式：对角线型均衡版式将页面中的元素通过一条分明的对角线进行划分，使页面形成上、下两个对角，并在内容元素上保持均衡，如图 4-40 所示。此外，版面对角式构图，打破了传统布局，提升了整体的视觉表现，在变化中还可以形成相互呼应的效果。

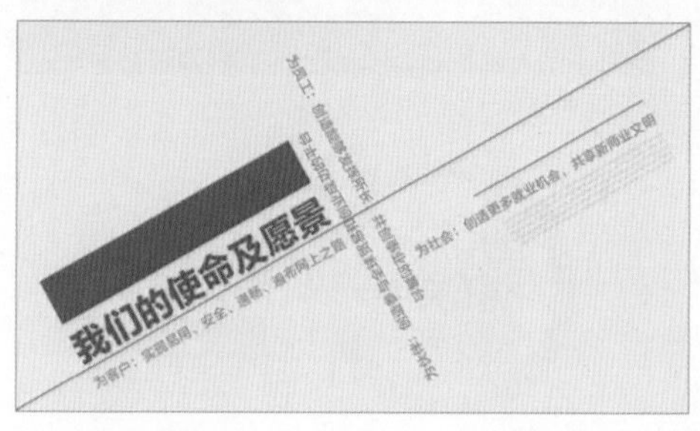

图 4-40　对角线型均衡版式

6. 时间轴型版式

时间轴型版式是根据时间轴来进行设计的，整个版面的排版围绕着中间的时间线，被划分为上下两部分，但整体还是居于幻灯片的中央，如图4-41所示。

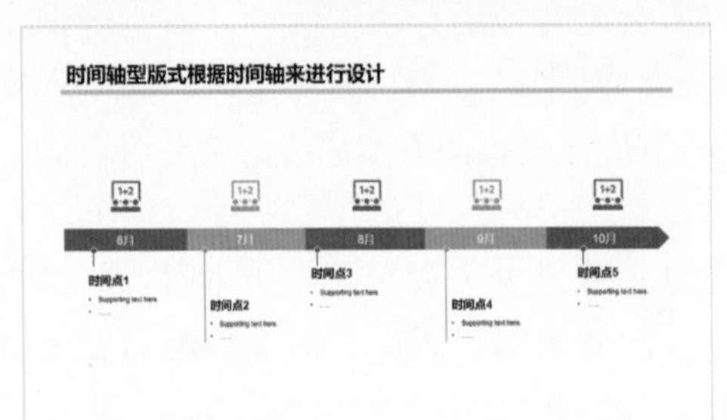

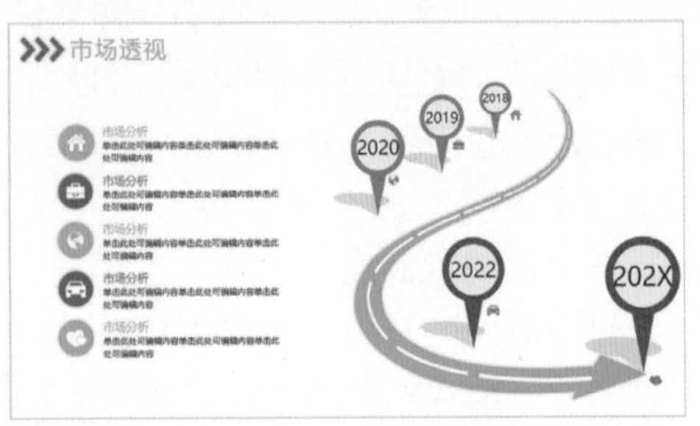

图4-41　时间轴型版式

4.2　排版工具

形状、SmartArt图形、文本框和表格都是PPT页面排版中常用的工具。

4.2.1　利用形状解锁创意十足的排版效果

在PPT页面排版中，形状的主要功能包含5个方面，分别是聚焦眼球和衬托文字、弥补页面空缺、表达逻辑流程、绘制立体结构以及划分页面区域。下面将通过实例来具体介绍。

1. 聚焦眼球和衬托文字

一般观众在观看PPT时，总希望一眼就能抓住重点，这也是PPT中形状的作用之一，使人们在看到PPT的第一眼就能把目光快速聚焦到文字上，如图4-42所示。

图4-42　使用形状衬托页面中的文字

【例4-1】通过在PPT中制作图4-42左下图所示的开口线框形状，掌握在PowerPoint中插入形状、设置形状格式和调整形状图层顺序的方法。

(1) 打开PPT后，选择【插入】选项卡，单击【插图】组中的【形状】下拉按钮，从弹出的下拉列表中选择【矩形】选项□，在幻灯片中按住鼠标左键拖动绘制出图4-43所示的矩形形状。

(2) 右击绘制的矩形形状，从弹出的快捷菜单中选择【置于底层】命令。

(3) 再次右击绘制的矩形形状，从弹出的快捷菜单中选择【设置形状格式】命令，在打开的【设置形状格式】窗格的【填充】卷展栏中选中【无填充】单选按钮，在【线条】卷展栏中选中【渐变线】单选按钮，将【宽度】设置为18磅，并设置【渐变光圈】参数，如图4-44所示。

图4-43　绘制矩形形状

图4-44　设置形状填充和线条

(4) 单击【插图】组中的【形状】下拉按钮，从弹出的下拉列表中选择【矩形】选项□，在幻灯片中再绘制一个矩形形状。

(5) 右击步骤(4)绘制的矩形形状，从弹出的快捷菜单中选择【设置形状格式】命令，在打开的【设置形状格式】窗格中选中【幻灯片背景填充】单选按钮，如图4-45所示。

(6) 在【设置形状格式】窗格的【线条】卷展栏中选中【无线条】单选按钮。

(7) 选择【开始】选项卡，单击【编辑】组中的【选择】下拉按钮，从弹出的下拉列表中选择【选择窗格】选项，在打开的窗格中将“矩形2”调整至“矩形1”之上，并将所有的文本框调整至矩形对象之上(如图4-46所示)，完成开口线框形状及配套文字的制作。

图4-45　设置形状使用幻灯片背景填充

图4-46　调整元素图层顺序

【例4-2】通过在PPT中制作图4-42右下图所示的四分之三圆形状，掌握在PowerPoint中编辑形状顶点、组合形状和旋转形状的方法。

(1) 打开PPT后，选择【插入】选项卡，单击【插图】组中的【形状】下拉按钮，从弹出的下拉列表中选择【椭圆】选项○，按住Shift键在幻灯片中绘制一个圆形形状。

(2) 右击绘制的圆形形状，在弹出的快捷菜单中选择【设置形状格式】命令，在打开的【设置形状格式】窗格中设置形状为【无填充】、【宽度】为30磅，使其效果如图4-47所示。

(3) 再次右击圆形形状，在弹出的快捷菜单中选择【编辑顶点】命令，进入顶点编辑模式，右击形状右侧的顶点，从弹出的快捷菜单中选择【开放路径】命令，如图4-48所示。

图 4-47　绘制圆

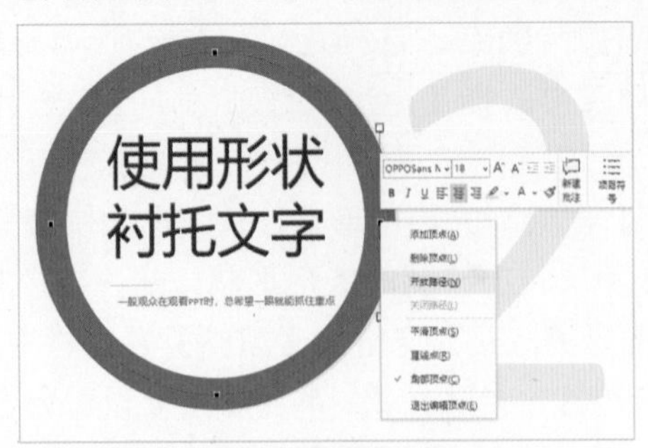

图 4-48　设置开放路径

(4) 右击开放路径后产生的新顶点，从弹出的快捷菜单中选择【删除顶点】命令，然后单击幻灯片空白处即可得到图4-49所示的四分之三圆。

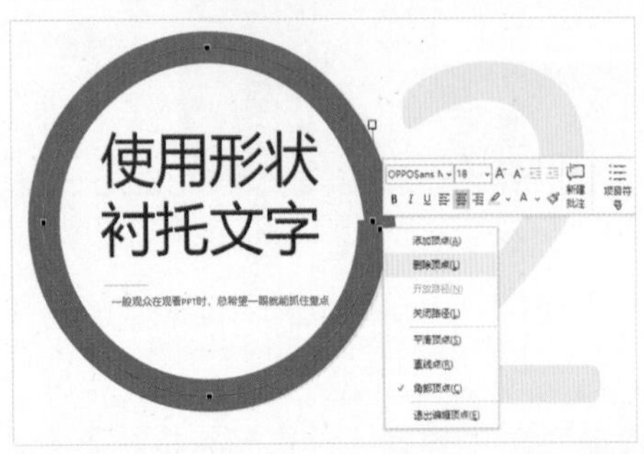

图 4-49　通过删除顶点绘制四分之三圆

(5) 再绘制两个较小的圆形形状(无线框)并将其放在四分之三圆的两个开口处，然后选中幻灯片中所有的圆，右击鼠标，从弹出的快捷菜单中选择【组合】|【组合】命令(快捷键：Ctrl+G)组合形状，如图4-50所示。

(6) 将鼠标指针放置在组合形状顶部的旋转控制柄上，按住鼠标左键拖动，将组合形状旋转一定角度(如图4-51所示)，完成幻灯片的制作。

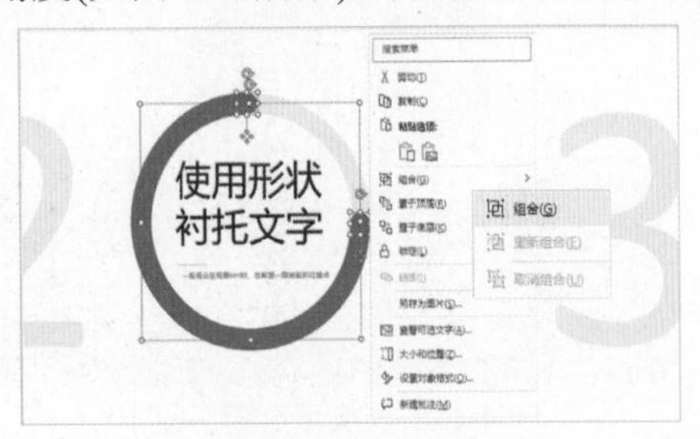

图 4-50　组合形状

图 4-51　旋转形状

【例4-3】通过在PPT中制作图4-42右上图所示的多边形形状，掌握在PowerPoint中使用布尔运算剪裁形状的方法。

(1) 打开PPT后，选择【插入】选项卡，单击【插图】组中的【形状】下拉按钮，从弹出的下拉列表中选择相应的选项，在幻灯片页面中插入1个矩形(□)图形和2个直角三角形(◺)形状，然后选中其中一个直角三角形形状，单击【形状格式】选项卡的【排列】组中的【旋转】

下拉按钮，从弹出的下拉列表中选择【其他旋转选项】选项，如图4-52左图所示。

(2) 在打开的【设置形状格式】窗格的【旋转】文本框中输入180°，然后调整旋转后形状的位置，如图4-52右图所示。

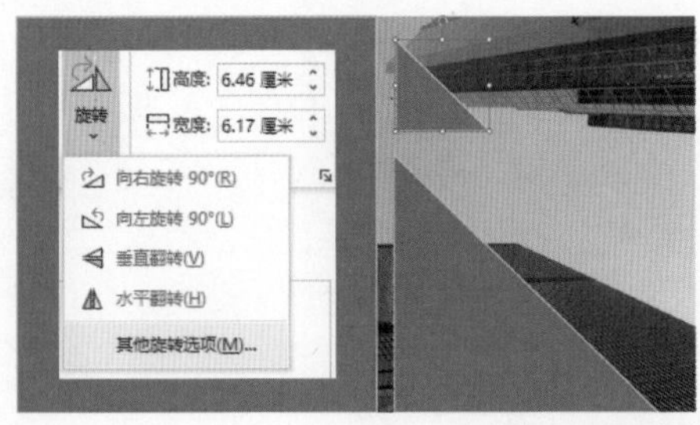

图 4-52 自定义形状旋转角度

(3) 先选中幻灯片中的矩形形状，再选中直角三角形形状，在【形状格式】选项卡的【插入形状】组中单击【合并形状】下拉按钮，从弹出的下拉列表中选择【剪除】选项，得到图4-53所示的形状。

(4) 使用同样的方法处理幻灯片中的另一个直角三角形形状，然后选中得到的多边形形状，在【设置图片格式】窗格中选中【图片或纹理填充】单选按钮，为形状设置图4-54所示的图片填充。

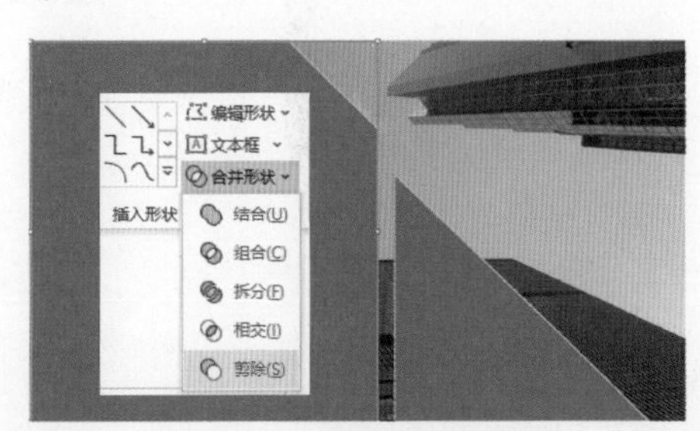

图 4-53 合并形状 (剪除)

图 4-54 设置形状填充图片

(5) 在多边形图形右侧的端点绘制一个填充颜色为白色的圆形形状，按住Ctrl键选中页面中所有的形状，然后按Ctrl+G组合键将形状组合。

(6) 最后，在幻灯片中添加其他文本和图形元素，完成页面内容的制作。

2. 弥补页面空缺

在设计PPT封面页时，通过添加形状可以实现简单、美观的设计效果。例如，在图4-55左图所示的页面中添加形状，在原来页面的基础上，添加了几个形状，弥补了页面的空缺，瞬间整个页面就变得有设计感，如图4-55右图所示。

图 4-55 使用圆形弥补页面空缺

【例4-4】在PPT中制作图4-55右图所示的形状修饰页面。

(1) 打开PPT后，选择【插入】选项卡，单击【插图】组中的【形状】下拉按钮，从弹出的下拉列表中选择【椭圆】选项，在幻灯片中插入一个圆形形状，在【形状格式】选项卡的【大小】组中将【宽度】和【高度】都设置为5.04厘米，如图4-56所示。

(2) 连续多次按Ctrl+D组合键，将创建的圆形形状复制多份，并为每个复制的形状设置高度和宽度，使每个形状的高度和宽度比上一个增加0.08厘米，如图4-57所示。

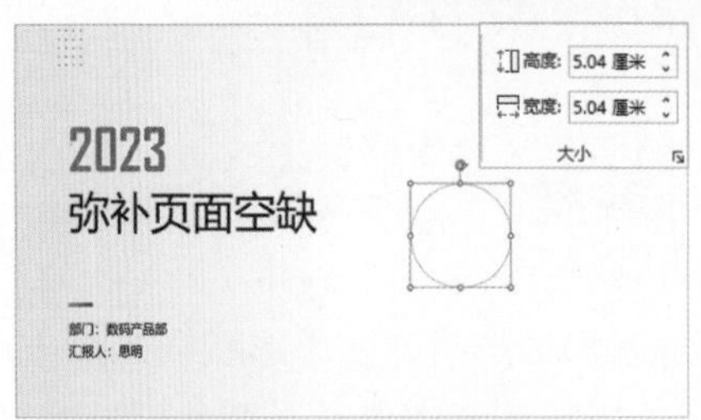

图4-56　绘制圆形形状

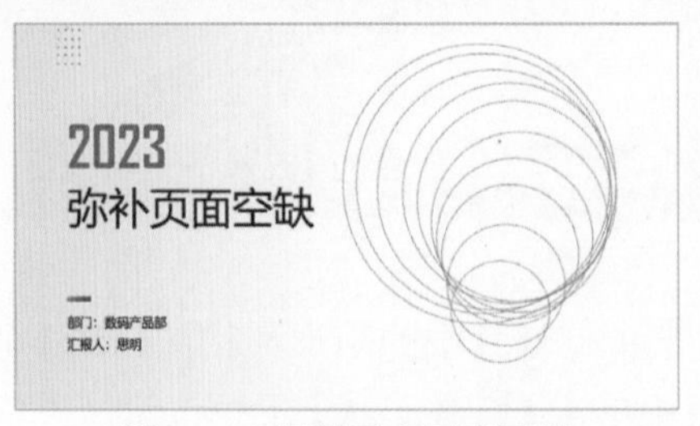

图4-57　复制更多圆形形状

(3) 选中幻灯片中所有的圆形形状，单击【形状格式】选项卡的【排列】组中的【对齐】下拉按钮，从弹出的下拉列表中先选中【对齐所选对象】选项，再分别选择【水平居中】和【垂直居中】选项，将所有的圆形形状对齐，如图4-58所示。

(4) 按Ctrl+G组合键将所有的同心圆形状组合。

(5) 选中组合后的同心圆形状，在【设置形状格式】窗格的【线条】卷展栏中选中【渐变线】单选按钮，调整【类型】和【渐变光圈】，制作图4-59所示的渐变线形状效果。

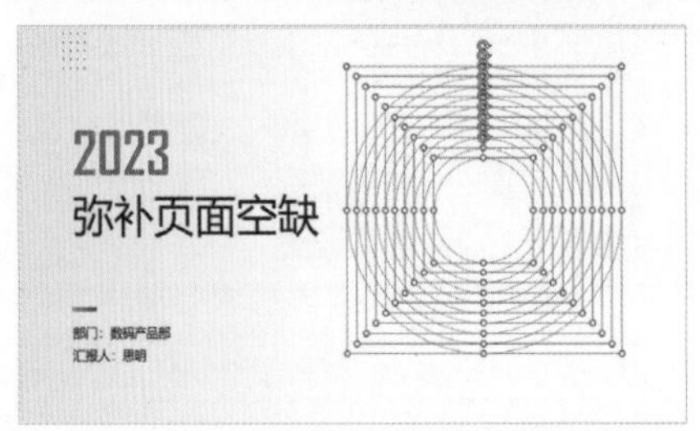

图4-58　对齐形状

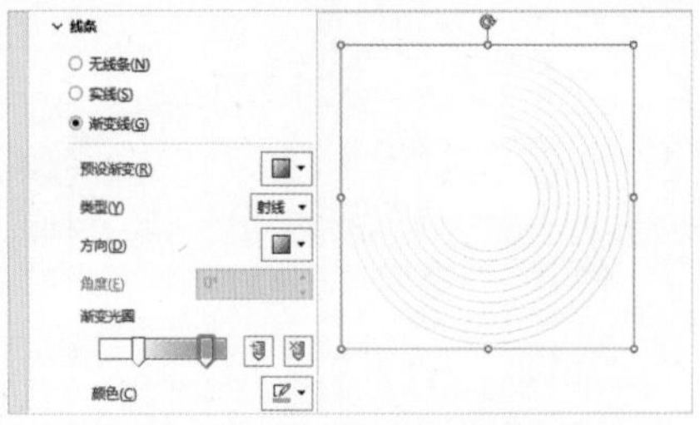

图4-59　设置形状渐变线效果

(6) 使用同样的方法，制作更多的同心圆形状并将其放置在幻灯片中合适的位置，如图4-60所示。

(7) 在幻灯片中绘制一个宽度和高度都为18厘米的圆形形状，为其设置无填充、边框线条为【渐变线】效果，如图4-61所示。

图4-60　更多同心圆

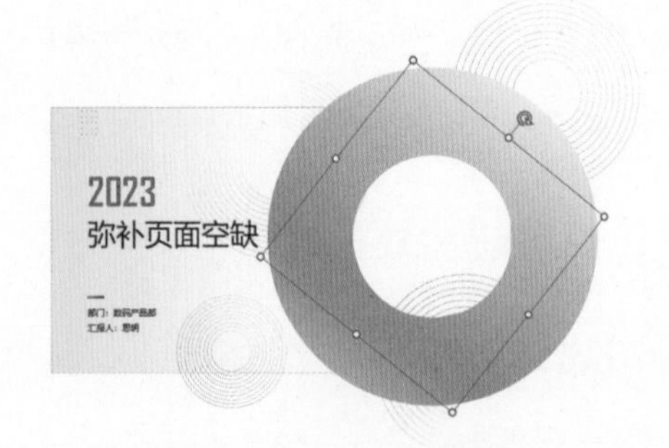

图4-61　制作渐变线圆形

(8) 最后，将制作的渐变线圆形形状复制多份并放置在幻灯片中合适的位置，得到如图4-55右图所示的页面效果。

3. 表达逻辑流程

当我们需要用PPT展示有节点的逻辑关系时，最适合的展示方法就是使用流程图来表示。流程图可以用来表示一种递进关系，不管是时间轴、发展阶段，或者是执行步骤，都可以用流程图来表示。在PowerPoint中，我们可以将流程图中的每个步骤都用形状装载起来，如图4-62所示。

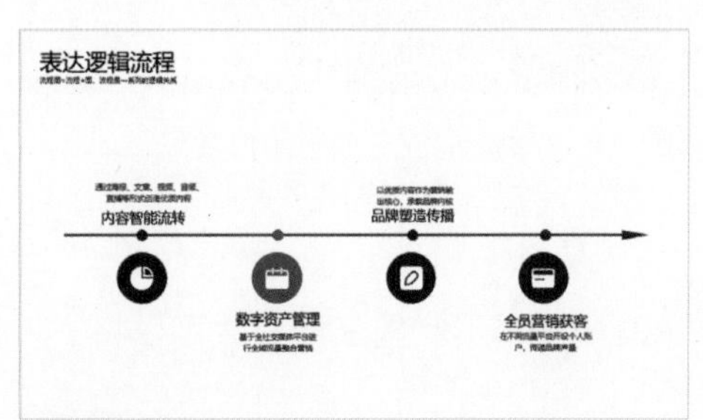

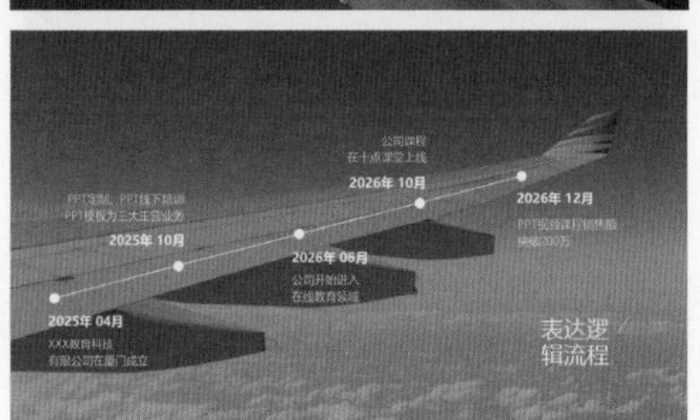

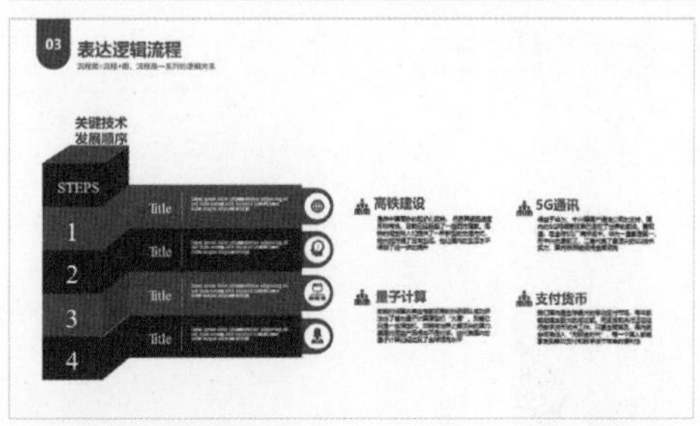

图 4-62　使用形状表达逻辑流程

【例4-5】 在PPT中使用形状制作如图4-62左上图所示曲线经过山脉的时间轴。

(1) 打开PPT后，选择【插入】选项卡，单击【插图】组中的【形状】下拉按钮，在弹出的下拉列表中选择【任意多边形：自由曲线】选项ᘓ，沿着幻灯片中图片的边缘绘制一条自由曲线。

(2) 右击绘制的自由曲线，从弹出的快捷菜单中选择【设置形状格式】命令，在打开的【设置形状格式】窗格中将【颜色】设置为白色，【宽度】设置为3磅，如图4-63所示。

(3) 再次单击【插图】组中的【形状】下拉按钮，在弹出的下拉列表中选择【直线】选项＼，在幻灯片中绘制一条直线。

(4) 在【设置形状格式】窗格的【线条】卷展栏中选中【渐变线】单选按钮，将【角度】设置为270°，【宽度】设置为0.38磅。

(5) 先选中【渐变光圈】左侧的颜色控制块，将【透明度】设置为100%，再选中右侧的颜色控制块，将【透明度】设置为0%，如图4-64所示。

(6) 使用同样的方法，在直线形状底部绘制一个圆形形状并将其与直线组合。最后，将组合后的形状放置在幻灯片中合适的位置，为幻灯片添加文字内容，完成图4-62左上图所示时间轴的制作。

图 4-63　绘制自由曲线

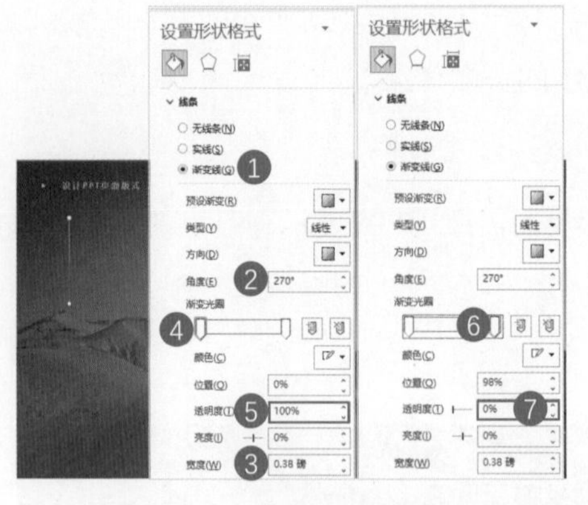

图 4-64　设置渐变色直线

4. 绘制立体结构

在PPT中调节形状的三维参数可以将其转换为图4-65所示的立体形状。

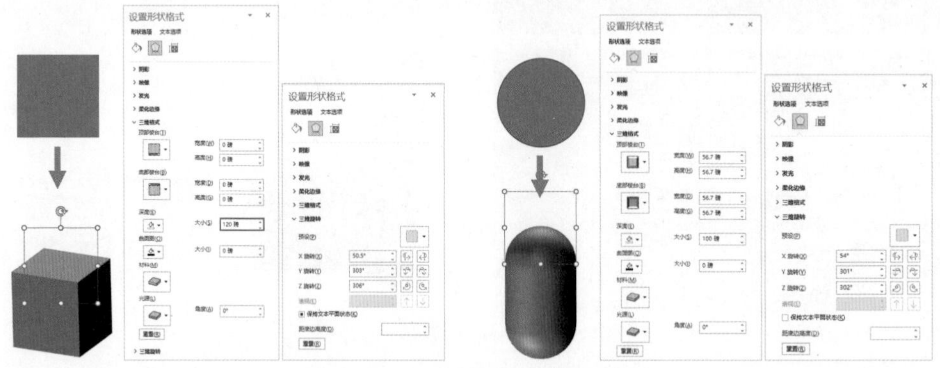

图 4-65　将形状转换为立体形状

通过基本立体形状堆积可以在学术类PPT中绘制出作为版式主体的立体结构模型(如图4-66所示)，从而实现实验室常用设备和工具的绘制，也可绘制不同结构的材料。

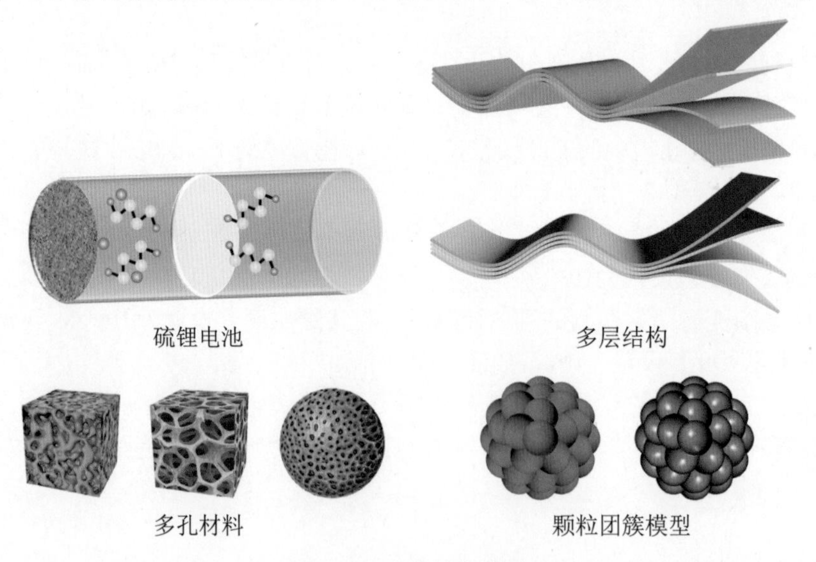

图 4-66　立体结构模型

【例4-6】在PPT中使用形状绘制图4-66左上图所示的硫锂电池立体图。

(1) 打开PPT后，绘制一个高度和宽度均为3厘米的圆形形状，然后右击该形状，从弹出的快捷菜单中选择【设置形状格式】命令，在打开的【设置形状格式】窗格的【线条】卷展栏中选中【无线条】单选按钮。

(2) 按Ctrl+D组合键将绘制的形状复制3份，按Ctrl+A组合键选中这4个圆形形状，选择【形状格式】选项卡，在【排列】组中单击【对齐】下拉按钮，从弹出的下拉列表中选择【对齐所选对象】选项后，依次选择【水平居中】和【垂直居中】选项，如图4-67所示。

(3) 选择【开始】选项卡，在【编辑】组中单击【选择】下拉按钮，从弹出的下拉列表中选择【选择窗格】选项，在打开的【选择】窗格中按住Ctrl键选中所有椭圆形状，如图4-68所示。

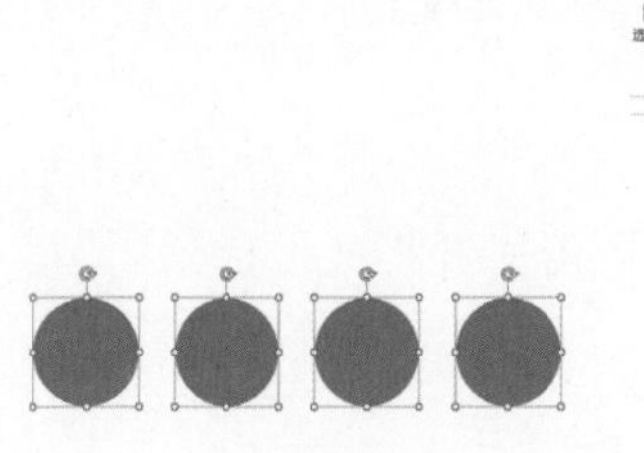

图4-67 对齐形状

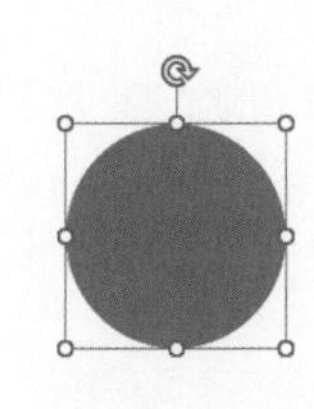

图4-68 通过【选择】窗格选择形状

(4) 按Ctrl+G组合键将选中的形状组合在一起。在【设置形状格式】窗格中选择【效果】选项卡，展开【三维旋转】卷展栏，将【X旋转(X)】设置为306.3°、【Y旋转(Y)】设置为13.4°、【Z旋转(Z)】设置为11.5°，如图4-69所示。

(5) 在【选择】窗格中选中【椭圆1】形状，在【设置形状格式】窗格中将形状的填充颜色设置为黄色，在【效果】选项卡中设置【顶部棱台】和【底部棱台】为圆形、【材料】为【半透明粉】、【光源】为【平衡】、【距底边高度】为250磅，如图4-70所示。

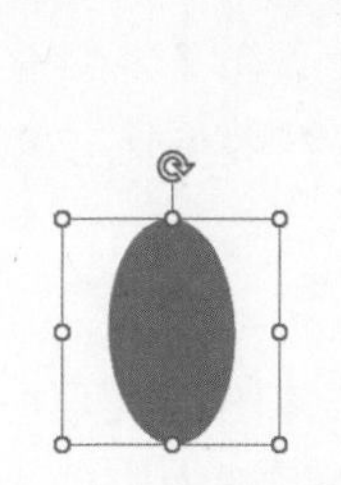

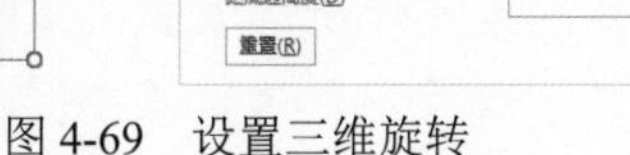

图4-69 设置三维旋转

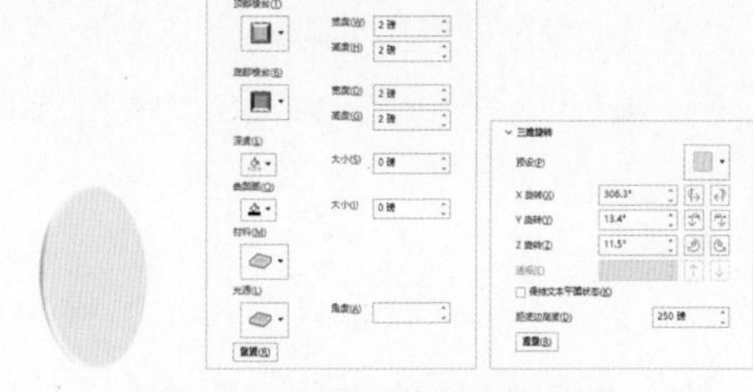

图4-70 设置“椭圆1”形状

(6) 在【选择】窗格中选中【椭圆2】形状，在【设置形状格式】窗格中将形状的颜色设置为白色，在【效果】选项卡中设置【顶部棱台】和【底部棱台】为圆形、【材料】为【金属效果】、【光源】为【平衡】、【距底边高度】为125磅，形状效果如图4-71所示。

(7) 在【选择】窗格中选中【椭圆4】形状，在【设置形状格式】窗格中将形状设置为【图片或纹理填充】、填充纹理为【软木塞】。在【效果】选项卡中设置【顶部棱台】和【底部棱台】为圆形、【材料】为【金属效果】、【光源】为【平衡】、【距底边高度】为0磅，形状效果如图4-72所示。

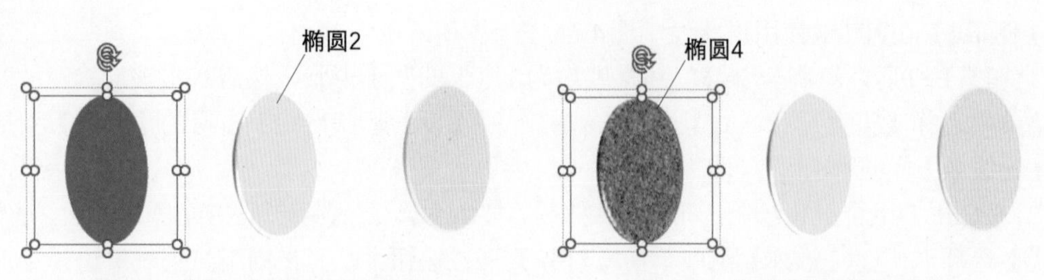

图 4-71　设置“椭圆 2”形状　　　　图 4-72　设置“椭圆 4”形状

(8) 在【选择】窗格中选中【椭圆3】形状，在【设置形状格式】窗格中将形状的填充颜色设置为【无填充】，设置【线条】为【实线】、【宽度】为2磅。在【效果】选项卡中设置【顶部棱台】和【底部棱台】为圆形、【深度】为250磅、【材料】为【最浅】、【光源】为【平衡】、【距底边高度】为250磅。

(9) 在【选择】窗格中将【椭圆3】拖到【椭圆1】下方，此时形状效果如图4-73所示。

(10) 在幻灯片中使用圆形和矩形形状绘制图4-74所示的图形，并将其组合在一起。

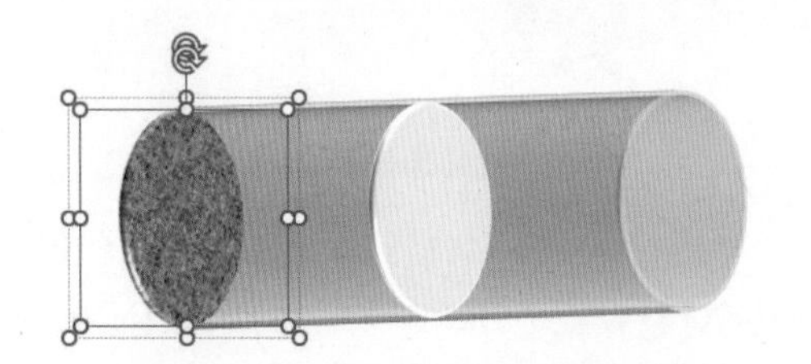

图 4-73　调整“椭圆 3”形状

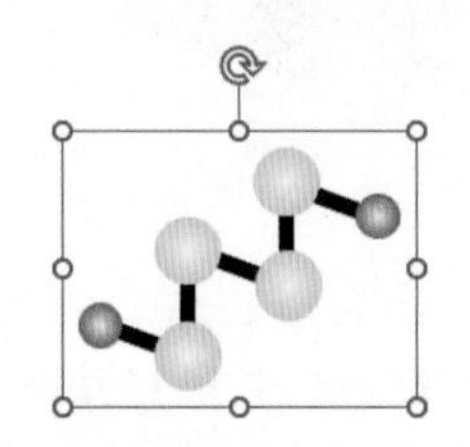

图 4-74　创建组合形状

(11) 最后，将绘制的组合形状复制多份，并放置在合适的位置上，硫锂电池最终效果如图4-66左上图所示。

在将基本形状转换为立体形状时，需要通过【设置形状格式】窗格的【三维格式】和【三维旋转】卷展栏对形状进行调整。其中，形状【深度】和【棱台】的设置都在【三维格式】卷展栏中，是PPT绘制立体形状时最常用的功能，其参数也是实现真实三维效果比较重要的参数。

▶ 深度

深度就是基本形状向垂直于基本形状的方向位移的距离，所形成的立体图形就是所位移的整体路径。以圆形为例，设置深度为150磅，则会得到一个圆柱体，其高度就为150磅(无论什么图形都是如此规则)，如图4-75左图所示。

提示

这里我们要着重介绍一个单位换算，就是磅和厘米的单位换算：1厘米≈28.35磅。我们在使用PowerPoint绘制基本形状时，用到的单位是厘米，然而深度的单位是磅，绘制立体图形要达到一个合适的比例，单位换算就非常必要，以正方形绘制一个正方体为例，如果正方形的边长为6厘米，想通过深度获得立方体，那深度设置为170.1磅（6×28.35），这样才会得到一个标准的正方体，如图4-75右图所示。

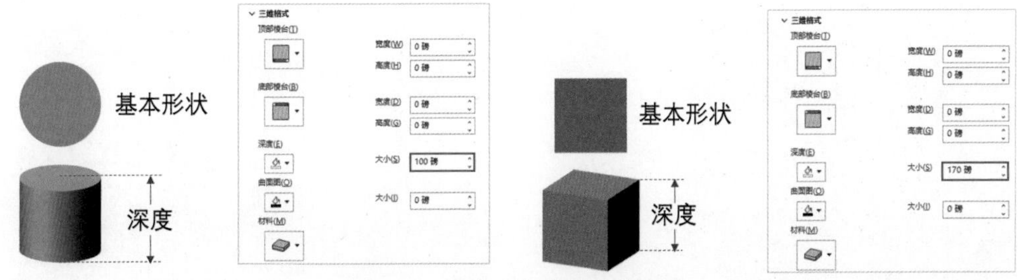

图 4-75　深度对立体形状的影响

▶ 棱台

棱台是通过一个基本形状前后两个面发生改变形成的特殊立体形状，是绘制非均一视图立体形状常用的工具，球体是最常见的立体形状，如图4-76所示。

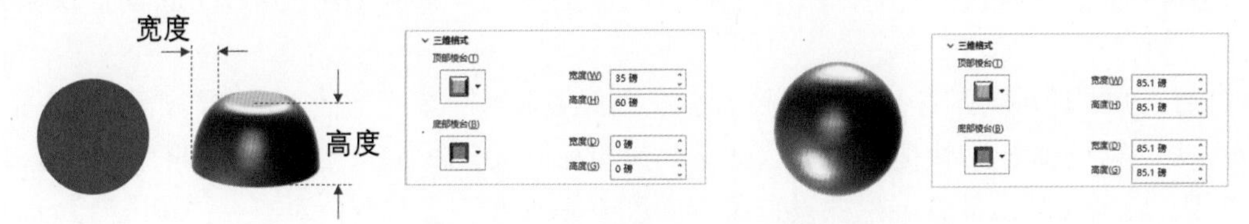

图 4-76　通过设置棱台制作球体

棱台主要有两个参数，即宽度和高度。以直径为6厘米的圆形为例，设置圆形棱台，宽度为30、高度为60，其宽度代表边缘向内收缩的距离，高度代表垂直于圆形方向的高度。若圆形棱台变为一个球形则其宽度和高度应为圆形半径的长度，因此高度和宽度就为85.05磅(3×28.35)。

提示

棱台分为顶部棱台和底部棱台，棱台形式一共有9种，这为绘制不同的立体图形提供了各种可能。图4-77所示为以正方形和圆形为例，通过深度和棱台调整获得的不同立体形状。在PPT中绘制三维立体形状的基础就是要掌握绘制基本立体图形的方法，并熟悉PPT能绘制出哪些基本立体图形。

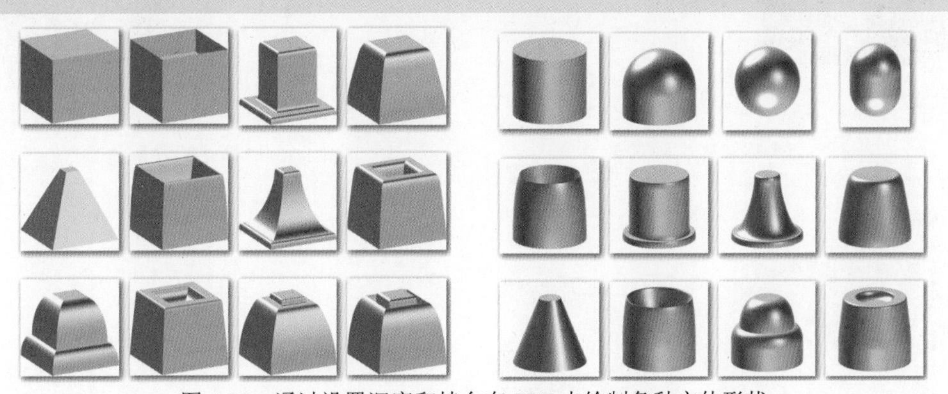

图 4-77　通过设置深度和棱台在 PPT 中绘制各种立体形状

5. 划分页面区域

美观的PPT其排版都十分精致。在排版中最常用的方法之一就是使用色块划分区域，而色块其实就是形状，如图4-78所示。

图 4-78　利用形状 (色块) 将页面内容划分为不同的区域

通过形状，将PPT页面划分为不同的内容区域，可以让观众选择自己想阅读的部分，提高他们的阅读效率。

【例4-7】通过在PPT中制作图4-78右图所示的页面，掌握使用PowerPoint设置形状效果的方法。

(1) 打开PPT后进入幻灯片母版视图，在版式页中插入一个矩形图形，为其设置填充图片，然后右击图片，在弹出的快捷菜单中选择【设置图片格式】命令，在打开的窗格中选择【效果】选项卡，展开【映像】卷展栏，设置【透明度】为50%、【大小】为31%、【模糊】为3磅、【距离】为0磅，制作图4-79所示的形状映像效果。

(2) 创建一个直角三角形，调整其位置并将其旋转，然后先选中页面中的矩形形状再选中直角三角形，选择【形状格式】选项卡，单击【插入形状】组中的【合并形状】下拉按钮，从弹出的下拉列表中选择【剪除】选项，如图4-80所示。

(3) 在幻灯片中绘制图4-81左图所示的不规则多边形，然后在【设置形状格式】窗格中选中【渐变填充】单选按钮，为形状设置渐变填充效果，如图4-81右图所示。

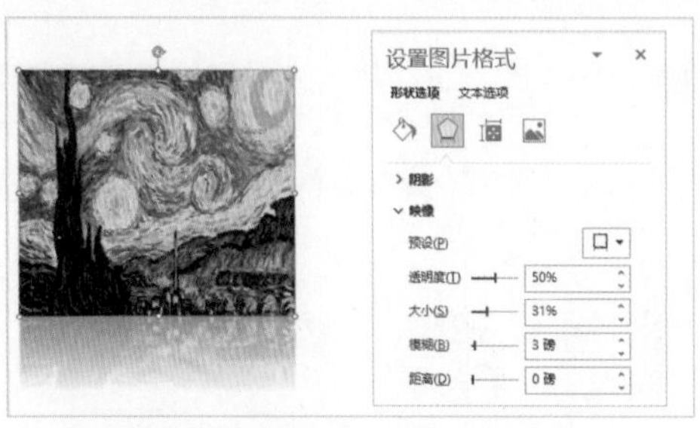

图 4-79　为形状设置映像效果

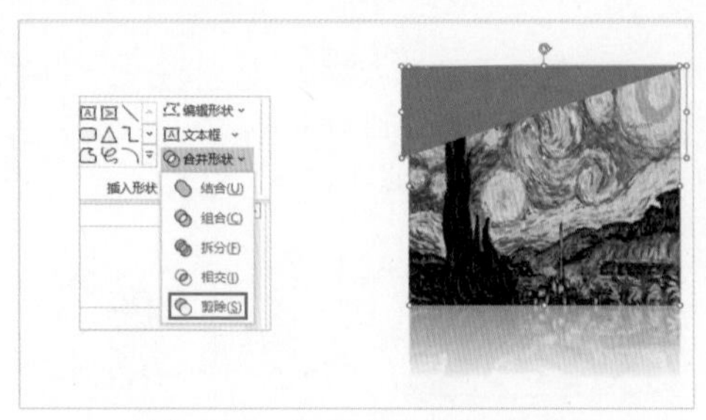

图 4-80　选择【剪除】选项

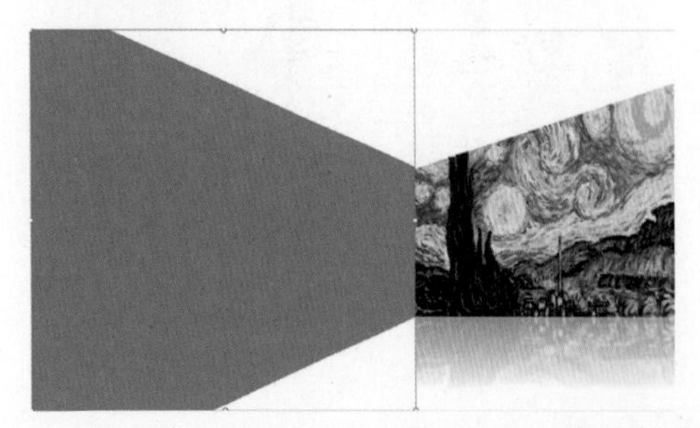

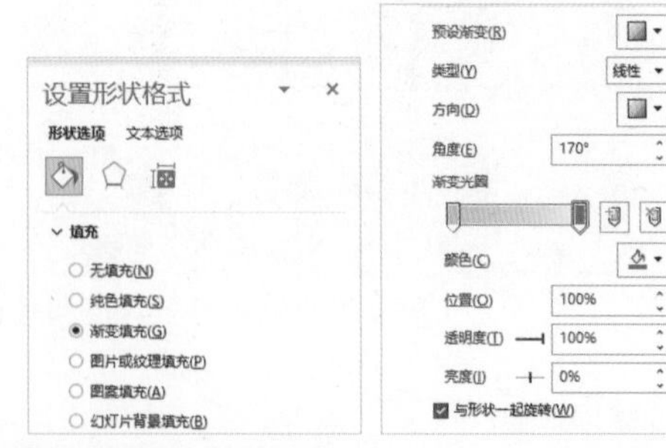

图 4-81　创建渐变填充效果的不规则多边形

(4) 使用同样的方法，在版式页中插入更多形状。在【开始】选项卡的【编辑】组中单击【选择】下拉按钮，从弹出的下拉列表中选择【选择窗格】选项，打开【选择】窗格，调整页面中各元素的层叠关系(将背景和遮罩放在窗格最底部)，如图4-82所示。

(5) 选择【插入】选项卡，单击【插图】组中的【3D模型】下拉按钮，从弹出的下拉列表中选择【联机3D模型】选项，在打开的对话框中选中一个3D模型后单击【插入】按钮。

(6) 调整场景中3D模型的大小和旋转角度(如图4-83所示)，在版式页面中插入文本占位符，然后退出幻灯片母版视图。在PPT中应用本例设置的版式页后，即可制作出图4-78右图所示的页面。

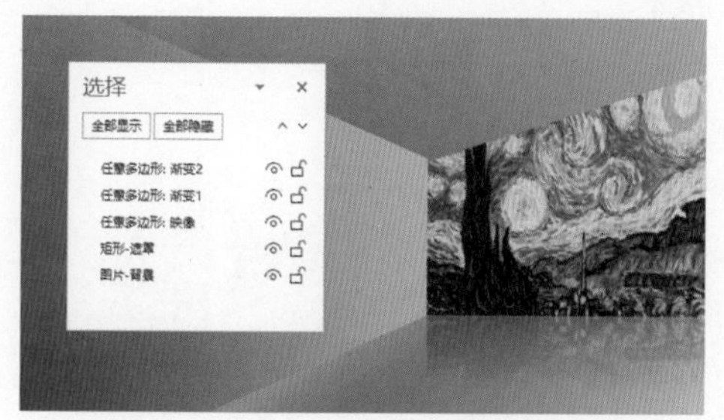

图4-82　调整页面中元素的叠放顺序

图4-83　插入3D模型

4.2.2　利用SmartArt图形快速排版页面

SmartArt是PowerPoint内置的一款排版工具，它不仅可以快速生成目录、分段循环结构图、组织结构图，还能一键排版图片，如图4-84所示。同时，SmartArt还是一个隐藏的形状库，其中包含很多基本形状以外的特殊形状。

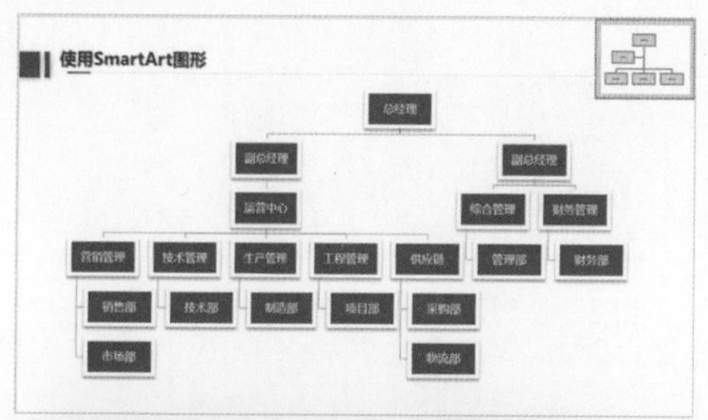

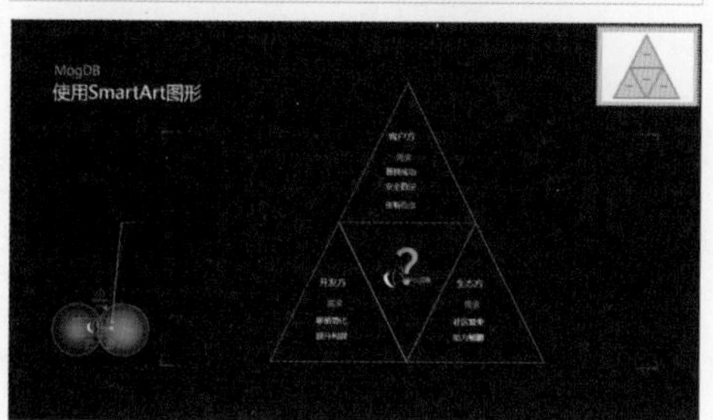

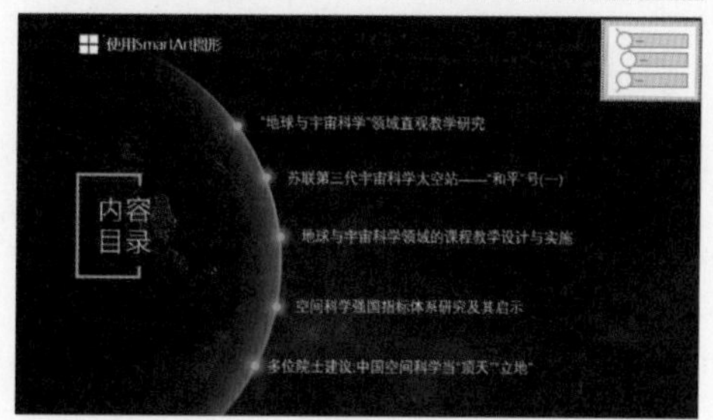

图4-84　在PPT中使用SmartArt图形组织页面版式

下面通过几个实例来介绍SmartArt图形的具体使用方法。

1. 制作分段循环结构图

【例4-8】通过制作图4-84右上图所示的分段循环结构图，掌握使用PowerPoint在PPT中插入与编辑SmartArt图形的方法。

(1) 打开PPT后选择【插入】选项卡，在【插图】组中单击SmartArt选项，打开【选择SmartrArt图形】对话框，选择【循环】|【分段循环】选项，单击【确定】按钮，如图4-85所示。在幻灯片中插入一个“分段循环”类型的SmartArt图形。

(2) 拖动图形四周的控制点调整其大小，选择【SmartArt设计】选项卡，在【创建图形】组中单击【添加形状】按钮，在SmartArt图形中添加几个形状，如图4-86所示。

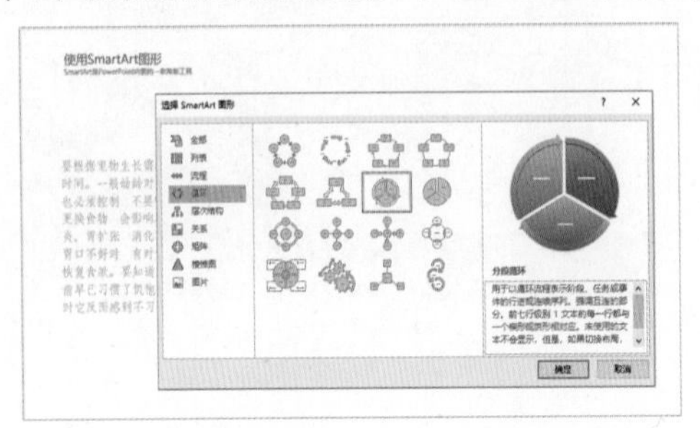

图 4-85　插入 SmartArt 图形

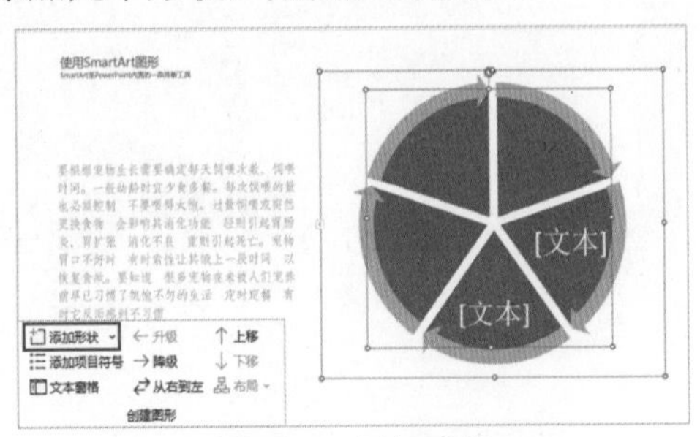

图 4-86　添加形状

(3) 在SmartArt图形左侧单击‹按钮，在展开的窗格中输入文本，如图4-87所示。

(4) 选中SmartArt图形中的扇形形状，在【开始】选项卡中设置形状中文本的大小和字体，然后选择【格式】选项卡，单击【形状样式】组中的【形状填充】下拉按钮，从弹出的下拉列表中选择【无填充】选项，扇形形状的效果如图4-88所示。

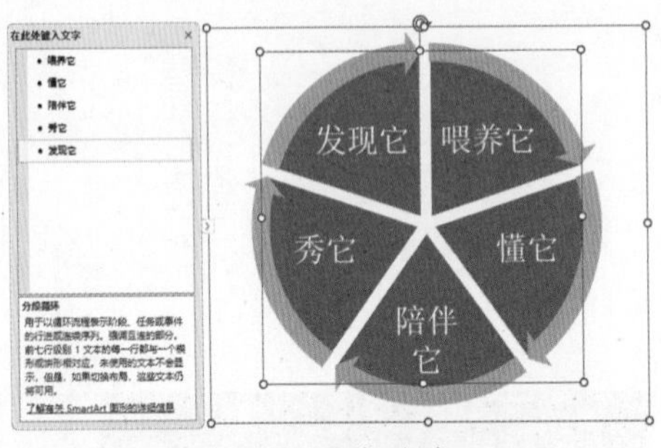

图 4-87　添加文字

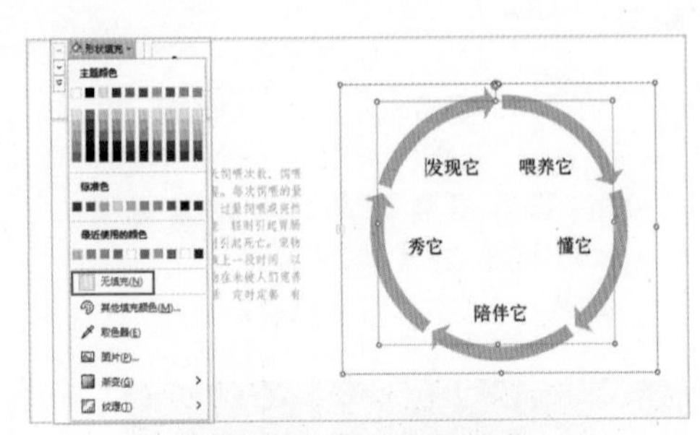

图 4-88　设置形状填充

(5) 选中SmartArt图形后右击鼠标，从弹出的快捷菜单中选择【组合】|【取消组合】命令(执行2次)，取消图形的组合状态，然后选择箭头形状，在【设置形状格式】窗格中为形状设置渐变填充效果，如图4-89所示。

(6) 选择【插入】选项卡，单击【图像】组中的【图片】下拉按钮，在弹出的下拉列表中选择【此设备】选项，在幻灯片中插入一幅图片。

(7) 选中上一步插入的图片，在【图片格式】选项卡中单击【图片样式】组中的【图片版式】下拉按钮，从弹出的下拉列表中选择【圆形图片标注】选项，利用SmartArt版式将图片转换为圆形，如图4-90所示。

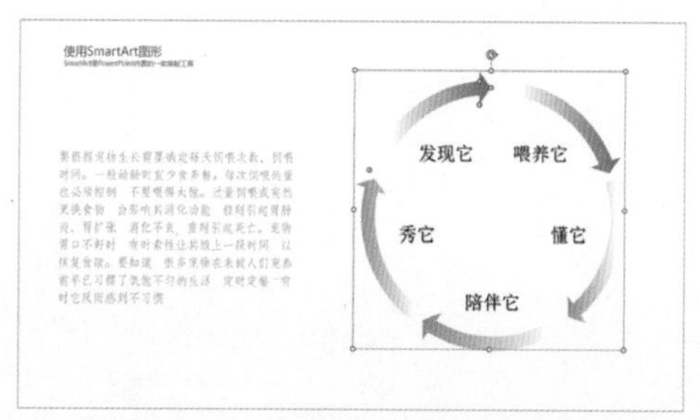

图 4-89　分解 SmartArt 图形并为形状设置渐变填充效果

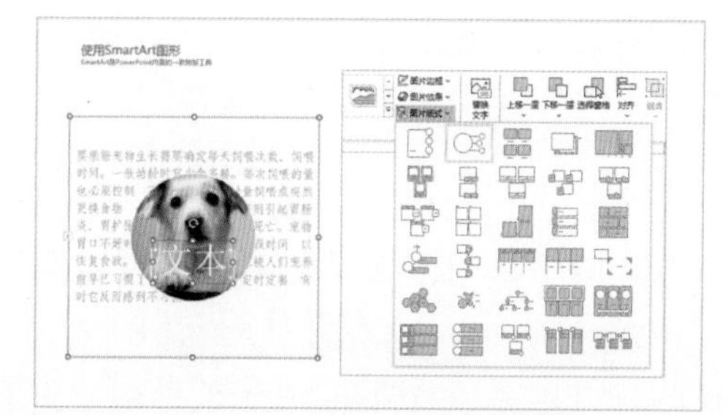

图 4-90　将图片转换为圆形

(8) 取消SmartArt图形的组合状态，删除其中的文本，然后将圆形图片调整至页面中合适的位置，完成分段循环结构图的制作，效果如图4-84右上图所示。

2. 制作组织结构图

【例4-9】通过制作图4-84左上图所示的公司组织结构图，掌握将文本框中的文本转换为SmartArt图形的方法。

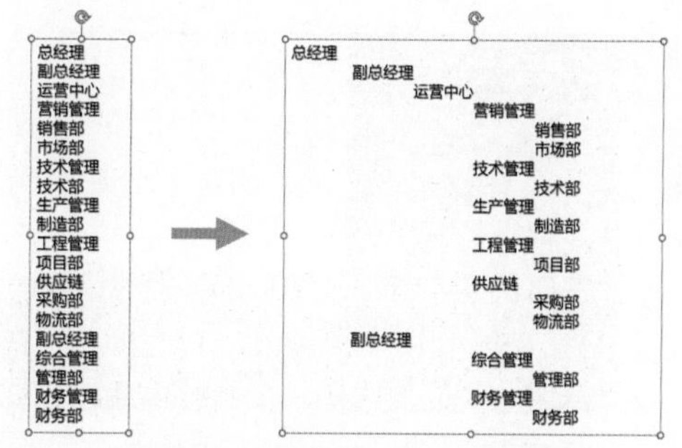

图 4-91　调整文本框内容结构

(1) 打开PPT后在幻灯片中插入一个文本框并在其中输入文本，然后利用Tab键调整每段文本的缩进状态，让结构图中的底层结构文本向右移动，如图4-91所示。

(2) 选中文本框中的所有文本，然后右击鼠标，从弹出的快捷菜单中选择【转换为SmartArt】|【其他SmartArt图形】命令，如图4-92左图所示。

(3) 打开【选择SmartArt】对话框，选择【层次结构】|【组织结构图】选项，然后单击【确定】按钮(如图4-92右图所示)，将文本转换为SmartArt图形。

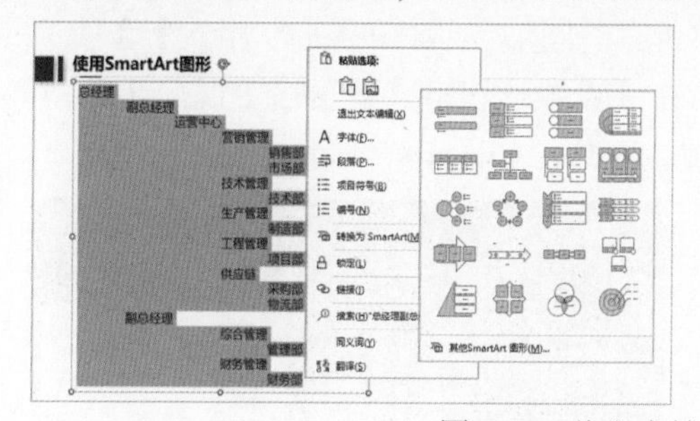

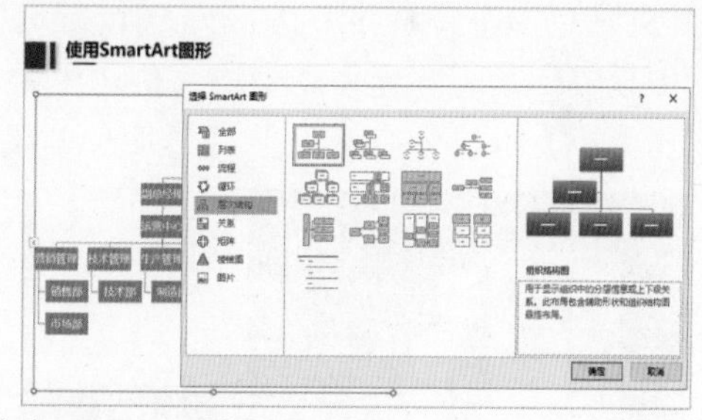

图 4-92　将文本转换为 SmartArt 图形

(4) 单击SmartArt图形左侧的 ‹ 按钮，在展开的窗格中按Ctrl+A组合键选中所有文本，然后选择【格式】选项卡，在【形状样式】组中设置【形状填充】的颜色为深红，【形状轮廓】的【粗细】为6磅、【颜色】为白色，【形状效果】的【阴影】效果为【偏移：下】，使其效果如图4-93所示。

(5) 拖动SmartArt图形四周的控制柄调整图形的大小，使其最终效果如图4-84左上图所示。

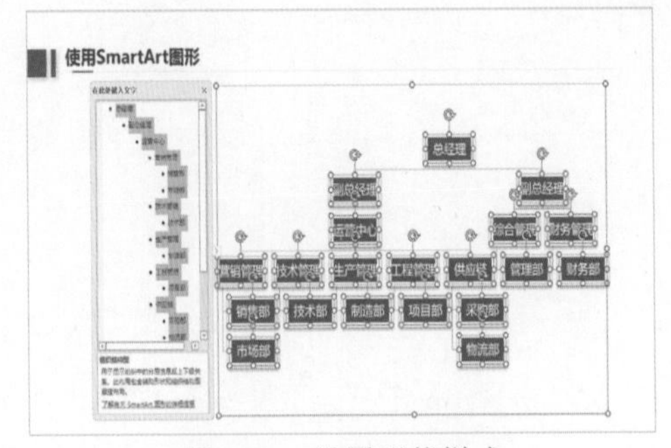

图4-93　设置形状样式

3. 制作目录页

【例4-10】在PPT中制作图4-84右下图所示的目录页。

(1) 打开PPT后在文本框中输入目录页中的所有文本，然后选中文本框，在【开始】选项卡的【段落】组中单击【转换为SmartArt】下拉按钮，从弹出的下拉列表中选择【其他SmartArt图形】选项，如图4-94左图所示。

(2) 打开【选择SmartArt图形】对话框，选择【列表】|【垂直曲形列表】选项后单击【确定】按钮，在幻灯片中插入图4-94右图所示的SmartArt图形。

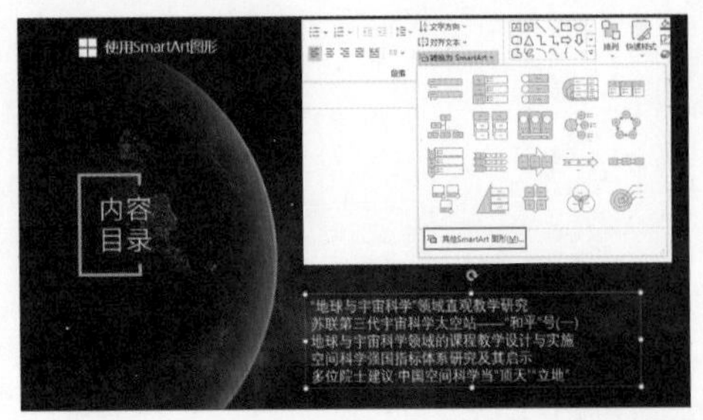

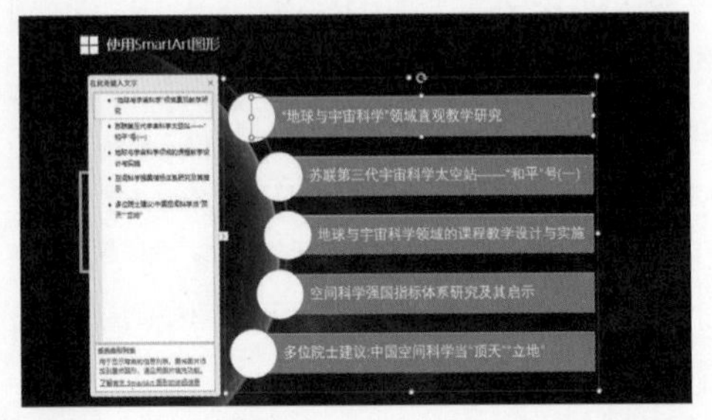

图4-94　将文本框转换为SmartArt图形

(3) 在SmartArt图形左侧的文本窗格中按Ctrl+A组合键选中所有文本，选择【格式】选项卡，在【形状样式】组中将【形状填充】设置为【无填充】，将【形状轮廓】设置为【无轮廓】，然后选择【SmartArt设计】选项卡，单击【重置】组中的【转换】下拉按钮，从弹出的下拉列表中选择【转换为形状】选项，如图4-95所示。

(4) 删除页面中多余的形状，按住Ctrl键选中所有的圆形形状，在【形状格式】选项卡的【大小】组中设置形状的宽度和高度均为0.41厘米，在【设置形状格式】窗格中展开【发光】卷展栏，将【大小】设置为15磅，将【透明度】设置为60%，如图4-96所示。

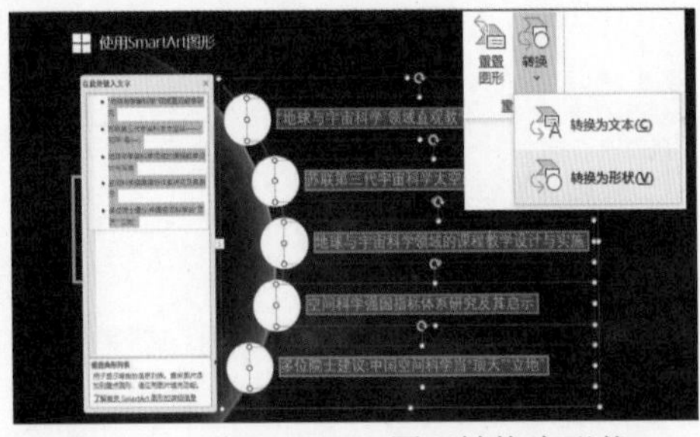

图4-95　将SmartArt图形转换为形状

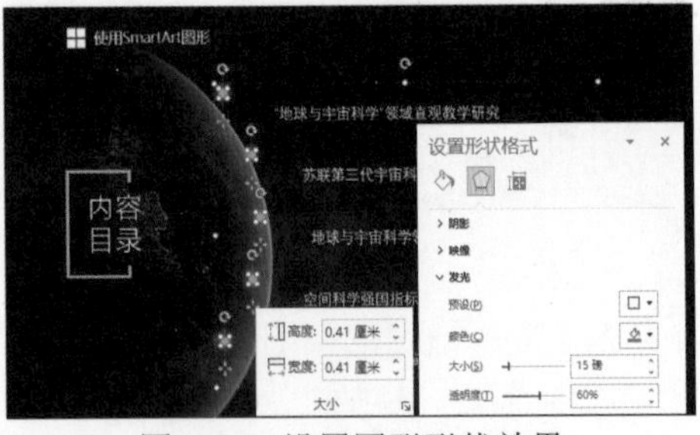

图4-96　设置圆形形状效果

(5) 最后，调整页面中所有元素的位置，目录页的最终效果如图4-84右下图所示。

4.2.3　利用文本框灵活排版文字

PPT中的文本框主要用于装载文字。通过对文本框的对齐方式、间距和效果的调整，可以改变文字在页面中的形态，使其能够配合形状、图片、背景等其他元素实现设计感更强的页面效果，如图4-97所示。

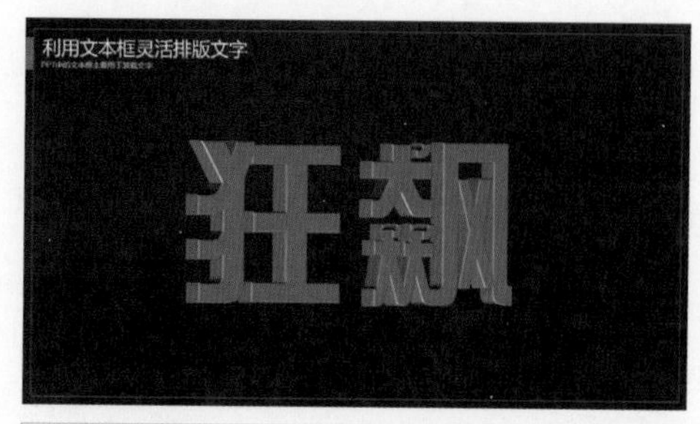

图 4-97　改变文本在 PPT 中的效果

1. 制作弯曲文字

【例4-11】在PPT中通过设置文本框制作图4-97左上图所示的弯曲文字效果。

(1) 打开PPT后选择【插入】选项卡，单击【文本】组中的【文本框】下拉按钮，从弹出的下拉列表中选择【绘制横排文本框】选项，然后在幻灯片中按住鼠标左键拖动绘制一个横排文本框并在其中输入图4-98所示的文本。

(2) 选择【形状格式】选项卡，单击【艺术字样式】组中的【文本效果】下拉按钮，在弹出的下拉列表中选择【转换】|【拱形】选项，将文本框转换为图4-99所示的拱形。

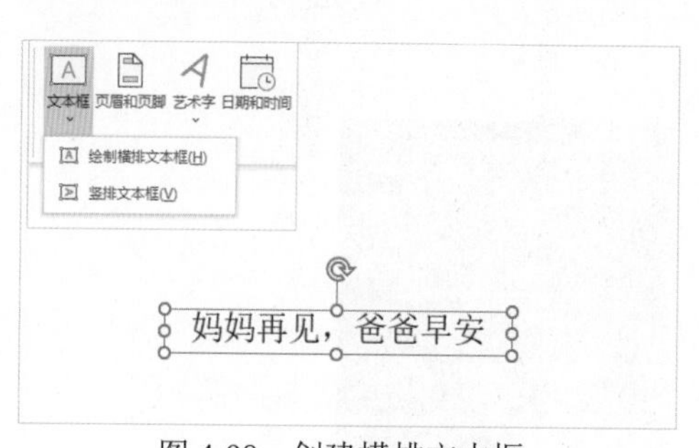

图 4-98　创建横排文本框

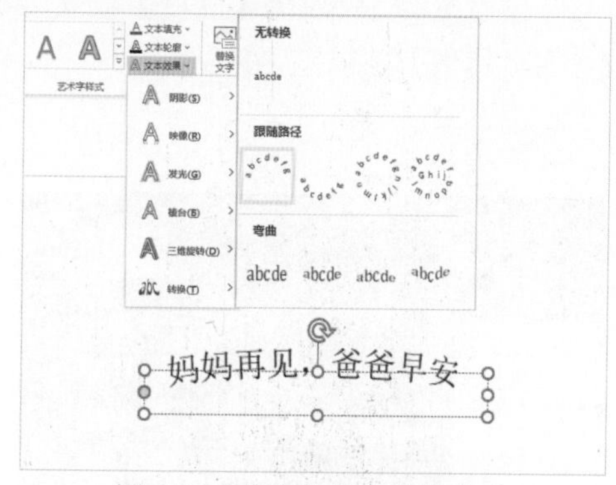

图 4-99　将文本框转换为拱形

(3) 拖动文本框底部的控制柄来调整文本框的弯曲程度，即可得到想要的文本弯曲效果，如图4-100所示。

(4) 在幻灯片中再创建一个文本框并在其中输入文本。

(5) 选中文本框后，单击【形状格式】选项卡中的【文本效果】下拉按钮，从弹出的下拉列表中选择【转换】|【淡出：左近右远】选项，然后拖动文本框右侧的黄色控制柄调整文本框一侧的收紧角度，如图4-101所示。

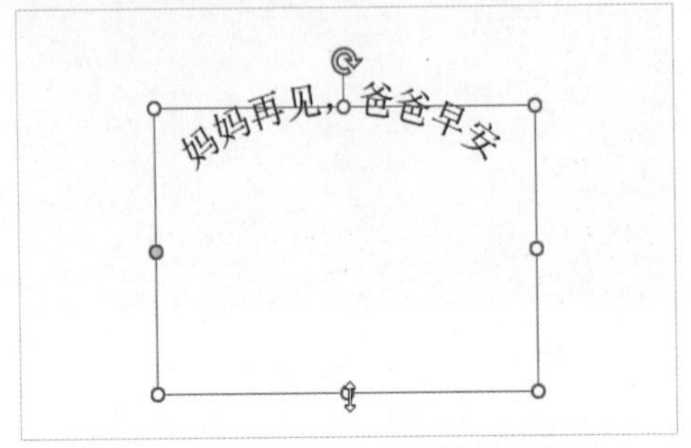

图 4-100　调整拱形文本的弯曲程度

图 4-101　调整文本淡出效果

(6) 使用同样的方法，制作更多的弯曲文本，并将其放在幻灯片中合适的位置，完成后的效果如图4-97左上图所示。

2. 制作立体文字

【例4-12】在PPT中制作图4-97右上图所示的立体文本。

(1) 打开PPT后，单击【插入】选项卡的【文本】组中的【文本框】下拉按钮，从弹出的下拉列表中选择【绘制横排文本框】选项，创建一个横排文本框并在其中输入文本。

(2) 在幻灯片中绘制一个矩形形状，然后按住Ctrl键的同时选中矩形形状和文本框，选择【形状格式】选项卡，单击【插入形状】组中的【合并形状】下拉按钮，从弹出的下拉列表中选择【拆分】选项，如图4-102所示。

(3) 删除幻灯片中拆分文本框产生的多余形状，只留下文字形状，然后选中所有文字形状，打开【设置形状格式】窗格，选择【效果】选项卡⬠，在【三维格式】卷展栏中将【顶部棱台】的高度和宽度设置为2磅，将【深度】设置为50磅，将【材料】设置为【金属效果】，将【光源】设置为【日出】，如图4-103所示。

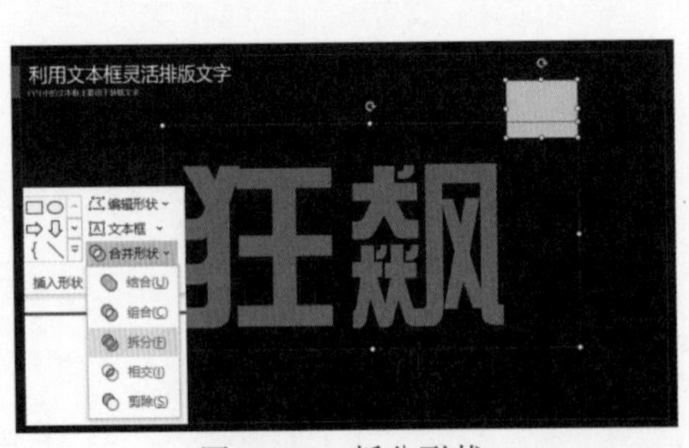

图 4-102　拆分形状

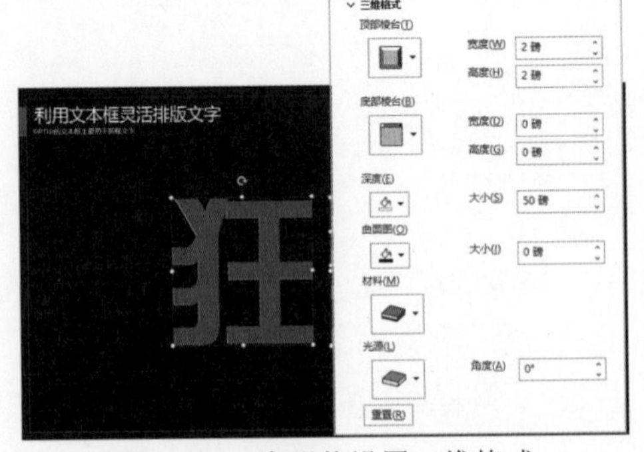

图 4-103　为形状设置三维格式

(4) 在【设置形状格式】窗格中展开【三维旋转】卷展栏，将【X旋转(X)】的参数设置为335°，即可得到图4-97右上图所示的立体文字。

3. 制作倾斜文字

【例4-13】 在PPT中制作图4-97左下图所示的倾斜文字。

(1) 打开PPT后，单击【插入】选项卡的【文本】组中的【文本框】下拉按钮，从弹出的下拉列表中选择【绘制横排文本框】选项，创建一个横排文本框并在其中输入文本“会呼吸的公路”。

(2) 选中文本框后，在【开始】选项卡的【字体】组中设置文本框内文字的字体格式，如图4-104所示。

(3) 右击文本框，从弹出的快捷菜单中选择【设置形状格式】命令，在打开的【设置形状格式】窗格中选择【效果】选项卡，展开【三维旋转】卷展栏，设置【Y旋转(Y)】为290°、【透视】为45°，如图4-105所示。

图4-104 设置字体格式

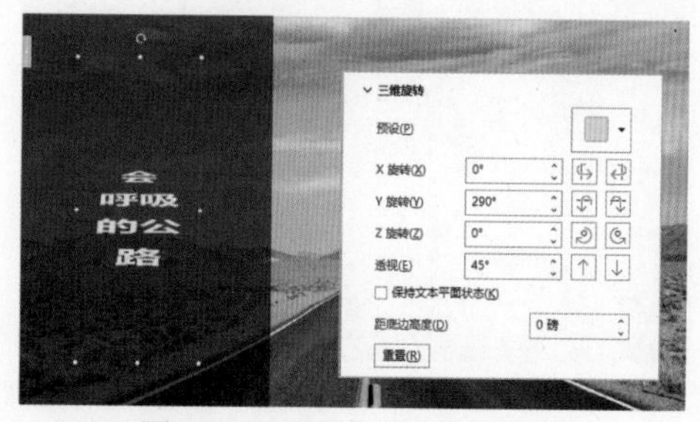

图4-105 设置三维旋转参数

(4) 最后，调整文本框至幻灯片中公路图片上，使其效果如图4-97左下图所示。

4. 制作虚化文字

【例4-14】 在PPT中制作4-97右下图所示的虚化文字。

(1) 打开PPT后，选中文本框并按Ctrl+C快捷键将其复制，然后右击幻灯片中的空白位置，从弹出的快捷菜单中选择【粘贴选项】组中的【图片】选项(如图4-106所示)，将文本框粘贴为图片。

(2) 将文本框中的内容删除一半，保留一半并调整其位置。

(3) 将步骤(1)粘贴生成的图片移至原先文本框的位置，选择【图片格式】选项卡，单击【调整】组中的【艺术效果】下拉按钮，从弹出的下拉列表中选择【虚化】选项，使图片产生虚化效果，如图4-107所示。

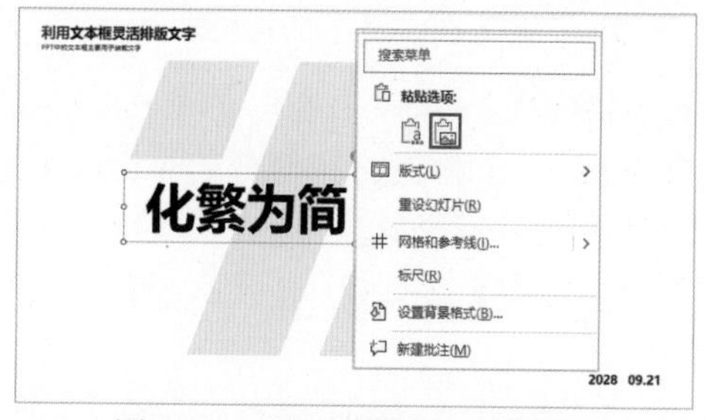

图4-106 将文本框粘贴为图片

图4-107 设置图片虚化效果

(4) 右击虚化后的图片，在弹出的快捷菜单中选择【设置图片格式】命令，在打开的窗格中选择【效果】选项卡，展开【艺术效果】卷展栏，将【半径】设置为35，如图4-108所示。

(5) 最后，调整文本框的位置使其和虚化图片的一部分内容重合，完成后的幻灯片效果如图4-97右下图所示。

图4-108　设置虚化半径

4.2.4　利用表格实现模块化排版

在PPT中，表格除了能够整理并呈现数据以外还能进行模块化排版，实现图4-109所示的整齐的页面效果。

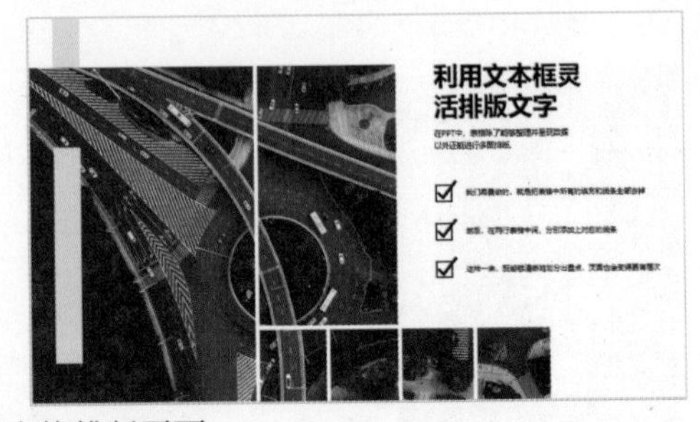

图4-109　使用表格排版页面

【例4-15】在PPT中利用表格制作图4-109左图所示的幻灯片页面效果。

(1) 打开PPT后选择【插入】选项卡，单击【表格】组中的【表格】下拉按钮，在弹出的下拉列表中拖动鼠标，在幻灯片中绘制一个5行5列的表格，如图4-110所示。

(2) 调整表格四周的控制柄使其占满整个幻灯片，然后选择【表设计】选项卡，在【表格样式】组中选择【无样式：网格型】选项，如图4-111所示。

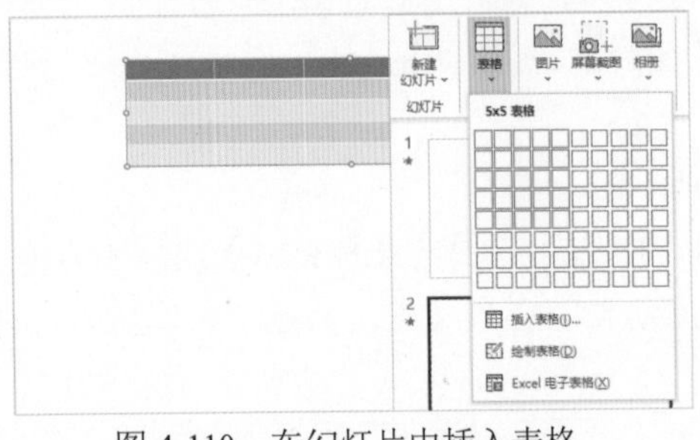

图4-110　在幻灯片中插入表格

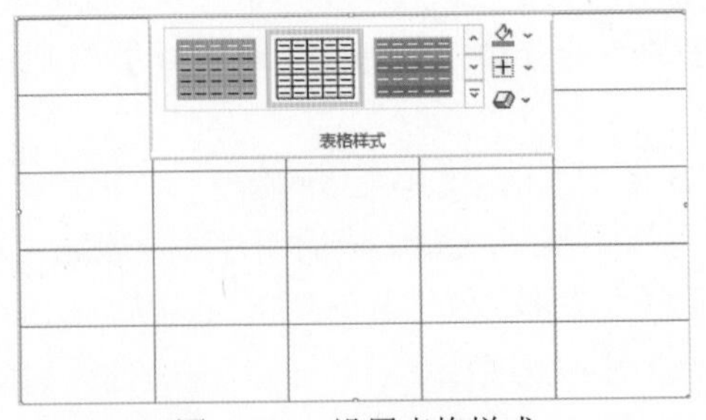

图4-111　设置表格样式

(3) 右击表格，从弹出的快捷菜单中选择【设置形状格式】命令，在打开的【设置形状格式】窗格中选中【图片或纹理填充】单选按钮，然后单击【插入】按钮，在打开的对话框中选择一张图片后单击【插入】按钮为表格设置背景图。

(4) 在【设置形状格式】窗格中选中【将图片平铺为纹理】复选框，使表格的背景图平铺显示，如图4-112所示。

(5) 选择【表设计】选项卡，在【绘制边框】组中将【边框粗细】设置为0.5磅，将【笔颜色】设置为白色，然后单击【表格样式】组中的【边框】下拉按钮，从弹出的下拉列表中选择【内部框线】选项，设置表格内部框线的效果，如图4-113所示。

图4-112　设置表格背景图

图4-113　设置表格边框样式

(6) 选择表格中右侧的6个单元格，右击鼠标，从弹出的快捷菜单中选择【合并单元格】命令(如图4-114所示)，合并单元格。

(7) 选中合并的单元格，在【表设计】选项卡的【表格样式】组中单击【底纹】下拉按钮，设置单元格背景颜色。

(8) 在合并的单元格中输入文本并设置文本的大小和字体，完成后的幻灯片页面效果如图4-109左图所示。

图4-114　合并单元格

4.3　对齐设计

在制作PPT的过程中，当遇到很多素材需要对齐时，许多用户会用鼠标一个一个拖动，然后结合键盘上的方向键，去对齐其他的参考对象。这样做不仅效率低，而且素材歪歪扭扭不那么整齐。下面将介绍如何使用PowerPoint中的各种对齐方法，使页面的元素在不同情况下也能按照排版需求保持对齐。

4.3.1　使用网格线智能对齐元素

在使用PowerPoint制作PPT时，拖动需要对齐的图片、形状或文本框等对象至另一个对象的附近时，系统将显示如图4-115左图所示的智能参考线。利用智能参考线，用户可以对齐页面中大部分的对象和元素，如图4-115右图所示。

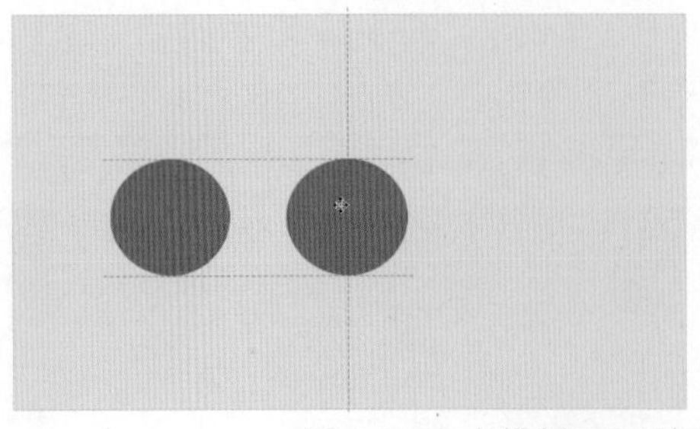

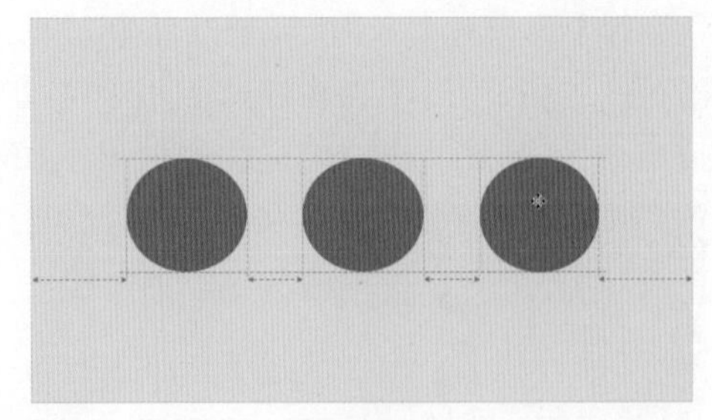

图 4-115　在排版 PPT 时利用智能参考线对齐页面元素

在PowerPoint中按Shift+F9组合键(或者在【视图】选项卡中选中【网格线】复选框)，可以在页面中显示画面的正中向上下和左右以2厘米为单位展开的网格线，如图4-116所示。

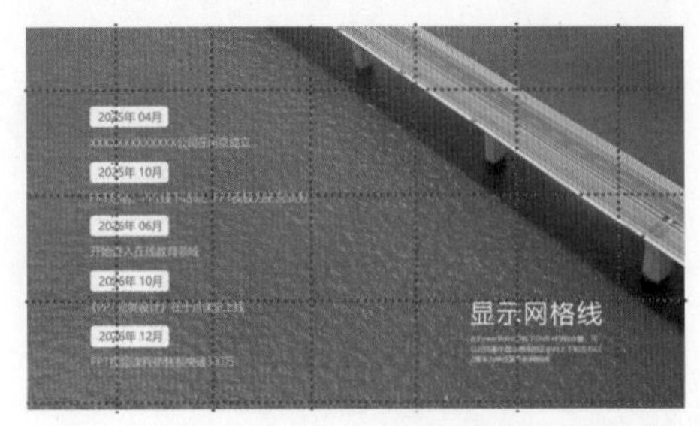

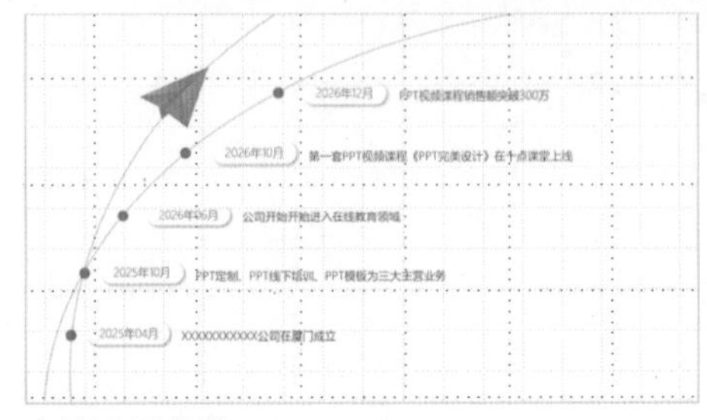

图 4-116　在 PPT 中显示网格线

网格线在PPT排版中的作用是对齐图片、文本等元素。由于页面中图片的风格可以有很多形式(如竖向、横向)，因此在排版时对内容进行统一非常重要，有时需要适当地用文字对图片进行网格补全，如图4-117左图所示。在对图形进行裁剪后，可能会造成人物头像大小不一的情况，如图4-117右图所示。

图 4-117　对 PPT 中的图片进行简单裁剪

遇到这种情况，在版式中借助文字＋线条(或元素)，对图片进行补充就可以解决问题，如图4-118所示。在设置图文对齐时，网格线可以在页面中辅助对齐文本和图片，如图4-119所示。

图 4-118　用文字和线条补充图片

图 4-119　利用网格线对齐文本与图片

在PowerPoint中选择【视图】选项卡，然后单击【显示】组右下角的按钮，可以打开【网格和参考线】对话框。单击该对话框中的【间距】下拉按钮，从弹出的下拉列表中可以设置网格线的间距，如图4-120所示，从而使网格线能够更好地适应页面元素(在【间距】下拉按钮后的微调框中，用户可以自定义网格之间的距离)。同时，选中【对象与网格对齐】复选框后拖动页面中的元素对象，元素将自动对齐网格线，如图4-121所示。

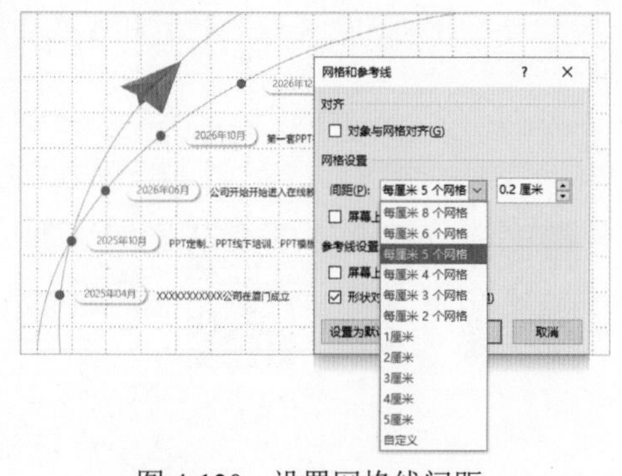

图 4-120　设置网格线间距

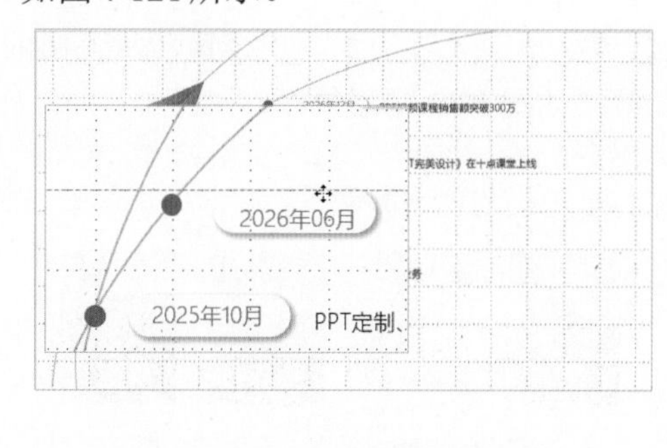

图 4-121　拖动元素与网格线对齐

在排版PPT页面时，结合智能参考线可以实现多个元素之间的对齐。

4.3.2　使用对齐选项快速对齐元素

在制作PPT的过程中，为了考虑整个画面的协调、工整和美观，常常需要将多个不同对象进行相互对齐或者将单个对象与页面对齐。在PowerPoint中选中PPT内的元素后，选择【形状格式】选项卡(或【图片格式】选项卡)，单击【排列】组中的【对齐】下拉按钮，可以选择软件预设的对齐选项来对齐页面中的各种元素，预设的对齐选项包括【左对齐】【水平居中】【右对齐】【顶端对齐】【垂直居中】【底端对齐】【横向分布】【纵向分布】8个选项，如图4-122所示。这8个选项均可对2个及以上对象起作用，其中【左对齐】【水平居中】【右对齐】【顶端对齐】【垂直居中】【底端对齐】这6个对象也可对单个对象起作用。

此外，【对齐】列表中还包括【对齐幻灯片】和【对齐所选对象】选项。

- 对齐幻灯片：将所选对象相对于当前幻灯片对齐，如图4-123上图所示。
- 对齐所选对象：将选中的多个对象相对于第一个选中的对象对齐，如图4-123下图所示。

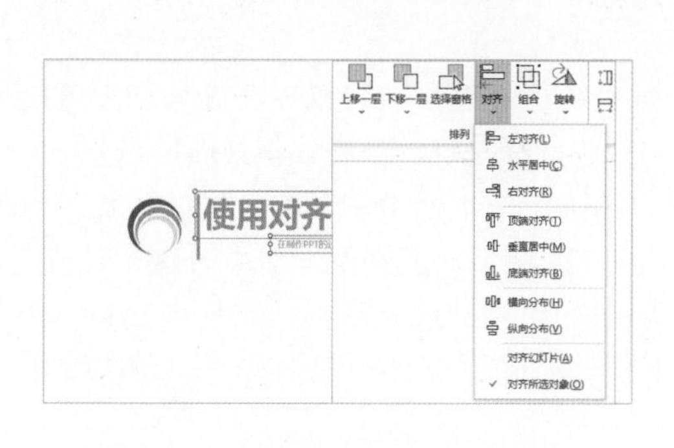

图 4-122　PowerPoint 中的对齐选项

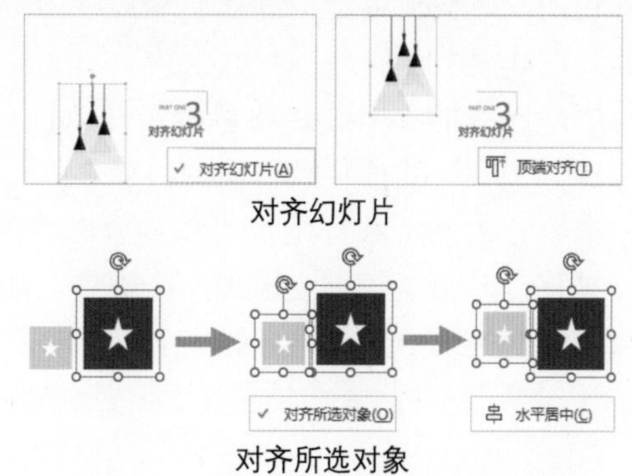

图 4-123　对齐幻灯片和对齐所选对象

【例4-16】使用对齐选项，将页面中的一个元素对齐某个特定的元素。

(1) 先选中PPT页面中作为对齐参考目标的对象。

(2) 再选中需要对齐的元素，如图4-124左图所示，单击【格式】选项卡的【排列】选项组中的【对齐】下拉按钮，从弹出的下拉列表中选择【对齐所选对象】选项。

(3) 再次单击【对齐】下拉按钮，从弹出的下拉列表中选择【顶端对齐】选项。

(4) 再次单击【对齐】下拉按钮，从弹出的下拉列表中分别选择【左对齐】和【底端对齐】选项，效果如图4-124右图所示。

图 4-124　将页面中的元素对齐其他元素

4.3.3　使用参考线辅助对齐元素

在PowerPoint中按Alt+F9组合键，或在【视图】选项卡中选中【参考线】复选框，将在PPT中显示图4-125所示的参考线(参考线不会在PPT放映时显示)。将鼠标指针放置在参考线上，可以对其执行以下操作。

图 4-125　显示参考线

- 移动参考线的位置：将鼠标指针放置在参考线上，当指针变为双向箭头时，按住鼠标左键拖动可以调整页面中参考线的位置，如图4-126所示。
- 增加新的参考线：将鼠标指针放置在一条参考线上，当指针变为双向箭头时，按住Ctrl键的同时按住鼠标左键拖动参考线，释放鼠标左键后，将在页面中增加一条新的参考线，如图4-127所示。
- 删除已有的参考线：将鼠标指针放置在参考线上，然后按住鼠标左键移动参考线的位置，当参考线被移到页面的边缘之外时，释放鼠标左键，参考线将被删除。
- 准确定位参考线：用户可以结合网格线，精确定位页面中多条参考线的位置。参考线被移动时参考线上会出现一个数值，如图4-128所示，其在页面居中时这个数值为0，即页面的中心点是参考线的起点。

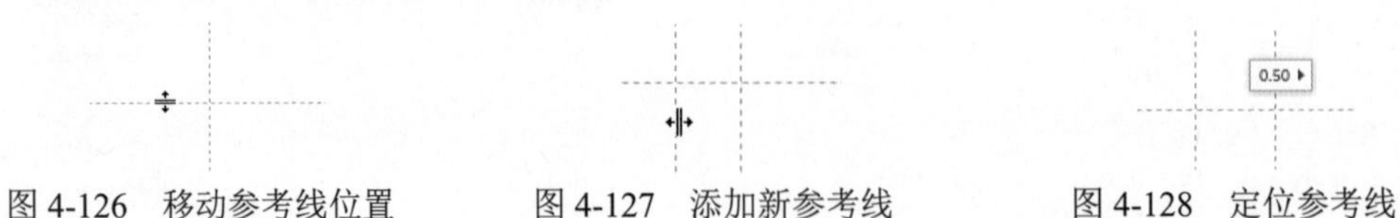

图 4-126　移动参考线位置　　图 4-127　添加新参考线　　图 4-128　定位参考线

在PPT页面排版中，参考线一般用于辅助对齐页面内部元素、跨页边界对齐元素、快速实现对称版式以及偶数元素居中等距分布。

1. 对齐页面内部元素

排版PPT页面时左对齐或右对齐可以直接使用【对齐】工具来实现，但如果需要将元素居中两端对齐，则需要借助参考线来辅助排版，如图4-129所示。

图4-129　将元素居中对齐

2. 跨页边界对齐元素

在实际工作中，有些PPT在放映时，其标题栏的文本会反复跳跃，即PPT的跨页边界没对齐。在PPT中设置对齐，不仅单个页面中要边界对齐，跨页的边界也要对齐，即整个PPT所有页面中上下左右的边缘留白距离要一致。这样，即使将PPT打印在纸张上进行装订或裁剪，也不会出现问题。

要解决跨页边界对齐问题，可以在PPT母版中添加如图4-130所示的参考线(母版中的参考线一般默认是橙色的)。

图4-130　利用参考线实现跨页边界对齐

3. 快速实现对称版式

对称是PPT中重要的排版样式，当我们排版没有好的思路时，就可以使用对称版式。而在页面中使用参考线，则可以快速绘制出对称的版式。

4. 偶数元素居中等距分布

以图4-131左图所示的页面为例，如果要将页面中的4个色块居中等距分布，并要求不使用组合工具，保留原有的动画效果。为此，我们可以在页面中先通过参考线确定两端的目标对象与边界等距，再设置它们垂直居中、等距分布，如图4-131右图所示。

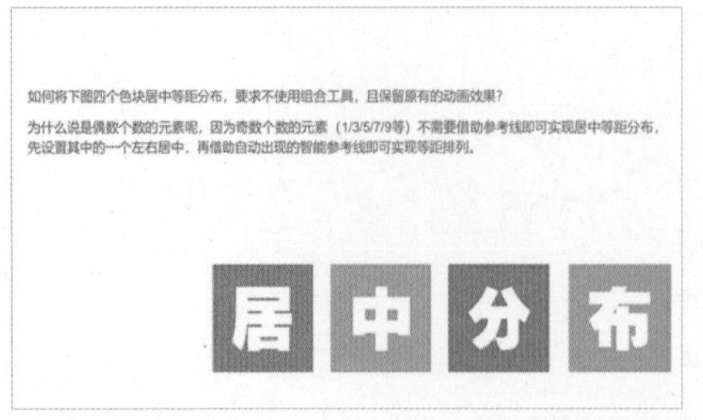

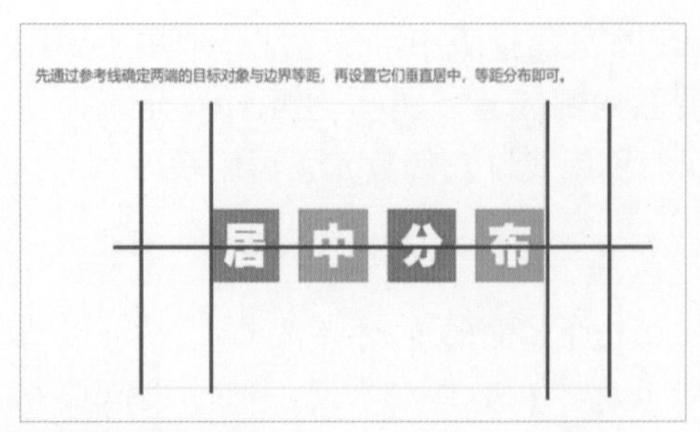

图 4-131　利用参考线实现偶数元素等距分布

4.4　新手常见问题答疑

新手用户在排版PPT幻灯片页面时，常见问题汇总如下。

问题一：如何设置PPT中的多个形状(或图片)根据某个元素的垂直或水平面均匀对齐？

如果要让多个形状(或图片)相对于某个元素的垂直面均匀对齐，可以先通过拖动将其中两个元素与对齐目标元素的顶部与底部对齐(如图4-132左图所示)。然后按住Ctrl键的同时选中所有的元素(如图4-132中图所示)，在【形状格式】选项卡(或【图片格式】选项卡)中单击【对齐】下拉按钮，从弹出的下拉列表中依次选择【对齐所选对象】【水平居中】【纵向分布】选项即可(如图4-132右图所示)。

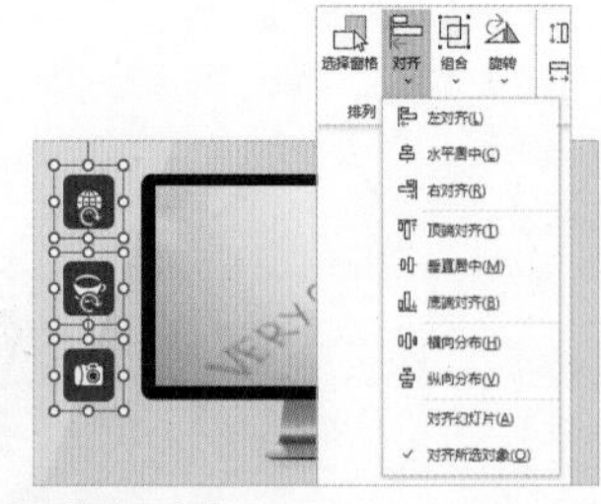

图 4-132　将多个图标元素根据样机图片的垂直面均匀对齐

如果要让多个形状(或图片)相对于某个元素的水平面均匀对齐，可以先通过拖动将其中两个元素与对齐目标元素的左侧与右侧边缘对齐(如图4-133左图所示)。然后按住Ctrl键的同时选中所有的元素(如图4-133中图所示)，在【形状格式】选项卡(或【图片格式】选项卡)中单击【对齐】下拉按钮，从弹出的下拉列表中依次选择【对齐所选对象】【横向分布】【垂直居中】选项即可，效果如图4-133右图所示。

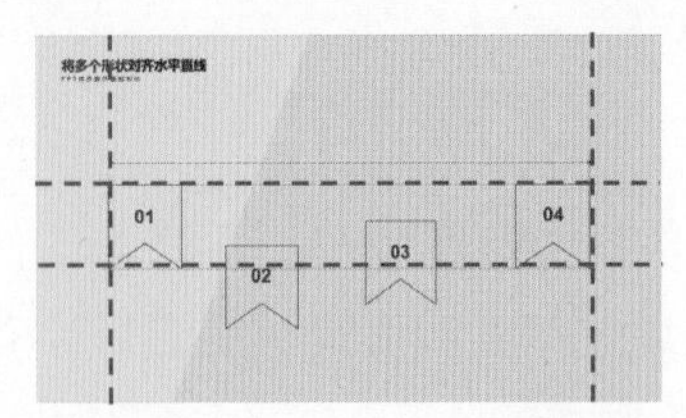

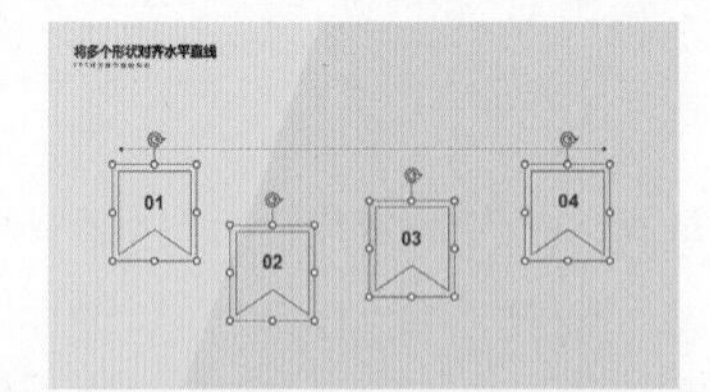

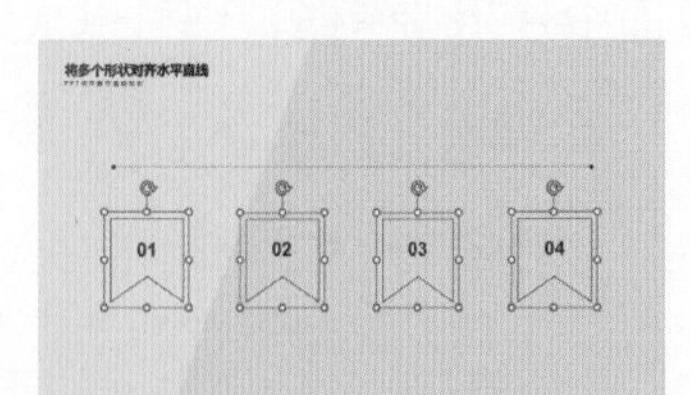

图 4-133　将多个图标元素根据目标元素的水平面均匀对齐

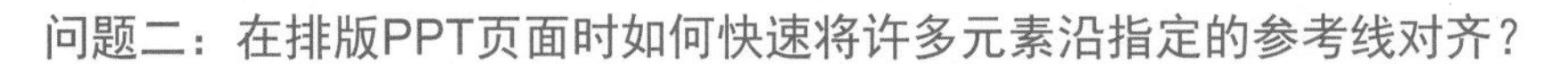

问题二：在排版PPT页面时如何快速将许多元素沿指定的参考线对齐？

以图4-134所示的页面为例，首先在页面中绘制一条用于辅助对齐的参考直线并选中所有需要对齐的元素和参考直线(如图4-134左图所示)。然后单击【形状格式】选项卡中的【对齐】下拉按钮，在弹出的下拉列表中先选择【对齐所选对象】选项，再选择【左对齐】选项，使所有元素沿着参考直线左对齐(4-134中图所示)。最后，删除参考直线并选中其余元素，再次单击【对齐】下拉按钮，在弹出的下拉列表中选择【纵向分布】选项即可，如图4-134右图所示。

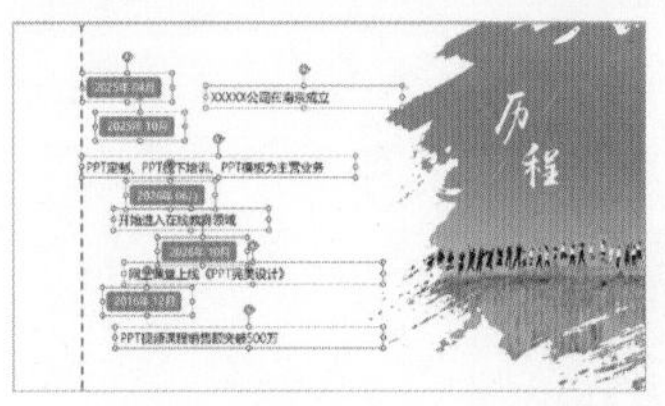

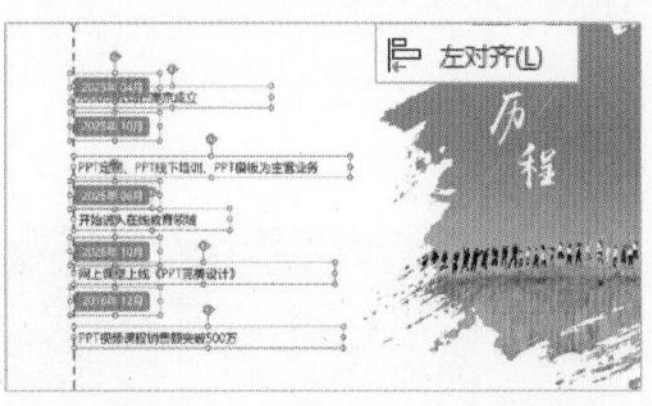

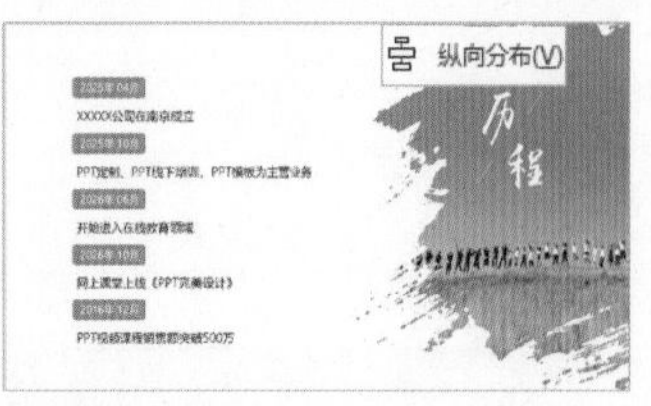

图 4-134　通过绘制参考线实现大量元素快速左对齐

使用相同的方法在图4-135所示的PPT页面中通过绘制参考线使圆形形状横向、均匀分布在图片的底部边框线上。

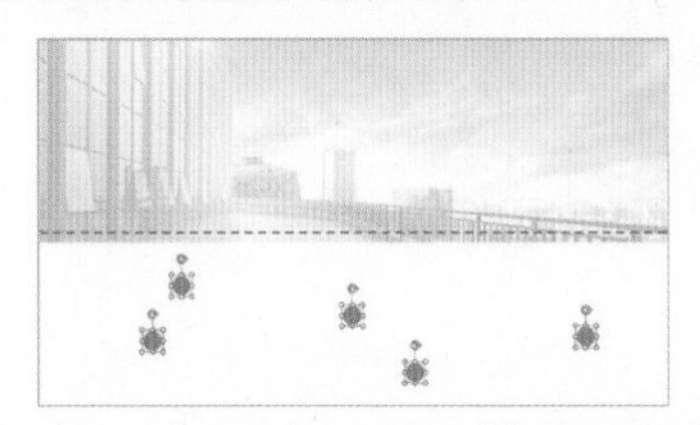

图 4-135　通过绘制参考线实现大量元素快速对齐另一个元素

将上面介绍的方法举一反三地应用在页面排版中，结合F4键重复执行相同的操作，还可以实现大量元素沿斜线均匀对齐，如图4-136所示。或者将大量元素沿圆(或半圆)均匀对齐，如图4-137所示(请读者自行思考具体的实现步骤，并总结出最高效的方法)。

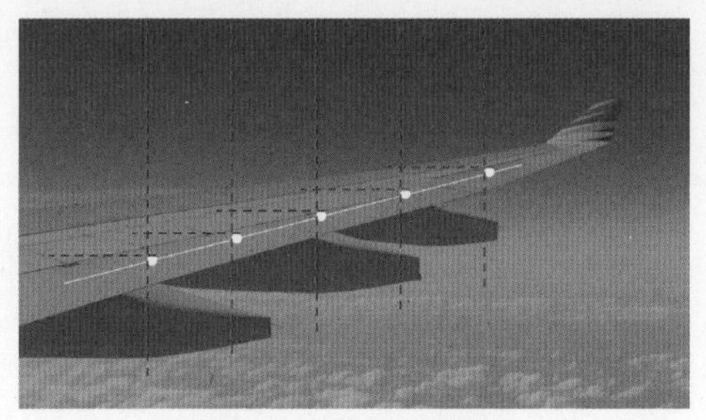

图 4-136　对齐斜线

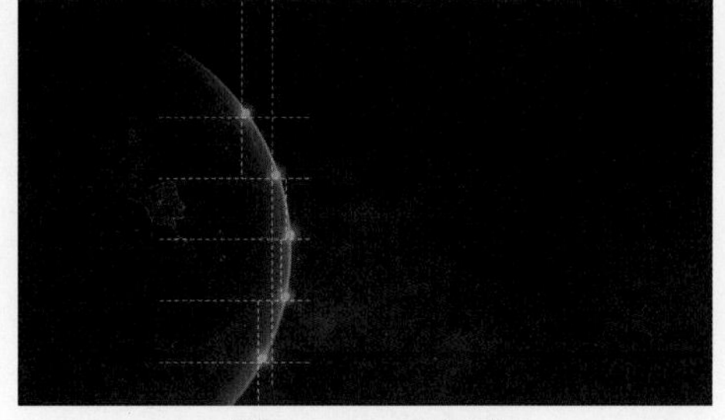

图 4-137　对齐圆

提示

使用PPT插件(如前面介绍过的iSlide插件)也能实现页面中元素的快速对齐，并且由插件提供的对齐功能比PowerPoint或WPS软件提供的对齐功能更强大(关于插件的使用方法本书不做介绍，感兴趣的读者可以自行查阅相关资料学习)。

问题三：如何设置文本框中的文字随着文本框大小进行缩放和扭曲？

以图4-138所示的文字排版为例，首先在页面中插入两个文本框，在其中输入文本并设置文本的格式，然后单击【开始】选项卡的【段落】组中的【两端对齐】按钮，设置文本框中的文本两端对齐。接下来，同时选中两个文本框，在【设置形状格式】窗格中选择【大小与属性】选项卡，在【文本框】卷展栏中选中【溢出时缩排文字】单选按钮，取消【形状中的文字自动换行】复选框的选中状态，如图4-139所示。

图 4-138　文字排版效果

图 4-139　设置文本溢出时缩排文字

选择【形状格式】选项卡，单击【艺术字样式】组中的【文本效果】下拉按钮，在弹出的下拉列表中选择【转换】|【正方形】选项，如图4-140左图所示。此时，拖动幻灯片中的两个文本框四周的控制柄调整文本框的大小，其中的文字将随着文本框大小的调整进行缩放、扭曲，但是不会自动换行，如图4-140右图所示。

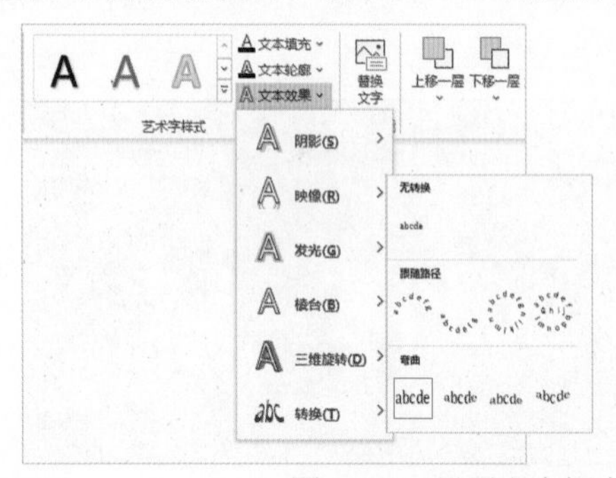

图 4-140　设置文本框中的文字随着文本框大小进行缩放

最后，合理调整图4-140右图所示两个文本框的大小，并在两个文本框底部再添加一个文本框，在其中输入文本并设置文本两端对齐，即可得到图4-138所示文字排版效果。

提示

拖动图4-140右图文本框底部的黄色控制柄可以调整文本框中文字的倾斜角度。

问题四：如何在PPT中制作出撕纸效果的图片？

以制作图4-141所示的撕纸效果图片为例。首先要在图形上绘制一个矩形形状，遮挡住图形的一半，如图4-142所示。

图 4-141　撕纸效果图片

图 4-142　绘制矩形

然后按照矩形形状的大小对图片进行裁剪(如图4-143所示)，通过编辑顶点调整矩形形状，使其一条边发生扭曲，如图4-144所示。

图 4-143　裁剪图片

图 4-144　编辑顶点

接下来，右击图4-143中裁剪剩余的图片，将其另存为.png格式的图片。然后使用该图片填充图4-144右图所示的形状，如图4-145所示。

删除图4-145左侧的图片，单击【插入】选项卡中的【形状】下拉按钮，从弹出的下拉列表中选择【自由曲线】工具，在幻灯片中绘制图4-146所示的自由曲线。

图 4-145　使用图片填充图形

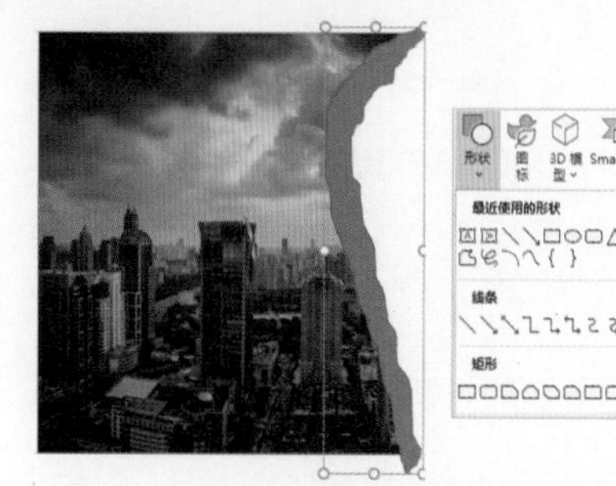

图 4-146　绘制自由曲线

将自由曲线围成的形状的填充颜色设置为白色，并将图片和自由曲线组合。选中组合后的图形，按Ctrl+C组合键将其复制，再按Ctrl+Alt+V组合键，打开图4-147所示的【选择性粘贴】对话框，选择【图片(PNG)】选项，单击【确定】按钮，将组合图形转换为PNG格式的图片。

删除组合图形，对页面中通过选择性粘贴得到的图片进行裁剪，裁剪掉其四周多余的部分(如图4-148左图所示)，并为其设置图4-148右图所示的阴影效果。

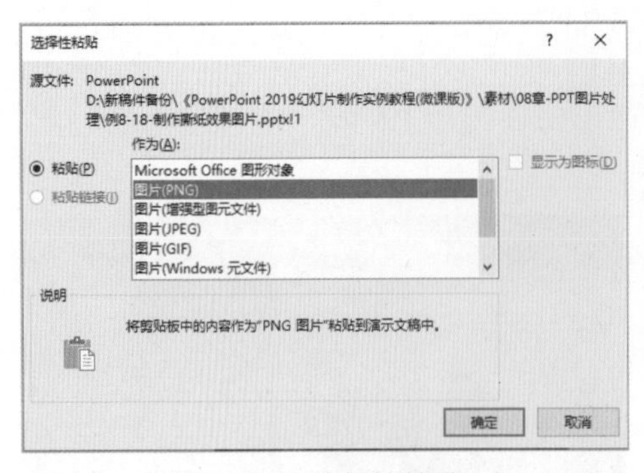

图 4-147　选择性粘贴

图 4-148　裁剪图片并设置阴影效果

最后，使用相同的方法制作出撕纸图片的另一半。

将撕纸效果的图片应用于PPT中可以制作出独特的页面排版风格，如图4-149所示。

图 4-149　将撕纸效果图片应用于 PPT

问题五：在使用表格排版PPT页面时如何设置表格的渐变线边框？

以图4-150所示表格排版页面中的渐变线边框为例，这些渐变线边框实际上是一些设置了“渐变线”效果的直线。在【表设计】选项卡中单击【边框】下拉按钮，在弹出的下拉列表中选择【无边框】选项，设置页面中的表格不显示边框后，在页面中插入直线并为其设置线性渐变线效果，再将直线复制多份放置在表格边框线的位置，即可在页面中制作出渐变线边框的表格效果。

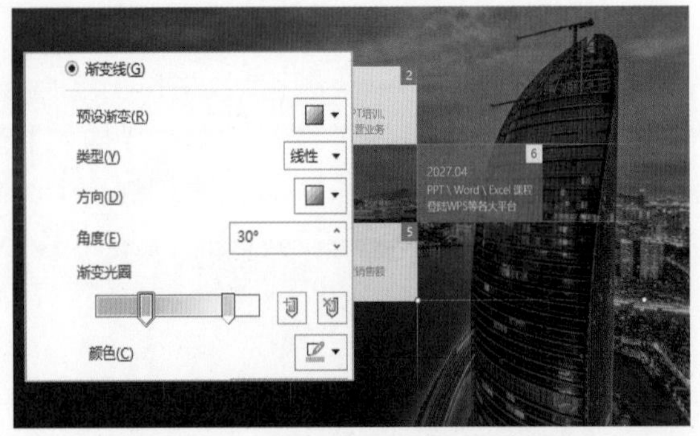

图 4-150　利用直线制作渐变边框线

问题六：如何在PPT中利用文本框排版较多文字？

在PPT中使用文本框排版文字是为了达成信息梳理和画面美感。因此，在面对文字较多的PPT页面时，首先一定要去尝试对PPT原文内容进行大概的了解，然后区分出内容的主次。这里总结了以下4个方法。

- 内容顺序化。在遇到如发展历程、事件发展等较多文字的 PPT 时，可以根据时间线来划分内容的层级，这种区分方法适用于时间顺序十分清楚的页面。使用 SmartArt 图形和形状制作出时间轴来替代文字可以帮助观众了解页面中的内容，也便于演讲者展开介绍。

- 内容精简化。在遇到如客户历史行为、案例介绍等较多文字的 PPT 时，可以对 PPT 的内容进行适当精简，通过通读原文，将一段较长的文字概括为一个主题、两个重点来表述内容，更利于页面排版，也方便介绍。在排版时，可以通过形状突出重要信息，也可以通过调整部分文字的大小和颜色，对其余文字做弱化处理。
- 内容结构化。在遇到一些内容多且没有重点的大段文字时，可以尝试将文字化整为零，将大段内容分为小段内容，通过多个幻灯片页面分类排版。在演讲中，大段的文字不易使观众产生阅读的兴趣，也不易排版。通过拆分可以使页面的排版难度下降，并有助于通过排版工具实现丰富的页面版式效果。
- 内容系统化。在遇到大段零碎内容时，可以通过通读内容，将内容重新整理，并利用“亲密原则”，将相同的内容靠近形成一个个系统的单元来排版页面。

提示

对于一个成熟的职场人而言，数据思维和成果思维是必不可少的，我们在制作各种PPT时，一定要让甲方/领导清晰地看到自己的工作成果，而成果一定是要可量化的，这样观众才能直观地感受到我们工作的价值。因此，在整理排版大段文字时，适当地利用表格、图表、数字对内容的数据做展示也是必不可少的(本书将在第6章详细介绍)。

问题六：有哪些设计网站可以帮助我们提高PPT版式设计的审美水平？

做PPT设计的关键是审美，提高审美水平最直接、快速的方法就是借鉴出色的PPT作品。常用的PPT排版设计参考网站如表4-1所示。

表 4-1　常用的排版设计参考网站

网　站	简　介
优设网	一个提供大量与设计相关图文教程、资讯，以及预测设计趋势的网站
UI中国	一个提供大量UI设计作品、案例、思路、灵感的网站
古田路9号	一个专业的品牌设计网站，提供许多品牌设计师、插画设计师的设计作品
UECOOK	一个提供设计创意素材、不同主题作品的网站，该网站提供图片采集功能，可以帮助浏览者收集自己喜欢的图片
Siteinspire	一个专门收录优秀网页设计素材的网站。在所有类型的平面设计中，网页设计最接近PPT页面设计，通过此类网站寻求灵感，会更容易获得一些启发
Muz	一个谷歌浏览器插件，其整合了许多优秀的素材网站
dribbble	一个设计师交流网站平台，该网站上的每一个作品，都提供了制作中所用颜色参数数值，可以帮助我们解决制作PPT时经常遇到的色彩搭配的问题

问题七：有哪些工具网站可以帮助我们提高PPT排版设计效果？

在PPT排版中合理地应用各种工具网站，可以帮助我们快速生成各种独特的页面元素，如样机图、背景图、双色调图、水中倒影图、云文字图等。目前，排版设计工具网站有很多，表4-2所示介绍了PPT设计师常用的几个排版工具网站，供读者参考。

表 4-2　常用的排版工具网站

网　站	简　介
在线抠图网站 Fococlipping	一个连照片中人物头发丝都能抠出的在线抠图网站，并且完全免费，没有使用次数限制
免费样机生成网站 Free Mockup Generator	一个提供手机、平板电脑、笔记本电脑和手表4种类型的样机图片的网站，用户只需要在该网站上传自己的图片，就可以自动生成好看的样机产品模型
背景素材网站 Bg-Painter	一个可以自动生成各种背景图的网站，不仅可以快速生成科技、渐变、抽象等风格的PPT背景，还可以一键快速更改背景的配色，甚至可以生成动态背景图片
生成双色调效果网站 Duotone	一个可以使用两种颜色对图片进行双色调处理的网站，可以帮助我们生成风格独特、时髦的图片，提升PPT的视觉冲击力
字体配色测试器 Colorable	一个可以帮助我们搭配PPT中背景和字体颜色的网站，提供很多种随机生成的颜色搭配方案，让用户可以直观地看到字体与背景色的搭配效果
水中倒影生成器 Watereffect	一个可以把用户上传的图片向下复制做成水波流动(倒影)效果图的网站
云文字制作网站 Wordart	一个可以一键生成云文字(由许多文字组成的文字)并提供免费下载服务的网站(推荐使用谷歌浏览器打开该网站)
多图片处理 改图鸭	一个免费提供图片批量压缩、修改格式、证件制作、水印添加、在线编辑(网页版Photoshop)等功能的图片处理网站，并且会自动删除用户上传的素材图片，以保护用户的隐私

第5章 PPT视觉设计

本章导读

在设计 PPT 时我们可以通过各种方法来影响 PPT 的视觉效果，如使用文本与图片的混合，赋予画面场景的代入感；借助精准贴合内容的图标增强 PPT 页面的画面感；采用类比元素图形补充排版，增强场景的匹配度；通过模拟现实的色彩搭配，增强页面的真实感；在元素对齐效果上打破规则，赋予画面灵动感。而在 PowerPoint 中，熟练掌握图片、文本和图标等元素的处理与设计技巧，则是 PPT 视觉设计的基础技能。

5.1 图片加工

图片是PPT中不可或缺的重要元素，合理地处理PPT中插入的图片不仅能够形象地向观众传达信息，起到辅助文字说明的作用，而且还能够美化页面的效果，提升页面的视觉层次感，从而更好地吸引观众的注意力。

5.1.1 将图片裁剪为任意形状

当我们在PPT中需要将图片和文本混合排版时，很多图片直接应用到PPT中是不太合适的，如果在PowerPoint中通过添加形状、表格、文本框来适当“裁剪”图片，就可以让PPT的效果立刻化腐朽为神奇。

1. 利用形状裁剪图片

在幻灯片中选中一幅图片后，在【格式】选项卡的【大小】组中单击【裁剪】下拉按钮，在弹出的下拉列表中选择【裁剪为形状】选项，在弹出的子列表中用户可以选择一种形状用于裁剪图形，如图5-1左图所示。

以选择【平行四边形】形状为例，幻灯片中图形的裁剪效果如图5-1右图所示。

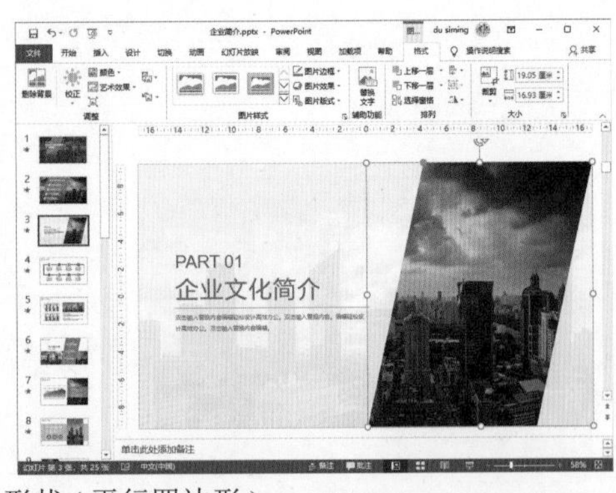

图 5-1 将图片裁剪为形状 (平行四边形)

此外，通过形状还可以将图片裁剪成各类设计感很强的效果并应用于PPT，如图5-2所示。

图 5-2 将裁剪后的图片应用于 PPT 页面中

【例5-1】利用绘制的矩形形状裁剪PPT中的图片。

(1) 选择【插入】选项卡，在【图像】组中单击【图片】按钮，在幻灯片中插入一幅图片，如图5-3所示。

(2) 在【插图】组中单击【形状】下拉按钮，在弹出的下拉列表中选择【直角三角形】选项，在幻灯片中绘制如图5-4所示的直角三角形形状。

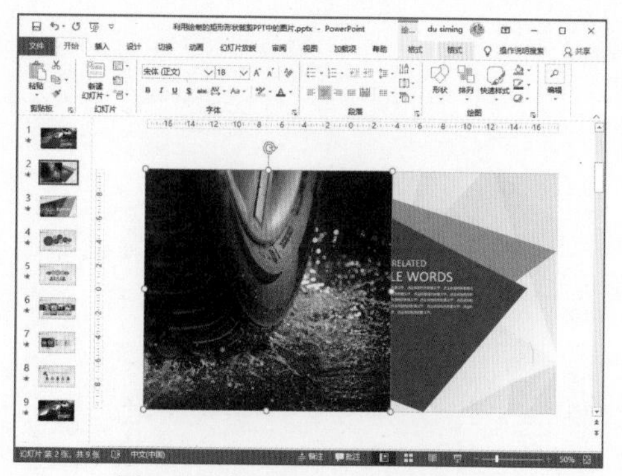

图5-3　在幻灯片中插入图片

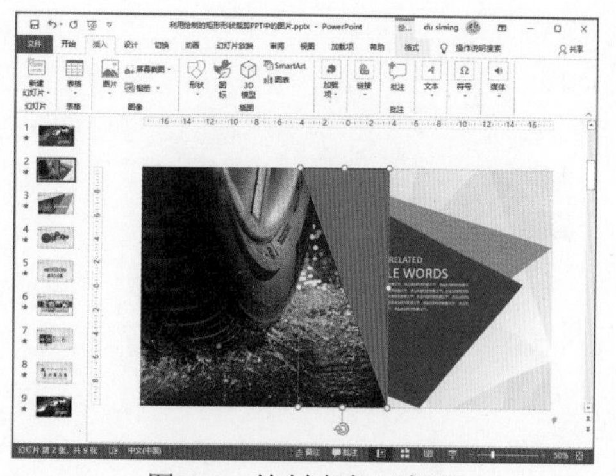

图5-4　绘制直角三角形

(3) 选中绘制的直角三角形，按Ctrl+D组合键，将该形状复制一份，然后拖动复制的形状四周的控制点调整其大小和位置，使其效果如图5-5所示。

(4) 按住Ctrl键，先选中幻灯片中的图片，再选中形状。选择【绘图工具】|【格式】选项卡，在【插入形状】组中单击【合并形状】下拉按钮，在弹出的下拉列表中选择【剪除】选项，如图5-6所示。

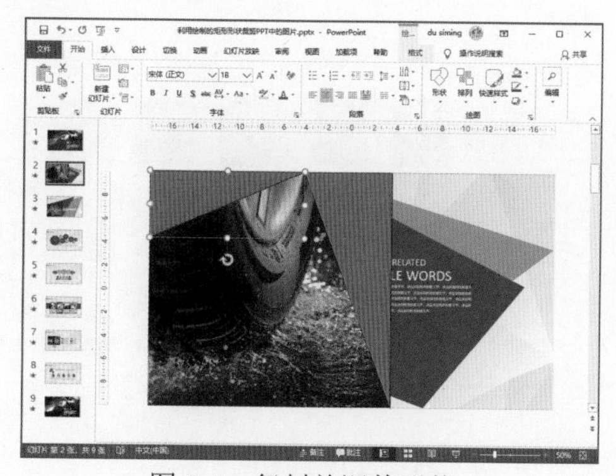

图5-5　复制并调整形状

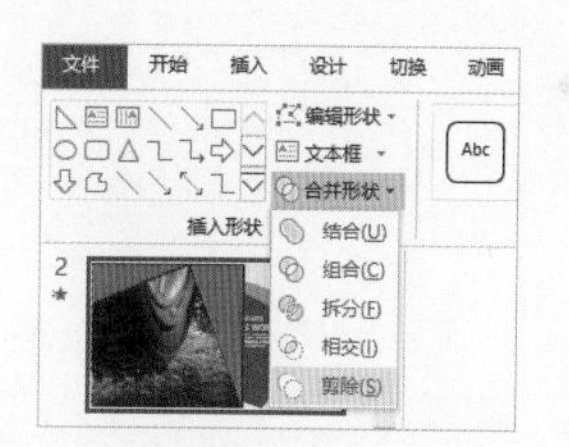

图5-6　合并形状(剪除)

(5) 此时，幻灯片中图片和形状重叠的部分将被剪除，效果如图5-2左图所示。

2. 利用文本框裁剪图片

在PPT中使用文本框，不仅可以将图片裁剪成固定的形状，还可以将图片裁剪成文本形状或制作出文本镂空效果。

▶ 使用文本框分割图片

通过在多个文本框中填充图片，可以得到分割图片的效果，如图5-7所示。

图5-7　文本框分割图片效果

【例5-2】利用绘制的文本框分割图片，制作图5-7所示的页面效果。

(1) 选择【插入】选项卡，在【文本】组中单击【文本框】下拉按钮，在弹出的下拉列表中选择【绘制横排文本框】选项，在幻灯片中插入一个横排文本框，如图5-8所示。

(2) 按Ctrl+D组合键，将幻灯片中的文本框复制多份并调整至合适的位置，然后按住Ctrl键选中所有文本框，右击鼠标，在弹出的快捷菜单中选择【组合】|【组合】命令，如图5-9所示。

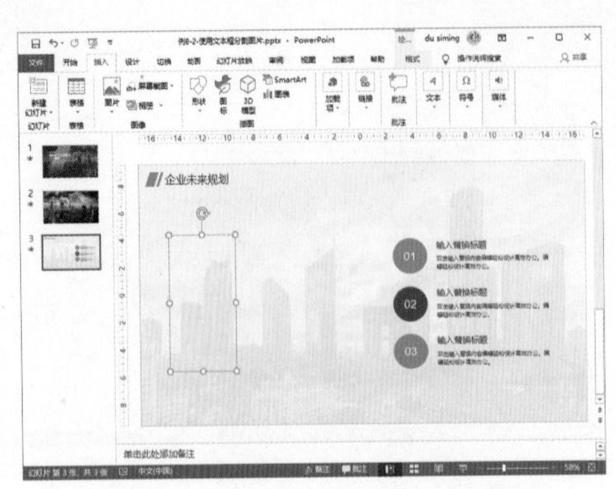

图5-8　在幻灯片中插入文本框

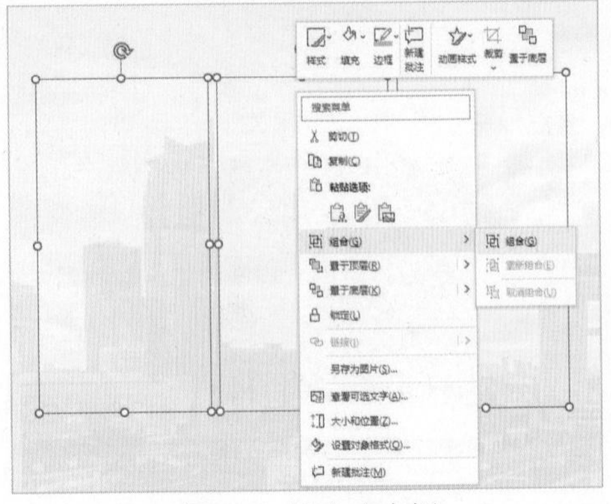

图5-9　组合文本框

(3) 右击组合后的文本框，在弹出的快捷菜单中选择【设置形状格式】命令，在打开的窗格中展开【填充】卷展栏，选中【图片或纹理填充】单选按钮，并单击【插入】按钮，如图5-10所示。

(4) 打开【插入图片】对话框，选择图片文件后单击【插入】按钮，如图5-11所示。

图5-10　设置文本框填充格式

图5-11　【插入图片】对话框

(5) 此时，即可在文本框中设置如图5-7所示的填充图片。

▶ 将图片裁剪为文字

利用文本框，还可以将图片裁剪成文本形状。

【例5-3】通过裁剪文本框，将PPT中的图片裁剪成文本形状。

(1) 在PPT中插入一幅图片后，单击【插入】选项卡中的【文本框】按钮，在图片之上插入一个文本框。在文本框中输入文本，并在【开始】选项卡的【字体】组中设置文本的字体和字号。

(2) 右击文本框，在弹出的快捷菜单中选择【设置形状格式】命令，打开【设置形状格式】

窗格，在【填充和线条】选项卡中将文本框的【填充】设置为【无填充】，将文本框的【线条】设置为【无线条】，如图5-12所示。

(3) 将鼠标指针移至文本框四周的边框上，当指针变为四向箭头时，按住鼠标指针拖动，调整文本框在图片上的位置。

(4) 按Esc键，取消文本框的选中状态。先选中PPT中的图片，然后按住Ctrl键再选中文本框。选择【绘图工具】|【格式】选项卡，在【插入形状】组中单击【合并形状】下拉按钮，从弹出的下拉列表中选择【相交】选项。此时，图片被裁剪成图5-13所示的文本形状。

图 5-12　设置文本框无填充和无线条

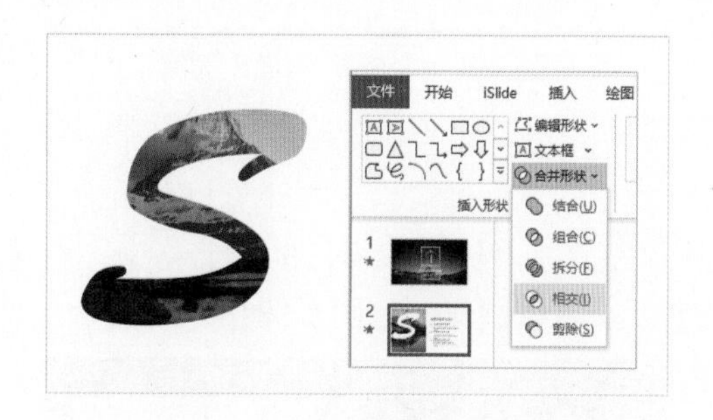

图 5-13　图片裁剪成文本形状

▶ 在图片中镂空文本

执行例5-3的操作，在【合并形状】下拉列表中选择【剪除】选项，还可以制作出镂空文本图片效果，如图5-14所示。

图 5-14　通过合并形状制作镂空文本图片效果

3. 利用表格裁剪图片

除了使用文本框，还可以通过PPT中插入的表格来实现图片的裁剪效果。

【例5-4】利用PPT中的表格，将图片裁剪成规则的形状。

(1) 在幻灯片中插入一幅图片后，在【插入】选项卡的【表格】组中单击【表格】下拉按钮，在弹出的下拉列表中拖动鼠标，绘制一个6行6列的表格。

(2) 拖动表格四周的控制柄，调整表格的大小，使其和图片一样大，如图5-15所示。

(3) 右击表格，在弹出的快捷菜单中选择【设置形状格式】命令，在打开的【设置形状格式】窗格中选中【纯色填充】单选按钮，设置表格的填充颜色(黑色)和透明度，如图5-16所示。

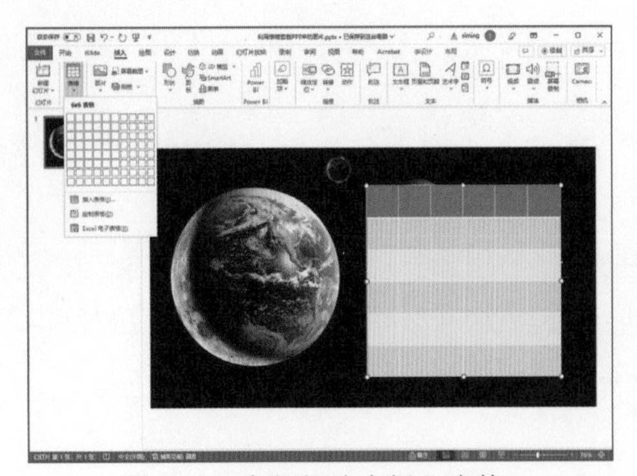
图 5-15　在幻灯片中插入表格

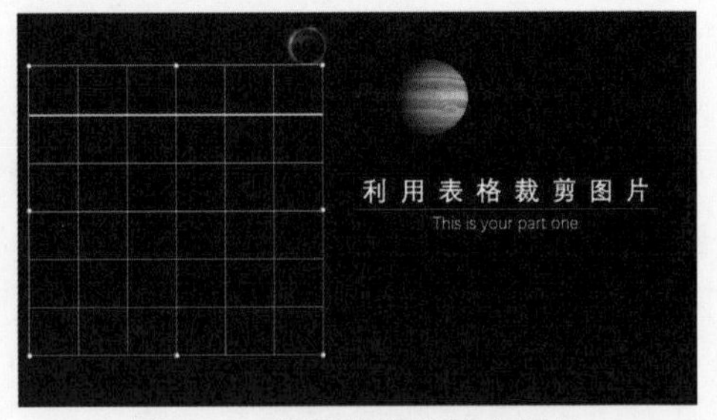

图 5-16　设置表格的填充颜色

(4) 保持表格的选中状态，选择【表设计】选项卡，单击【表格样式】组中的【边框】下拉按钮，从弹出的下拉列表中选择【无框线】选项，如图5-17所示。

(5) 将鼠标指针插入表格的单元格中，在【设置形状格式】窗格中设置单元格的背景颜色和透明度，可以制作出如图5-18所示的图片裁剪效果。

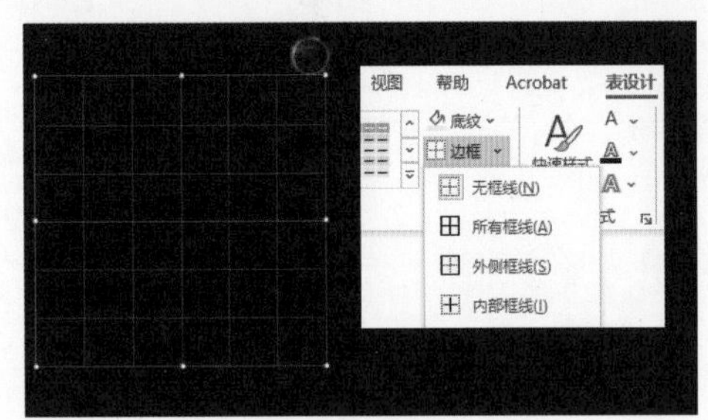

图 5-17　设置表格无框线

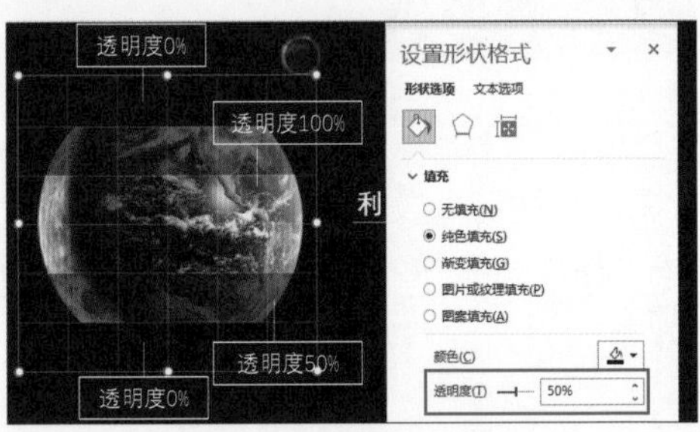

图 5-18　图片裁剪效果

4. 利用【裁剪】工具裁剪图片

在PowerPoint中选中一幅图片后，选择【图片格式】选项卡，单击【大小】组中的【裁剪】按钮，用户可以使用图片四周出现的裁剪框，对图片进行裁剪，如图5-19所示。

图 5-19　使用【裁剪】命令

下面介绍几种裁剪图片时设计构图的方法。

▶ 三分法

打开手机的相机，会看到一个九宫格，一般将画面的长宽分别分割成三等分，把主体放在分割线的交点处。这个交点处实际上是接近黄金分割点的，如图5-20所示。例如，将图5-21左图所示的图片使用三分法重新进行裁剪，效果如图5-21右图所示。

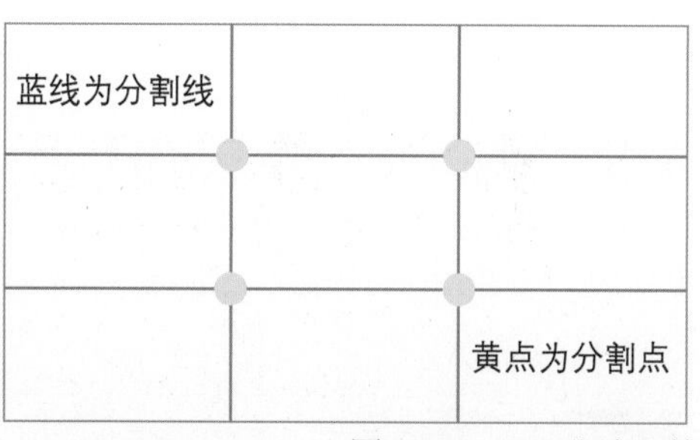

图 5-20　“三分法”构图也称为“井字”构图法

图 5-21　应用“三分法”裁剪图片

▶ 以点带面

在裁剪图片时，通过局部表达图片的整体内容，将一部分内容隐藏，给人想象的空间。例如，将图 5-22 左图所示的图片裁剪后用于PPT，裁剪其中一部分，效果如图 5-22 右图所示。

图 5-22　裁剪出图片中的关键内容

▶ 化繁为简

化繁为简即裁剪掉图片中多余的内容，使图片突出其要表达的信息元素，让画面的主题性更强。例如，将图 5-23 左图所示的图片进行裁剪，裁剪图片中多余的部分，只保留如图 5-23 右图所示的主题部分用于PPT。

图 5-23　裁剪图片中的多余内容

5.1.2 将图片随心所欲地缩放

在PPT中插入图片素材后，经常需要根据内容对图片进行缩放处理，制作各种具有缩放效果的图片页面。通常情况下，在PowerPoint中选择一幅图片后，按住鼠标左键拖动图片四周的控制柄，即可对图片执行缩放操作(如果在缩放图片时按住Shift键，可以按照长和宽的比例缩放图片)，将图片根据PPT的设计需求进行调整，如图5-24所示。

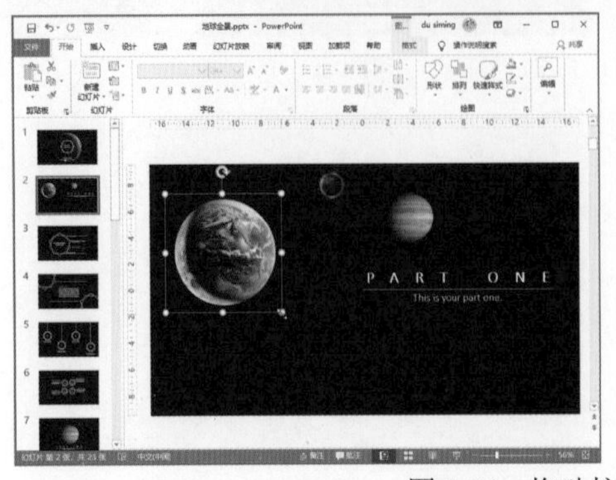

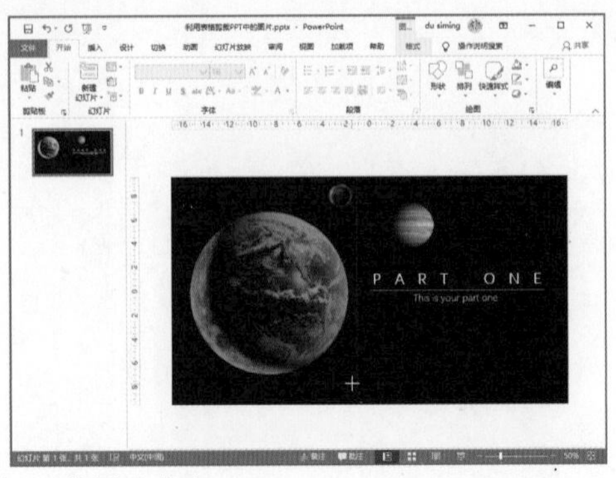

图 5-24 拖动控制柄调整图片大小

图片缩放是一项基本操作。通常，在制作PPT时，该操作会与其他设置互相配合使用。下面将举例进行介绍。

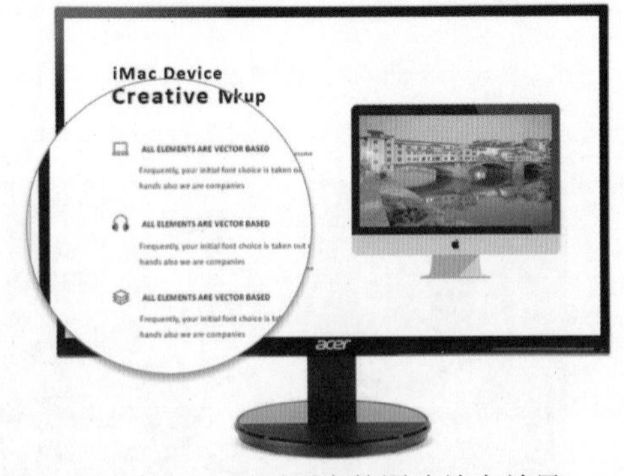

图 5-25 PPT 页面中的图片放大效果

1. 制作局部放大图片效果

在PPT中插入图片之后，有时候想让图片的局部放大以突出重点，例如图5-25所示的图片。

【例5-5】在PowerPoint中制作如图5-25所示的局部放大图片效果。

(1) 在PPT中插入图片后，按Ctrl+D组合键将图片复制一份，如图5-26所示。

(2) 单独选中复制的图片，选择【格式】选项卡，在【裁剪】组中单击【裁剪】下拉按钮，从弹出的下拉列表中选择【裁剪为形状】|【椭圆】选项，将图片裁剪为椭圆形，如图5-27所示。

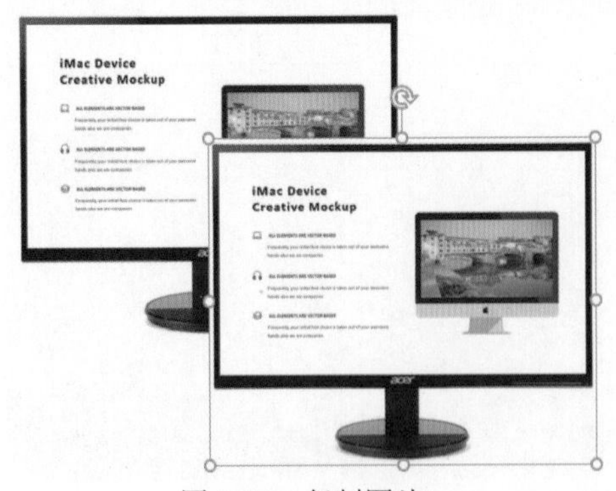

图 5-26 复制图片

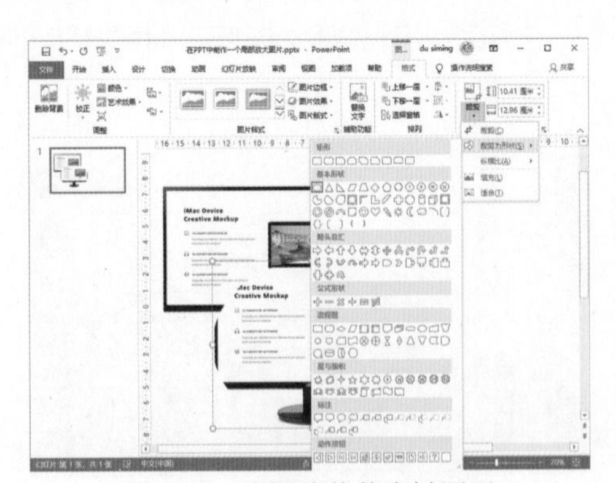

图 5-27 将图片裁剪为椭圆形

(3) 再次单击【裁剪】下拉按钮，在弹出的下拉列表中选择【纵横比】|【1∶1】选项，将椭圆的纵横比设置为1∶1，如图5-28所示。

(4) 拖动图片四周的控制柄放大图片，将需要放大显示的位置置于圆形中，如图5-29所示。

图5-28　修改图片裁剪的纵横比

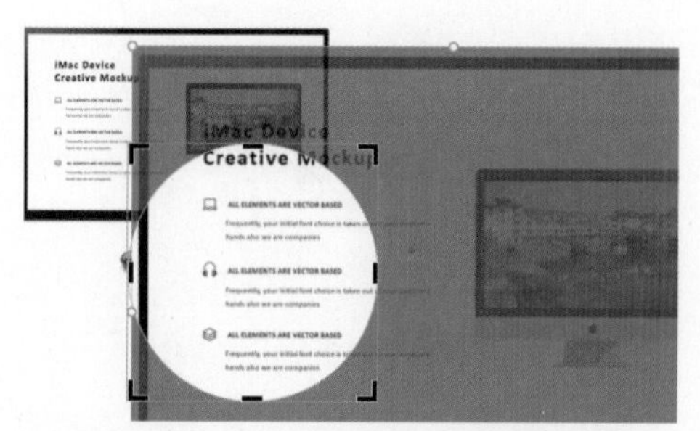

图5-29　调整需要放大显示的图片区域

(5) 单击幻灯片的空白位置，完成对图片的裁剪，然后右击裁剪得到的圆形图片，在弹出的快捷菜单中选择【设置图片格式】命令，打开【设置图片格式】窗格，在【填充与线条】选项卡中为图片设置一个边框，如图5-30所示。

(6) 调整图片的位置，即可制作出图5-31所示的局部放大图片效果。

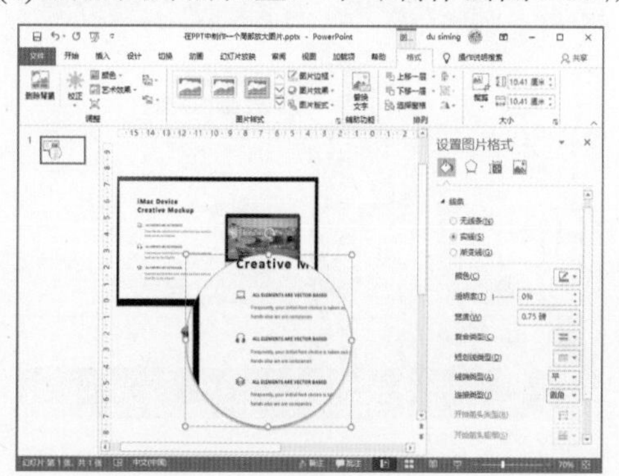

图5-30　设置图片边框

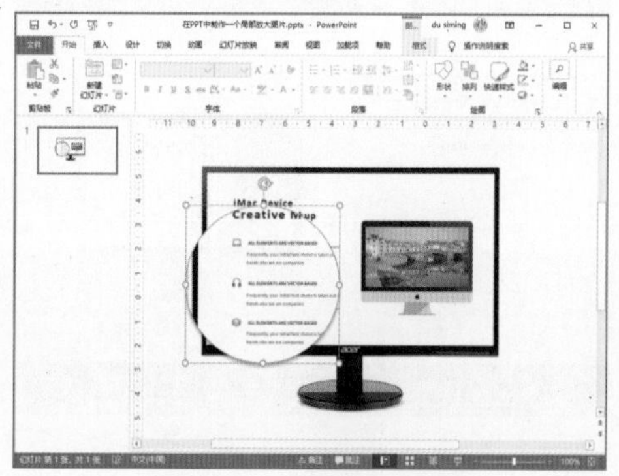

图5-31　调整图片位置

2. 制作多分支演示图片

缩放定位是Office 2016版本之后PowerPoint软件推出的一个新功能，使用该功能用户可以在PPT中逼真地模拟出类似Prezi的演示效果，而且整个图片切换过程平滑流畅。

【例5-6】 在PPT中制作一个可以演示其他分支幻灯片的图片(扫描右侧的二维码可查看本例效果)。

(1) 在PPT中插入一幅显示器图片，选择【插入】选项卡，在【链接】组中单击【缩放定位】下拉按钮，从弹出的下拉列表中选择【幻灯片缩放定位】选项。

(2) 打开【插入幻灯片缩放定位】对话框，选中一张需要跳转显示的幻灯片，然后单击【插入】按钮，如图5-32所示。

(3) 此时，将在页面中插入一个幻灯片缩略图。将鼠标指针放置在幻灯片缩略图上，移动其位置至步骤1插入的显示器图片之上，如图5-33所示。

图5-32　【插入幻灯片缩放定位】对话框

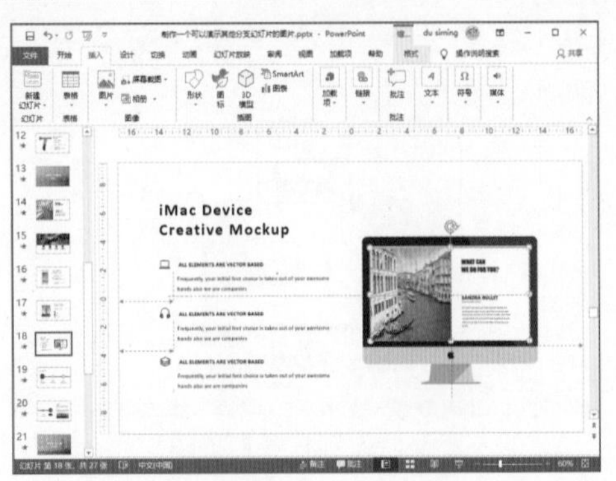

图5-33　调整幻灯片缩略图的位置

(4) 按F5键预览PPT，即可看到图5-34左图所示的多分支演示图片的效果。单击该演示图片，将立即跳转到相应的幻灯片页面中，如图5-34右图所示。

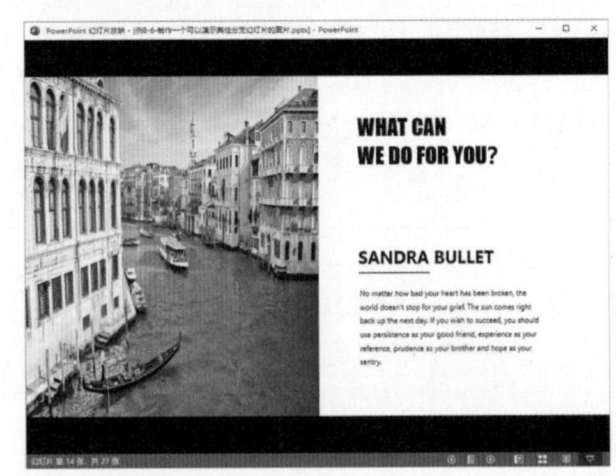

图5-34　多分支演示图片效果

3. 制作自动缩放图片效果

在制作PPT的过程中，通过在页面中插入“Microsoft PowerPoint演示文稿”对象实现可以自动缩放的图片效果。

【例5-7】在PPT中制作一个可以通过单击鼠标自动放大与缩小的图片(扫描右侧的二维码可查看本例效果)。

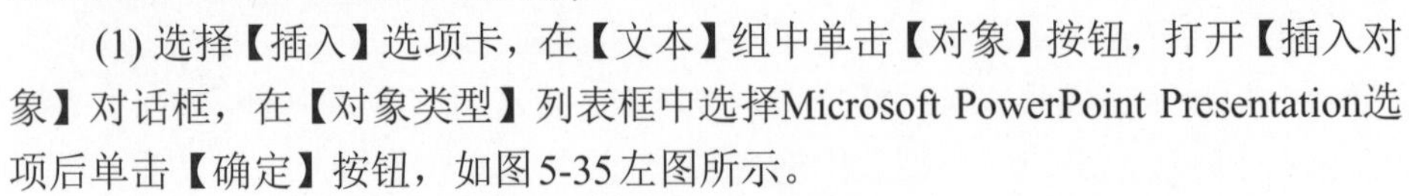

(1) 选择【插入】选项卡，在【文本】组中单击【对象】按钮，打开【插入对象】对话框，在【对象类型】列表框中选择Microsoft PowerPoint Presentation选项后单击【确定】按钮，如图5-35左图所示。

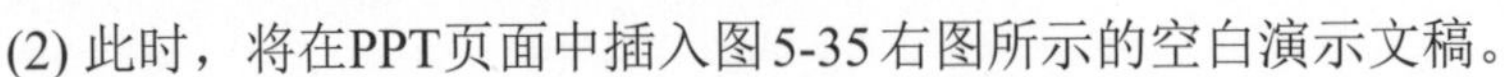

(2) 此时，将在PPT页面中插入图5-35右图所示的空白演示文稿。

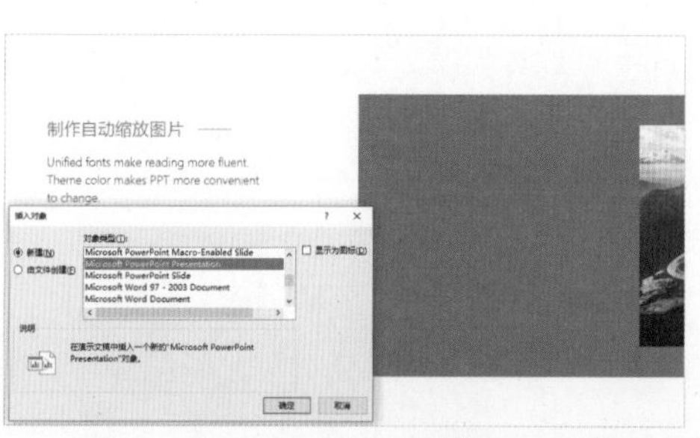

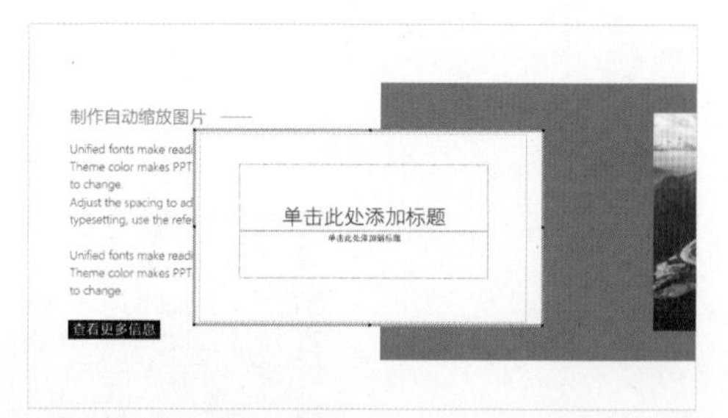

图 5-35　在 PPT 中插入演示文稿对象

(3) 在图5-35右图所示的空白演示文稿中插入一幅图片，在合理调整图片的大小后单击PPT页面的空白处，退出演示文稿编辑状态，调整演示文稿对象的大小和位置，如图5-36所示。

(4) 按F5键播放PPT，单击页面中图5-36所示的图片即可以全屏方式播放演示文稿，全屏放大显示其中的图片，效果如图5-37所示。单击放大的图片，该图片将退出放大状态，返回图5-36所示的PPT页面。

图 5-36　调整演示文稿对象

图 5-37　图片自动放大效果

5.1.3　使用 PPT 快速抠图

在PPT的制作过程中，为了达到预想的页面设计效果，我们经常会对图片进行一些处理。其中，抠图就是图片处理诸多手段中的一种。有时，图片经过抠图处理后能够让PPT页面显得更具设计感。在PowerPoint中，对幻灯片中的图片执行“抠图”操作的方法有多种，下面将结合实例逐一进行介绍。

1. 通过“合并形状”实现抠图

在PowerPoint中，用户利用【绘图工具】|【格式】选项卡中的【合并形状】功能，可对图形中不规则的区域执行“抠图”操作。

【例5-8】 在PowerPoint中通过“合并形状”功能从图片中抠图。

(1) 在幻灯片中插入一幅图片，选择【插入】选项卡，在【插图】组中单击【形状】下拉按钮，在弹出的下拉列表中选择【任意多边形】选项，在图片上沿着需要抠图的位置绘制一个闭合的任意多边形，如图5-38所示。

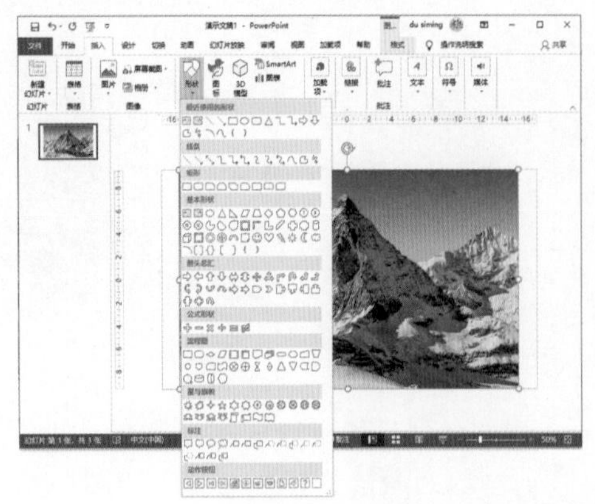

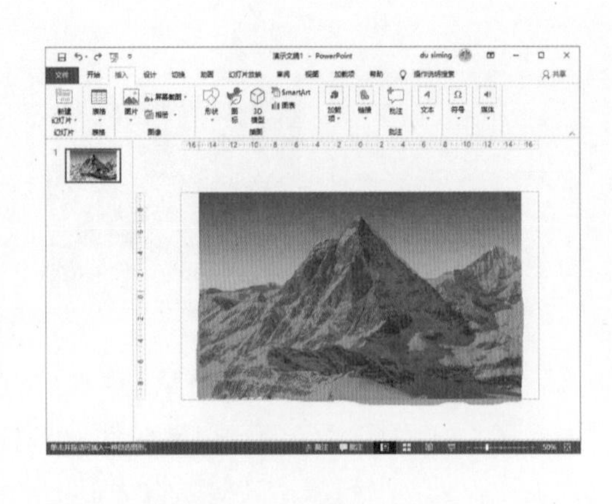

图 5-38　在图片上用绘制的任意多边形覆盖需要抠图的区域

(2) 按住Ctrl键，先选中幻灯片中的图片，再选中绘制的任意多边形。

(3) 选择【绘图工具】|【格式】选项卡，在【插入形状】组中单击【合并形状】下拉按钮，在弹出的下拉列表中选择【相交】选项。此时幻灯片中的图片效果如图5-39所示。

(4) 右击幻灯片中的图片，在弹出的快捷菜单中选择【设置图片格式】命令，打开【设置图片格式】窗格。在该窗格中单击【效果】按钮，在显示的列表中展开【柔化边缘】卷展栏，设置【大小】参数，如图5-40所示，完成抠图操作。

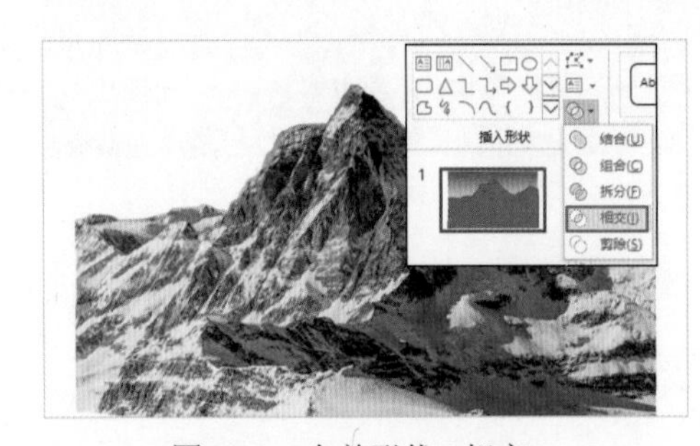

图 5-39　合并形状 (相交)

图 5-40　柔化边缘

2. 通过“删除背景”实现抠图

对于背景颜色相对单一的图片，用户可以使用PowerPoint软件的“删除背景”功能，实现抠图效果。

【例5-9】在PowerPoint中通过“删除背景”功能从图片中抠图。

(1) 在幻灯片中插入图片，选择【格式】选项卡，单击【调整】组中的【删除背景】按钮，进入背景删除模式，选择【背景消除】选项卡，单击【标记要保留的区域】按钮，在图片中指定保留区域，如图5-41所示。

图 5-41　进入背景删除模式，标记要保留的图片区域

(2) 单击【背景消除】选项卡中的【标记要删除的区域】按钮，在图片中指定需要删除的区域，如图5-42所示。

(3) 单击【背景消除】选项卡中的【保留更改】按钮，即可将图片中标记删除的部分删除，将标记保留的部分保留，效果如图5-43所示。

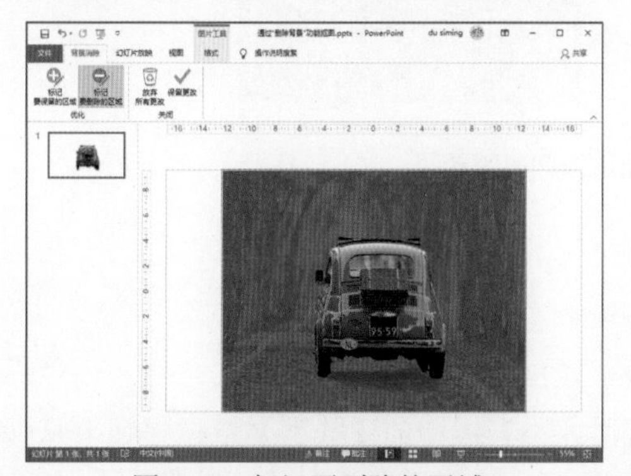

图 5-42　标记要删除的区域

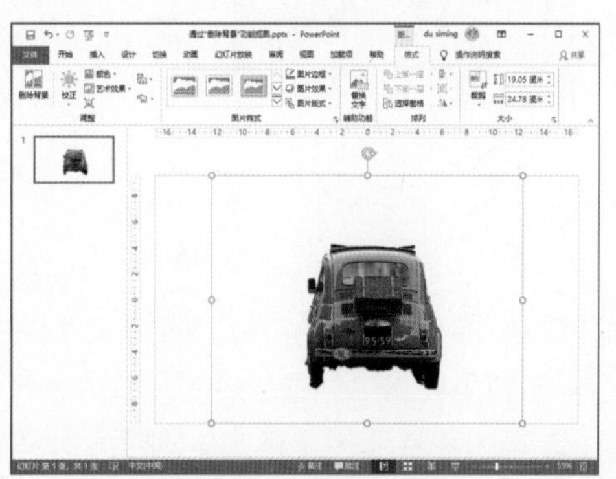

图 5-43　背景消除效果

3. 通过“设置透明色”实现抠图

对于背景颜色为白色等单一色彩的图片，用户可以通过为图片设置透明色背景的方法来实现抠图效果。

【例5-10】在PPT中通过“设置透明色”实现抠图。

(1) 选中图片后选择【格式】选项卡，单击【调整】组中的【颜色】下拉按钮，从弹出的下拉列表中选择【设置透明色】选项，如图5-44左图所示。

(2) 当鼠标指针变为画笔形状时，单击图片的白色背景。背景颜色将被设置为透明色，实现抠图效果，如图5-44右图所示。

(3) 右击图片，在弹出的快捷菜单中选择【设置图片格式】命令，打开【设置图片格式】窗格，在【效果】选项卡中为图片设置柔化边缘和阴影等效果，可以制作出如图5-45所示的抠图效果。

图 5-44　通过设置透明色消除图片的白色背景

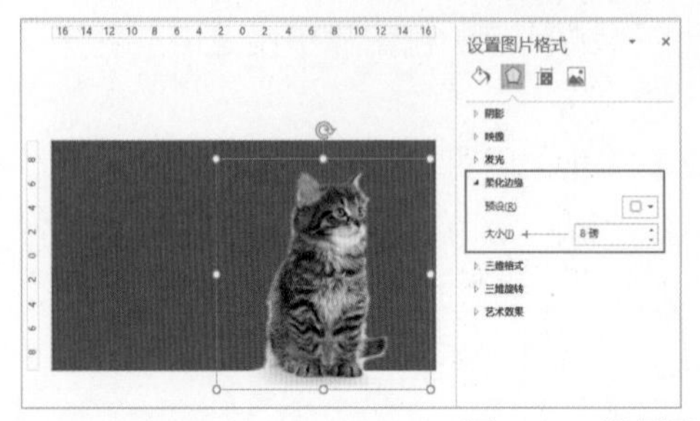
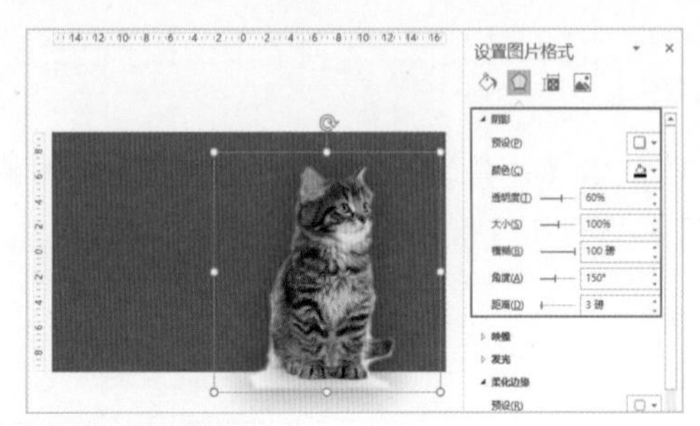

图 5-45　设置柔化边缘和阴影效果

4. 通过“裁剪为形状”实现抠图

通过裁剪图片，也能够在PPT中实现抠图效果。

【例5-11】在PPT中通过将图片裁剪为形状，实现抠图效果。

(1) 选中图片后选择【格式】选项卡，单击【大小】组中的【裁剪】下拉按钮，从弹出的下拉列表中选择【裁剪为形状】选项，显示形状选择列表，选择一种用于裁剪图形的形状(本例中选择“五边形”形状)，如图5-46所示。

(2) 再次单击【裁剪】下拉按钮，从弹出的下拉列表中选择【纵横比】|【1∶1】选项(纵横比可根据裁剪需要自行设置)，在图片中显示纵横比控制柄，调整控制柄使图片裁剪区域正好覆盖需要的抠图位置，如图5-47所示。单击幻灯片空白处，即可从图片中抠图。

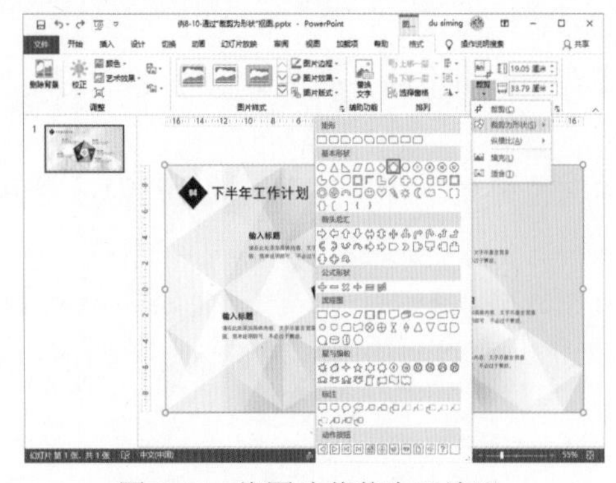

图 5-46　将图片裁剪为五边形

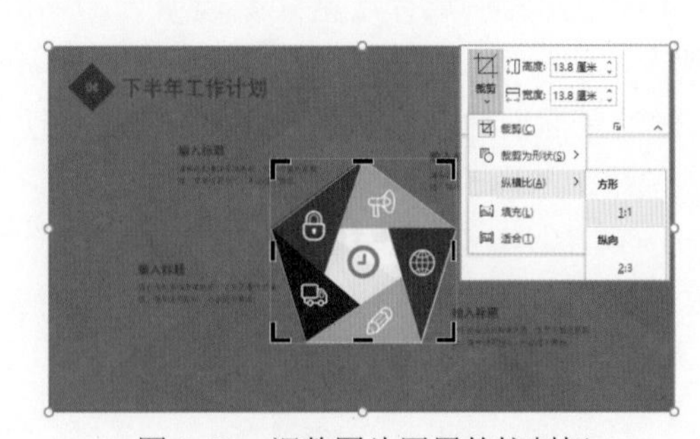

图 5-47　调整图片四周的控制柄

5.1.4 多样化展示图片效果

在PowerPoint中通过【插入】和【图片格式】选项卡中提供的各种功能，我们可以为PPT中的图片设置版式、效果、边框和样式，从而制作出丰富多彩的图片效果。下面将通过实例进行详细介绍。

1. 制作立体效果图片

通过形状裁剪图片并设置阴影，可以在PPT中制作出有立体感的图片，如图5-48所示。

图5-48 立体图片效果

【例5-12】在PPT中制作图5-48右图所示的立体图片效果。

(1) 在PPT中插入图片后，在图片上绘制如图5-49所示的白色直线作为参考线。

(2) 选择【插入】选项卡，在【插图】组中单击【形状】下拉按钮，在弹出的下拉列表中单击【任意多边形】按钮，在图片上依次单击参考线上如图5-50所示的交点A~H，绘制多边形。

图5-49 绘制白色参考线

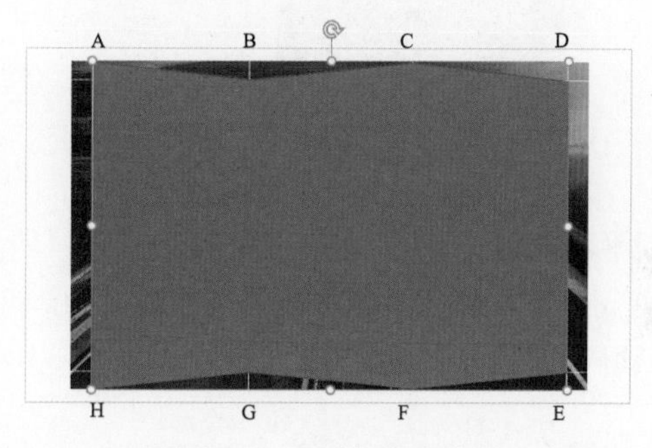

图5-50 绘制任意多边形

(3) 先选中图片，再按住Ctrl键选中绘制好的形状。

(4) 选择【格式】选项卡，选择【合并形状】|【相交】选项，得到如图5-51所示的图片。

(5) 删除PPT中的水平参考线，选中垂直参考线并在【格式】选项卡中调整其粗细，如图5-52所示。

(6) 选中图片，在【格式】选项卡中单击【图片效果】下拉按钮，为图片设置阴影效果。

(7) 再次单击【图片效果】下拉按钮，在弹出的下拉列表中选择【阴影】|【阴影选项】命令，打开【设置图片格式】窗格，在【阴影】卷展栏中设置图片的阴影参数，如图5-53所示。

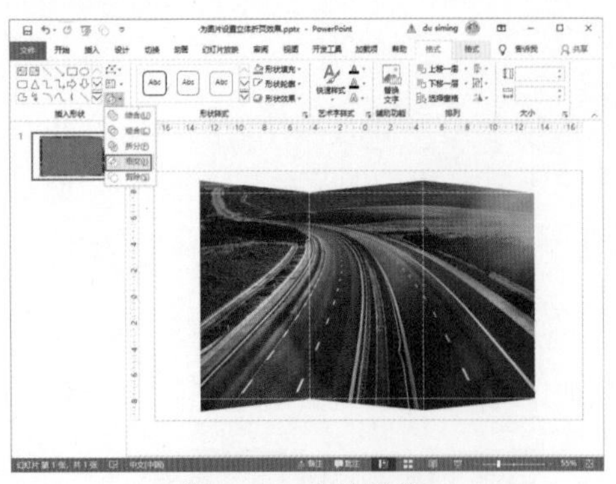

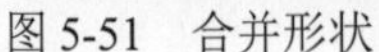

图 5-51　合并形状

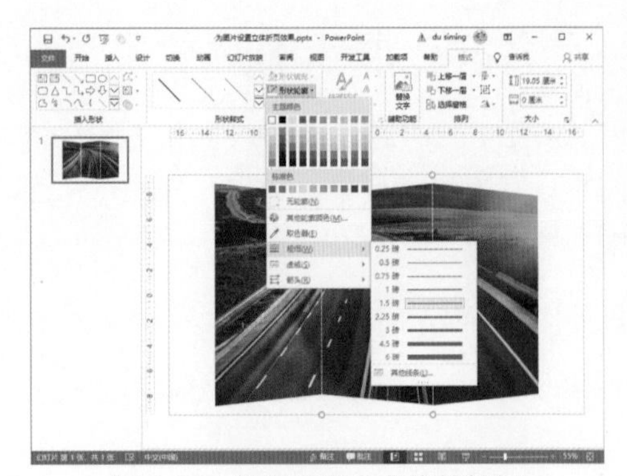

图 5-52　设置垂直参考线的粗细

(8) 最后，在PPT中插入一个矩形图形并在其上设置文本框，制作图5-48右图所示的图片设计效果。

2. 制作剪纸描边图片

在PPT中为图片加上一个立体剪纸的描边效果，可以使图片在页面中看上去更加突出，如图5-54所示。

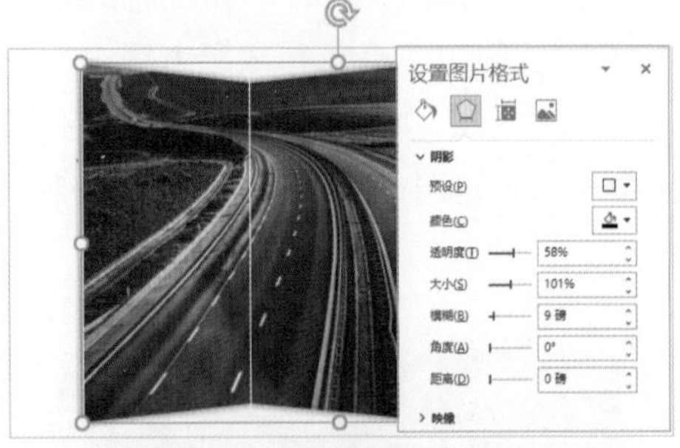

图 5-53　设置阴影效果选项

图 5-54　图片描边效果

【例5-13】在PPT中为图片设置图5-54所示剪纸描边。

(1) 插入图片后单击【格式】选项卡中的【删除背景】按钮，删除图片的背景，然后按Ctrl+D组合键，将制作的图片复制一份并选中复制的图片，如图5-55所示。

图 5-55　删除图片背景并复制图片

(2) 选择【插入】选项卡，在【插图】组中单击【形状】下拉按钮，从弹出的下拉列表中选择【自由曲线】形状，沿着选中的图形绘制图5-56所示的曲线。

(3) 选择【格式】选项卡，在【形状样式】组中单击【形状填充】下拉按钮，从弹出的下拉列表中将形状填充颜色设置为“白色”。

(4) 单击【形状样式】组中的【形状轮廓】下拉按钮，将形状的轮廓设置为“无轮廓”选项。

(5) 单击【形状样式】组中的【形状效果】下拉按钮，在弹出的下拉列表中选择【阴影】|【阴影选项】命令，打开【设置形状格式】窗格，为形状设置图5-57所示的阴影效果。

图5-56　绘制描边曲线

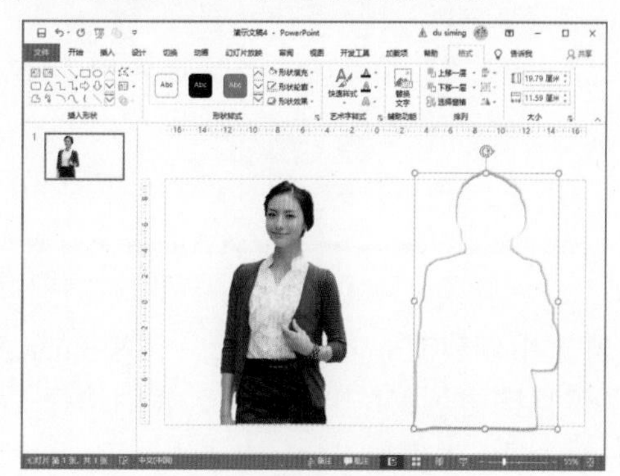

图5-57　设置阴影效果

(6) 右击步骤(1)制作的图片，在弹出的快捷菜单中选择【置于顶层】命令。选择【格式】选项卡，在【图片样式】组中单击【图片效果】下拉按钮，从弹出的下拉列表中选择【柔化边缘】|【1磅】选项。

(7) 将图片拖至步骤(5)设置的形状上，即可得到图5-58所示的剪纸描边图形效果。

(8) 按Ctrl+A组合键，选中幻灯片中的所有元素，右击鼠标，在弹出的快捷菜单中选择【组合】|【组合】命令，将图形组合。

3. 使用SmartArt制作拆分图片

使用SmartArt图形，不仅可以展示信息，让观众直观、清晰地了解PPT所表达的内容，使PPT更有条理性和层次感，还可以制作出多种视觉分割效果的图片，如图5-59所示。

图5-58　剪纸描边图形效果

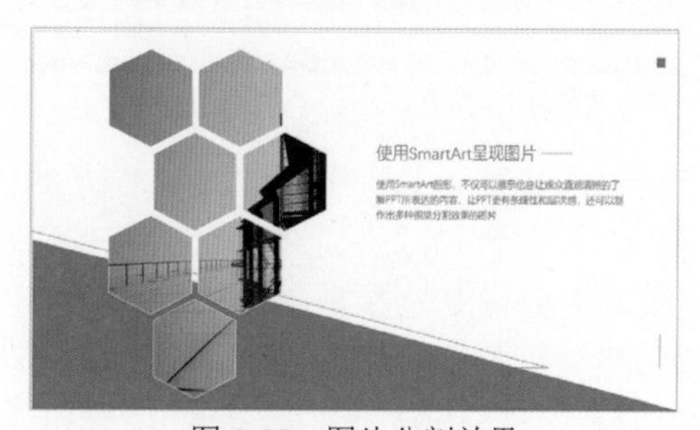

图5-59　图片分割效果

【例5-14】使用SmartArt图形制作图5-59所示的拆分图片效果。

(1) 选择【插入】选项卡，在【插图】组中单击SmartArt按钮，打开【选择SmartArt图形】对话框，选择一种SmartArt图形样式后，单击【确定】按钮，如图5-60左图所示，在PPT中插入图5-60右图所示的SmartArt图形。

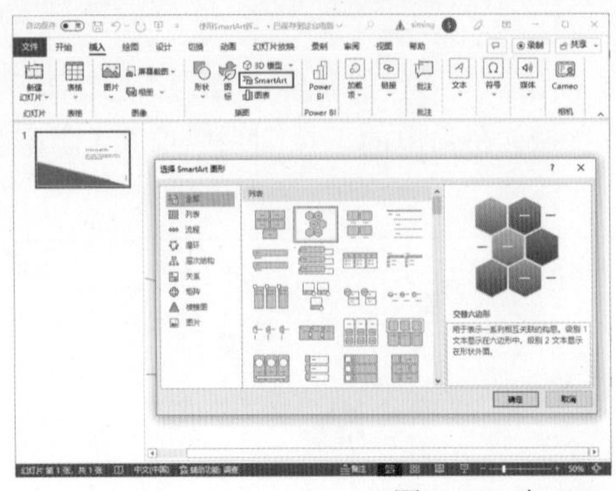

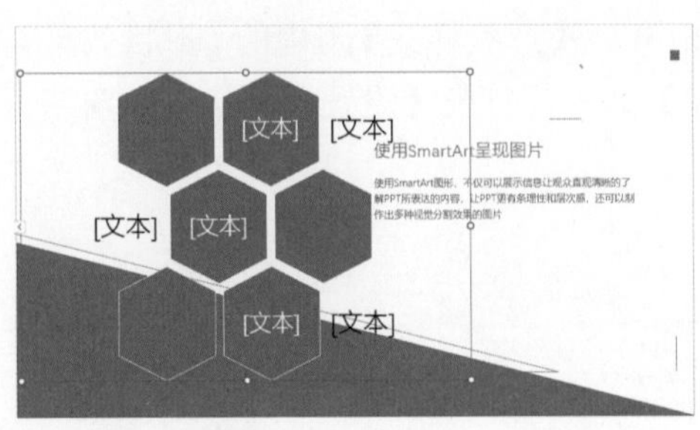

图 5-60　在 PPT 中插入 SmartArt 图形

(2) 选中创建的SmartArt图形，在【SmartArt设计】选项卡的【创建图形】组中单击【添加形状】下拉按钮，在弹出的下拉列表中选择【在前面添加形状】或【在后面添加形状】选项，在SmartArt图形中添加形状，如图5-61所示。

(3) 保持SmartArt图形的选中状态，右击鼠标，从弹出的快捷菜单中选择【组合图形】|【取消组合】命令，取消图形的组合状态。

(4) 重复步骤(3)的操作，再次执行【取消组合】命令，进一步分解SmartArt图形，然后按住Ctrl键不放，选中创建SmartArt图形时系统自动创建的多余形状，如图5-62所示，按Delete键将其删除。

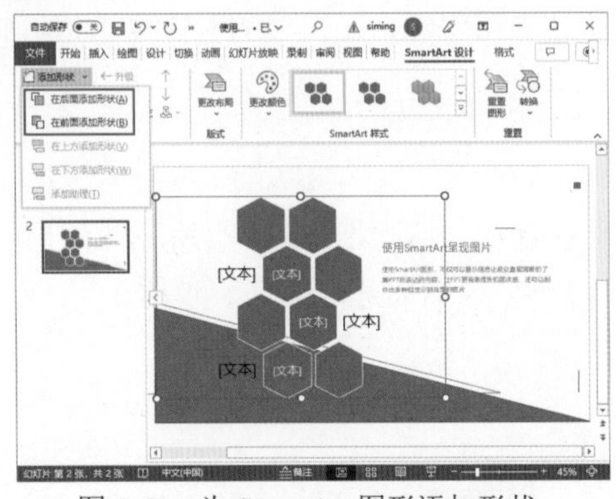

图 5-61　为 SmartArt 图形添加形状

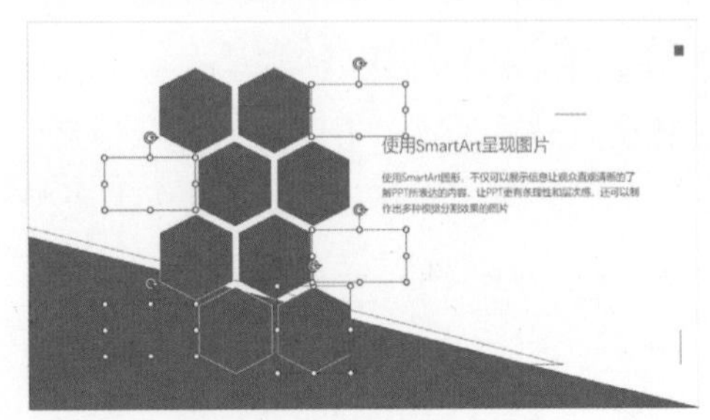

图 5-62　删除多余的形状

(5) 按住Ctrl键选中分解后的SmartArt形状，按Ctrl+G组合键将选中的形状组合。

(6) 右击组合后的形状，在弹出的快捷菜单中选择【设置图片格式】命令，在打开的【设置图片格式】窗格中选中【图片或纹理填充】单选按钮，然后单击【插入】按钮，在打开的对话框中选择一幅图片作为填充图片。

(7) 最后，调整PPT中组合形状的位置和大小，即可得到图5-59所示的分割图片。

参考例5-14介绍的方法，使用SmartArt图形可以在PPT中快速制作出各种样式图片分割效果，如图5-63所示。

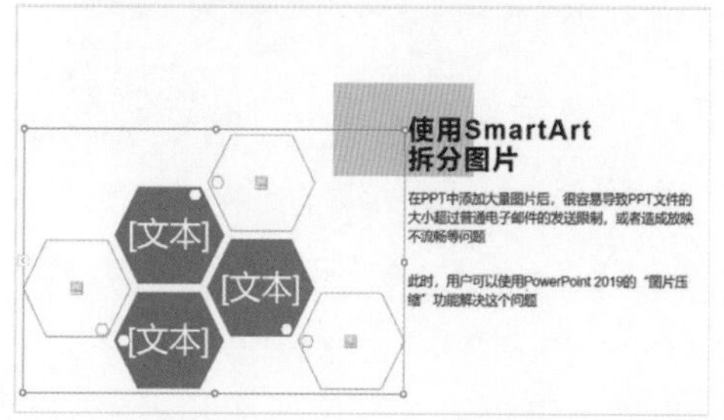

图 5-63　使用 SmartArt 图形排版并拆分图片

5.2　蒙版设置

PPT中的蒙版实际上就是遮罩在图片上的一个图形，如图5-64所示。在许多商务PPT的设计中，在图片上使用蒙版，可以瞬间提升页面的视觉效果。

图 5-64　PPT 图片的蒙版原理 (左图) 和蒙版效果 (右图)

根据蒙版在PPT中所实现的应用效果分类，常见的蒙版包括纯色蒙版、渐变蒙版和造光蒙版。通过合理地使用这些蒙版可以帮助我们塑造出具有高级感和精致感的页面视觉效果。

5.2.1　使用纯色蒙版降噪处理图片

在页面中设置纯色模板，可以解决PPT中图片过于突出的问题。纯色蒙版可以降低图片的存在感，从而突出页面中其他重要的信息(如文本、图标和形状)。

【例5-15】为PPT中的过渡页设置单色蒙版效果。

(1) 在幻灯片中插入图片后，在图片上绘制一个与图片一样大小的矩形图形(覆盖图片)。

(2) 右击矩形图形，在弹出的快捷菜单中选择【设置形状格式】命令，在打开的【设置形状格式】窗格中展开【填充】卷展栏，设置相应的【透明度】参数，如图5-65所示。

(3) 设置蒙版并在其上插入文本，即可制作出如图5-66所示的单色蒙版页面效果。

图 5-65　设置矩形图形的透明度

图 5-66　在蒙版上插入文本

除了图5-66所示覆盖整个页面的蒙版以外，我们还可以为页面中的图片设置局部蒙版。局部蒙版实际上就是为图片的某一部分添加蒙版(具体设置方法与例5-15介绍的蒙版设置方法相同)，从而精确地降低PPT页面图片中某一个区域的存在感，强调主体内容，如图5-67所示。

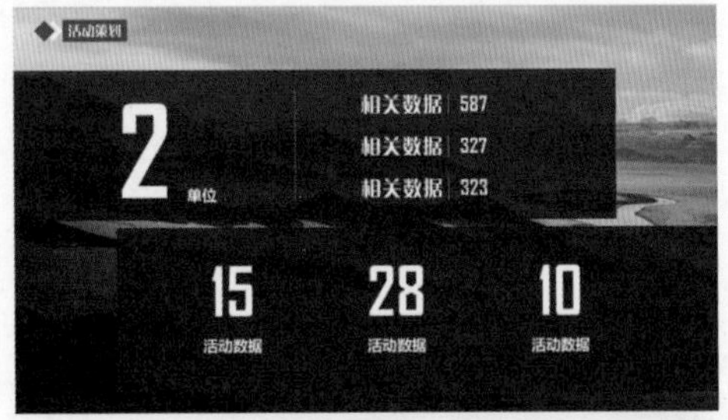

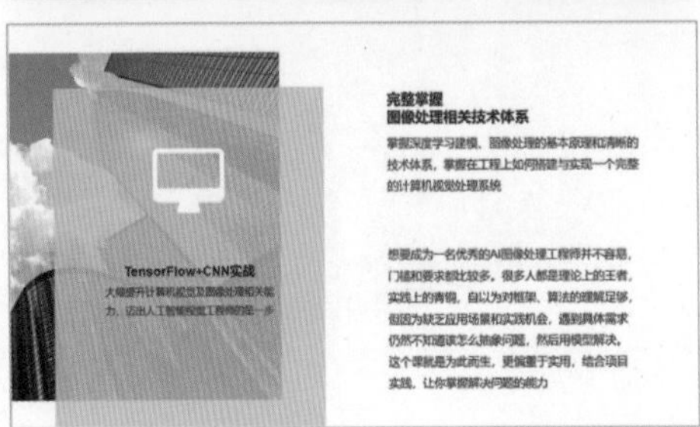

图 5-67　在 PPT 中设置局部蒙版

【例5-16】使用局部蒙版在PPT中制作图5-67右下图所示的“画中画”效果。

(1) 在PPT中插入一幅图片后，在图片上绘制一个与图片一样大小的矩形图形，并在【设置形状格式】窗格中设置该图形的透明度为45%，填充颜色为黑色，无线条，如图5-68所示。

(2) 在页面中再绘制一个矩形图形，在【设置图片格式】窗格中选中【图片或纹理填充】单选按钮和【将图片平铺为纹理】复选框，并设置【偏移量X】参数，使矩形中填充的图片内容与页面相匹配，如图5-69所示。

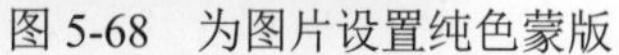

图 5-68　为图片设置纯色蒙版

图 5-69　设置图片填充

(3) 为矩形形状设置阴影效果，并在页面中添加文字，即可制作出“画中画”图片效果。

5.2.2　使用渐变蒙版塑造页面场景

所谓渐变蒙版，就是包括两种或两种以上颜色的蒙版效果。参考例5-15介绍的方法，使用形状在图片上设置蒙版层时，在【设置形状格式】窗格中选中【渐变填充】单选按钮，然后分别设置【颜色】【透明度】【位置】【亮度】【渐变光圈】【类型】【方向】【角度】等参数，即可在页面中制作出渐变蒙版效果，如图5-70所示。

渐变蒙版将多种颜色混搭，可以在页面中塑造青春活力的氛围，因此渐变蒙版通常会在一些购物促销、偏艺术类，以及嘻哈潮流风主题的PPT中使用。

图 5-70　在 PPT 中设置渐变蒙版

【例5-17】利用渐变蒙版调整PPT页面氛围，制作图5-70右下图所示的页面场景效果。

(1) 在页面中绘制一个椭圆形状，然后右击该形状，在弹出的快捷菜单中选择【设置形状格式】命令，打开【设置形状格式】窗格，选中【渐变填充】单选按钮，设置【透明度】为70%，【线条】为【无线条】，如图5-71所示。

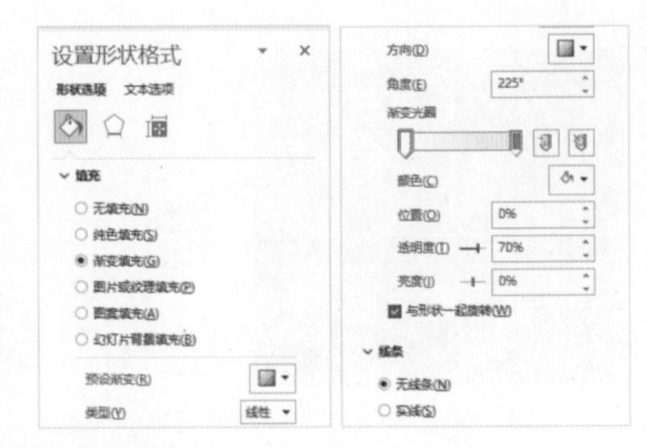

图 5-71　设置椭圆形渐变填充层

(2) 在【设置形状格式】窗格中选中【渐变光圈】左侧的停止点，单击【颜色】下拉按钮，在弹出的下拉列表中将颜色设置为白色，如图5-72左图所示。

(3) 单击【渐变光圈】右侧的停止点，单击【颜色】下拉按钮，在弹出的下拉列表中将颜色设置为深红，如图5-72右图所示。

(4) 在【设置形状格式】窗格单击【类型】下拉按钮，从弹出的下拉列表中选择【路径】选项。

(5) 在【设置形状格式】窗格中单击【效果】按钮，展开【柔化边缘】卷展栏，单击【预设】下拉按钮，在弹出的列表中选择【50磅】预设选项，为椭圆形状设置柔化边缘效果，如图5-73所示。

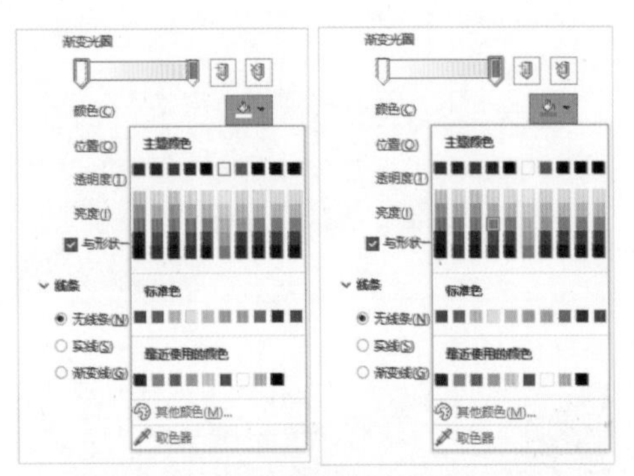

图 5-72　设置渐变填充效果

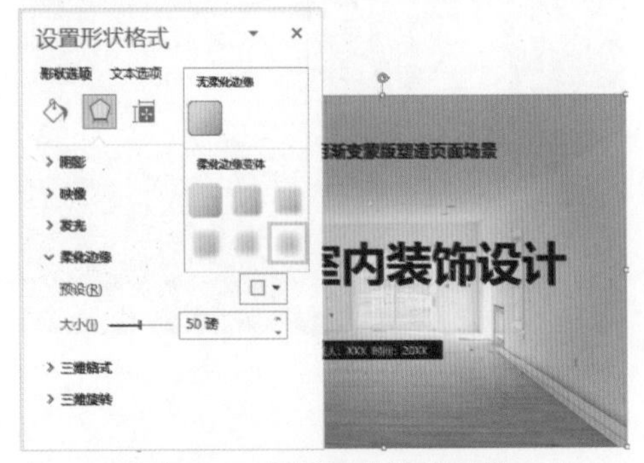

图 5-73　设置柔化边缘效果

(6) 最后，调整页面中椭圆形状的位置，制作的页面效果如图5-70右下图所示。

5.2.3　使用造光蒙版制造光照氛围

在PPT中，造光蒙版主要用于创建光线效果。

在纯色蒙版或渐变蒙版的基础上通过设置形状的柔化边缘效果，可以在PPT中制造出类似光线的蒙版遮罩效果，如图5-74所示。

图 5-74　使用造光蒙版在 PPT 中模拟光线

【例5-18】 利用造光蒙版在PPT中制作图5-74右下图所示的页面效果。

(1) 打开图5-74左下图所示的PPT页面后，在页面中创建一个梯形形状，然后右击该形状，从弹出的快捷菜单中选择【设置形状格式】命令，在打开的【设置形状格式】窗格中选中【渐变填充】单选按钮，设置【颜色】为白色、【方向】为【线性向上】，如图5-75所示。

(2) 在【设置形状格式】窗格中单击【效果】按钮，展开【柔化边缘】卷展栏，设置【大小】为35磅，如图5-76所示。

图 5-75　设置渐变填充

图 5-76　设置柔化边缘参数

(3) 最后调整页面中梯形形状的大小和位置，效果如图5-74右下图所示。

5.3　文字设计

在PPT中，内容的文字、颜色和效果有着独特的魅力。除了文字本身的表达外，选择美观的字体并为其设计合适的效果，可以让整个作品的效果更上一层楼。

5.3.1 为文字选择合适的字体

在PPT中美化文字的第一步就是要为文字选择合适的字体。

字体分为无衬线字体和有衬线字体。

▶ 无衬线字体

无衬线字体指的是没有额外的装饰，而且笔画粗细差不多的字体。

无衬线字体由于笔画的粗细较为一致、无过细的笔锋、没有额外的装饰，因此显示效果往往比有衬线字体的显示效果好，尤其是在远距离观看状态下，无衬线字体效果如图5-77所示。

▶ 有衬线字体

所谓有衬线字体，就是指在字的笔画开始、结束的地方有用于衬托的装饰，笔画的粗细是有变化的。这类字体一般而言是比较正式的，并且具有线条感。有衬线字体适合浅底深字而不适合深底浅字，底色过深往往会使人产生一定的阅读障碍。在显示屏上阅读深底浅字还算能接受，但是当放到投影仪上，观众在较远的距离观看时，阅读十分困难，如图5-78所示。

图 5-77　无衬线字体

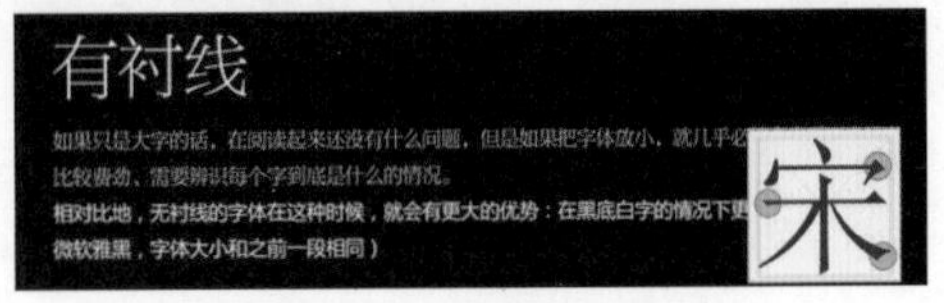

图 5-78　有衬线字体

1. PPT中字体的选用原则

在PPT中选用字体，要遵守两个原则：清晰易看，符合风格。其中清晰易看不难理解，就是要在PPT中能够显示清晰，容易被观众读取的字体；而符合风格，则不容易掌握。

下面将举例介绍。

▶ 图 5-79 左图所示的字体字形规矩、结构清晰，但最大的特点就是没有明显的特点。因此这类字体适合用于各种 PPT 的正文中，也是各种工作汇报的首选字体，如图 5-79 右图所示。

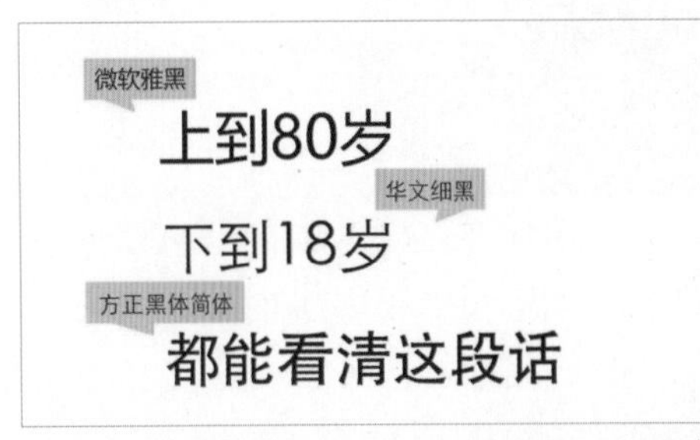

图 5-79　字形规矩、结构清晰的字体

▶ 图 5-80 左图所示的文本比较犀利、笔画粗壮，适合用在演讲型的 PPT 中，效果如图 5-80 右图所示。

▶ 图 5-81 左图所示的文本字体笔画细腻纤长，字形气质优雅，具有科技感和时尚感，适合用于各类高端发布会与女性主题的 PPT 中，效果如图 5-81 右图所示。

▶ 图 5-82 左图所示的书法字体有的清秀细腻，有的大气磅礴，常被用于中国风的 PPT 设计中，效果如图 5-82 右图所示。

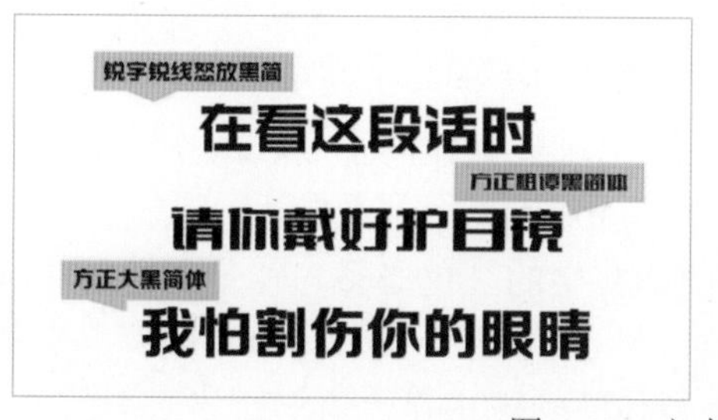

图 5-80　文本犀利、笔画粗壮的字体

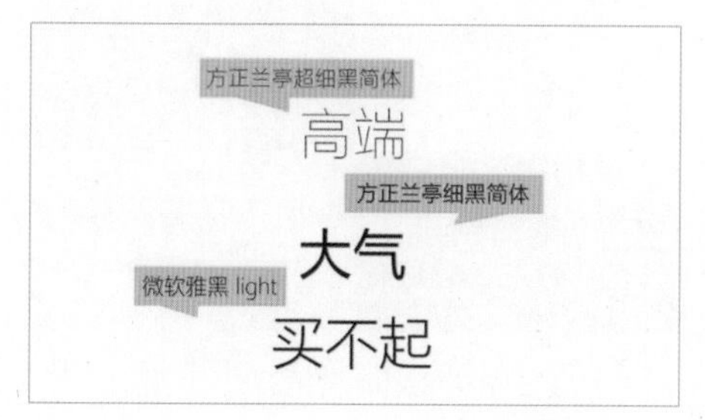

图 5-81　具有科技感和时尚感的字体

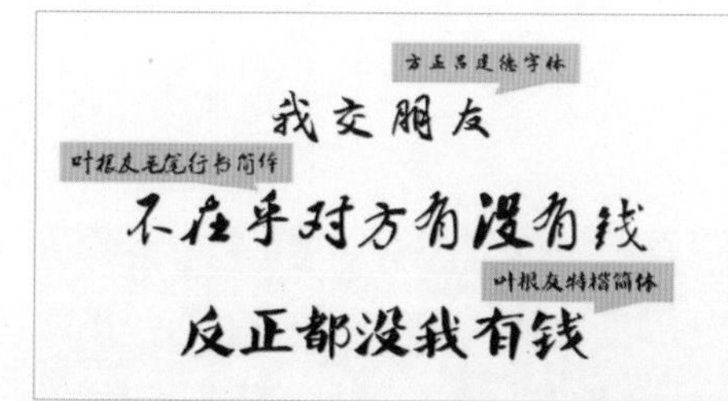

图 5-82　书法字体

▶ 图 5-83 左图所示的字体清新可爱，适用于各种童真风格的 PPT 中，如幼儿园演讲 PPT、家教宣讲 PPT 等，效果如图 5-83 右图所示。

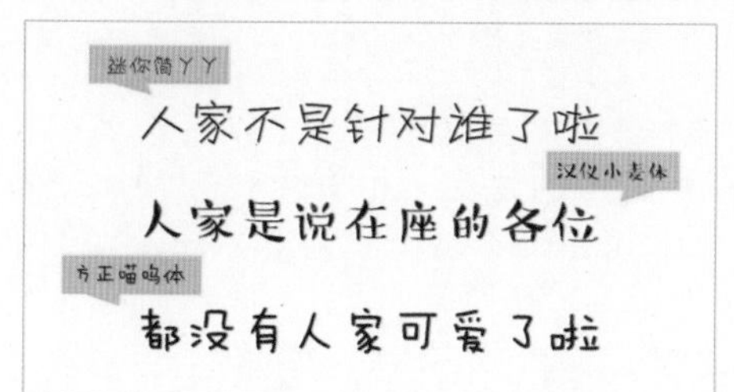

图 5-83　清新可爱的字体

2. PPT字体选用的注意事项

在PPT中选用字体时，用户应注意以下事项。

▶ 正文字体应清晰易看：用于正文中的字体，其结构必须清晰易看。一些特殊字体运用于标题中可以突出重点，彰显 PPT 的风格，但如果将其运用于正文中，就可能会出现图 5-84 所示不易阅读的效果。

- PPT 中的字体数量以两种以内为最佳 (不宜超过 4 种)：PPT 中字体总量控制在两种以内最合适，其中一种运用于标题，另一种则运用于正文。如果在 PPT 中使用了超过两种以上的多种字体，制作出的页面既不易于阅读也不美观。
- 字体字号大小应分得清标题，看得清正文：在设置字体的字号时，正文字号应能够让观众看得清，标题字号要比正文字号大，能突出显示。
- 文字颜色应与 PPT 页面背景颜色对比鲜明：文字的颜色必须与背景颜色对比鲜明，如果背景是纯色的，那么字体的颜色可以参考图 5-85 所示。如果 PPT 的背景是图片，颜色变化不定，那么可以在图片上创建一个色块，然后再在色块上面放文字。

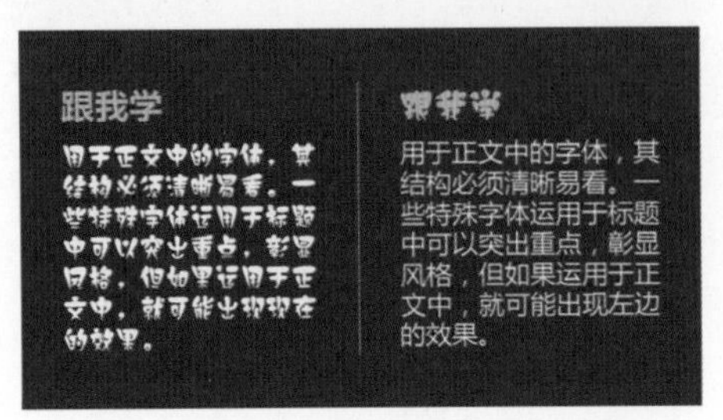

图 5-84　正文因字体原因不易阅读

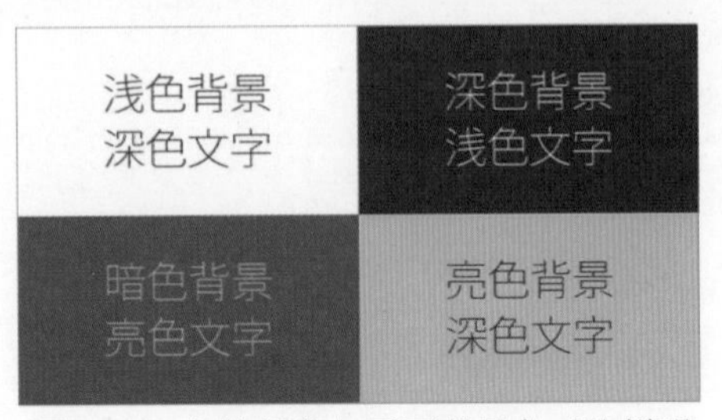

图 5-85　字体颜色与页面背景色对比鲜明

5.3.2　文字渐隐设计

文字渐隐就是将文字的一部分设置为逐渐透明的效果，让文字可以更加柔和地与图片或背景融为一体，如图 5-86 所示。

图 5-86　在 PPT 中设计渐隐式文字

【例 5-19】在PPT中制作图5-86左图中的渐隐式文字。

(1) 打开PPT后单击【插入】选项卡的【文本】组中的【文本框】下拉按钮，在弹出的下拉列表中选择【绘制横排文本框】选项，在幻灯片中插入一个横排文本框，并在其中输入文本“城市噪声污染”。

(2) 选中插入的文本框，在【开始】选项卡的【字体】组中设置文本框中文本的字体大小和格式，如图5-87所示。

(3) 右击文本框，在弹出的快捷菜单中选择【设置形状格式】命令，在打开的【设置形状格式】窗格中选择【效果】选项，展开【三维旋转】卷展栏，将【Y旋转(Y)】设置为335°，如图5-88所示。

(4) 选中文本框，在【设置形状格式】窗格中选择【文本选项】选项卡，在【文本填充】卷展栏中选中【渐变填充】单选按钮，然后将【类型】设置为【线性】，将【方向】设置为【线性向下】，在【渐变光圈】中将左侧两个光圈颜色设置为白色，右侧的光圈颜色设置为黑色，如图 5-89 所示。

图 5-87　设置文本格式

图 5-88　设置三维旋转

(5) 选中文本框中的文本“噪声”，在【设置形状格式】窗格的【文本选项】选项卡中选中【文本填充】卷展栏中的【纯色填充】单选按钮，如图 5-90 所示。

图 5-89　设置文本渐变填充

图 5-90　设置文本纯色填充

(6) 在PPT中加入其他文本框，完成后的效果如图 5-86 左图所示。

5.3.3　文字拆解处理

如果想在PPT中对文字的笔画进行修饰，可以通过拆解文字来实现，如图 5-91 所示。

图 5-91　在 PPT 中通过拆解文字制作修饰笔画

【例 5-20】在PPT中制作图 5-91 右图所示的拆解文字效果。

(1) 打开PPT后插入一个文本框，在其中输入文本“鲜虾浓汤面”，并设置文本的格式。

(2) 插入任意一个形状，然后按住Ctrl键先选中步骤(1)插入的文本框再选中该形状，单击【形状格式】选项卡的【插入形状】组中的【合并形状】下拉按钮，从弹出的下拉列表中选择【拆分】选项，如图5-92所示。

(3) 删除拆分后产生的多余形状，在分解后得到的文本形状上再绘制一个图5-93左图所示的矩形形状，然后按住Ctrl键先选中文字形状再选中矩形形状，单击【合并形状】下拉按钮，从弹出的下拉列表中选择【结合】选项，得到图5-93中图所示的形状。

(4) 右击通过“结合”运算得到的形状，在弹出的快捷菜单中选择【编辑顶点】命令，进入顶点编辑模式，然后拖动形状右下角的顶点使其向下延长，如图5-93右图所示。

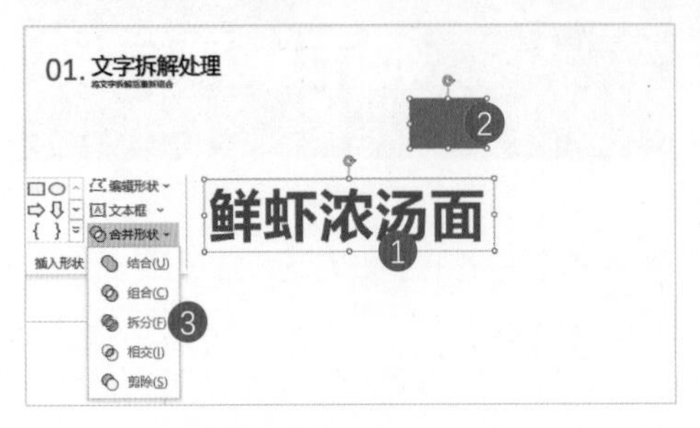

图 5-92　利用形状拆分文字

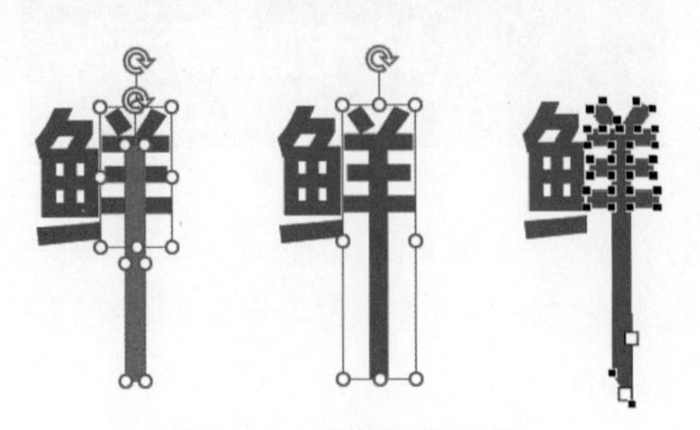

图 5-93　编辑文字笔画

(5) 右击图5-94左图所示笔画左下方的顶点，在弹出的快捷菜单中选择【平滑顶点】命令，得到图5-94中图所示的笔画效果。

(6) 按Esc键退出顶点编辑模式，选中编辑后的文字笔画形状，在【形状格式】选项卡中单击【形状填充】下拉按钮，为其设置金色填充色，如图5-94右图所示。

(7) 最后，使用同样的方法设置其他文字的笔画形状，完成后在幻灯片中添加图片和其他元素，结果如图5-91右图所示。

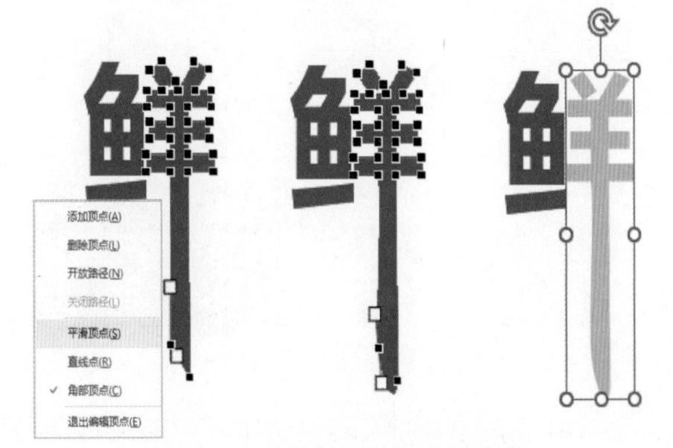

图 5-94　设置笔画平滑和填充色

5.3.4　文字墨迹填充

墨迹填充是设计PPT视觉效果时常用的一种图片处理方式。要实现墨迹填充效果，通常可以采用墨迹素材文件和墨迹字体两种方法。前者需要下载网上提供的墨迹素材形状，后者需要在电脑中安装Road Rage字体文件，通过该字体文件模拟墨迹效果(关于如何获取PPT中所需的各种字体文件，读者可以参考本章结尾的“新手常见疑难问题”)。

相比在PPT中直接使用图片，使用墨迹填充可以打破图文版式的沉闷，让PPT的视觉效果看上去更有设计感，如图5-95所示。

图 5-95　PPT 中的墨迹填充效果

【例5-21】在PowerPoint中制作图5-95所示的墨迹效果。

(1) 打开PPT后插入一个文本框，在其中输入一个大写的“I”，通过【开始】选项卡的【字体】组，设置文本框中文本采用Road Rage字体，字体大小为300，如图5-96所示。

(2) 选中文本框，按Ctrl+D组合键将其复制多份并调整每一个文本框在幻灯片中的位置，使其形成大块墨迹，然后选中所有采用Road Rage字体的文本框，如图5-97所示。

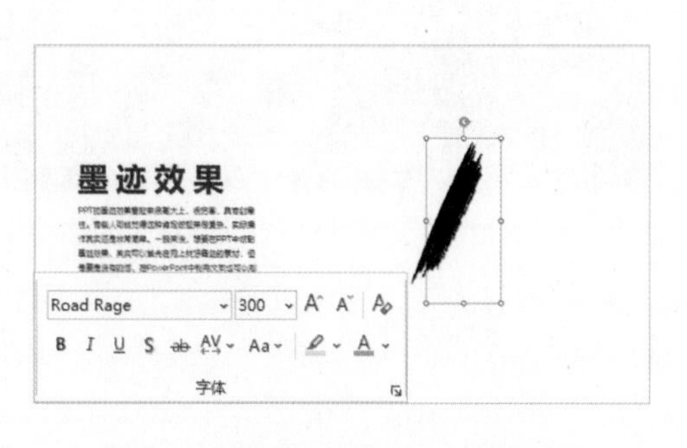

图5-96　设置采用Road Rage字体

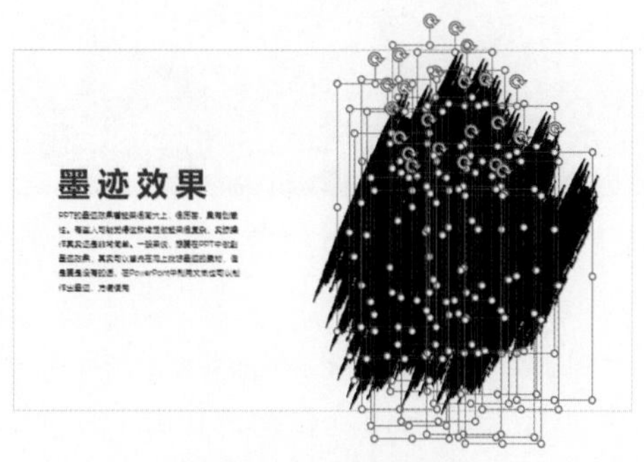

图5-97　复制文本框

(3) 单击【形状格式】选项卡的【插入形状】组中的【合并形状】下拉按钮，从弹出的下拉列表中选择【结合】选项，将选中的所有文本框结合为一个形状。

(4) 最后，为形状设置图案填充即可得到如图5-95所示的墨迹填充效果。

提示

除了上面介绍的几种方法以外，PPT中设计文字效果的方法还有很多，如本书4.2.3节介绍的利用文本框制作弯曲、立体、倾斜以及虚化效果的文字。在设计PPT视觉效果时，也可以参考这些方法。

5.4　图标应用

在设计PPT视觉效果时，如果想让表达的内容更加生动形象，但却苦于没有找到合适的图片和文字，使用图标来替代是一种比较不错的选择。

图标可以使页面效果更有趣、直观，使主题内容更突出。通过在图片上添加图标，比大段文字更加生动、形象，如图5-98所示。

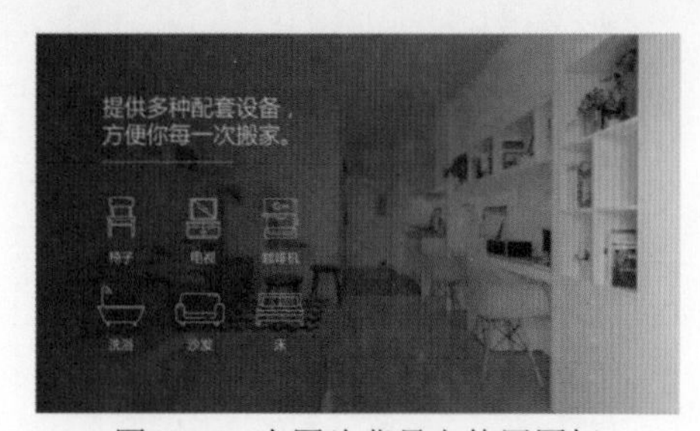

图5-98　在图片背景上使用图标

图标在PPT中可以发挥辅助文字理解和丰富页面版式的作用。

▶ 辅助文字理解

从视觉理论来讲，图形化＋文字说明的设计能够提升观众对信息的感知速度(这对于难以理解的复杂概念而言，尤其重要)。例如图5-99所示，当需要在PPT中展示一些较零散的信息时，使用图标配合图片中给出的不同烹饪模式，辅助页面上“蒸汽模式”“热风蒸汽模式”“热风对流模式”“烧烤烹调模式”等文字信息的展示，可以给观众带来一目了然的效果。

图 5-99　图标在 PPT 中结合图片辅助文字信息的展示

▶ 丰富页面版式

当PPT页面中仅有一些简短的文字时，如果想要丰富版式，可以借助一些视觉化元素，图标就是其中之一。例如，在图5-100左图所示的毕业答辩PPT封面页中，文字信息比较简单，看起来部分版式空白，有些单调。在原页面中添加一些图标，既能让页面整体保持颜色的和谐，又能丰富页面版式，使其更加美观，如图5-100右图所示。

图 5-100　通过添加图标丰富 PPT 页面版式

为了使PPT效果美观，在使用图标时与使用图片一样，需要遵循一定的基本原则。

▶ 契合主题。图标必须要与文字内容相吻合，这是最重要的原则。如果 PPT 中的图标与文字不吻合，即便其设计很好看，也无法为内容服务。

▶ 简洁美观。通过设置，页面中的图标大小适中、颜色匹配，使图标在页面中的效果既简单又好看。大小适中就是指在 PPT 中，无论是单个图标还是多个图标，图标的大小要与页面的文字等元素的大小契合，不可过大也不能太小。颜色匹配一是指图标的颜色与页面风格相匹配，整个 PPT 页面添加图标后效果应统一；二是指 PPT 页面中所有图标的颜色应保持一致，即除了特殊情况外，所用到的图标的颜色都需要一样。

5.5　色彩搭配

PPT的色彩往往在演示时是最先被人关注的，通过素材和设计网站获取好看的颜色并不难，难的是怎样将各种色彩合理搭配，使PPT的页面看起来和谐、统一。

5.5.1　PPT配色的常用方法

PPT中的色彩主要有4种：字体色、背景色、主色和辅助色。

- 字体色：通常为灰色和黑色，如果PPT使用黑色背景，字体色也可以使用白色。
- 背景色：通常为白色和浅灰色，也有一些演讲型PPT喜欢使用黑色。
- 主色：通常为主题色或者Logo色，主题关于医疗可能就是绿色，关于企业可能就是红色。
- 辅助色：通常为主色的补充色，作为页面中主色的补充。

下面将介绍一些常见的PPT配色方法。

1. 黑白灰配色

黑白灰并不属于色轮中的任何一种颜色，但这些颜色在配色上显得很安全。黑白灰配色简洁、大气，通过大面积的留白，可以营造出设计感，如图5-101所示。

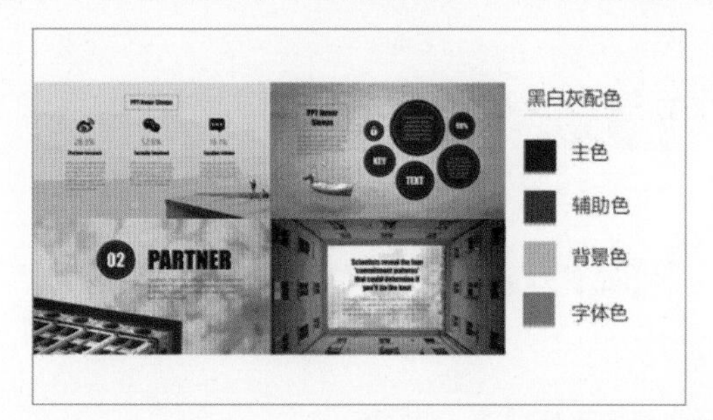

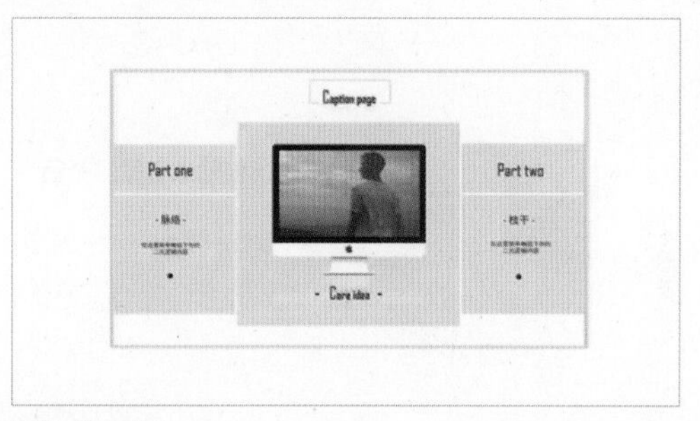

图5-101　黑白灰配色页面

2. 黑白灰+任意单个颜色

黑白灰是目前使用最广的一种配色方式，通常黑色和白色为背景色或者字体色，任意单个颜色为主色。由于黑色和白色可以归为无色，因此这种配色方式就只有简单的一种颜色，如图5-102所示。

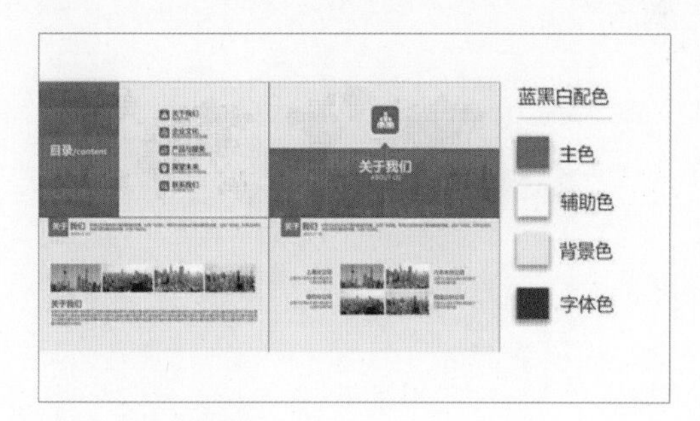

图5-102　黑白灰＋任意单色配色页面

3. 黑白灰+同类色

常见的黑白灰+同类色的配色方案，如图5-103所示。

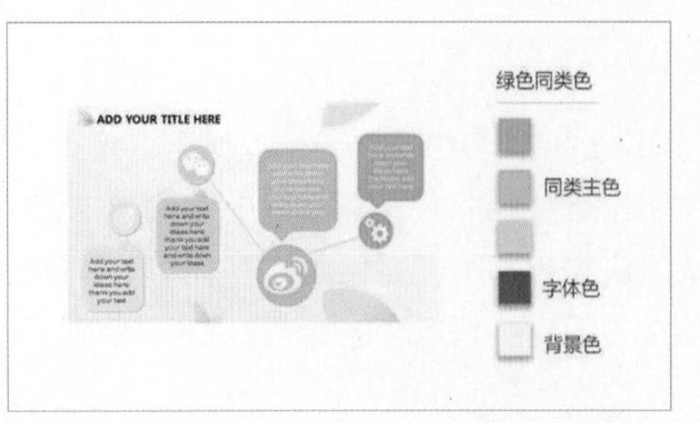

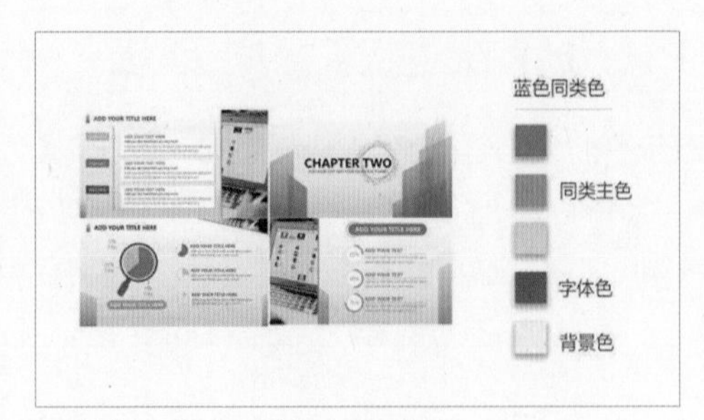

图 5-103　应用黑白灰 + 同类色配色方案的 PPT 页面

4. 黑白灰+相近色

相近色是指色轮上左右相互邻近的颜色，这种配色很好用，使用范围也比较广。

相近色常用的配色为红配黄、蓝配绿、绿配黄等，这种配色在视觉上比较温和，营造出一种比较舒服的视觉感受，如图5-104所示。

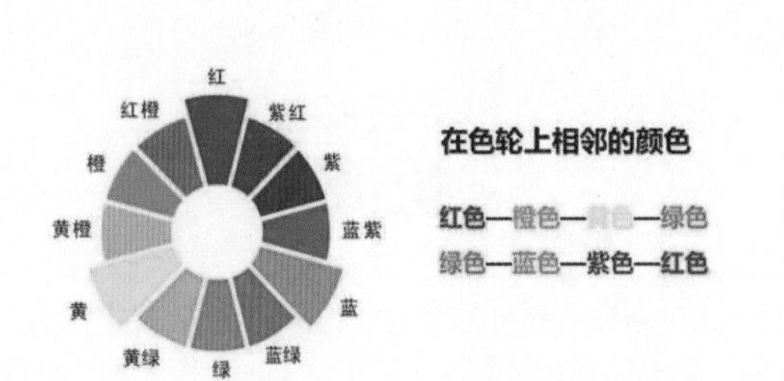

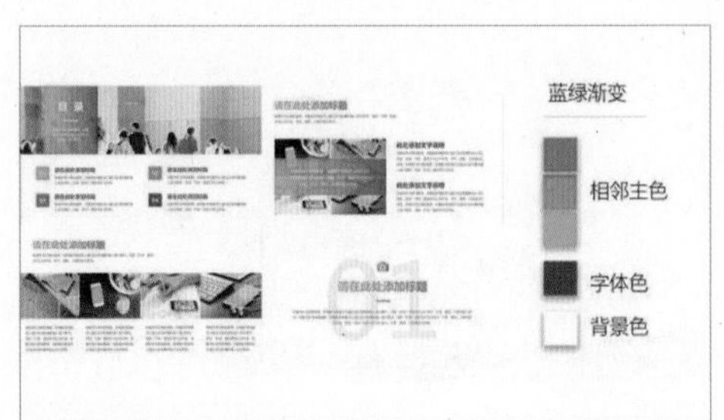

图 5-104　在 PPT 页面中应用黑白灰 + 相近色

5. 黑白灰+对比色

色轮上呈现180°互补的颜色即为对比色，如红配绿、橙配蓝、紫配黄。

对比色配色在色差上对比强烈，为了吸引注意，有些用户会在一些需要强调某些内容的页面中使用，如图5-105所示。

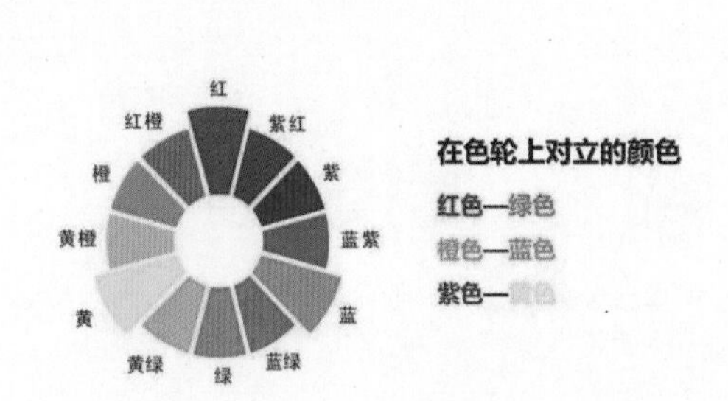

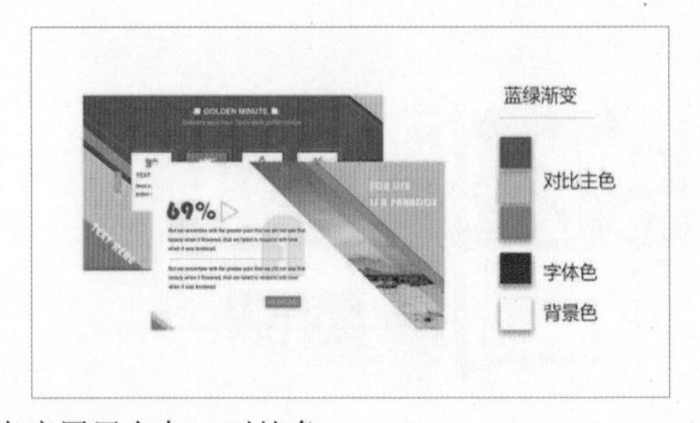

图 5-105　在 PPT 页面中应用黑白灰 + 对比色

5.5.2　PPT 配色的基本原则

在为PPT设计配色时，常用的基本原则有以下几个。

1. 色彩平衡原则

自然界中让人觉得美的东西，都是由对比产生的，在设计当中亦是如此。没有冷色的存在，也就表现不出暖色的美；没有浅色的使用，也就没有深色一说。如果一个画面中只有一种浅色或者深色，表达就是失衡的，给人的感觉要么单调，要么沉重。

图 5-106　深色和浅色的平衡对比

如图5-106所示，左图使用的颜色都是深色，给人的感觉就比较沉重、压抑。而右图以深色为背景，浅色为点缀，就会让人感觉到有生命力。

提示

如果我们想要PPT画面表现出来的效果让人喜欢，让人觉得舒服，那么在设计中就要使用平衡对色。在平衡对色中，最为常见的为6组平衡。其分别是互补色平衡、冷暖色平衡、深浅色平衡、彩色与无色平衡、花色与纯色平衡、面积大小的平衡。

► 互补色平衡

互补色的存在是基于色相环而言的，在色相环上，相对角度为180° 的两个色相均为互补关系。与蓝色180° 相对的是橙色，所以蓝色与橙色就构成了一组互补关系，这两种颜色搭配起来反差就会特别强烈，更能吸引眼球，如图5-107所示。在一些个性比较强烈的PPT主题中，可以大胆地使用互补色平衡的方式来构造画面的颜色。

► 冷暖色平衡

冷暖色的存在，则是通过人们在长期生活实践中的感受而形成的。红色、橙色、黄色通常让人联想到火焰、太阳，所以称为暖色；而蓝色常让人想到水、冰，所以蓝色给人的感觉是比较冷的；像绿色、紫色这些颜色，则偏中性。

在设计PPT的过程中，我们也要注意冷色和暖色两者的平衡，这样画面的表现力才能得到增强。如图5-108所示，图中浅蓝色是冷色的一方，浅红色是暖色的一方，两者进行结合，在视觉上就达到了冷暖色的平衡。

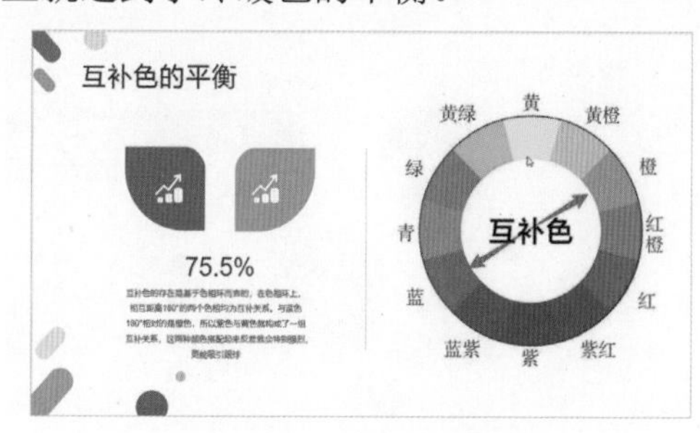

图 5-107　互补色平衡

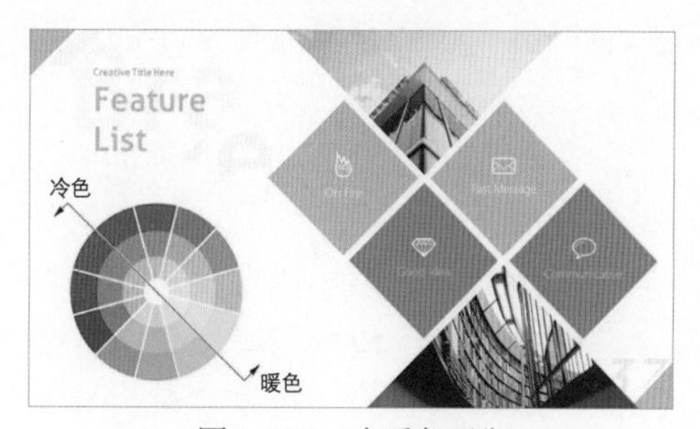

图 5-108　冷暖色平衡

► 深浅色平衡

深浅色平衡也是进行PPT设计时需要重视的一个问题。有些PPT作品显得单调、沉闷，这可能是因为忽略了深浅色的平衡所致的。

仍以图5-106所示的PPT页面为例，左图中的灰黑色与灰蓝色都是深色，所以两者搭配在一起的画面给人的感觉就比较沉闷、老气。而右图中的浅粉色与浅蓝色都是浅色，与背景的灰黑色就形成了鲜明的对比关系，因此右图给人的感觉就更有生命力。

▶ 彩色与无色平衡

通常，我们会把黑色、白色、灰色这些不传递情绪的颜色称为无彩色，而把那些能传递情绪的颜色如红色、黄色称为有彩色。

黑色、白色、灰色的魅力非常大，目前大部分高档品的颜色也是以这三种颜色为主。而在设计上，这三种颜色还能与其他颜色进行无缝衔接，包容度非常高，如图5-109所示。原因很简单，因为黑色、白色、灰色能够给人带来冷静、理性的感觉，但缺乏情绪的表达，所以跟其他颜色搭配在一起，不仅使画面有了重心，也能相互衬托。

如图5-109所示的PPT页面，在黑色背景之上，有彩色的部分就尤为明显和突出，这样在视觉的传达上就比较好看。

▶ 花色与纯色平衡

我们把图案、图像、图表、渐变色等多种颜色叠加在一起的颜色，称为花色。而与花色相对的颜色是纯色，纯色相比花色而言，颜色较为干净、纯粹，与花色组合在一起就达到了平衡，也符合有张有弛的节奏感。

例如，图5-110中有多张图片，花色很多，所以背景不宜再使用图片，而应该使用纯色的背景，这样页面中花色与纯色两者才能平衡，相得益彰。

图 5-109　彩色与无色平衡

图 5-110　花色与纯色平衡

▶ 面积大小的平衡

在排版配色中，色彩面积大的颜色在页面中会占据主导位置，但往往不会成为视觉的焦点，因为我们的视觉焦点会习惯放在细小的颜色面积上。

例如，在图5-111所示的幻灯片页面中，灰色占据整个版面的大部分位置，观众的视觉焦点却是在红色的小图标以及左上角的红色文字上。因为相比于浅灰色，红色对比度更强，从整个版面来看更加特别，所以在页面中能够抢占观众的注意力。

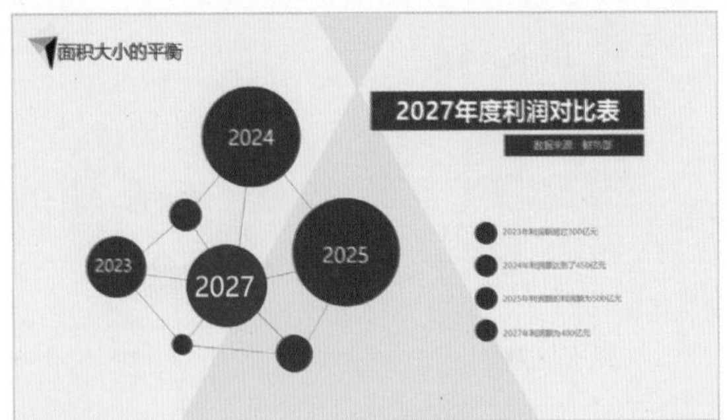

图 5-111　面积大小的平衡

2. 色彩聚焦原则

观众在观看PPT时，往往会对色彩有比较强的依赖感，色彩越突出的颜色，越能够捕获到观众的注意力，因而也能引导他们的视线。

以图5-112左图所示的图片为例，在浏览图片时观众的视觉焦点如图5-112右图所示。

图5-112 观众浏览图片时的视觉焦点

观众首先看到的是人脸，因为人的视线首先会被自己熟悉的事物吸引，接着到胸口的绿色圆环，因为它的颜色跟周围颜色的反差比较大，然后就是图片底部颜色相近的圆环，其次就是左下角发绿色光的拳头，最后才是图片最下端的文字。

知道这个原则后，将其应用在PPT中可以帮助我们在页面中引导观众视线的移动，从而让重点内容被观众按我们想要的顺序注意到，加强表达的有效性。例如，在图5-113所示的PPT中，当观众在阅读这一页PPT内容时，首先会注意到颜色最突出的粉红色色块；接着他们的视线会继续寻求相似的颜色，从左向右地看过去。

图5-113 利用颜色引导观众视线

提示

PPT的色彩设计，不仅仅只是为了让画面变得好看，更重要的是设计对信息的表达作用。这里需要注意的是，在同一页面中聚焦的颜色有一到两种就够了，如果设置了过多的颜色，最后可能造成的结果是页面中什么元素都突出不了。

3. 色彩同频原则

以图5-114为例，从图片中可以看出天气晴朗并且大海的颜色跟天空的颜色都是蓝色的。图片的画面非常好看，而且给人的感觉很舒服。把这样的规律运用在色彩设计中，就是色彩的同频。

每一种颜色都有它的色相、饱和度和亮度。比如说，同样都是蓝色，但由于饱和度不同，我们会把其中一种蓝色称为蔚蓝，另一种蓝色称为深蓝。

所谓的色彩同频原则，就是指在使用色彩时要么保持色相的一致性，要么保持色调的一致性。以图5-115所示的幻灯片页面为例，图中的颜色都是蓝色，也就是色相相同。虽然它们的亮度不同，但在色彩上来说还是同频的，没有跨越到其他色相。随着颜色亮度的递减，页面中的重点和次重点，能够比较清晰地展示在观众的面前。

提 示

PPT中色彩的搭配不仅是通过现成的色板进行颜色选择，还应紧密结合设计和内容中要突出的亮点，选择协调的颜色，呈现更好的视觉效果。例如在图5-116左图所示的页面中，图中配色都比较淡，如果要在其中加入一些让观众一下子就注意到的内容，突然增加一种比较强烈的颜色，那么这种颜色就会成为聚焦色；在图5-116右图所示的幻灯片中，完全相同的色彩出现在同一页面中的时候，彼此将会产生呼应。

图 5-114　色彩同频

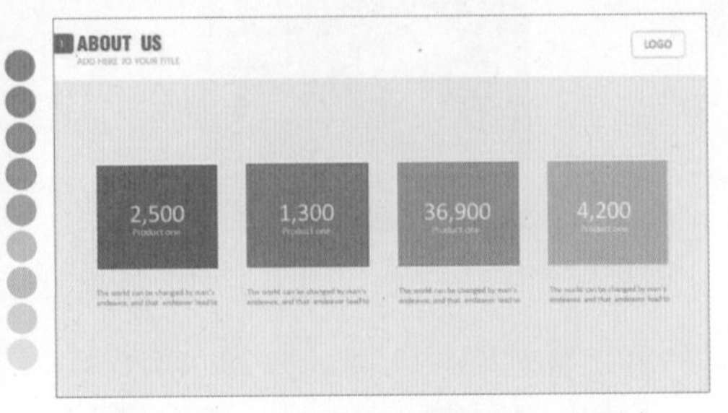

图 5-115　应用亮度不同的同一种颜色

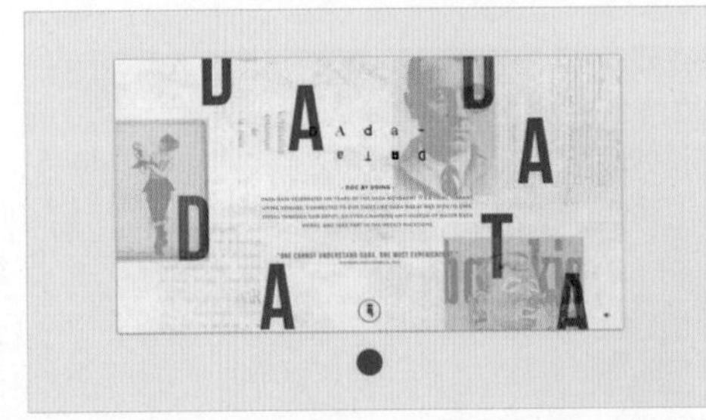

图 5-116　在页面中根据内容选择颜色

但这里需要注意，如果突出的内容不是重点，这样进行设计就会显得过于突兀，甚至是对整个页面风格的破坏。

另外，色彩同频不仅表现在一页内容的设计上，更表现在整套模板的设计上。整套模板的配色都非常统一，这样作品给人的感觉就比较统一，风格不容易混乱。

5.6　新手常见问题答疑

在设计PPT视觉效果，处理图片、图标、配色、蒙版等元素时，新手可能遇到的常见问题汇总如下。

问题一：有什么方法可以让模糊的素材图片变清晰？

在制作PPT的过程中，许多人可能都碰到过图片素材在放大后不清晰的情况，这是由于文档压缩、图片放大、截图等原因造成的。PPT的重要图片素材如果出现模糊(如图5-117所示)，我们就需要使用软件来提高图片的清晰度。

目前，处理图片清晰度问题常用的软件和方法有以下几种。

- 使用 Photoshop 处理图片。在 Photoshop 中打开需要处理的图片后，复制图层，通过设置“滤镜”可以将模糊的图片变得清晰。

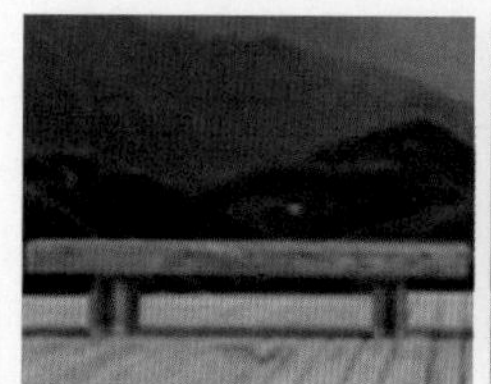

图 5-117　调整图片清晰度

- 采用人工智能 AI 软件修复图片。Topaz Gigapixel AI 是一款功能强大的图像无损修复软件，该软件专注于提高图像质量，包括去除伪影、修复细节和提升分辨率。对于不同类型的图像，或者同一图像中的不同对象，软件能够应用正确的处理模型。在确保图像质量的前提下，将图像分辨率提高至 600%，如图 5-118 所示。
- 通过 AI 图片放大网站修复图片。Bigjpg 是一个使用了最新人工智能学习技术 (深度卷积神经网络) 的图片修复与放大网站平台。通过将图片上传至该网站，可以对模糊的图片进行处理，并实现无损放大，如图 5-119 所示。

图 5-118　使用 Topaz Gigapixel AI 修复图片

图 5-119　通过 Bigjpg 网站修复图片

- 通过搜索引擎“以图搜图”。对于一些来源于网络的图片素材 (如品牌的 Logo、名人照片、电影海报、书籍封面或者一些标志性建筑的图片)，可以通过搜索引擎网站 (如百度、搜狗图片) 在网络中找到更清晰的图片。具体方法是：打开搜索引擎后单击搜索框右侧的照相机图标 (如图 5-120 所示)，根据弹出的提示上传图片，搜索引擎将根据上传的图片搜索网上各种尺寸相似的图片。

图 5-120　以图搜图

问题二：网上有哪些可供免费下载SVG格式图标的网站？

在各种图标格式中，SVG格式既能满足现有图片的功能，又是矢量图，可编辑性也不错。目前，网上可以免费下载SVG格式图标的网站很多，表5-1所示是其中有代表性的几个网站。

表5-1　免费下载 SVG 格式图标的网站

网　站	简　介
Simple Icons	一个收录了热门品牌Logo的SVG格式的网站，该网站同时根据品牌Logo设置了背景色，方便设计者查找
IconMonstr	一个提供免费的PNG/SVG格式的素材下载网站，用户可以通过搜索查找并免费下载自己想要的图标
ICONSVG	一个在线可自定义设计SVG图标素材的网站，可以帮助设计师找到想要的图标素材，这些图标素材都是常用图标，可以通过单击官方提供的素材进行二次设计，同时也可以把设计好的图标导出
Feather Icons	一个免费、开放源代码的矢量图标集网站，站点中收录八大类型图标，图标设计在24×24网格上，在功能、一致性、简约设计上都具有相同特性
Flaticon	一个收录单色、平面化图标的网站，这些图标适用于任何PPT，用户可以通过 CSS 或其他方式来重新设计图标，让图标效果更符合自己PPT的内容要求。图标可以以 Webfont、PNG 或 SVG 等格式进行下载

问题三：如何在PPT中制作毛玻璃蒙版效果？

以图5-121所示的毛玻璃蒙版效果为例，在页面中插入背景后按Ctrl+D组合键将背景图片复制一份，然后通过裁剪图片，裁剪掉复制背景四周多余的部分，如图5-122所示。

图5-121　毛玻璃蒙版

图5-122　复制并裁剪背景图片

选中裁剪后的图片，在【图片格式】选项卡中单击【艺术效果】下拉按钮，从弹出的下拉列表中选择【虚化】选项，为图片设置图5-123所示的虚化模糊效果。然后在虚化图片上添加一个与图片大小一致的透明蒙版，如图5-124所示。

最后，在页面中添加文本框并输入文字，插入形状以修饰蒙版和文字的效果，结果如图5-121所示。

提示

按照同样的方法，可以制作出各种玻璃蒙版。例如，图5-125所示为透明蒙版设置一个雨滴图片，可以制作出雨滴打在玻璃上的蒙版效果(请读者自行探索具体实现方法)。

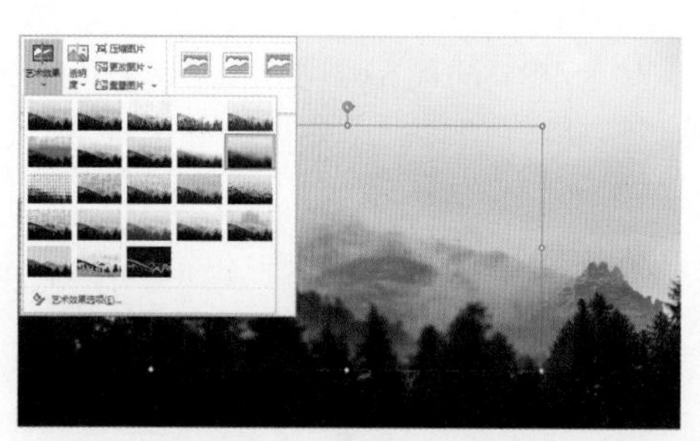

图 5-123　设置图片虚化效果

图 5-124　设置透明蒙版

原图

蒙版效果

图 5-125　雨滴打在玻璃上的蒙版效果

问题四：如何免费获取笔刷素材？

常用的免费笔刷素材网站如表 5-2 所示。

表 5-2 笔刷素材下载网站

网　站	简　介
Brusheezy	一个免费笔刷素材分享网站，其涵盖的素材比较详细，收录了2000多种优秀的免费笔刷素材供用户下载
Brushez	一个涵盖大量的精品笔刷文件、图案和纹理色彩的素材下载网站
QBrushes	一个可以通过输入关键词搜索笔刷素材的网站
Fbrushes	一个提供4000多种笔刷素材免费下载，并且同时提供一部分图像和纹理素材下载的网站
freepik	一个设计社区类网站，可提供笔刷素材下载，但该网站没有详细的笔刷素材分类，需要用户自行搜索

问题五：想成为一名PPT视觉设计师需要具备哪些方面的能力？

作为一名PPT视觉设计师，大部分时间并不是在给自己制作PPT，而是在给领导/甲方制作PPT，兢兢业业地沟通，匆匆忙忙地设计，最终交付时缝缝补补是常态。因此，PPT视觉设计师除了要掌握图片、蒙版、排版、配色、文字、图标这些PPT基础元素的设计以外，还需要具备以下 3 项能力。

- 沟通的能力。如果没有良好的沟通，在设计前期无法知道 PPT 的使用场合，也无法了解客户想要的设计风格。在设计后期也无法根据客户的意见对 PPT 稿件进行修改。

- 掌控的能力。对于 PPT 内容文档，设计师需要有将文档中的文字提炼到 PPT 的能力，以及对内容做主次划分、文案梳理的能力；对于 PPT 的风格，设计师要有掌握设计方向的能力；对于 PPT 项目时间节点，设计师要有根据项目进度掌控时间的能力。
- 审美的能力。在设计 PPT 时，技术能力决定了 PPT 效果的下限，审美水平决定了 PPT 最终呈现结果的上限。视觉设计创意需要技术来支撑，而技术水平也需要足够高度的审美来体现。因此，审美能力也是每个 PPT 视觉设计师最重要的能力之一。

问题六：在为PPT设计配色时有哪些配色网站可以参考？

刚开始学习制作PPT而没有配色经验的新手用户，在设计PPT时可以参考表5-3中给出的网站查找自己想要的配色方案。

表 5-3　配色设计参考网站

网　站	简　介
Adobe Color	Adobe公司的官方配色网站，页面简洁，提供齐全的免费色彩主题，并且其配色方案不会涉及版权问题
Mesh Gradient	一个提供许多渐变图片配色方案的网站
UiGradients	一个随机生成渐变方案的网站，其海量的渐变方案总有一种能在PPT中用得上
WebGradients	一个整理180种流行的线性渐变方案的网站

通过网站找到一种合适的配色方案后，在PowerPoint中选择【插入】选项卡，单击【图像】组中的【屏幕截图】下拉按钮，从弹出的下拉列表中选择【屏幕剪辑】选项(如图5-126所示)，可以将网站中的配色方案截图到PPT中。之后，使用PowerPoint软件提供在各个窗格和选项组中的【取色器】选项 取色器，可以将配色方案中的颜色临时保存在【最近使用的颜色】栏中，以便在制作PPT时使用，如图5-127所示。

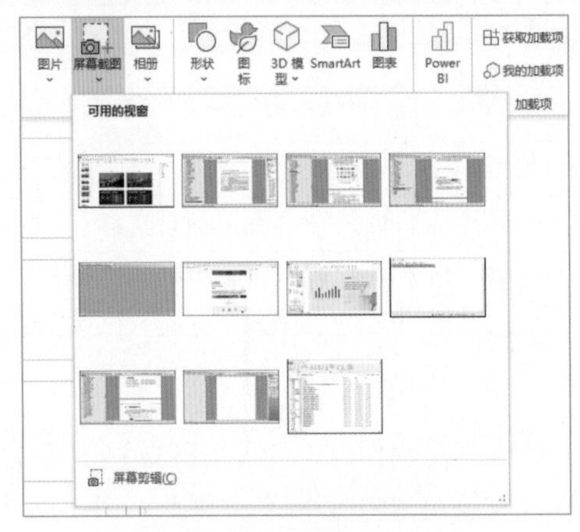

图 5-126　使用屏幕截图功能

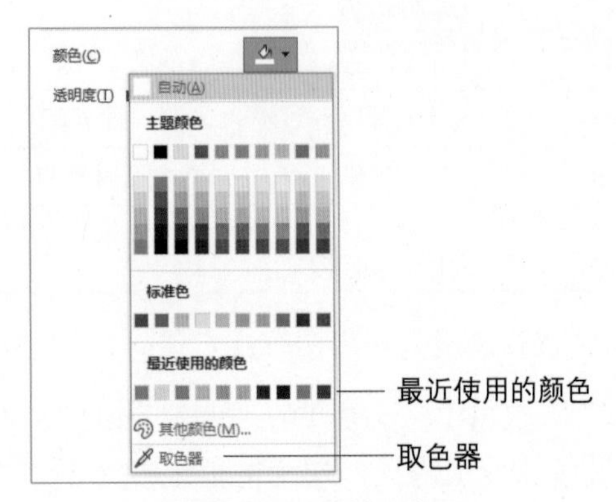

图 5-127　使用取色器

第 6 章
PPT 数据展示

本章导读

数据展示是制作 PPT 时最常见的需求之一。在职场中，用数据做总结、用数据做分享，如果说图片和文本是撑起 PPT 门面的“大头”，数据同样也占很大的比重，尤其在商业类 PPT 中，没有数据的支撑，PPT 就失去了灵魂。

在 PowerPoint 中，依托于 PPT 本身的文档内容呈现方式，最常用的数据展示方式主要就是纯数字、表格和图表三类，下面将就此展开介绍。

6.1 使用表格

表格是PPT中常见的元素，其往往承载着用于说明内容或观点的数据，如图6-1所示。

恒达并购案例详情

恒达占股 54%

医药集团 20%　房地产集团 13%

其他集团 13%

并购公司股份分配表

被收购方	被收购方主营业务	持股比例（%）
贵州山药	医药	9.61
北玻B	玻璃	8.12
佳艺水泥	建材	15.78
广业发展	银行	20.12
电气建设	输变电	90%-60%-退出
七号店	电商	80%-39%-退出
御花园	房地产	11.89

家居产品
相关参数信息展示

规 格	型 号	材 质	静 压	评 分
20	A1	10.5	400	13
24	A2	11.2	410	13.5
28	A3	15.1	410	14.1
34	B1	20.0	450	16.1
44	B1	30.0	510	20.0

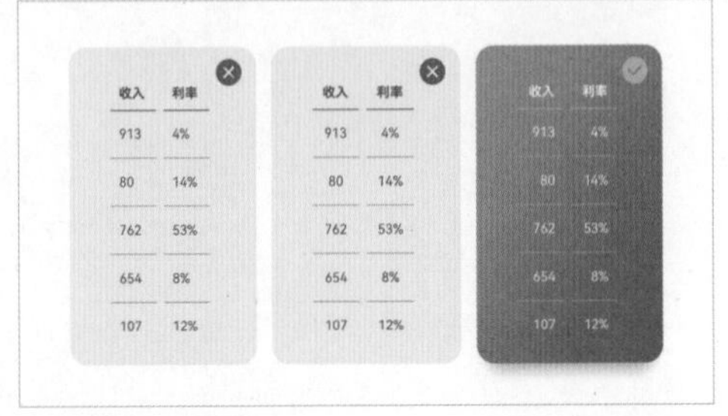

图 6-1　在 PPT 中使用表格罗列数据

所谓“百看不如一练”，要学会在PPT中使用表格展示数据，就需要熟悉并掌握在PowerPoint中操作表格的方法，包括表格的创建、编辑、美化等，下面将通过实例进行详细介绍。

6.1.1　利用表格展示数据

使用PowerPoint制作PPT时，可以在幻灯片中插入软件内置表格、Excel表格或手动绘制自定义表格。

1. 在PPT中插入PowerPoint内置表格

在PowerPoint中执行【插入表格】命令的方法有以下3种。

- 方法 1：选择幻灯片后，在【插入】选项卡的【表格】组中单击【表格】下拉按钮，从弹出的下拉列表中选择【插入表格】命令，打开【插入表格】对话框，在其中设置表格的行数与列数，然后单击【确定】按钮，如图 6-2 所示。
- 方法 2：单击【插入】选项卡中的【表格】下拉按钮▦，在弹出的如图 6-2 所示的下拉列表中移动鼠标指针，让列表中的表格处于选中状态，单击即可在幻灯片中插入相对应的表格。
- 方法 3：单击内容占位符中的【插入表格】按钮▦，打开【插入表格】对话框，设置表格的行数与列数，单击【确定】按钮，如图 6-3 所示。

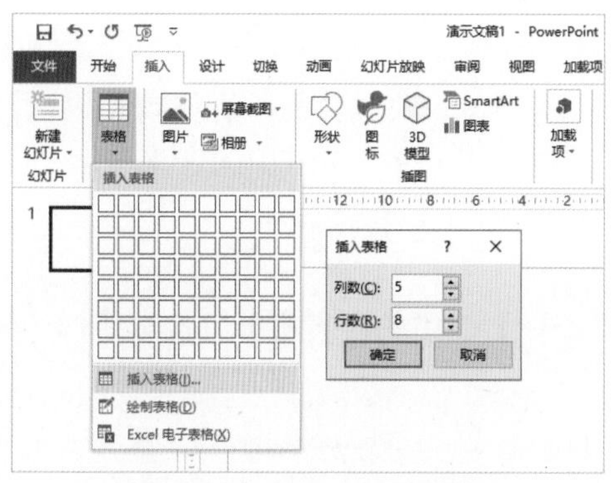

图 6-2　在 PPT 中插入表格

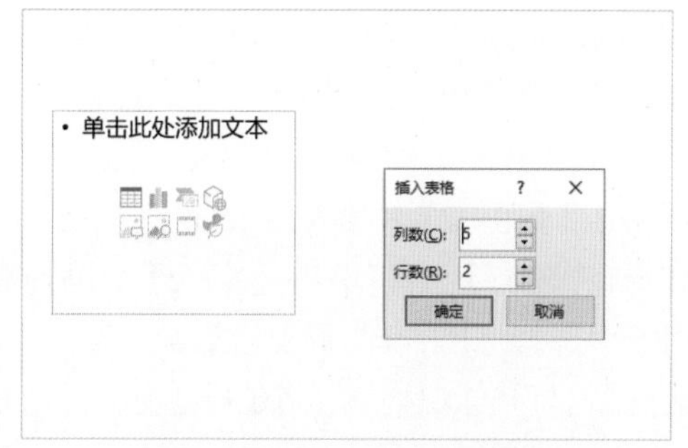

图 6-3　通过占位符插入表格

在PPT中插入PowerPoint内置表格后，表格将自动套用PowerPoint预设的默认样式，将鼠标指针置于表格单元格内，即可输入表格数据，如图6-4所示。拖动表格四周的控制点，可以调整表格大小，将鼠标指针放置在表格四周的边线上，当指针变为十字形状，按住鼠标左键拖动可以调整表格在幻灯片中的位置，如图6-5所示。

图 6-4　在表格中输入数据

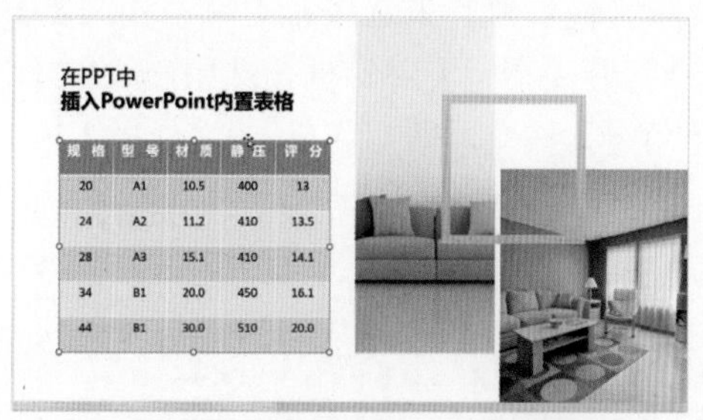

图 6-5　调整表格的大小和位置

保持表格的选中状态，在【布局】选项卡的【对齐方式】组中单击【左对齐】按钮≡、【水平居中】按钮≡、【右对齐】按钮≡、【顶端对齐】按钮⊟、【垂直居中】按钮⊟、【底部对齐】按钮⊟，可以设置表格中文本在表格单元格中的对齐方式，如图6-6所示。

选择【表设计】选项卡，在【表格样式】组中，可以将PowerPoint预设的表格样式应用于表格中，如图6-7所示。

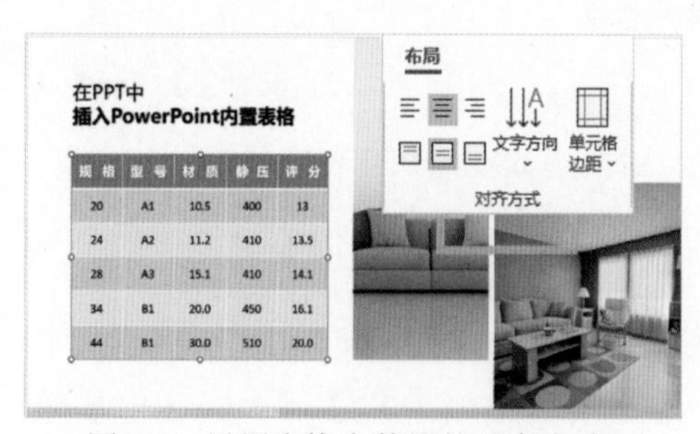

图 6-6　设置表格中数据的对齐方式

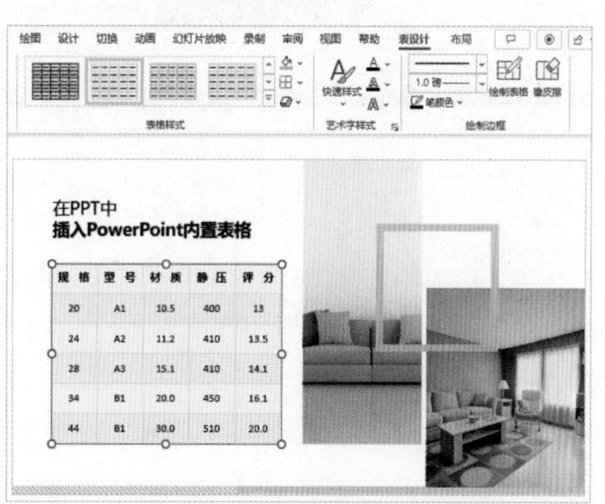

图 6-7　设置表格样式

2. 在PPT中插入Excel表格

在PowerPoint中可以将Excel表格插入PPT中，利用Excel软件功能对表格数据进行计算、排序或筛选(PowerPoint内置的表格不具备这样的功能)，并可设置PPT中的表格与Excel表格数据同步更新。

【例6-1】 在PPT中插入Excel表格。

(1) 选中幻灯片后，单击【插入】选项卡的【表格】组中的【表格】下拉按钮，从弹出的下拉列表中选择【Excel电子表格】命令。

(2) 此时在PPT中插入一个Excel表格，并在功能区位置显示Excel功能区，在表格中输入数据，如图6-8所示。

(3) 单击幻灯片的空白位置即可将表格应用于幻灯片中，重新恢复PowerPoint功能区 (双击Excel表格，可以重新显示Excel功能区)。

【例6-2】 通过在PPT中插入Excel文件，掌握在PowerPoint中插入对象的方法。

(1) 选择【插入】选项卡，在【文本】组中单击【对象】按钮。打开【插入对象】对话框，选中【由文件创建】单选按钮，单击【浏览】按钮，如图6-9所示。

(2) 打开【浏览】对话框，选中Excel文件后单击【确定】按钮，返回【插入对象】对话框，单击【确定】按钮，即可将Excel文件插入PPT中。

图 6-8　插入 Excel 表格

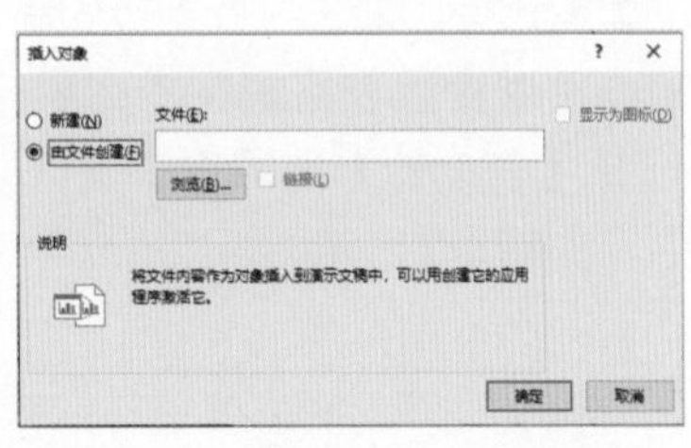

图 6-9　【插入对象】对话框

【例6-3】 在PPT中插入Excel表格，并设置Excel表格数据与PPT表格数据同步更新。

(1) 首先将Excel表格与PPT文件保存在同一个文件夹中，以免后期因为文件丢失导致数据更新失败。

(2) 打开Excel，选中需要插入PPT的数据后按Ctrl+C组合键执行“复制”命令。

(3) 打开PPT，在【开始】选项卡的【剪贴板】组中单击【粘贴】下拉按钮，从弹出的下拉列表中选择【选择性粘贴】选项，如图6-10所示。在打开的【选择性粘贴】对话框中选中【粘贴链接】单选按钮，然后单击【确定】按钮，如图6-11所示。

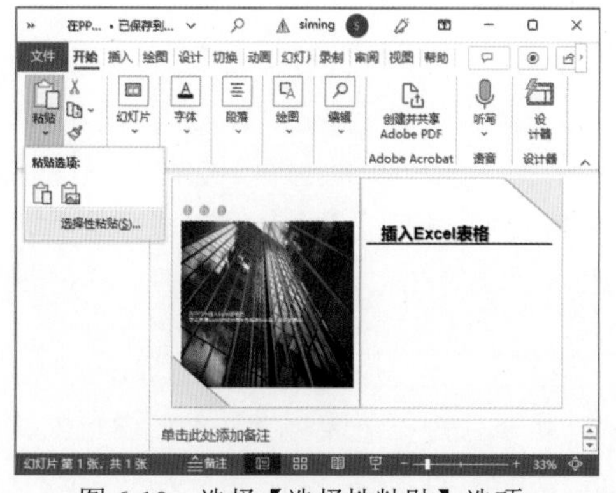

图 6-10　选择【选择性粘贴】选项

图 6-11　【选择性粘贴】对话框

(4) 此时在Excel表格中复制的数据被复制到PPT页面中，如图6-12左图所示。

(5) 之后，如果在Excel中对数据进行更改，在PPT中表格数据将会同步更新。如果PPT中表格没有及时更新，可以右击表格，在弹出的快捷菜单中选择【更新链接】命令手动执行更新，如图6-12右图所示。

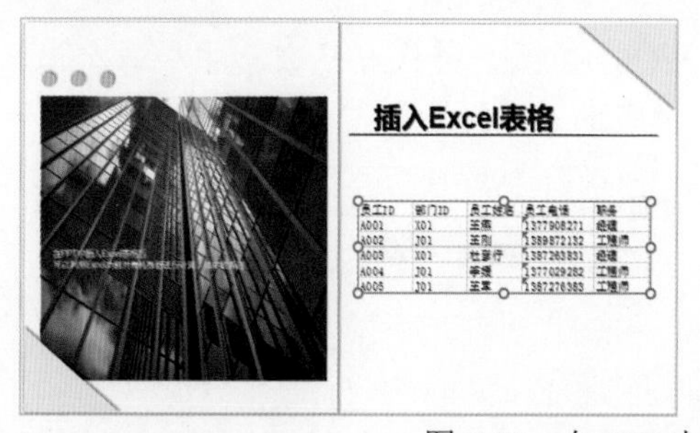

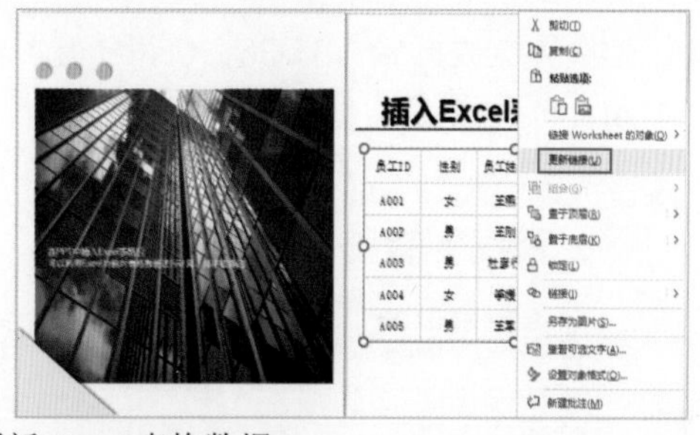

图 6-12　在 PPT 中更新 Excel 表格数据

(6) 如果需要将PPT中的表格自动更新为Excel中的数据，需要先将PPT文档保存。

(7) 选择【文件】选项卡，在显示的窗口中选择【信息】选项卡，然后选择【编辑指向文件的链接】选项，如图6-13左图所示。

(8) 打开【链接】对话框，选中该对话框左下角的【自动更新】复选框，然后单击【关闭】按钮即可，如图6-13右图所示。

图 6-13　设置 PPT 自动更新 Excel 中的数据

6.1.2 在表格中突出要点

在PPT中，表格是一个可以简化信息排布方式却不破坏信息原意的“容器”。在许多情况下，制作一些用于展示“数据”的PPT时，必须要应用表格。但在PPT中插入表格时，往往由于幻灯片中还包含其他各类信息(如图片、文本形状)，经常会导致信息超载，无法突出重点。这时，就需要对表格进一步处理，突出表格中的要点，吸引观众的注意。

1. 套用表格样式

在PPT中套用PowerPoint软件提供的表格样式，可以快速摆脱表格默认的蓝白色默认格式，让表格的效果焕然一新。同时，通过一些简单的处理手段可以马上得到一张要点突出的可视化数据表。

【例6-4】通过套用PowerPoint预设样式突出显示表格中需要观众重点关注的数据。

(1) 在PPT中插入表格并在表格中输入数据后，选择【表设计】选项卡，单击【表格样式】组右下角的【其他】按钮，在弹出的列表中为表格设置“无样式：网格线”样式，如图6-14所示，该样式只保留表格边框和标题效果，简化了表格效果。

(2) 选中重要数据行，按Ctrl+C组合键，再按Ctrl+V组合键将其从表格中单独复制出来。选中复制的行，在【表格样式】组中选择一种样式应用于此行，如图6-15所示。

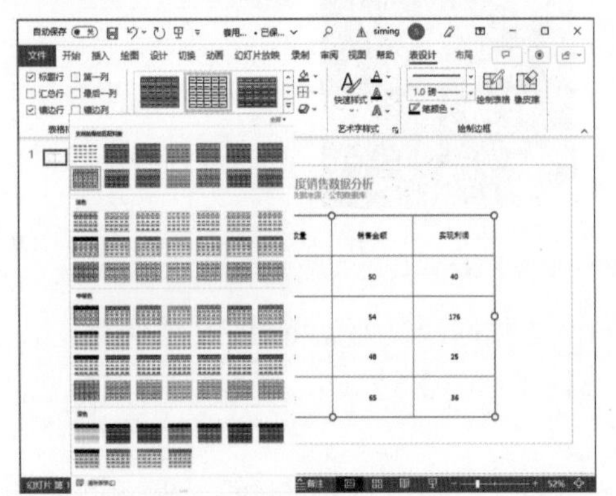

图 6-14　为表格应用样式

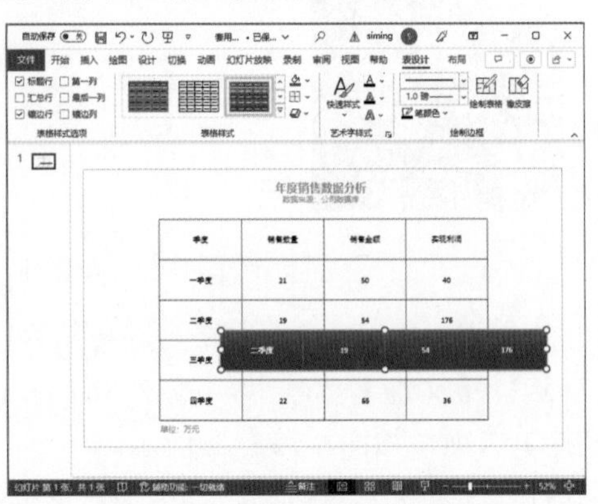

图 6-15　为重要数据应用样式

(3) 将鼠标指针放置在复制行的表格外边框上，按住鼠标左键拖动调整其位置，使其覆盖原表格中的同类数据，并在【开始】选项卡的【字体】组中设置表格内文本的字体和字号，完成后的效果如图6-16所示。

为表格应用样式后，可以通过启用【表设计】选项卡的【表格样式选项】组中的相应复选框，来突出显示表格标题和数据。

PowerPoint定义了表格的6种样式选项，根据这6种样式可以为表格划分内容的显示方式，如图6-17所示。

年度销售数据分析

数据来源：公司数据库

季度	销售数量	销售金额	实现利润
一季度	21	50	40
二季度	19	54	176
三季度	18	48	25
四季度	22	65	36

单位：万元

图 6-16　调整重要数据的位置和字体

- 标题行：通常为表格的第一行，用于加粗显示表格的标题。
- 汇总行：通常为表格的最后一行，用于显示表格的数据汇总部分。
- 镶边行：用于实现表格各行数据的区分，帮助用户辨识表格数据，通常隔行显示。
- 第一列：用于显示表格的副标题。
- 最后一列：用于对表格横列数据进行汇总。
- 镶边列：用于实现表格各列数据的区分，帮助用户辨识表格数据，通常隔列显示。

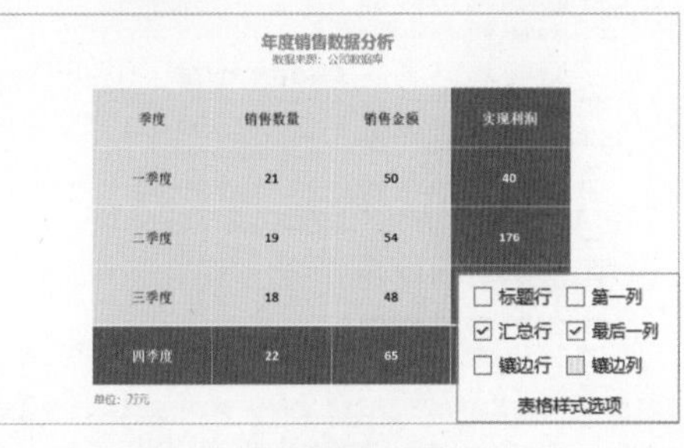

图 6-17　设置表格样式选项

2. 整理表格信息

整理表格信息就是将表格中的信息对齐、区分并突出重点，如图6-18所示。

社区委员会换届大会流程

时间	环节	内容	形式
19:00-19:25	进场	嘉宾领导、社委会代表进场	-
19:30-19:45	开幕	主持人致欢迎词及介绍出席大会嘉宾	-
19:50-20:30	社委会回顾视频	观看年度社委会工作总结报告视频	视频播放
20:35-21:00	分会总结视频	观看总结视频	视频播放
21:00-21:30	分会工作总结报告	社委会优秀代表上台作年度工作总结	PPT演讲
21:30-21:40	颁奖典礼	颁布年度奖励	-
21:40-22:10	换届演讲	主任团换届演讲	PPT演讲
22:15	活动结束	大会结束	-

图 6-18　整理表格中的信息

在图6-18左图所示的纯文字表格中，将所有文字左对齐，可以使文字显得整齐有序的同时，便于观众阅读；调整表格边框颜色突出“三线”来区分数据，并删除表格背景色，使表格结构更加清晰；为重要的数据设置加粗和颜色，使重要信息在表格中一目了然。

【例6-5】通过在PPT中制作图6-18右图所示的表格，熟悉在PowerPoint中设置表格大小(高度和宽度)、表格内容的对齐方式以及表格边框线颜色的操作方法。

(1) 在PPT中插入表格并在表格中输入数据后，选择【表设计】选项卡，单击【表格样式】组右下角的【其他】按钮，在弹出的列表中选择【清除表格】命令，清除表格的默认样式，如图6-19所示。

(2) 分别选择表格的行和列，在【布局】选项卡的【单元格大小】组中设置表格的高度和宽度，如图6-20所示。

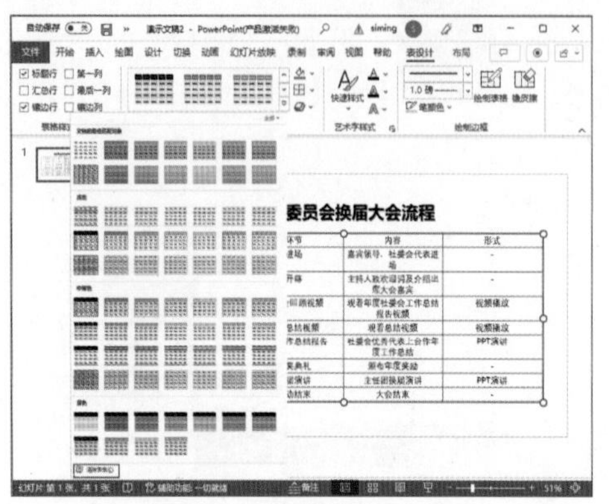

图6-19　清除表格样式

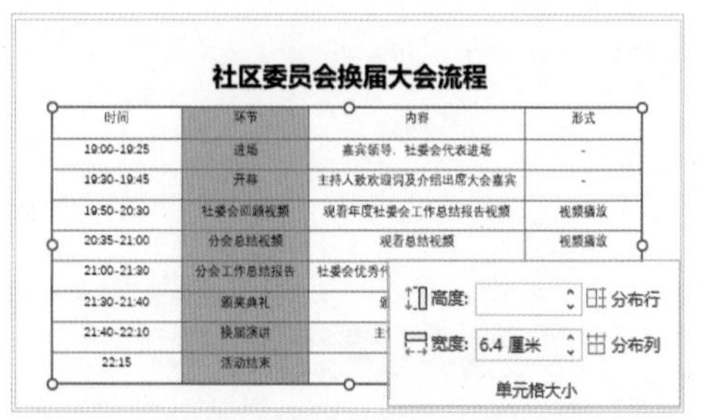

图6-20　设置表格高度和宽度

(3) 单击表格边框选中整个表格，在【布局】选项卡的【对齐方式】组中单击【左对齐】按钮和【垂直居中】按钮，设置表格文本对齐方式，如图6-21所示。

(4) 选择【表设计】选项卡，单击【表格样式】组中的【边框】下拉按钮，在弹出的下拉列表中选择【无框线】选项，清除表格的边框线，如图6-22所示。

图6-21　设置表格文本对齐方式

图6-22　清除表格边框线

(5) 选中表格的第1行，在【表设计】选项卡的【绘制边框】组中将【笔颜色】设置为红色，然后单击【表格样式】组中的【边框】下拉按钮，从弹出的下拉列表中分别选择【上框线】和【下框线】选项，为表格第1行设置图6-23所示的红色框线。

(6) 选中表格的最后1行，单击【表格样式】组中的【边框】下拉按钮，从弹出的下拉列表中选择【下边框】选项，为行设置红色的底部框线。

(7) 选中除第 1 行以外的所有行，在【绘制边框】组中将【笔颜色】设置为灰色，然后单击【表格样式】组中的【边框】下拉按钮，从弹出的下拉列表中选择【内部横框线】选项，为选中的行设置灰色的内部横框线。

(8) 选中表格中的要点数据，在【开始】选项卡的【字体】组中设置文字的字体、字号，并单击【加粗】按钮 B，将要点数据加粗突出显示，如图 6-24 所示。

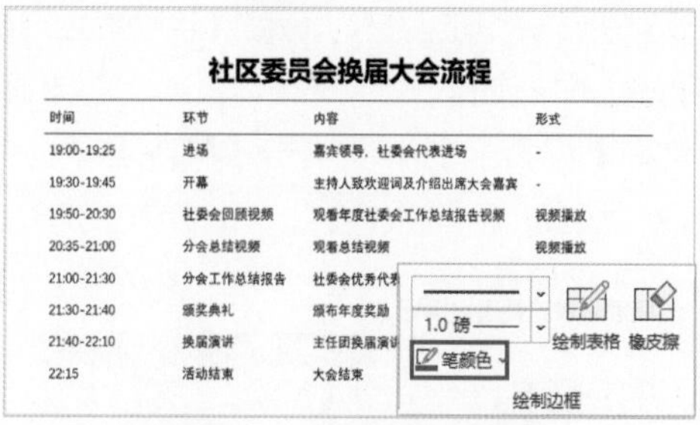

图 6-23　为行设置红色框线

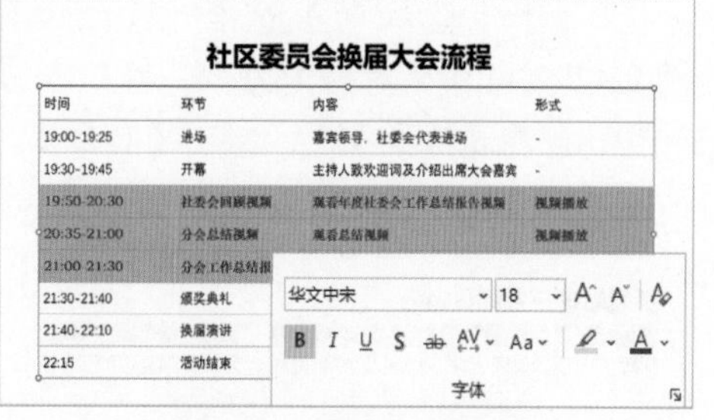

图 6-24　突出要点数据

(9) 最后，调整页面中标题文本和表格的位置，如图 6-18 右图所示。

如果表格数据中包含货币、百分比、时间等数字信息，使用右对齐则会更好一些(有利于对齐小数点后的数据)，如图 6-25 所示。

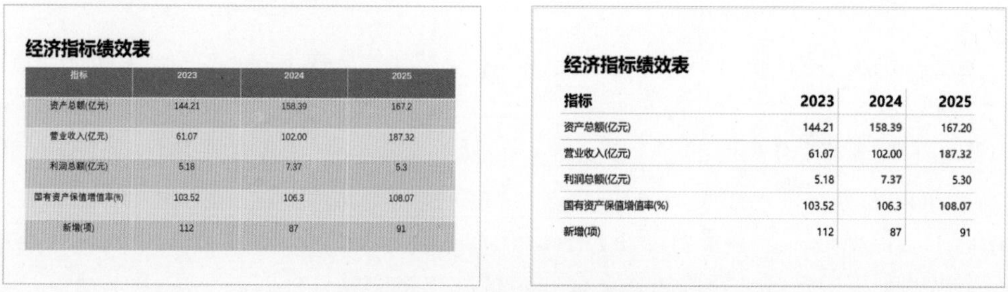

经济指标绩效表

指标	2023	2024	2025
资产总额(亿元)	144.21	158.39	167.2
营业收入(亿元)	61.07	102.00	187.32
利润总额(亿元)	5.18	7.37	5.3
国有资产保值增值率(%)	103.52	106.3	108.07
新增(项)	112	87	91

经济指标绩效表

指标	2023	2024	2025
资产总额(亿元)	144.21	158.39	167.20
营业收入(亿元)	61.07	102.00	187.32
利润总额(亿元)	5.18	7.37	5.30
国有资产保值增值率(%)	103.52	106.3	108.07
新增(项)	112	87	91

图 6-25　右对齐表格中的数据

3. 调整表格结构

通过合理地调整表格结构，可以使表格内相关的、同一类的内容互相之间离得更近一些，有助于表格信息的表达，如图 6-26 所示。

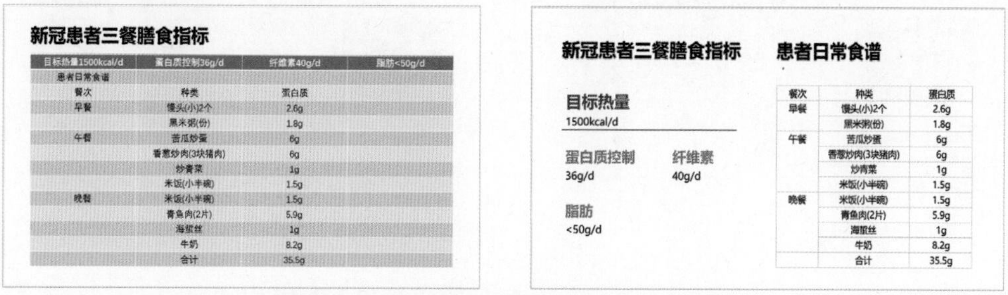

图 6-26　通过调整表格结构突出要点数据

图 6-26 左图所示，表格第一行内容跟其他行相比，明显是两种不同范畴的内容。因此在调整表格时，可以重新设计布局，让第一行数据和其他数据离得远一些。

【例6-6】通过在PPT中制作图6-26右图所示的表格，熟悉在PowerPoint中分离表格内容，删除表格中的行，合并表格单元格以及设置表格边框的操作方法。

(1) 在PPT中插入表格并在表格中输入数据后，选中表格的第1行，按Ctrl+X组合键和Ctrl+V组合键，将表格第1行从表格中剪切出来，将一个表格变为两个表格(分为左侧表格和右侧表格)，如图6-27所示。

(2) 分别调整页面中两个表格的位置和大小，选中表格中的文本“患者日常食谱”，按住鼠标左键拖动，将其从表格中分离，作为标题放置在页面右侧。

(3) 选中右侧表格的第1行，在【布局】选项卡的【行和列】组中单击【删除】下拉按钮，从弹出的下拉列表中选择【删除行】选项，如图6-28所示，删除该行。

图 6-27　分离表格第 1 行

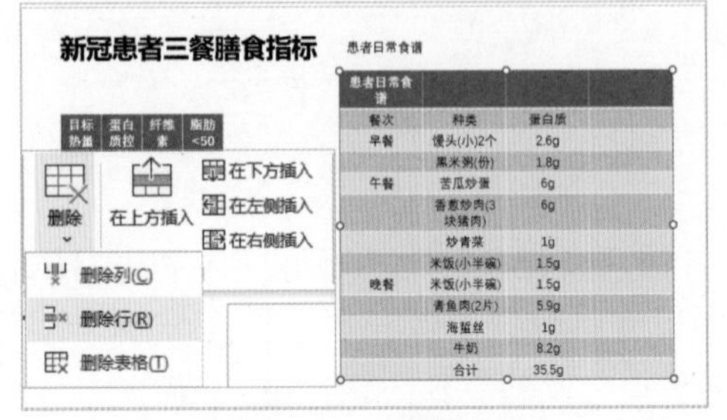

图 6-28　删除行

(4) 选中右侧表格的最后1列，单击【删除】下拉按钮，从弹出的下拉列表中选择【删除列】选项，删除该列。

(5) 选中右侧表格第1列中的多个单元格，单击【布局】选项卡的【合并】组中的【合并单元格】按钮，合并选中的单元格，如图6-29所示。

(6) 选中右侧表格，选择【表设计】选项卡，再单击【表格样式】组右下角的【其他】按钮，在弹出的列表中选择【清除表格】命令，清除表格的默认样式。

(7) 在【表设计】选项卡的【绘制边框】组中将【笔颜色】设置为灰色后，在【表格样式】组中单击【边框】下拉按钮，从弹出的下拉列表中选择【所有框线】选项，为页面中右侧的表格设置灰色边框，如图6-30所示。

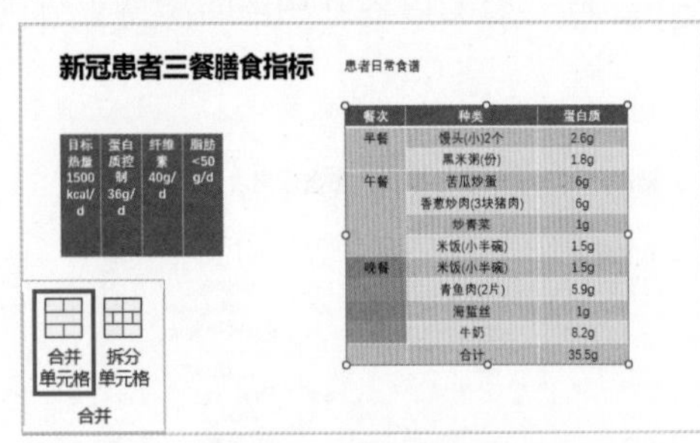

图 6-29　合并单元格

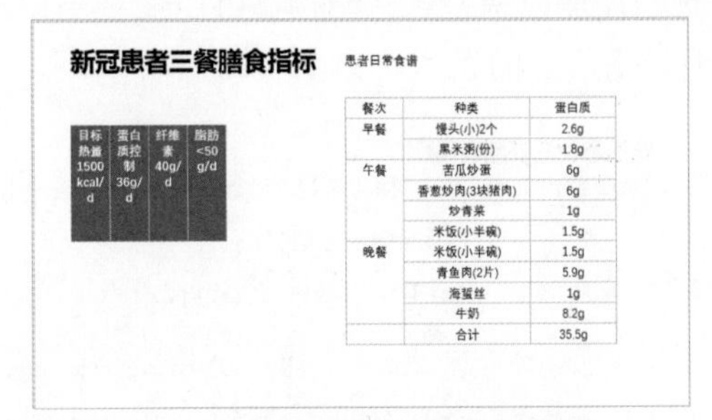

图 6-30　设置表格样式和边框线

(8) 选中页面左侧的表格，在【布局】选项卡的【行和列】组中连续单击【在下方插入】按钮，在表格中插入6个空行，然后调整表格中文本的位置和表格的行高、列宽，如图6-31所示。

(9) 删除左侧表格的最后一列，清除表格的默认样式和边框，为表格第一行添加下框线，如图 6-32 所示。

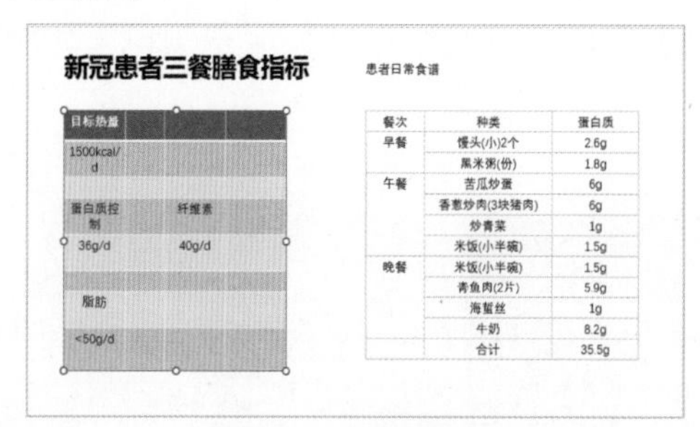

图 6-31　调整表格

图 6-32　设置表格样式和边框线

(10) 最后，为表格中的文本设置字体、大小和颜色，并调整表格和文本在页面中的位置，完成表格结构的调整，结果如图 6-26 右图所示。

4. 设置对比数据

我们可以在表格中借助填充色块，为表格的重点内容填充颜色，以示强调。表格里如果有多种不同性质的内容，可以用不同颜色的填充形状来区分这些内容，如图 6-33 所示。

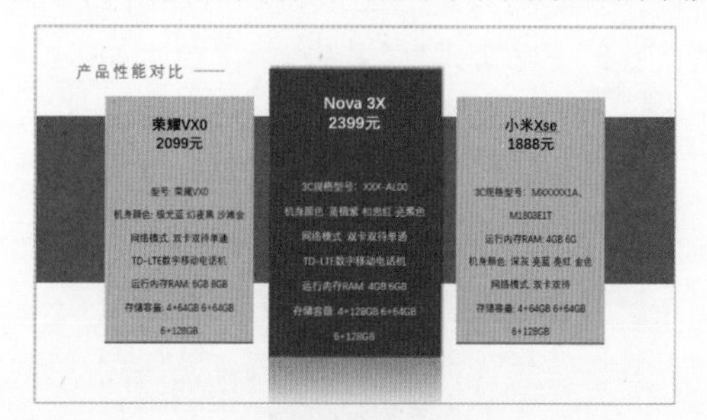

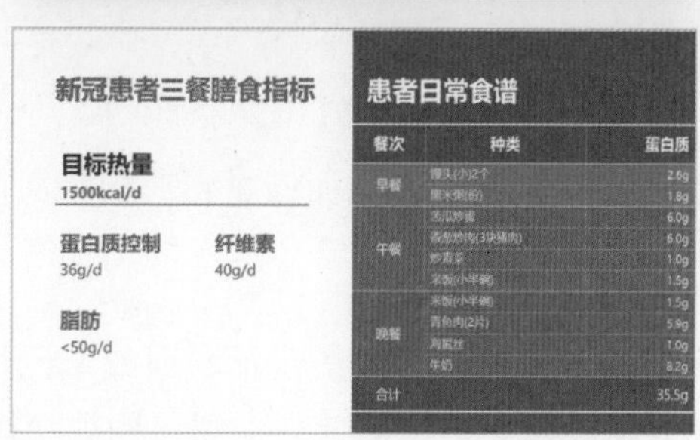

图 6-33　在表格中使用填充突出要点

【例 6-7】通过在PPT中制作图 6-33 左上图所示的表格，熟悉在PowerPoint中编辑表格结构，以及设置表格填充色和“映像”效果的操作方法。

(1) 在PPT中插入表格并在表格中输入数据后，选中表格的中间一列，在【布局】选项卡的【行和列】组中单击【在左侧插入】按钮和【在右侧插入】按钮，在中间一列的左右两侧各插入一列，如图 6-34 所示。

(2) 单击表格边框选中表格，选择【表设计】选项卡，再单击【表格样式】组右下角的【其他】按钮，在弹出的列表中选择【清除表格】命令，清除表格的默认样式。

(3) 在【表格样式】组中单击【边框】下拉按钮，从弹出的下拉列表中选择【无框线】选项，清除表格边框线。

(4) 分别选中表格的第1列和最后1列，选择【表设计】选项卡，单击【表格样式】组中的【底纹】下拉按钮，从弹出的下拉列表中选择【灰色】色块，为表格列设置填充颜色，如图6-35所示。

图 6-34　编辑原始表格

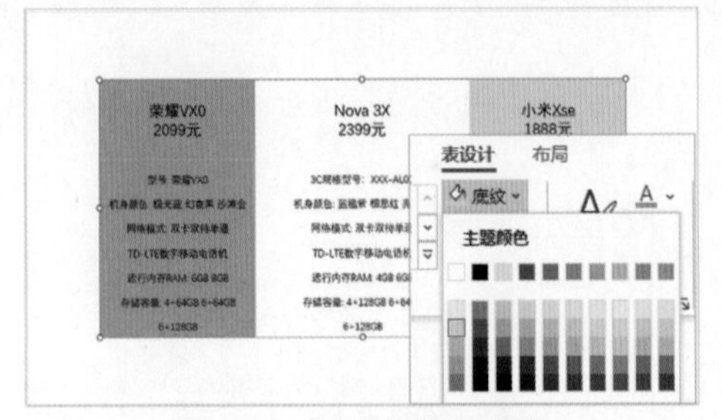

图 6-35　设置底纹填充色

(5) 选中表格的第3列，按Ctrl+C组合键和Ctrl+V组合键将列复制为独立的表格，然后为复制的表格设置底纹填充色，并调整表格的大小、位置和其中文本的颜色，使其遮挡住原来表格第3列的数据，如图6-36所示。

(6) 在【表设计】选项卡的【表格样式】组中单击【效果】下拉按钮，从弹出的下拉列表中选择【映像】|【紧密映像】选项，为表格设置图6-37所示的映像效果。

图 6-36　调整要点数据的大小和位置

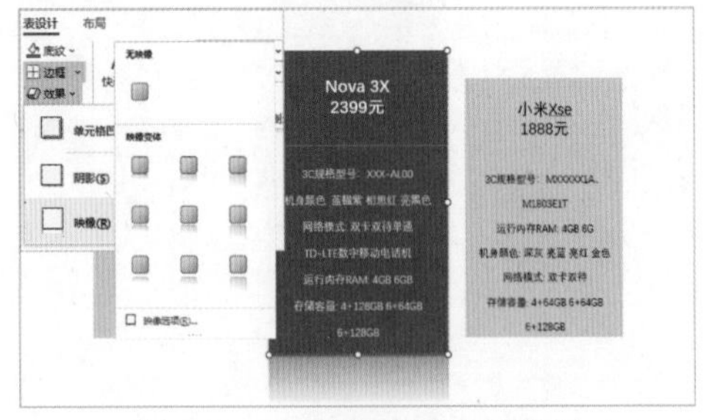

图 6-37　为表格设置映像效果

(7) 最后，在页面中添加标题和形状修饰页面效果，完成后的效果如图6-33左上图所示。

5. 可视化表格元素

为了重点突出表格中某些行、列或单元格，我们可以用符号或图标来代替内容，让它们在表格中显得与众不同、一目了然。例如，图6-38中使用符号“★”代替文字所关联的评价等级。

自媒体平台服务评价

项目	指标	评分/分值	评价等级
服务内容	全面性	10.01±0.18	差
	时效性	18.01±0.72	优
	可靠性	16.01±0.33	良
服务形式	多样性	12.01±0.42	差
	易用性	19.01±0.63	优
	交互性	13.01±0.91	差

自媒体平台服务评价

项目	指标	评分/分值	评价等级
服务内容	全面性	10.01±0.18	★
	时效性	18.01±0.72	★★★★
	可靠性	16.01±0.33	★★★
服务形式	多样性	12.01±0.42	★★
	易用性	19.01±0.63	★★★★★
	交互性	13.01±0.91	★★

图 6-38　用符号代替文字突出要点数据

此外，还可以通过在表格中添加条状图形来显示项目进度，或者其他与时间相关的信息或事件的进展情况，如图6-39所示。

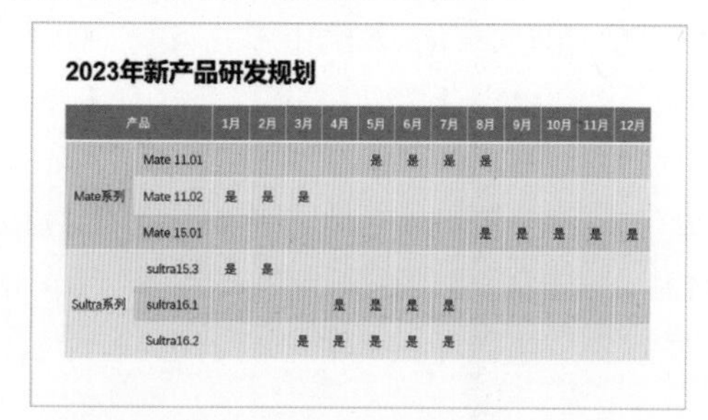

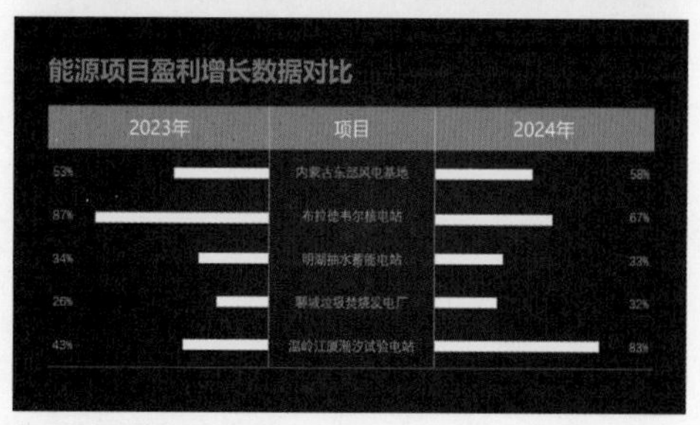

图 6-39　使用条状图形代替表格中的文本

【例6-8】通过在PPT中制作图6-39右下图所示的表格，熟悉在PowerPoint中利用【剪贴板】窗格调整表格数据位置的方法，以及设置表格边框线粗细和拆分单元格的具体操作。

(1) 插入表格并在表格中输入图6-39左下图所示的数据后，单击【开始】选项卡的【剪贴板】组右下角的【剪贴板】按钮，打开【剪贴板】窗格，然后选择表格第1列数据，按Ctrl+C组合键，复制该列数据并将复制结果保存在【剪贴板】窗格中，如图6-40所示。

(2) 选择表格的第2列，再次按Ctrl+C组合键，将复制结果保存在【剪贴板】窗格中。

(3) 选中表格的第1列，单击【剪贴板】窗格中步骤(2)保存的复制结果，覆盖原有数据。选中表格第2列，单击【剪贴板】窗格中步骤(1)保存的复制结果，覆盖原有数据，结果如图6-41所示。

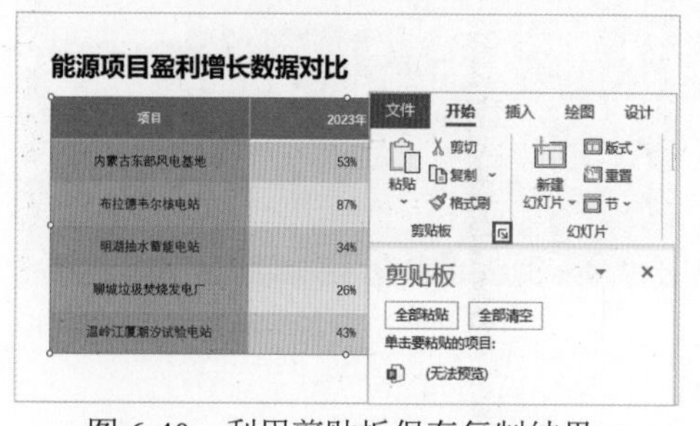

图 6-40　利用剪贴板保存复制结果

图 6-41　调整第 1、2 列表格数据位置

(4) 单击表格边框选中表格，选择【表设计】选项卡，单击【表格样式】组右下角的【其他】按钮，在弹出的列表中选择【清除表格】命令，清除表格的默认样式。

(5) 在【表格样式】组中单击【边框】下拉按钮，从弹出的下拉列表中选择【无框线】选项，清除表格边框线。

(6) 选中表格的第1行，在【表设计】选项卡的【表格样式】组中单击【底纹】下拉按钮，为表格第1行设置底纹色(金色)。

(7) 选中表格的最后1行，在【表设计】选项卡的【绘制边框】组中单击【笔画粗细】下拉按钮，在弹出的下拉列表中选择【1.5磅】选项，然后单击【表格样式】组中的【边框】下拉按钮，从弹出的下拉列表中选择【下框线】选项，为选中的行设置底部框线，如图6-42所示。

(8) 选中整个表格，在【表设计】选项卡的【绘制边框】组中单击【笔颜色】下拉按钮，将颜色设置为白色，再单击【笔画粗细】下拉按钮，将笔画粗细设置为0.5磅，然后单击【表格样式】组中的【边框】下拉按钮，从弹出的下拉列表中选择【内部竖框线】选项，为表格内部设置图6-43所示的白色内部竖框线。

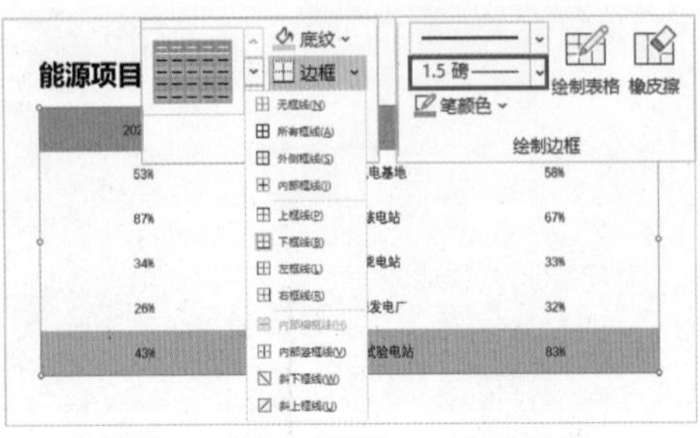

图6-42　为行设置1.5磅下框线

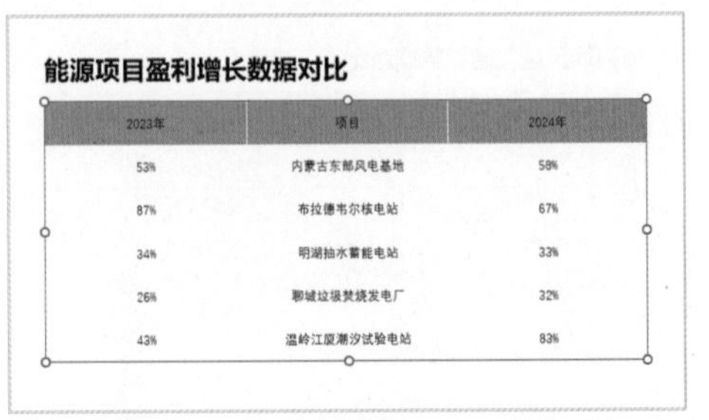

图6-43　为表格设置0.5磅竖框线

(9) 为PPT页面设置背景(图片)，并为页面中的表格和标题文本框中的文本设置白色和灰色效果，如图6-44所示。

(10) 分别选中表格第1列和最后1列除标题行以外的数据，设置第1列数据左对齐，最后1列数据右对齐。

(11) 选中表格第1列除标题行以外的数据，选择【布局】选项卡，单击【合并】组中的【拆分单元格】按钮，打开【拆分单元格】对话框，在【列数】微调框中输入2后单击【确定】按钮，拆分选中的单元格，如图6-45所示。

图6-44　设置页面文字颜色和背景

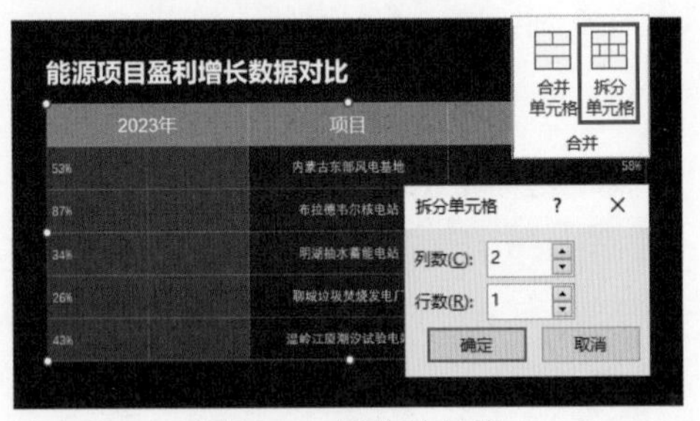

图6-45　拆分单元格

(12) 使用同样的方法拆分表格最后一列，并调整拆分后数据的位置。

(13) 最后，单击【插入】选项卡的【插图】组中的【形状】下拉按钮，从弹出的下拉列表中选择【矩形】选项，在表格中绘制矩形形状(白色)，并根据表格数据调整形状的宽度，完成后的页面效果如图6-39右下图所示。

6.1.3 提升表格的设计感

在PPT中，表格由线条与单元格构成，如图6-46所示。因此，如果想让表格变得美观、简洁，更有设计感，只需要设置线条和单元格即可。

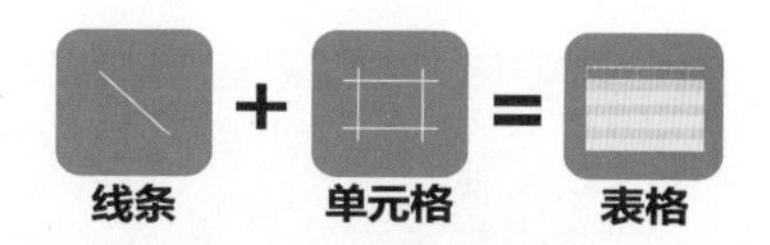

图 6-46 表格的结构

1. 减少线条的“存在感”，让表格变得简洁

线条在表格中的主要作用是分割内容。如果内容之间的距离已经足够宽了，那么即使在表格中使用很少的线条(框线)，甚至不使用线条，都不会影响观众阅读表格中的数据，如图6-47所示。

图 6-47 减少线条可以让表格变得简洁

如果表格中的数据较多，或者表格中存在较长的内容，那么在表格中使用线条就非常必要，因为这样既可分隔较长的内容，又可引导观众的视线，如图6-48所示。

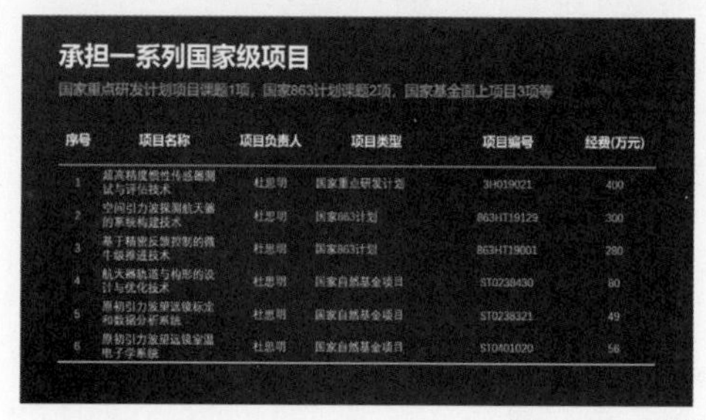

图 6-48 用线条引导观众视线

2. 合理设置线条粗细，避免影响数据阅读

线条在表格中存在的意义是分隔内容及引导视线。也就是说，线条在表格中起到的只是辅助阅读表格内容的作用，如果线条太粗，容易抢了内容的“风头”，影响观众的阅读，如图

6-49左图所示。而如果在表格中使用细一些的线条，则能让表格看起来更“轻盈”，更精致，如图6-49右图所示。

经济指标绩效表

指标	2023	2024	2025
资产总额(亿元)	144.21	158.39	167.20
营业收入(亿元)	61.07	102.00	187.32
利润总额(亿元)	5.18	7.37	5.30
国有资产保值增值率(%)	103.52	106.3	108.07
新增(项)	112	87	91

经济指标绩效表

指标	2023	2024	2025
资产总额(亿元)	144.21	158.39	167.20
营业收入(亿元)	61.07	102.00	187.32
利润总额(亿元)	5.18	7.37	5.30
国有资产保值增值率(%)	103.52	106.3	108.07
新增(项)	112	87	91

新冠患者三餐膳食指标

目标热量
1500kcal/d

蛋白质控制
36g/d

纤维素
40g/d

脂肪
<50g/d

患者日常食谱

餐次	种类	蛋白质
早餐	馒头(小)2个	2.6g
	黑米粥(份)	1.8g
午餐	苦瓜炒蛋	6g
	香葱炒肉(3块猪肉)	6g
	炒青菜	1g
	米饭(小半碗)	1.5g
晚餐	米饭(小半碗)	1.5g
	青鱼肉(2片)	5.9g
	海蜇丝	1g
	牛奶	8.2g
	合计	35.5g

新冠患者三餐膳食指标

目标热量
1500kcal/d

蛋白质控制
36g/d

纤维素
40g/d

脂肪
<50g/d

患者日常食谱

餐次	种类	蛋白质
早餐	馒头(小)2个	2.6g
	黑米粥(份)	1.8g
午餐	苦瓜炒蛋	6g
	香葱炒肉(3块猪肉)	6g
	炒青菜	1g
	米饭(小半碗)	1.5g
晚餐	米饭(小半碗)	1.5g
	青鱼肉(2片)	5.9g
	海蜇丝	1g
	牛奶	8.2g
	合计	35.5g

图6-49　表格边框线粗细效果对比

3. 统一单元格格式，让表格看上去整齐

单元格是表格中的重要元素，在表格中使用统一的单元格格式(包括文字、单元格大小和单元格颜色)，可以使表格从整体上看非常整齐。

▶ 统一文字格式

表格中文字需要统一的内容包括字体、字号、颜色、对齐、行间距和字间距，其中字间距是非常容易被忽视的部分，PPT默认的字间距有些紧凑，并不易于阅读，在实际设计中，往往需要我们手动调整表格中文本的字间距，如图6-50所示。

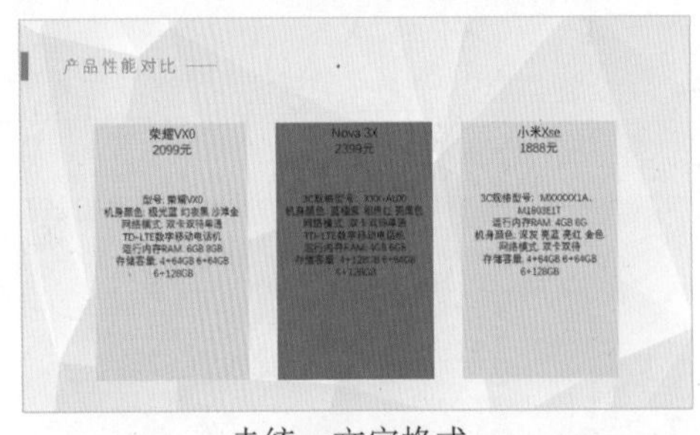

未统一文字格式

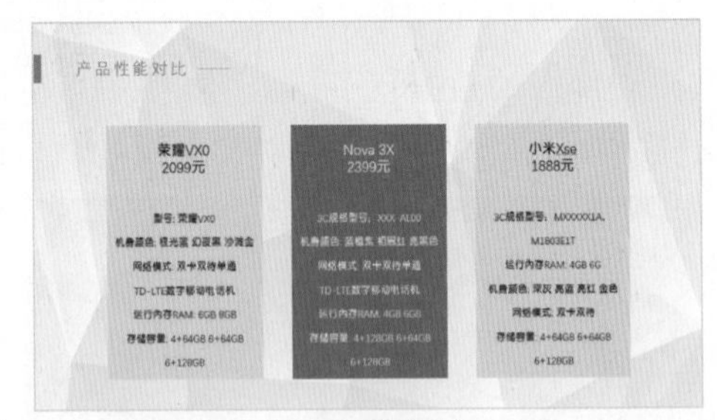

统一文字格式

图6-50　统一表格文字格式的效果对比

【例6-9】通过为图6-50左图所示的表格中的文本设置统一格式，掌握在PowerPoint中设置表格内文字行间距和字间距的方法。

(1) 打开图6-50左图所示的PPT页面，选中页面中的表格，在【开始】选项卡的【字体】组中设置表格中所有文字的字体为【微软简中圆】，如图6-51所示。

(2) 选中表格中的所有单元格，在【布局】选项卡的【对齐方式】组中分别单击【水平居中】按钮≡和【垂直居中】按钮⊟，设置文字在单元格中居中对齐，如图6-52所示。

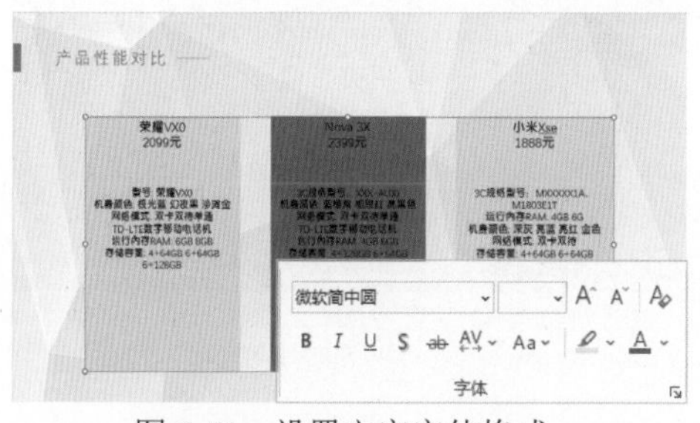

图 6-51　设置文字字体格式

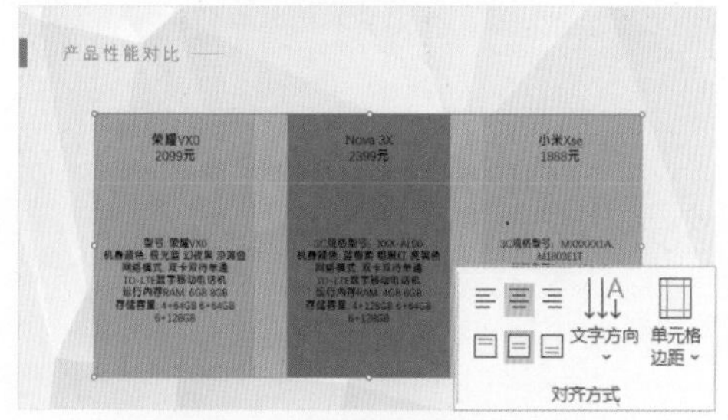

图 6-52　设置文字居中对齐

(3) 选中表格的第1行，在【开始】选项卡的【字体】组中将【字号】设置为20，选中表格的第2行，在【字体】组中将【字号】设置为14。

(4) 选中表格的第2行，在【开始】选项卡中单击【字体】组右下角的【字体】按钮，打开【字体】对话框，设置【间距】为【加宽】、【度量值】为0.3磅，然后单击【确定】按钮，如图6-53所示。

(5) 单击【段落】组右下角的【段落】按钮，打开【段落】对话框，设置【行距】为【2倍行距】，然后单击【确定】按钮，如图6-54所示。

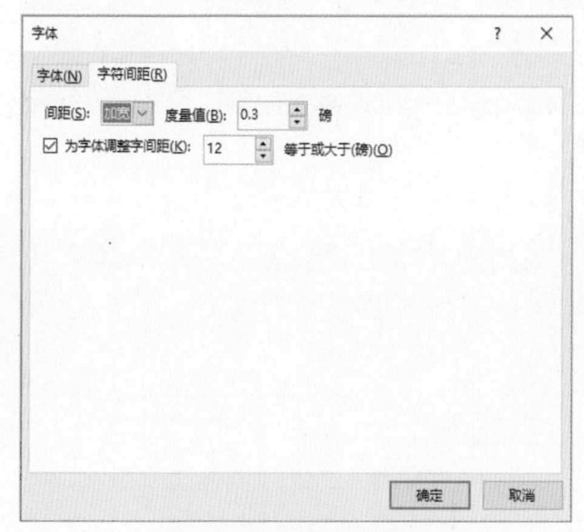

图 6-53　设置字间距

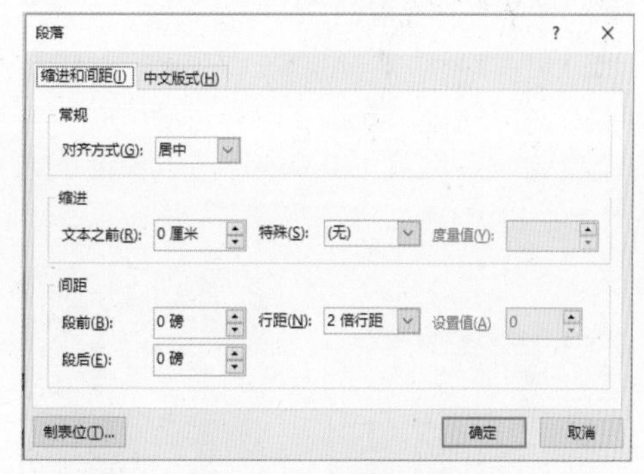

图 6-54　设置行间距

(6) 最后，选中表格中间的一列单元格，在【开始】选项卡的【字体】组中将文字颜色设置为白色，设置完成后页面中表格的效果如图6-50右图所示。

▶ 统一单元格大小

表格中单元格的大小由其宽度和高度控制。在PowerPoint中选中表格单元格区域后，在【布局】选项卡的【单元格大小】组的【高度】和【宽度】文本框中输入参数(默认单位：厘米)，可以调整单元格的大小。

PPT中的表格通常包括行标题、列标题和数据等不同类型的单元格，如图6-55所示。为相同类型的单元格设置相同的高度与宽度，既可使表格外观看上去统一，又能让表格中数据与数据之间保持合适的距离，便于观众阅读，如图6-56所示。

行标题

		1月	2月	3月	4月	5月	6月	7月	8月	9月	10月	11月	12月
Mate系列	Mate 11.01					是	是	是	是				
	Mate 11.02	是	是	是									
	Mate 15.01								是	是	是	是	是
Sultra系列	sultra 15.3	是	是										
	sultra 16.1				是	是	是	是					
	Sultra 16.2			是	是	是	是	是					

列标题　　数据

图 6-55　表格单元格的类型

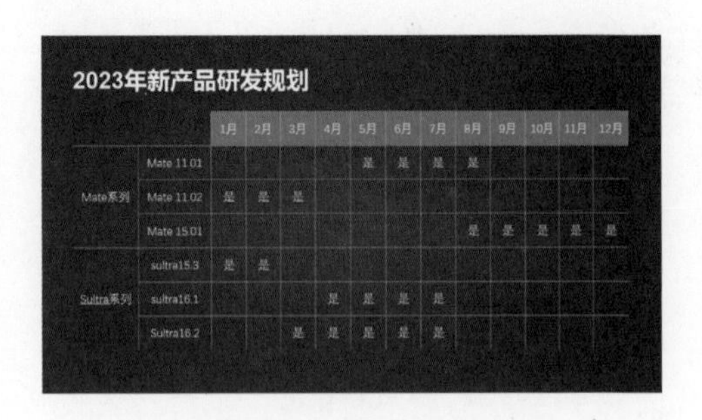

		1月	2月	3月	4月	5月	6月	7月	8月	9月	10月	11月	12月
Mate系列	Mate 11.01					是	是	是	是				
	Mate 11.02	是	是	是									
	Mate 15.01								是	是	是	是	是
Sultra系列	sultra15.3	是	是										
	sultra16.1				是	是	是	是					
	Sultra16.2			是	是	是	是	是					

图 6-56　统一相同类型单元格大小

▶ 统一单元格颜色

为表格单元格设置填充色只有一个目的，那就是辅助阅读。

如果表格中行或列的数量较少，观众阅读表格不存在障碍，那么除了为行标题设置填充色以外，可以不为表格的其他单元格设置填充色，如图6-57所示。

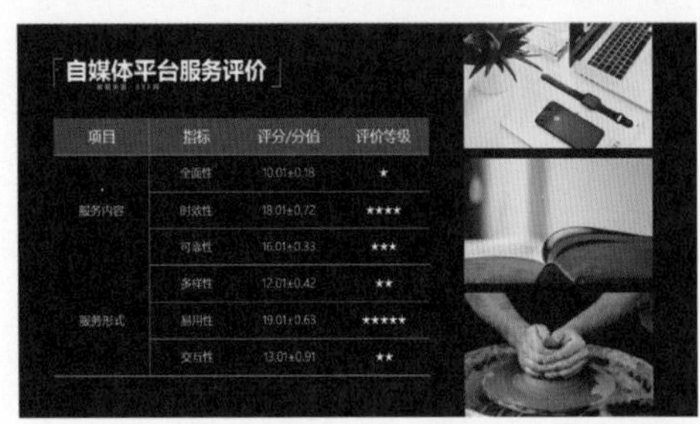

图 6-57　表格数据量小

反之，如果表格中行列数量较多(数据量较大)，就需要给行列设置填充颜色，否则观众在阅读大量数据时，眼睛长时间定位在表格的某行、某列单元格上就会感到不适，影响表格数据的展示效果，如图6-58所示。

客户服务规划

图 6-58　表格数据量大

提 示

在为表格单元格设置填充色时，应避免使用过多的颜色，过多的颜色会使表格的整体效果变得主次不分，影响页面视觉效果。同时，建议将包含超大量数据的表格拆分成多个表格。

6.2　使用图表

图表可以将表格中的数据转换为各种图形信息，从而生动地描述数据。在PPT中使用图表不仅可以提升整个PPT的视觉效果，也能让PPT所要表达的观点更加具有说服力。因为好的图表可以让观众清晰、直观地看到数据，如图6-59所示。

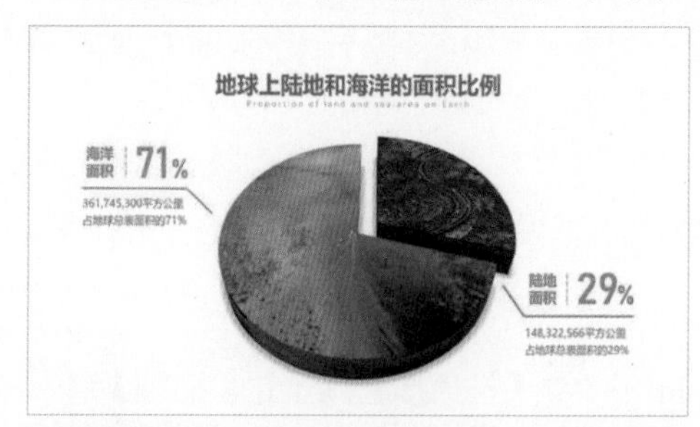

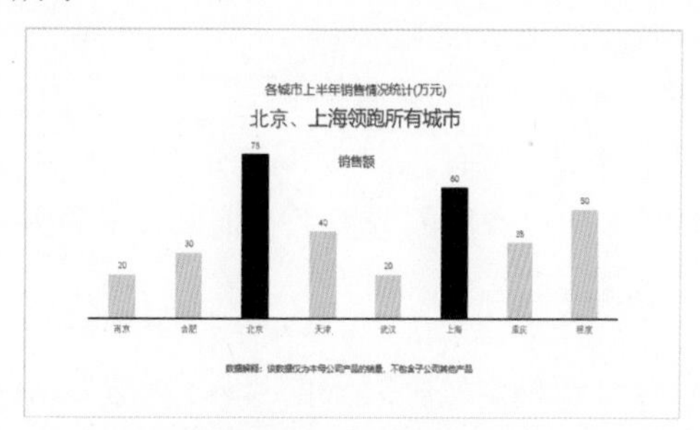

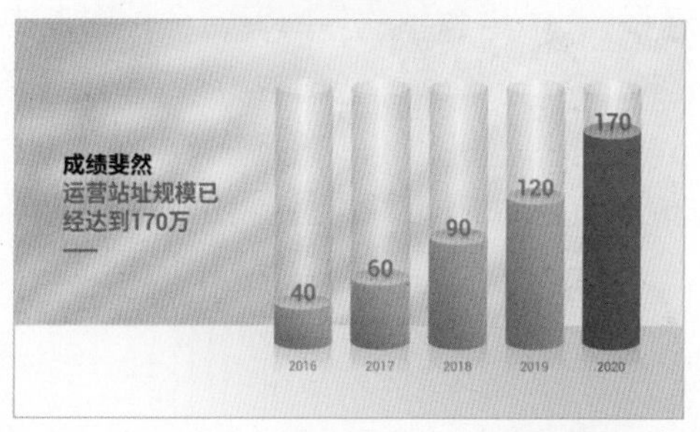

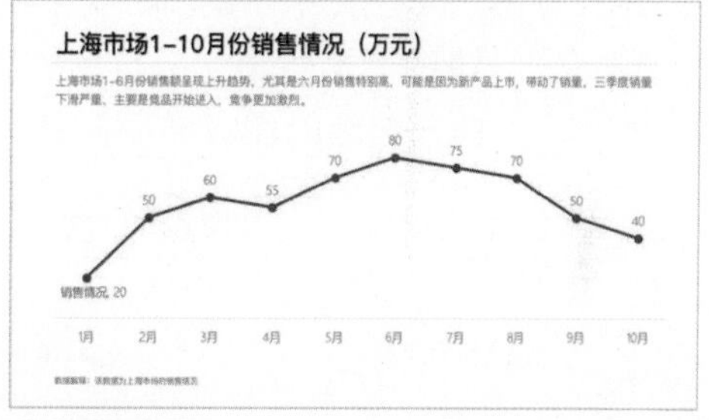

图 6-59　在 PPT 中使用图表

6.2.1　利用图表将数据可视化

所谓“一图胜千言”，图表相对于表格、文本和数字等其他PPT元素，最大的优势在于其可以将数据转化为形状可视化地展现在观众眼前。

数据可视化是一种通用语言，这里通用语言的意思是：它能够向各行各业的人展示信息，打破语言和技术的理解障碍。数据是一些数字和文字的组合，可视化可以展示数据所包含的信息。

1. 分析图表数据

制作图表先要把“好看”放在一边。

在PPT中加入图表是为了更好地展示数据。因此在制作图表之前需要先考虑以下几个问题。

- 这份数据给谁看？
- 观众想了解什么问题？
- 通过图表展示的数据能说明什么问题？
- 我们想怎么解决问题？

例如，如果看数据的是市场经理，他可能会把注意力放在销售上，那么图表主要传递的信息就是“202×年Q3季度销售额最高”这样的问题。我们首先要找到一个大问题，再去拆解销售额为什么会最高的细节。比如按时间维度对销售额按月度汇总，帮助观众了解月度销售额的变化情况；按产品维度将产品销售额做对比；站在销售人员的维度帮助观众了解Q3季度销售人员业绩的对比等，最后得出结论。

而如果看数据的是财务经理，他可能会将注意力放在成本上，那么图表主要传递的信息可能就是“202×年Q3季度成本远超全年其他水平”，这时同样将问题拆解成细节，找到具体是哪个环节增加了成本，比如人力、产品、营销费用等，最后找到解决方法，比如“202×年Q3季度应当在某个方面着重优化成本增加问题”。

以上才是观众(领导/甲方)真正关心的问题，也是制作图表的第一步：将实际工作与数据建立联系，做出有用的分析，从而帮助观众从中得到有价值的信息。

2. 选对图表类型

通过分析确定数据展示的目标后，在PowerPoint中单击【插入】选项卡的【插图】组中的【图表】选项，将打开图6-60左图所示的【插入图表】对话框，其中包含了软件内置的各种图表类型(如柱形图、条形图、饼图、折线图、散点图和组合图等)。选择一种图表类型后，单击【确定】按钮，将在PPT中插入相应的图表并同时打开图6-60右图所示的Excel窗口，并自动创建一组默认数据值用于支持PPT中图表的生成。通过修改Excel窗口中的数据，可以在PPT中实现图表的创建。

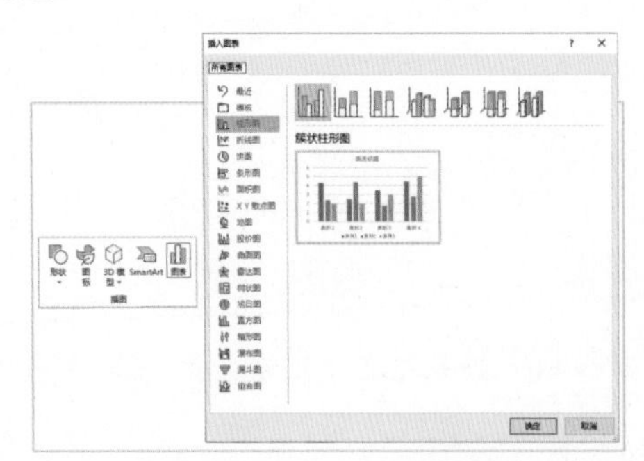

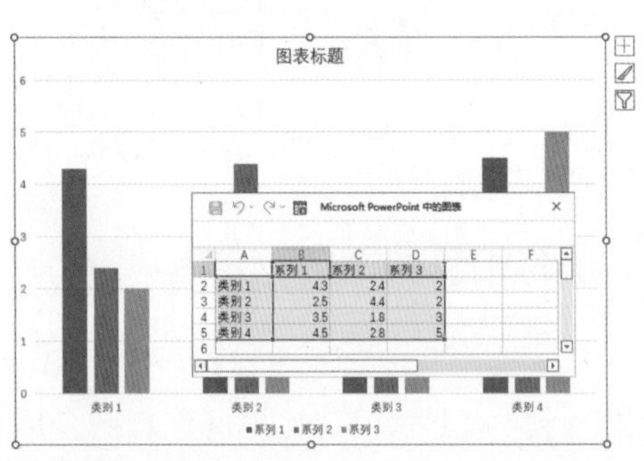

图 6-60　在 PowerPoint 中创建图表

在创建图表时，我们可以根据数据所要表达的目的、主题来选择使用图表的类型。

▶ 选择饼图

饼图适合传递成分组成(构成)、百分比信息和数据。如果强调成分组成和合计100%，可以使用饼图。例如，图6-61所示是A、B公司销售额构成的饼图，图中强调的是构成和百分比，而非数据的对比。在PPT中使用饼图时，将需要强调的信息放在“12点”的位置，将会显得比较大，而放在“11点”的位置的信息则看上去会略显小一些，如图6-62所示。

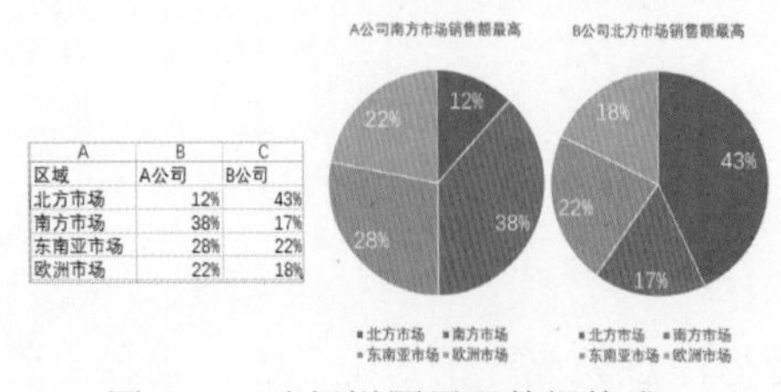

图 6-61　选择饼图展现数据构成

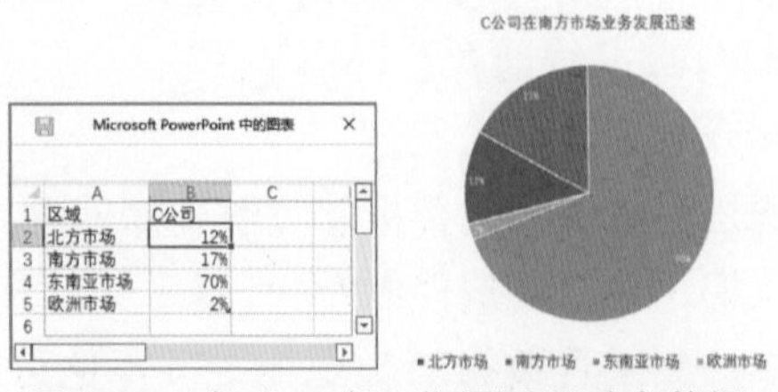

图 6-62　在“12 点”位置展现重点数据

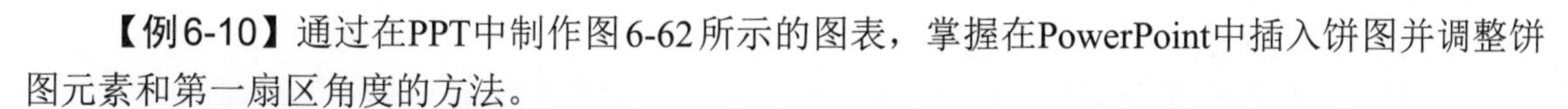

【例6-10】通过在PPT中制作图6-62所示的图表，掌握在PowerPoint中插入饼图并调整饼图元素和第一扇区角度的方法。

(1) 打开PPT后单击【插入】选项卡的【插图】组中的【图表】按钮，打开【插入图表】对话框，选择【饼图】选项后单击【确定】按钮，如图6-63所示。

(2) 打开Excel窗格，输入图6-62左图所示的数据，在PPT中创建一个饼图。

(3) 选中饼图，单击其右上角的“＋”按钮，在弹出的列表中选中【数据标签】复选框，在饼图中显示图6-64所示的数据标签。

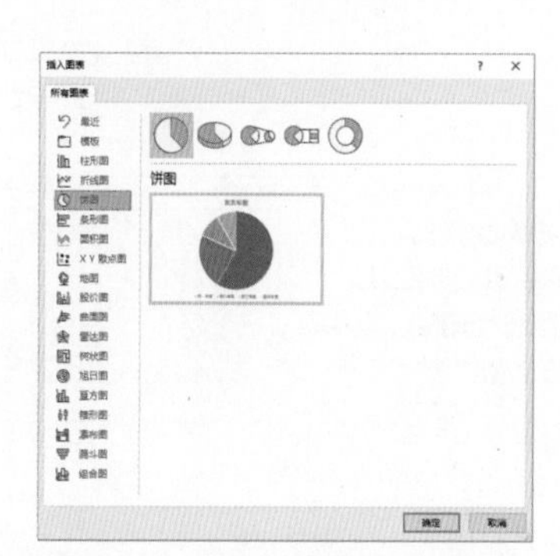

图6-63 【插入图表】对话框

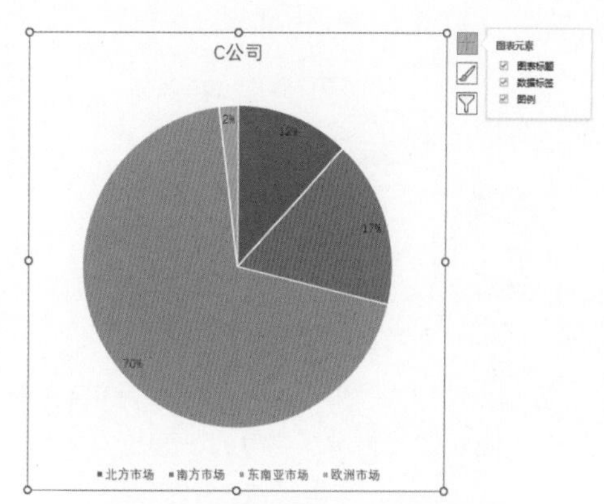

图6-64 在饼图中显示数据标签

(4) 选中饼图中添加的数据标签，在【开始】选项卡的【字体】组中将标签的颜色设置为白色。

(5) 右击饼图中的数据系列，从弹出的快捷菜单中选择【设置数据系列格式】命令，在打开的窗格中选择【系列选项】选项，展开【系列选项】卷展栏，将【第一扇区起始角度】设置为256°，如图6-65所示。

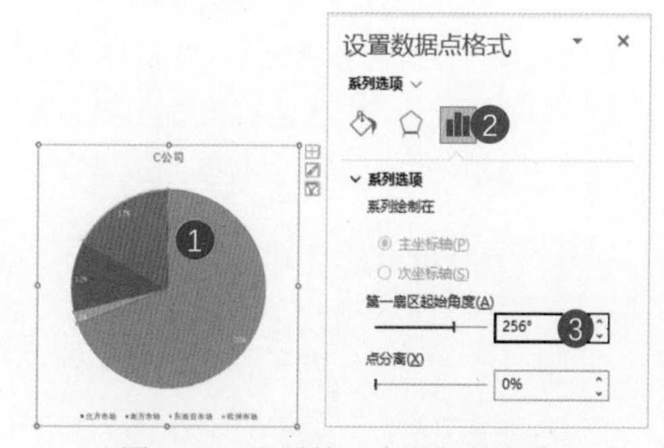

图6-65 设置第一扇区起始角度

▶ 选择条形图

条形图最大的优点是可以放大数据的对比(比较)。因为图表中的系列色块横着放比竖着放看起来更长，条形图是最能放大差距和对比的图表。条形图在PPT中的使用频率较高，因为我们通常在表达观点、证据时需要通过对比的方法来呈现，如图6-66所示。

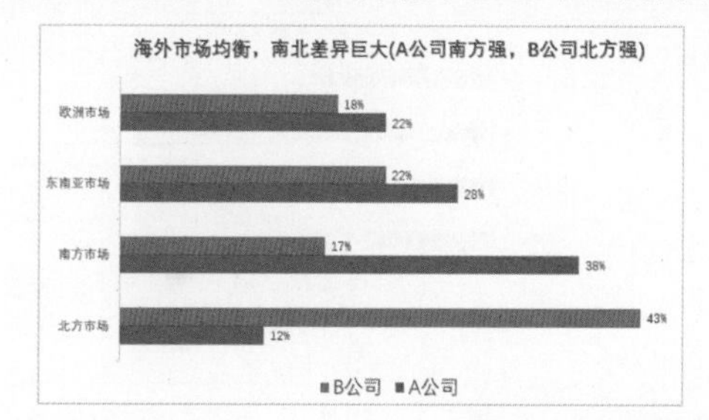

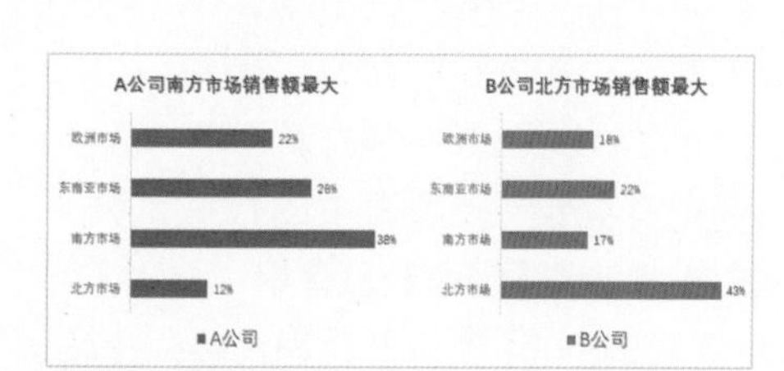

图6-66 使用条形图展现数据对比

【例6-11】通过在PPT中制作图6-66所示的图表，掌握通过更改图表类型创建条形图的方法，并掌握设置图表数据系列颜色和编辑图表数据源的方法。

(1) 打开例6-10创建的饼图后选择【图表设计】选项卡，单击【类型】组中的【更改图表类型】按钮，打开【更改图表类型】对话框，选择【簇状条形图】选项后单击【确定】按钮，如图6-67所示，将饼图更改为条形图。

(2) 更改图表的标题文本，拖动图表四周的控制柄调整图表的大小，选择【表格设计】选项卡，单击【数据】组中的【编辑数据】按钮，在打开的Excel窗口中输入图6-68所示的数据，修改条形图内容。

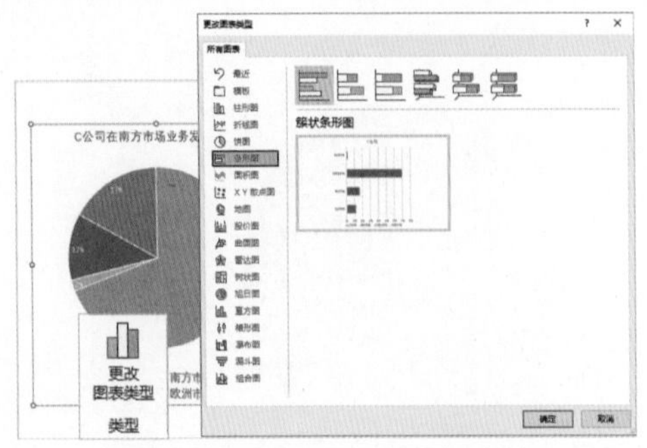

图 6-67　将饼图更改为条形图

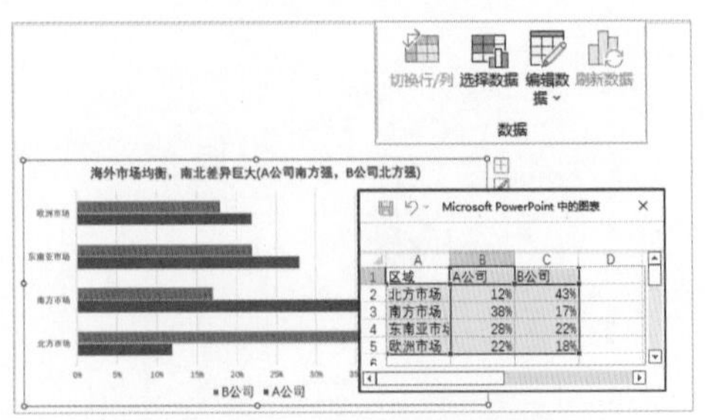

图 6-68　编辑条形图数据

(3) 单击条形图右上角的“＋”按钮，在弹出的列表中取消选中【网格线】和【主要横坐标轴】复选框，选中【数据标签】复选框(如图6-69所示)，得到图6-66左图所示的图表。

(4) 按Ctrl+D组合键将图表复制一份，然后更改复制的图表的标题，单击【图表设计】选项卡的【数据】组中的【编辑数据】选项，在打开的Excel窗口中拖动数据选择框，取消C列的选中状态，如图6-70所示。调整图表的数据显示区域，只在图表中显示A公司数据。

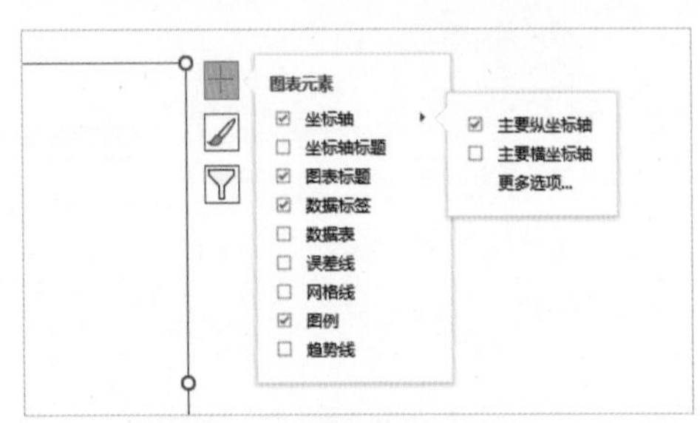

图 6-69　更改图表元素

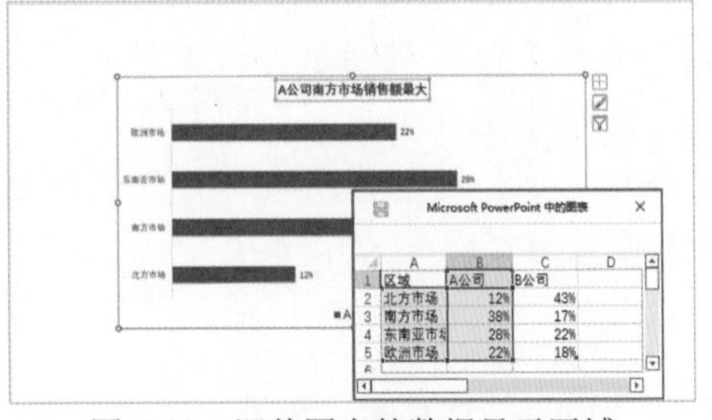

图 6-70　调整图表的数据显示区域

(5) 按Ctrl+D组合键将图表再复制一份，更改复制图表的标题，单击【编辑数据】选项，在打开的Excel窗口中拖动数据选择框，取消B列的选中状态，如图6-71所示。调整图表数据显示区域，只显示B公司数据。

(6) 选中B公司数据图表中的数据系列，在【格式】选项卡的【形状样式】组中单击【形状填充】下拉按钮，将颜色设置为橙色。最后，调整两个图表的大小和位置，结果如图6-66右图所示。

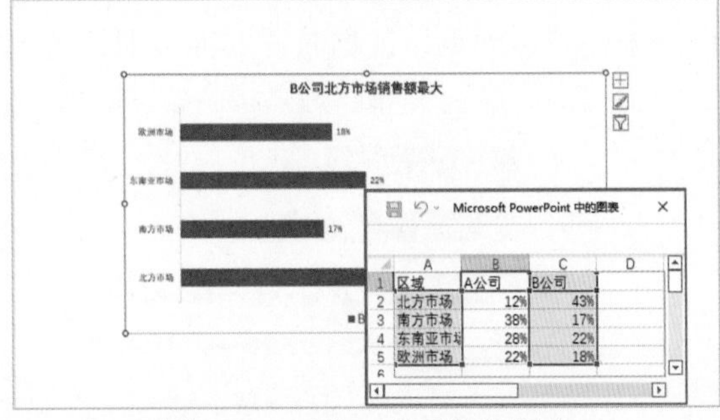

图 6-71　制作 B 公司数据图表

▶ 选择柱形图

柱形图可以展现数据中对比(比较)的信息，含有时间信息的对比通常使用柱形图，如图6-72所示。

▶ 选择折线图

折线图用于展现含有时间的数据趋势和频率，如图6-73所示。

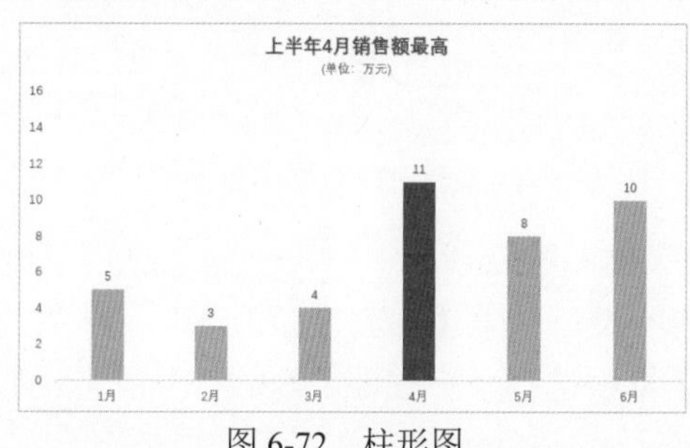

图 6-72　柱形图

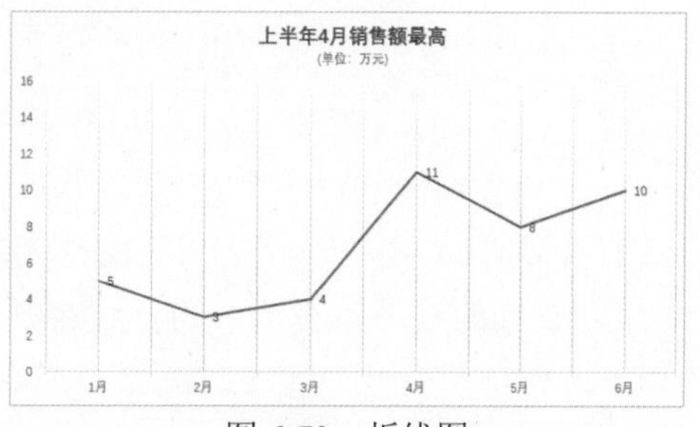

图 6-73　折线图

【例6-12】通过在PPT中制作图6-72、图6-73所示图表，掌握在PowerPoint中创建柱形图和折线图，以及设置图表数据系列、坐标轴和网格线格式的方法。

(1) 单击【插入】选项卡的【插图】组中的【图表】按钮，在打开的【插入图表】对话框中选择【簇状柱形图】选项后单击【确定】按钮。

(2) 在打开的Excel窗格中输入图6-74所示的数据。

(3) 单击选中图表中的数据系列，然后右击鼠标，从弹出的快捷菜单中选择【设置数据系列格式】命令，在打开的【设置数据系列格式】窗格中选择【填充与线条】选项，在【填充】卷展栏中将填充颜色设置为灰色，在【边框】卷展栏中选中【无线条】单选按钮，如图6-75所示。

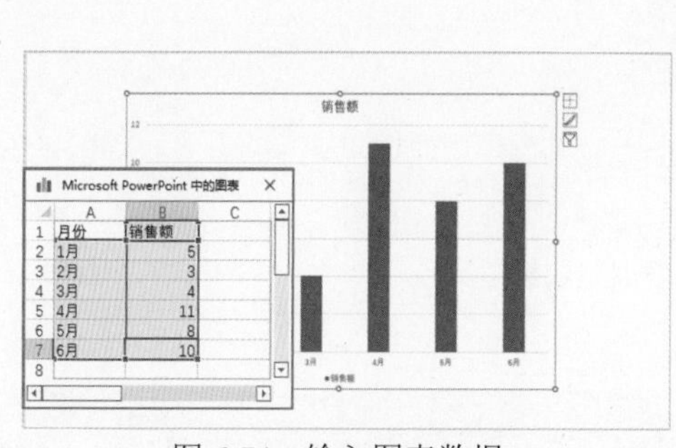

图 6-74　输入图表数据

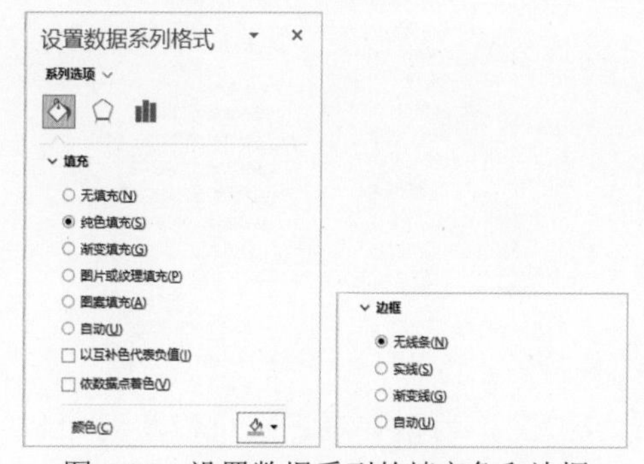

图 6-75　设置数据系列的填充色和边框

(4) 通过两次单击单独选中4月份的数据系列，在【设置数据系列格式】窗格的【填充】卷展栏中将数据系列的填充颜色设置为红色。

(5) 选中并右击图表左侧的坐标轴，从弹出的快捷菜单中选择【设置坐标轴格式】命令，在打开的【设置坐标轴格式】窗格中选择【坐标轴选项】选项，将【边界】的【最小值】设置为0，【最大值】设置为16，如图6-76所示。

(6) 单击图表右上角的“＋”按钮，在弹出的列表中取消【网格线】和【图例】复选框的选中状态，选中【数据标签】复选框，如图6-77所示。

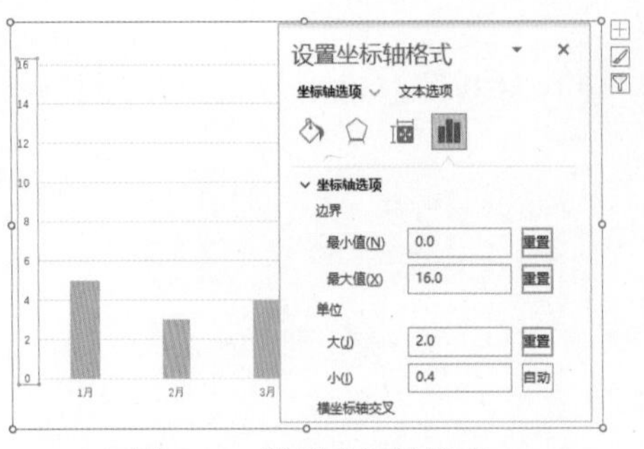

图 6-76　设置坐标轴格式

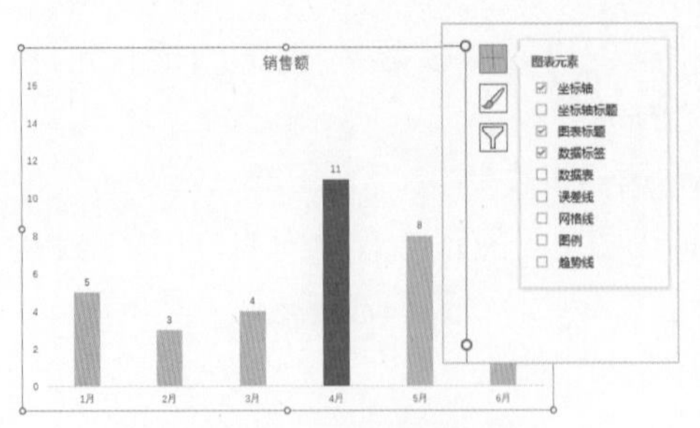

图 6-77　设置图表元素

(7) 修改标题栏文本，设置完成后的柱形图效果如图6-72所示。

(8) 将创建好的柱形图复制一份，选中复制的图表，单击【图表设计】选项卡中的【更改图表类型】按钮，在打开的【更改图表类型】对话框中选择【折线图】选项，并单击【确定】按钮，将柱形图转换为折线图。

(9) 单击折线图右上角的“＋”按钮，在弹出的列表中选中【网格线】|【主轴次要垂直网格线】复选框，如图6-78左图所示。

(10) 选中图表中的网格线，在【设置次要网格线格式】窗格中选中【渐变线】单选按钮，为网格线设置渐变光圈效果，如图6-78右图所示。完成以上设置后折线图的效果如图6-73所示。

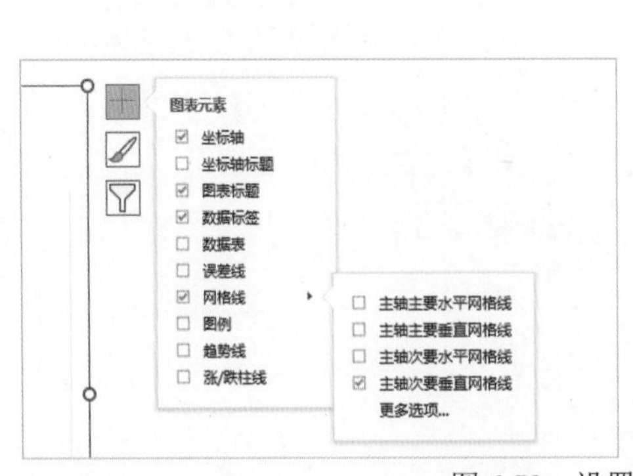

图 6-78　设置图表网格线格式

▶ 选择散点图

散点图又称为相关图，它可以将两个以上可能相关的变量数据用点标注在坐标图上，从而帮助观众观察成对的资料之间是否存在相关性，如图6-79所示。

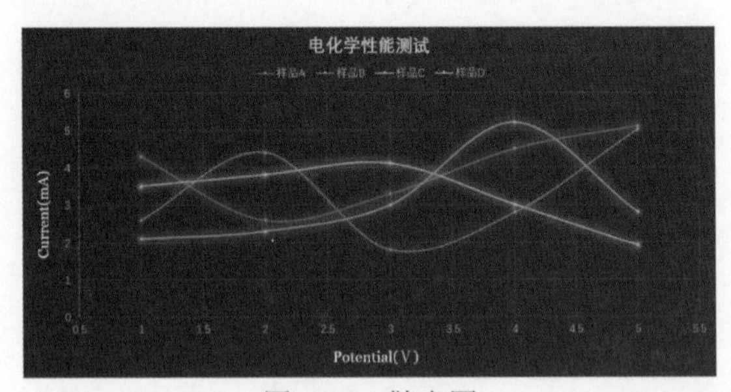

图 6-79　散点图

【例6-13】通过在PPT中制作图6-79所示图表，掌握在PowerPoint中创建散点图，并设置图表样式、图例位置和绘图区尺寸的方法。

(1) 单击【插入】选项卡的【插图】组中的【图表】按钮，在打开的【插入图表】对话框中选择【带平滑线和数据标记的散点图】选项后，单击【确定】按钮。

(2) 打开Excel窗口，在其中输入图6-80所示的数据，生成散点图。

(3) 单击图表右上角的“＋”按钮，在弹出的列表中选中【图表标题】复选框，为图表添加标题，并输入标题文本“电化学性能测试”。

(4) 再次单击“＋”按钮，在弹出的列表中选择【图例】|【顶部】选项，在图表的顶部显示图6-81所示的图例。

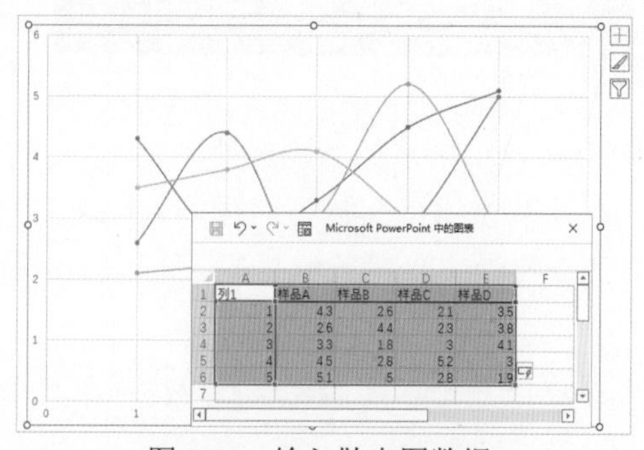

图 6-80　输入散点图数据

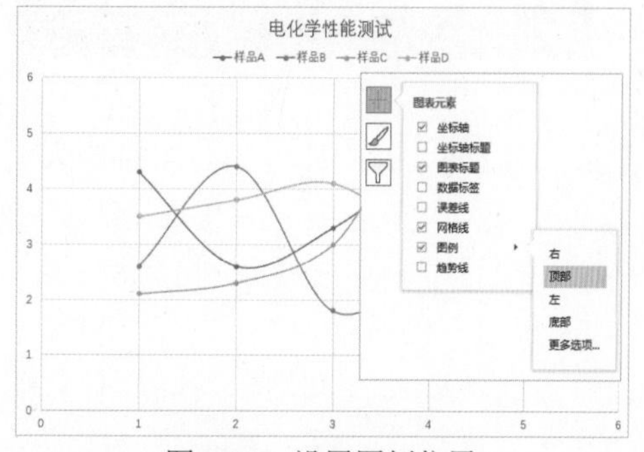

图 6-81　设置图例位置

(5) 选中图表，单击【图表设计】选项卡中的【其他】按钮，从弹出的列表中选择一种图表样式，将其应用于图表，如图6-82所示。

(6) 拖动图表四周的控制柄调整图表的大小。选中图表底部的坐标轴，打开【设置坐标轴格式】窗格，选择【坐标轴选项】选项，将【最小值】和【大】都设置为0.5，如图6-83所示。

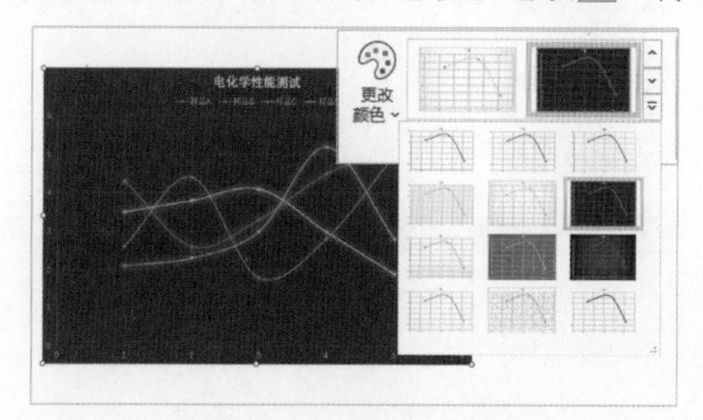

图 6-82　设置图表样式

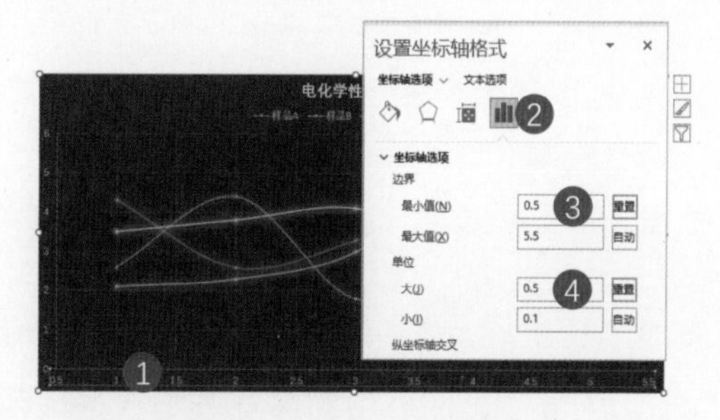

图 6-83　设置坐标轴格式

(7) 选中图表绘图区，拖动其四周的控制柄调整绘图区的大小。将鼠标指针放置在绘图区四周的线上，当鼠标指针变为十字形状后按住鼠标左键拖动，调整绘图区在图表中的位置。

(8) 在幻灯片中插入横排和竖排文本框，在其中输入文字后调整文本框在图表中的位置，完成以上设置后散点图的效果如图6-79所示。

▶ 选择组合图

一般情况下，在PPT中创建的图表都基于一种图表类型进行显示。当用户需要对一些数据进行特殊分析时，基于一种图表类型的数据系列将无法实现用户分析数据的要求与目的。此时，可以使用PowerPoint内置的图表功能来创建组合图表，从而使数据系列根据数据分类选用不同的图表类型。例如，图6-84左图所示的组合图表(两个条形图)展示两款产品的性能测试对比；图6-84右图所示采用组合图表(折线图和堆积面积图)展示3月2日至3月16日期间南京市某个地区疫情的防控情况。

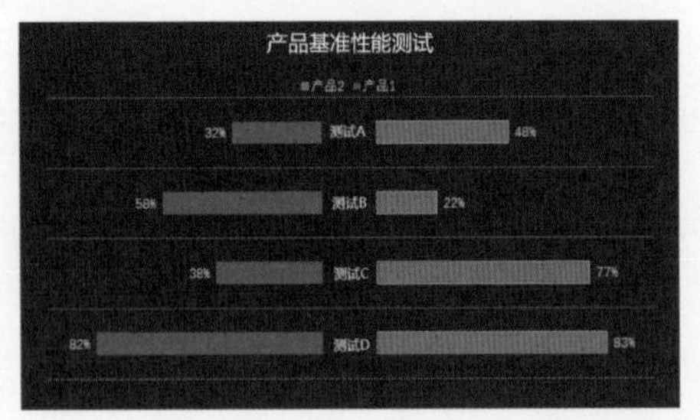

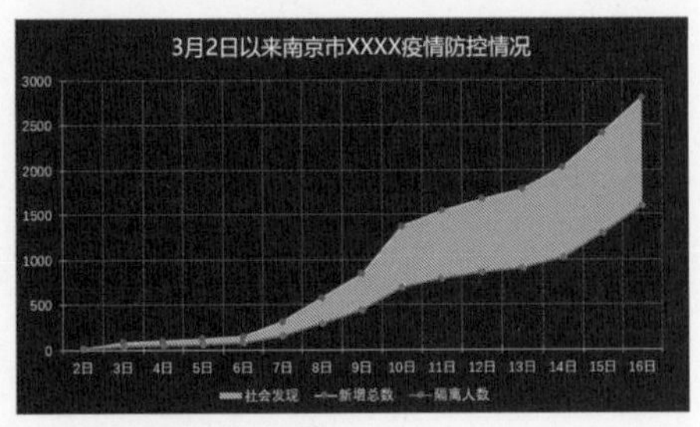

图 6-84　使用组合图表为分析数据提供支撑

【例6-14】在PPT中通过创建组合图表制作图6-84左图所示的数据对比图。

(1) 单击【插入】选项卡的【插图】组中的【图表】按钮，在打开的【插入图表】对话框中选择【组合图】选项，将【系列1】和【系列2】都设置为【簇状条形图】，然后单击【确定】按钮，如图6-85左图所示。

(2) 在打开的Excel窗口中输入图6-85右图所示的数据并调整图表数据源范围。

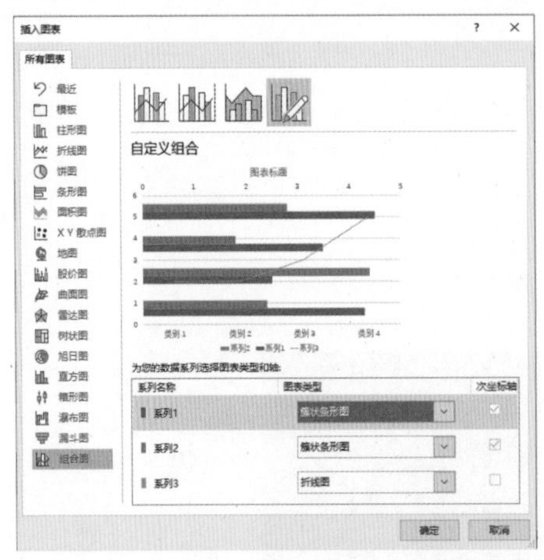

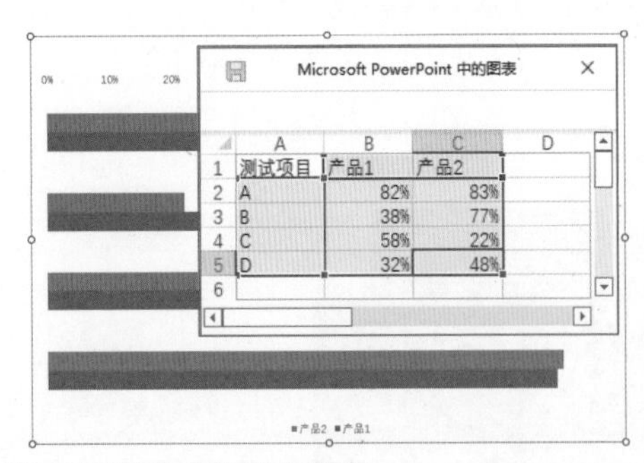

	A	B	C	D
1	测试项目	产品1	产品2	
2	A	82%	83%	
3	B	38%	77%	
4	C	58%	22%	
5	D	32%	48%	
6				

图 6-85　创建一个由两个簇状条形图组成的组合图表

(3) 选中并右击图表中的任意一个数据系列，在弹出的快捷菜单中选择【设置数据系列格式】命令，在打开的窗格中单击【系列选项】按钮，选中【主坐标轴】单选按钮，如图6-86所示。

(4) 选中图表底部的坐标轴，在【设置坐标轴格式】窗格中选择【系列选项】按钮，将【最小值】设置为-1.2，【最大值】设置为1.0，【大】设置为0.6，【小】设置为0.12，如图6-87所示。

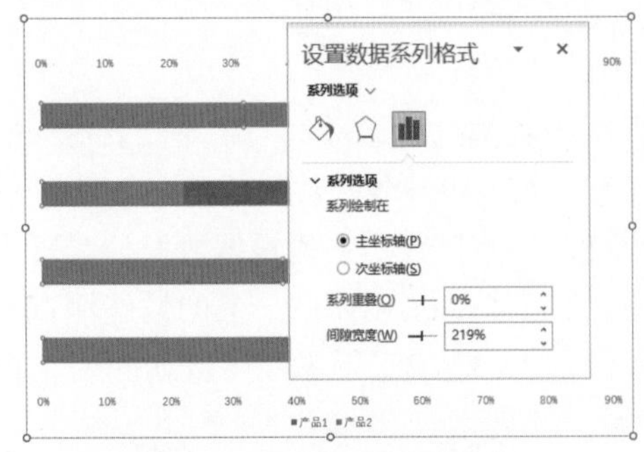

图 6-86　设置数据系列格式

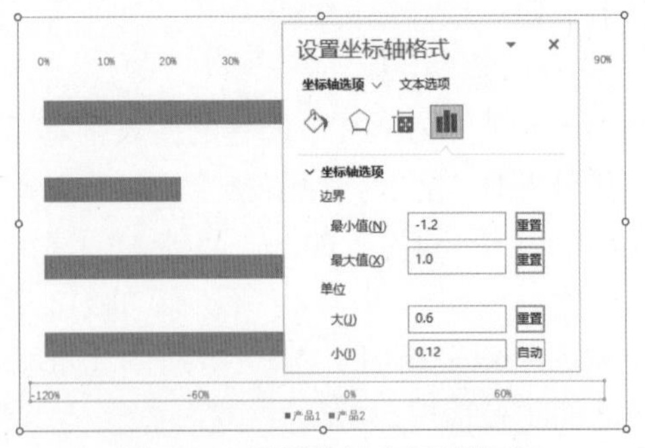

图 6-87　设置底部坐标轴格式

(5) 选中图表顶部的坐标轴，参考步骤(4)的方法在【设置坐标轴格式】窗格中设置坐标轴的选项，并选中【逆序刻度值】复选框，如图6-88所示。

(6) 单击图表右上角的“＋”按钮，在弹出的列表中设置隐藏图表坐标轴，调整图例的位置(顶部)，显示数据标签，将图表标题文本修改为“产品基准性能测试”，如图6-89所示。

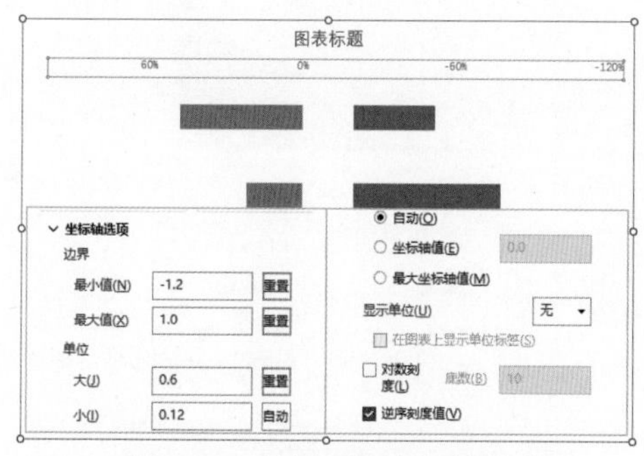

图6-88　设置顶部坐标轴格式

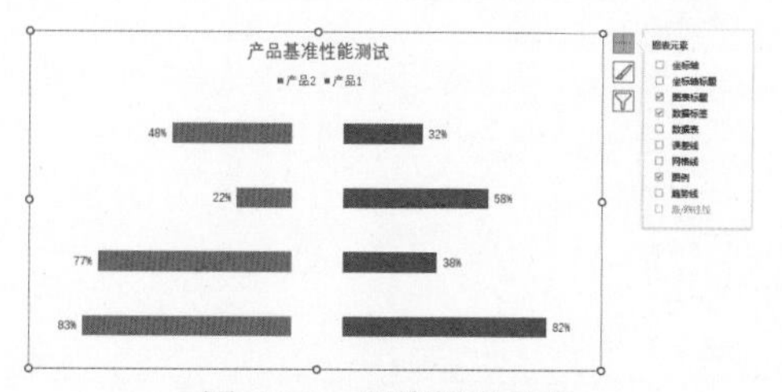

图6-89　调整图表元素

(7) 最后，为图表设置背景填充颜色，分别设置图表中各个位置文字的颜色，并使用文本框在左右两个条形图中间添加“测试A”“测试B”“测试C”“测试D”文字，完成以上设置后数据对比图的效果如图6-84左图所示。

【例6-15】通过制作图6-84右图所示的疫情防控情况图表，掌握在PowerPoint中重新选择图表数据源，从而改变图表结构的方法。

(1) 单击【插入】选项卡的【插图】组中的【图表】按钮，在打开的【插入图表】对话框中选择【折线图】选项后，单击【确定】按钮。

(2) 在打开的Excel窗口中输入数据，创建图6-90所示的图表。

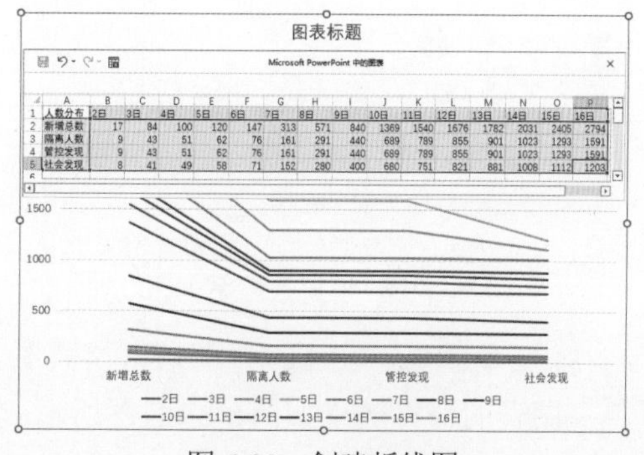

图6-90　创建折线图

(3) 单击【图表设计】选项卡中的【选择数据】按钮，打开【选择数据源】对话框，单击【切换行/列】按钮切换图例项和水平轴标签的位置，如图6-91所示。

(4) 关闭Excel窗口，单击【图表设计】选项卡中的【更改图表类型】按钮，在打开的【更改图表类型】对话框中选择【组合图】选项，将【新增总数】和【隔离人数】图表类型设置为【带数据标记的折线图】，将【管控发现】和【社会发现】图表类型设置为【堆积面积图】，然后单击【确定】按钮，如图6-92所示。

(5) 在图表中选中【管控发现】数据系列，在【设置数据系列格式】窗格的【填充】卷展栏中选中【无填充】单选按钮，如图6-93所示。

(6) 删除图表底部的【管控发现】图例，在图表中选中【社会发现】数据系列，在【设置数据系列格式】窗格中为其设置一种图案填充样式。

(7) 单击图表右上角的“＋”按钮，在弹出的列表中重新设置图表元素(增加网格线)，然后重新输入图表标题文字，完成后的图表效果如图6-94所示。

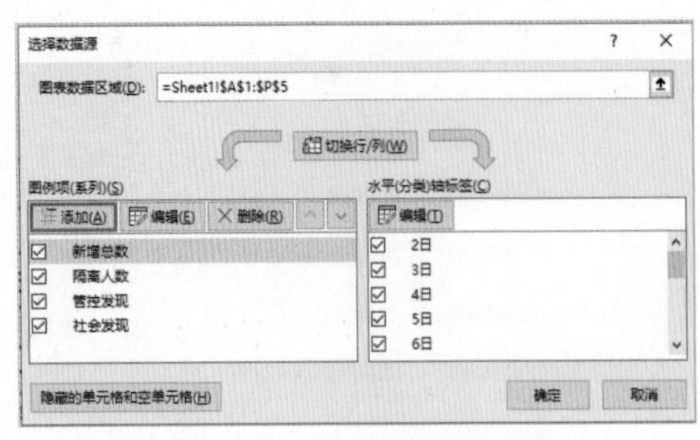

图 6-91　重新设置数据源

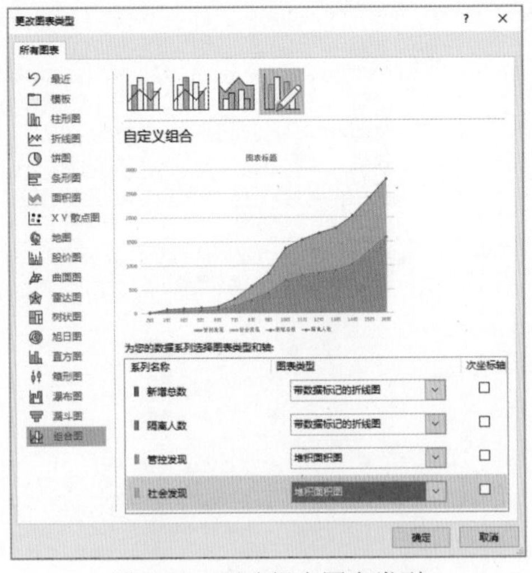

图 6-92　更改组合图表类型

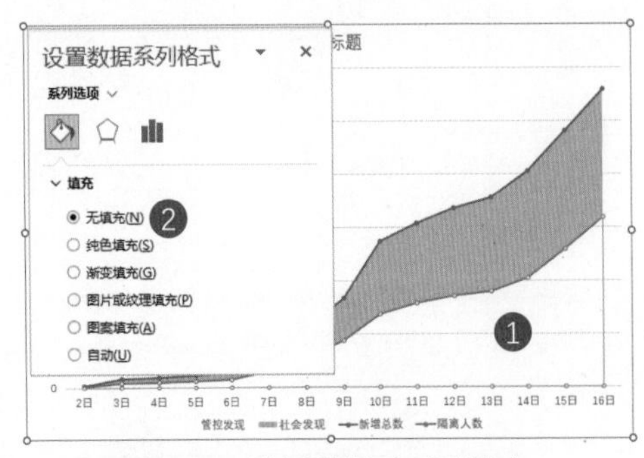

图 6-93　设置数据系列无填充

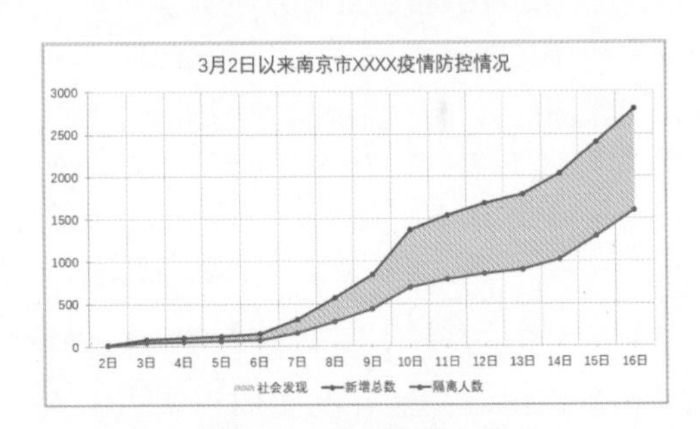

图 6-94　修改图表元素

(8) 选中图表，在【设置图表区格式】窗格中设置图表填充色，并设置图表中所有文本的颜色，图表的最终效果如图6-84右图所示。

提示

PowerPoint中提供的图表类型众多，在选择图表类型时我们可以将图表的类型归纳为比较关系类图表、构成关系类图表和分布关系类图表3类。

- 比较关系类图表：此类图表(包括柱形图、条形图、折线图等)可以理解成一种特殊的并列关系，它可以是基于时间关系的比较，用来展现同一事物基于不同时间点的数据变化；也可以是基于分类的比较，展现有共同关系的不同事物或者同一事物在不同方面的数据关系，如图 6-95 所示。
- 构成关系类图表：构成关系类图表(包括饼图、瀑布图、面积图等)常用于表示各个项目在同一个总额中所占的比例，这些项目都是总额的并列分类，比如资金的分配运用、出口的国家占比等，如图 6-96 所示。
- 分布关系类图表：一切和空间分布属性有关的数据都可以用到分布关系类图表(包括散点图、曲面图、直方图等)，比如各地区销量、各地区人口密集度、实验数据等，如图 6-97 所示。

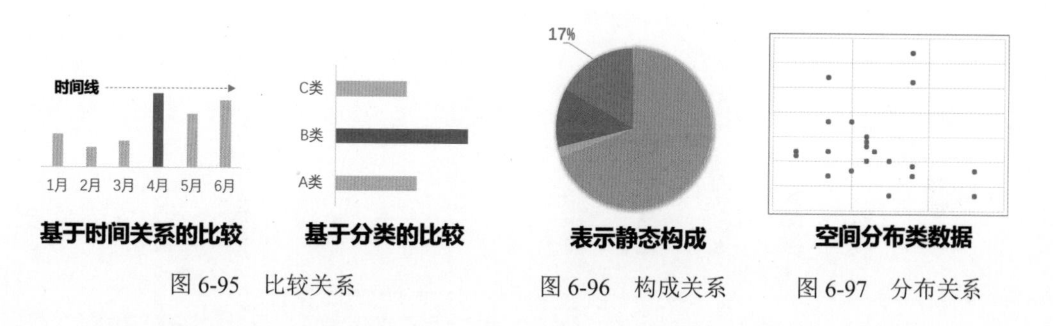

图 6-95　比较关系　　图 6-96　构成关系　　图 6-97　分布关系

6.2.2　美化图表的视觉效果

对于大部分用户而言，对图表的美化只要做到简单、清晰即可，不需要太多复杂的设计。具体来说，美化图表主要有3种方法，分别是减去图表中不必要的元素、增加修饰及说明、将图表元素替换成创意图形。

1. 减去不必要的元素

PPT中常见的图表有柱形图、饼图、折线图、条形图、组合图等，不论哪种类型的图表都是由最基础的元素构成，包括图表标题、数据标签、数据系列、纵坐标轴、横坐标轴、网格线、图例和背景，如图6-98所示。

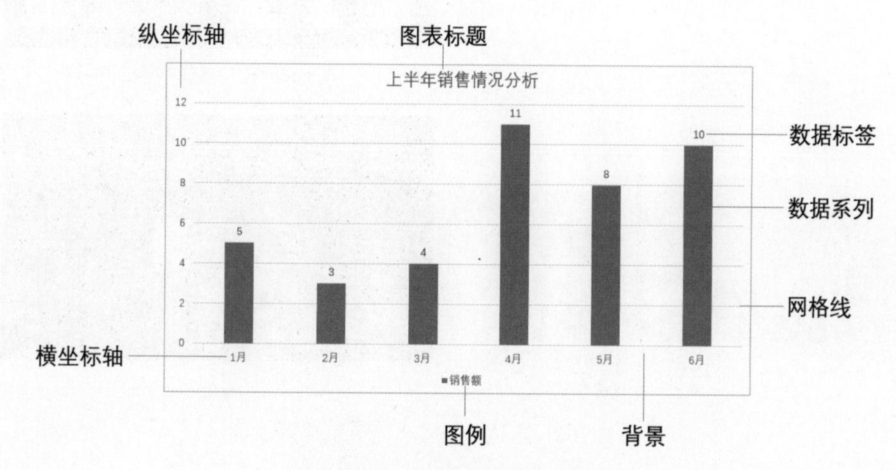

图 6-98　图表中的基本元素

美化图表的第一步，就是要给图表做减法，将其中不需要的元素删除。例如，删除纵坐标轴、网格线、图例等。

2. 添加修饰及说明元素

删除图表中多余的元素后，可以给图表增加一些有用的说明性的信息(比如数据来源、单位等)，并将通用型的标题更改为总结性的标题(或图表代表的观点)，使图表数据所展现的结果更加清晰明了，如图6-99左图所示。

同时，用户可以调整图表中主要数据系列的颜色填充效果，将重要的信息用更鲜艳的颜色突出显示，如图6-99右图所示。

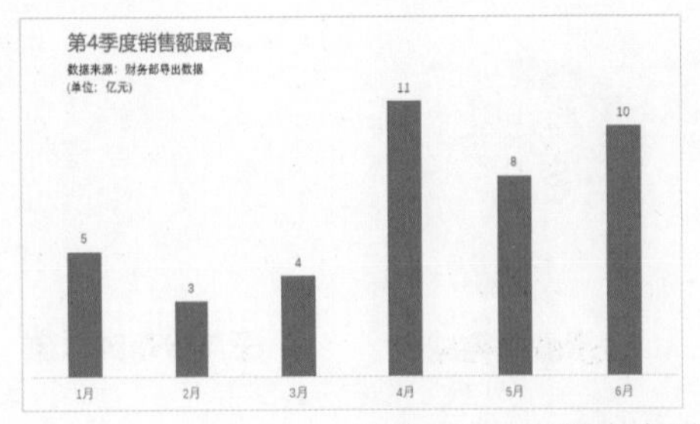

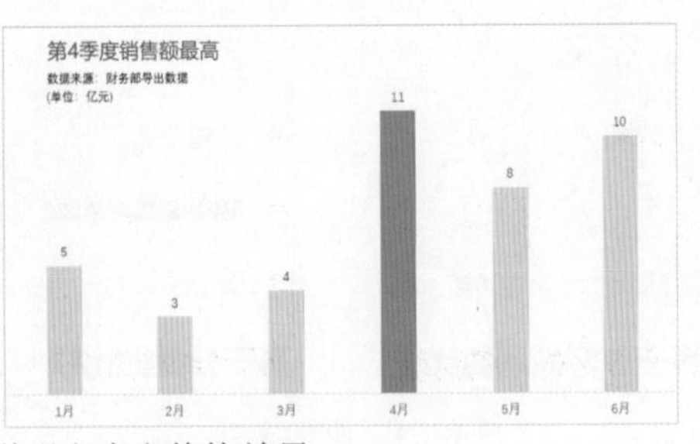

图 6-99　在图表中添加说明文本和修饰效果

3. 将图表元素替换成创意图形

将图表的主要元素调整成其他创意图形(或者改变其本身的大小、颜色和效果)，可以让图表所表达的数据看上去更加具体、视觉效果更加突出。例如，图6-100所示为替换图表中数据系列，将其换成渐变填充、山峰状三角形、立体图形或者各种图片后的效果。

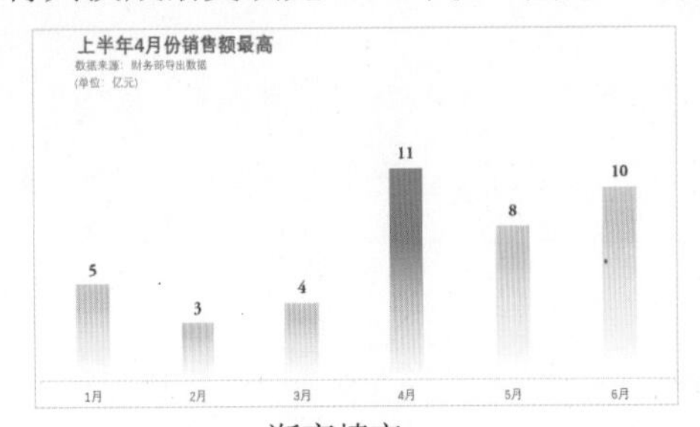

渐变填充

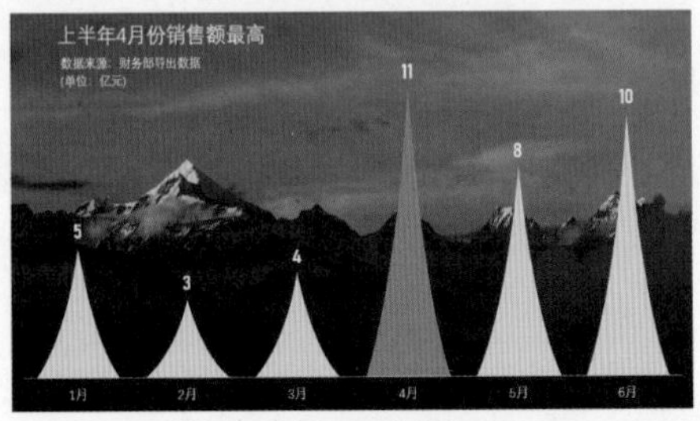

山峰状三角形

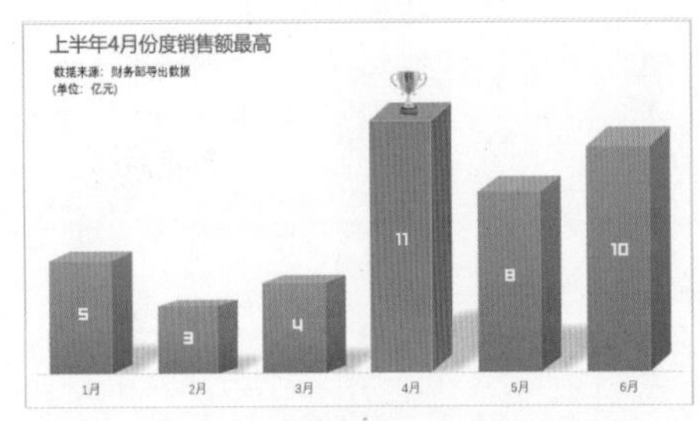

立体图形

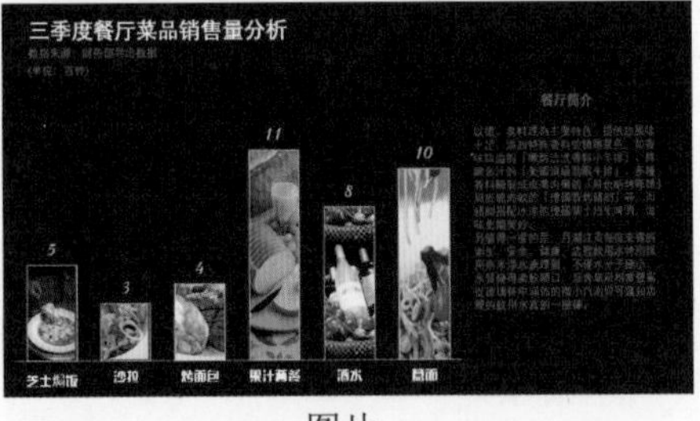

图片

图 6-100　通过替换图表元素美化图表

【例6-16】通过在PPT中制作图6-100右上图所示的山峰状图表，掌握使用自定义形状替换图表数据系列和设置图表数据系列间隙宽度的方法。

(1) 在PPT中制作图6-99左图所示的图表后，单击【插入】选项卡的【插图】组中的【形状】下拉按钮，从弹出的下拉列表中选择【等腰三角形】选项，创建一个等腰三角形形状，并为其设置浅黄色填充色。

(2) 右击绘制的等腰三角形，在弹出的快捷菜单中选择【编辑顶点】命令，进入顶点编辑模式，拖动形状四周的顶点和控制柄，制作效果如图6-101所示的山峰形状。

(3) 按Esc键退出顶点编辑模式，按Ctrl+C组合键复制山峰形状，然后选中图表中的数据系列，按Ctrl+V组合键粘贴形状，即可用自定义的山峰形状替换图表的矩形数据系列，如图6-102所示。

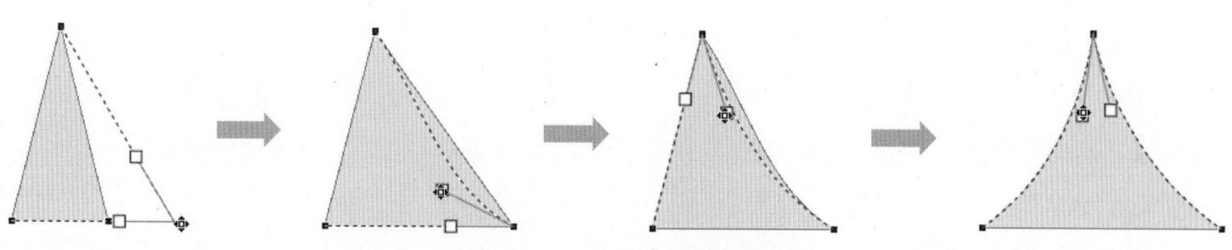

图 6-101　制作山峰形状

(4) 右击数据系列，在弹出的快捷菜单中选择【设置数据系列格式】命令，在打开的【设置数据系列格式】窗格中选择【数据系列选项】选项，在【系列选项】卷展栏中将【间隙宽度】设置为30%，如图6-103所示。

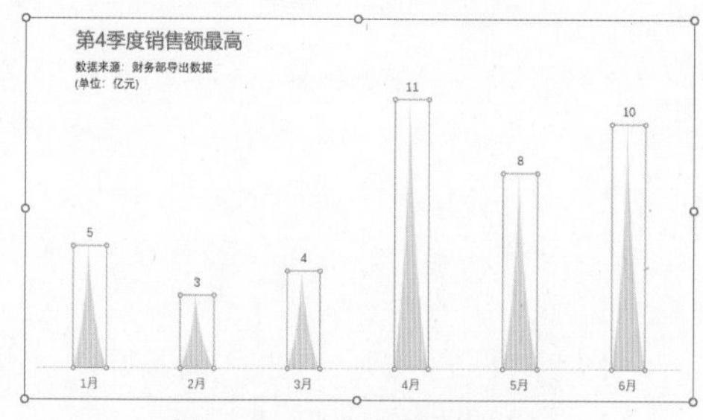

图 6-102　替换数据系列

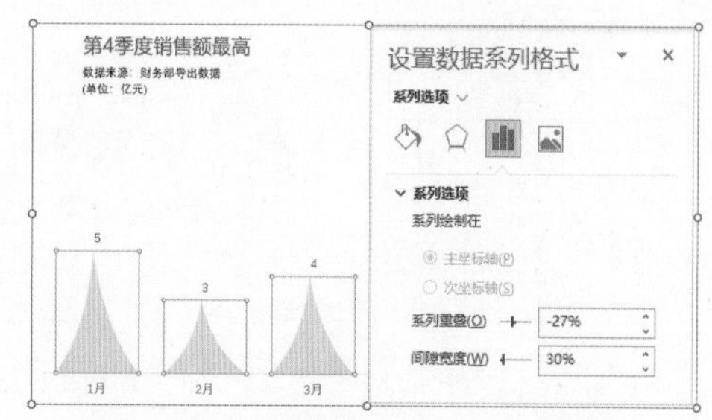

图 6-103　设置数据系列间隙宽度

(5) 将步骤(2)制作的山峰形状的填充颜色设置为橙色，然后按Ctrl+C组合键复制该形状。

(6) 选中图表中4月数据系列，按Ctrl+V组合键粘贴橙色的山峰形状，使4月数据在图表中以橙色突出显示。

(7) 最后选中图表，在【设置图表区格式】窗格的【填充】卷展栏中为图表设置一个山峰图片填充，并将图表中的文本设置为白色和浅灰色，结果如图6-100右上图所示。

提示

图表是数据可视化的呈现，在PPT中使用图表，让人看懂图表、降低观众在单位时间内的思考成本是美化图表的首要原则，其次才是各种炫酷的效果。因此，我们在设计图表时，一方面要让图表尽量美观，而另一方面更重要的是应让图表尽量简洁(不要把太多的信息放在一个图表中)，让观众可以非常清晰、直观地看到有效的数据。

将本节所介绍的几个步骤灵活应用在各种PPT图表中，可以衍生出各种图表的美化效果。下面将通过几个实例帮助读者做进一步了解。

- 通过修改饼图的数据系列效果、添加重点信息，对饼图进行优化，如图6-104所示。

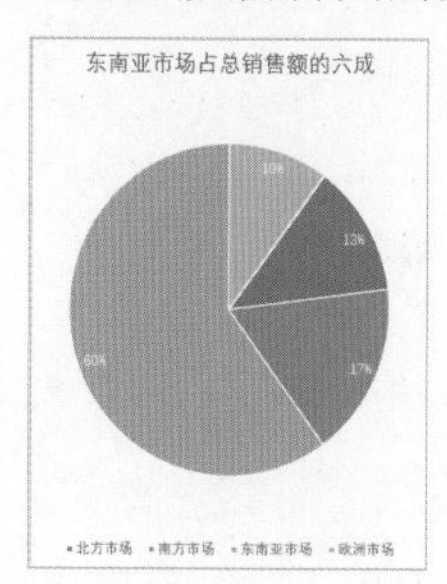

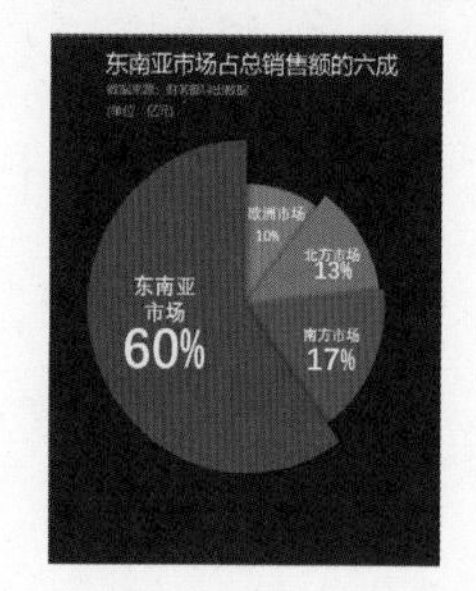

图 6-104　美化饼图

【例6-17】制作图6-104右图所示的饼图效果。

(1) 在PPT中创建图6-105左图所示的饼图后，去掉其中的图例，修改图表标题内容，并在【系列选项】卷展栏中将【第一扇区起始角度】设置为36°，如图6-105右图所示。

(2) 选中图表，按Ctrl+C组合键执行复制命令，单击【开始】选项卡的【剪贴板】组中的【粘贴】下拉按钮，在打开的下拉列表中选择【选择性粘贴】选项，在打开的【选择性粘贴】对话框中选择【图片(增强型图元文件)】选项后，单击【确定】按钮，如图6-106所示。将图表粘贴为图片。

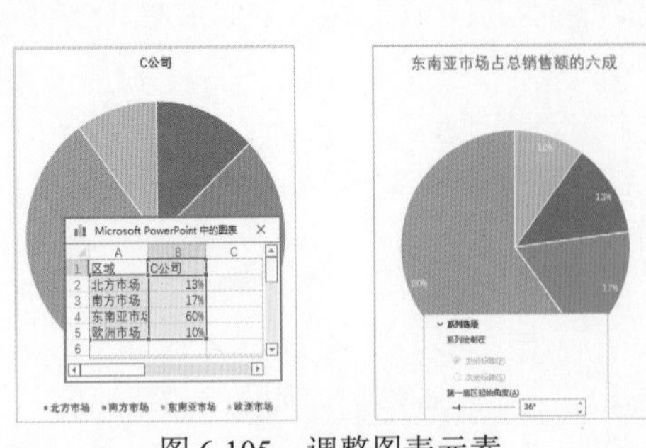

图 6-105　调整图表元素

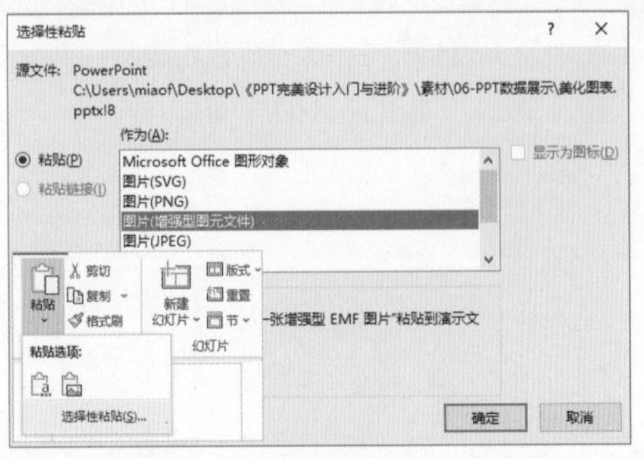

图 6-106　“选择性粘贴”对话框

(3) 右击粘贴的图表，在弹出的快捷菜单中选择【编辑图片】命令，在弹出的提示对话框中单击【是】按钮，如图6-107所示。

(4) 选中图表中的数据系列，拖动四周的控制柄调整其大小，如图6-108所示。

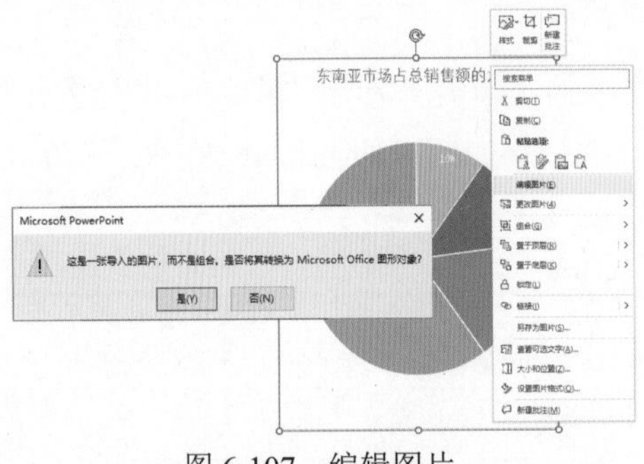

图 6-107　编辑图片

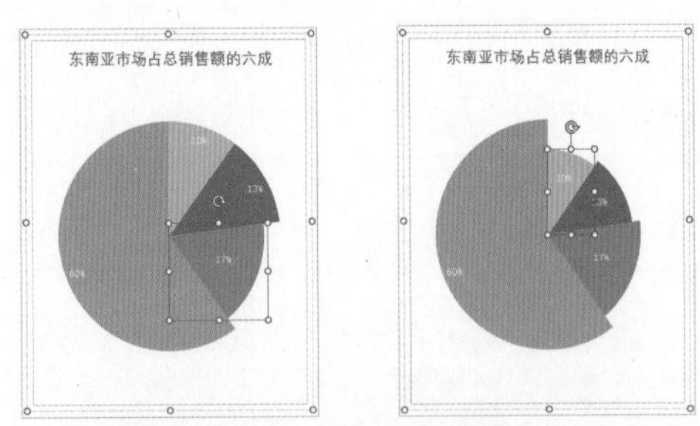

图 6-108　调整数据系列大小

(5) 最后，为图表中的数据系列设置不同的颜色，在图表中添加说明文字并设置文字的大小和颜色，设置图表的背景颜色，即可得到效果如图6-104右图所示的图表。

▶ 通过将折线图中的数据系列转换为曲线，对折线图进行美化，如图6-109所示。

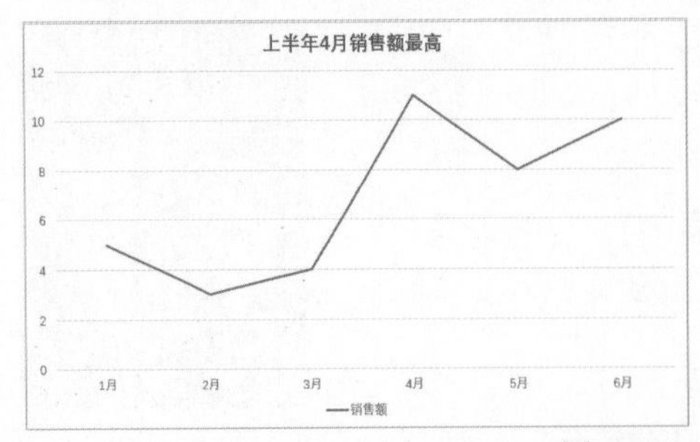

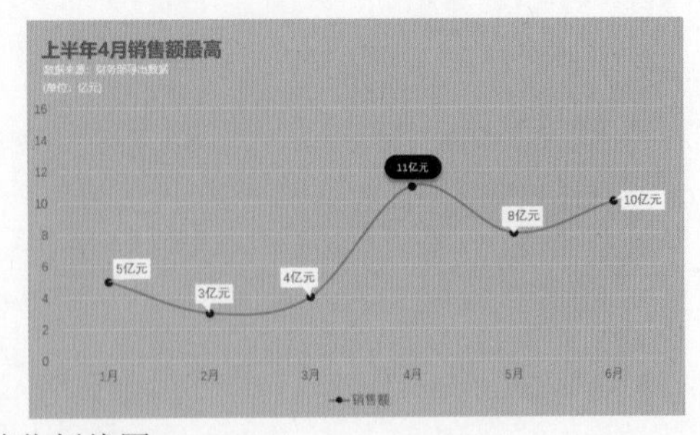

图 6-109　美化折线图

【例6-18】制作效果如图6-109右图所示的折线图。

(1) 创建图6-109左图所示的折线图后，选中图表中的数据序列(折线)，右击鼠标，从弹出的快捷菜单中选择【设置数据系列格式】命令，在打开的窗格中选择【填充与线条】选项，在【线条】卷展栏中选中【平滑线】复选框，将折线转变为平滑曲线，如图6-110所示。

(2) 单击图表右上角的“＋”按钮，在弹出的列表中选择【数据标签】|【数据标注】选项和【数据标签】|【上方】选项，在数据系列上方显示图6-111所示的数据标签。

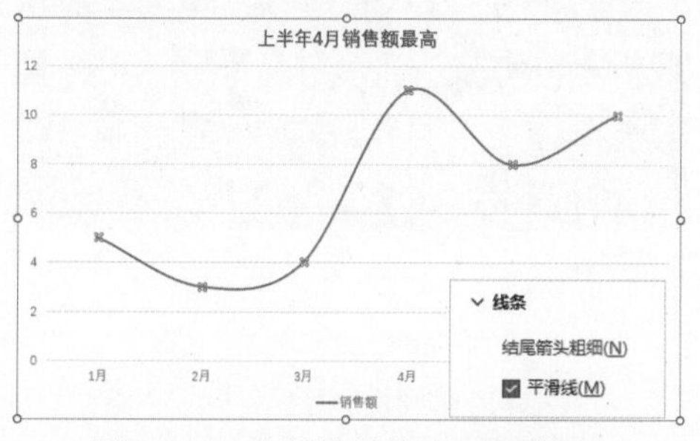

图 6-110　将折线转换为平滑曲线

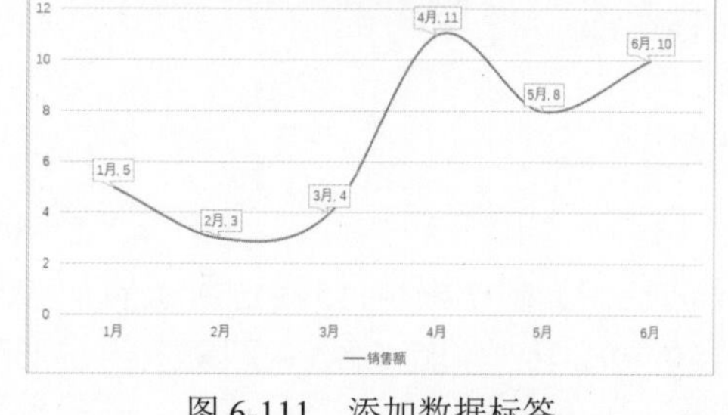

图 6-111　添加数据标签

(3) 绘制一个圆角矩形形状并为其设置黑色填充，在其中输入白色文字“11亿元”，然后调整该矩形的位置，使其遮挡住4月的数据标签，并删除软件自动生成的4月份数据标签。

(4) 修改所有的数据标签，删除月份数据，只保留销售额数据，如图6-112所示。

(5) 选中图表中的数据系列，在【设置数据系列格式】窗格中将其线条颜色设置为黑色。

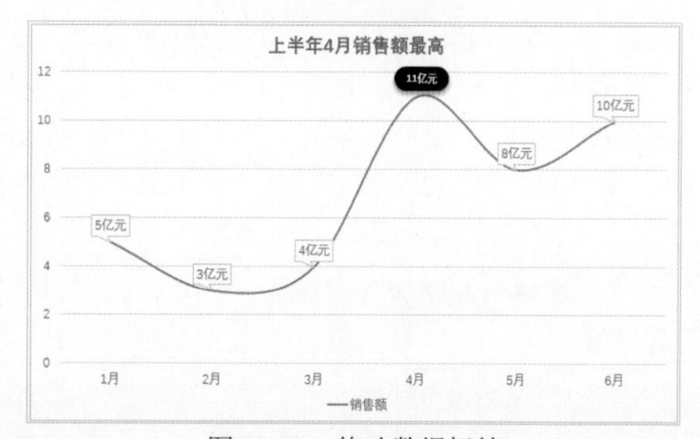

图 6-112　修改数据标签

(6) 在【设置数据系列格式】窗格中选择【标记】选项卡，在【标记选项】卷展栏中选中【内置】单选按钮，将【类型】设置为●，将【大小】设置为8，如图6-113左图所示。

(7) 在【填充】卷展栏中将填充颜色设置为黑色，如图6-113右图所示。

(8) 选中图表左侧的坐标轴，在【设置坐标轴格式】窗格中选择【坐标轴选项】选项，将边界的【最大值】设置为16，如图6-114所示。

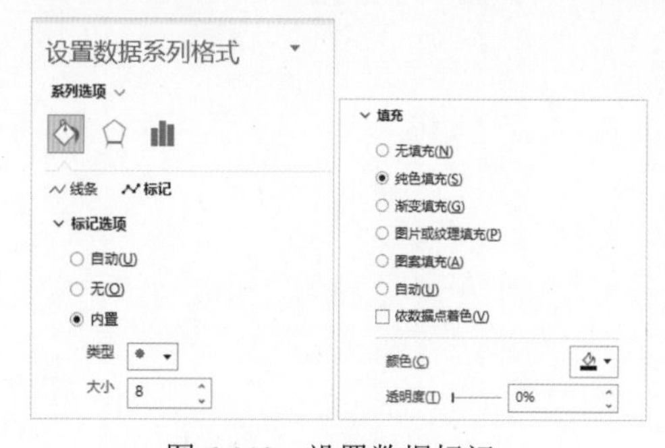

图 6-113　设置数据标记

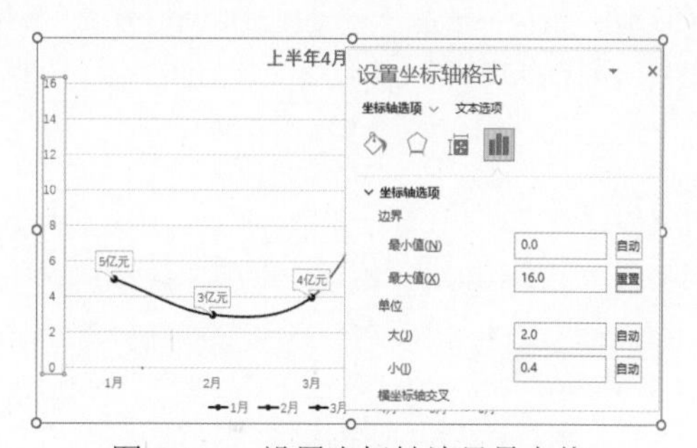

图 6-114　设置坐标轴边界最大值

(9) 最后，为图表设置灰色的填充色并添加必要的说明文字，即可得到如图6-109右图所示的图表效果。

▶ 通过替换数据系列美化条形图，如图 6-115 所示。

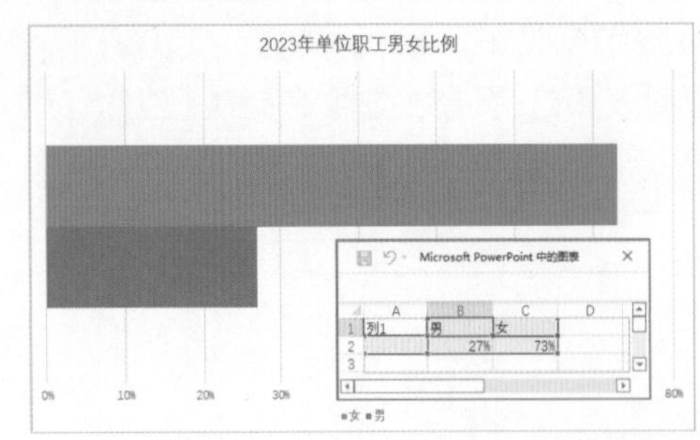

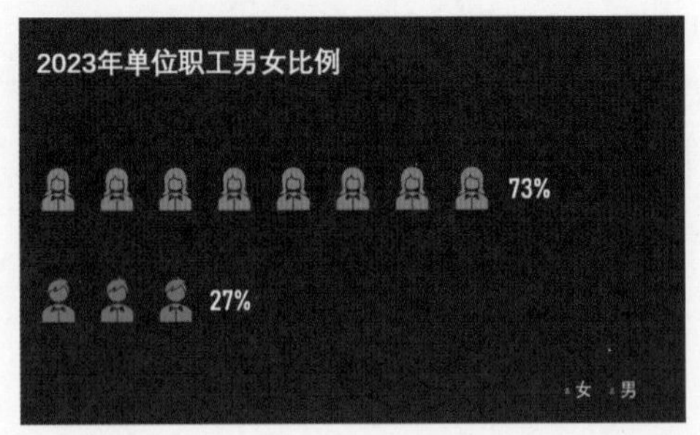

图 6-115 美化条形图

【例6-19】制作图6-115右图所示的条形图。

(1) 在PPT中创建图6-115左图所示的条形图后，右击图表中的数据系列，在弹出的快捷菜单中选择【设置数据系列格式】命令，在打开的【设置数据系列格式】窗格中将【系列重叠】设置为“-84%”，【间隙宽度】设置为275%，如图6-116所示。

(2) 单击【插入】选项卡的【插图】组中的【图标】按钮，在打开的【图像集】对话框的搜索框中输入“女”，然后选择一款女性图标，单击【插入】按钮，如图6-117所示。

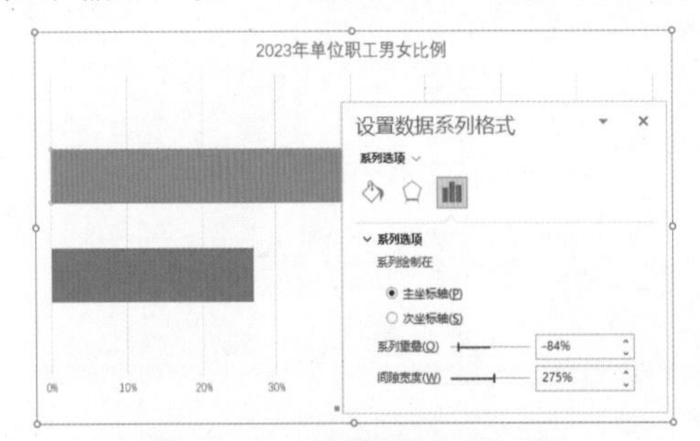

图 6-116 设置数据系列间隙

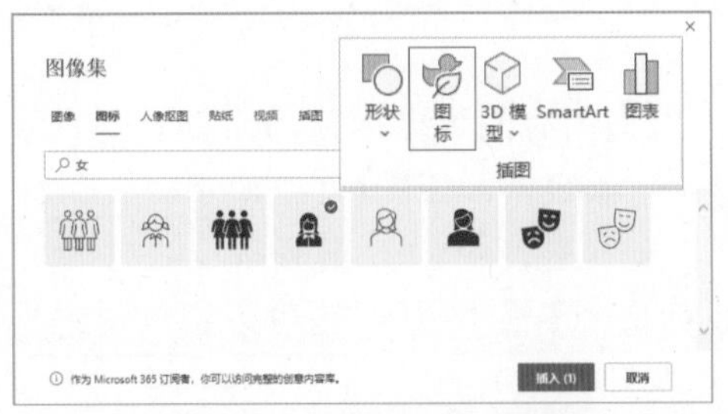

图 6-117 在 PPT 中插入图标

(3) 选中插入幻灯片的图标，在【调整图形格式】窗格中将图标的填充颜色设置为橙色，然后按Ctrl+C组合键复制图标。

(4) 双击选中条形图中代表女性比例的数据系列，按Ctrl+V组合键执行“粘贴”命令，然后在【设置数据点格式】窗格的【填充】卷展栏中选中【层叠】单选按钮，如图6-118所示。

(5) 使用同样的方法，通过PowerPoint的图标搜索功能找到一款男性图标，并使用该图标替换图表中代表男性的数据系列，如图6-119所示。

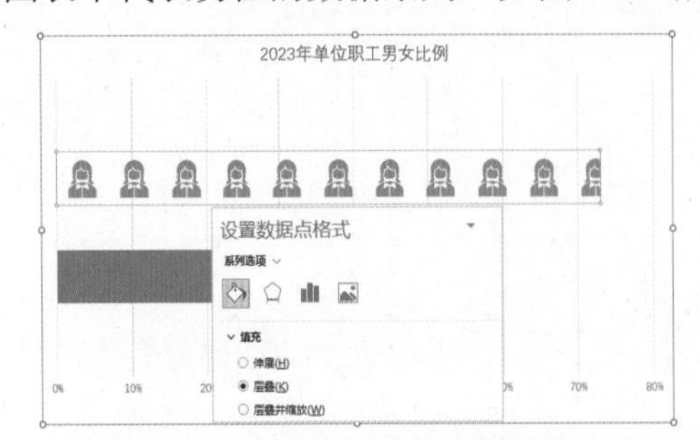

图 6-118 设置图标以层叠形式显示

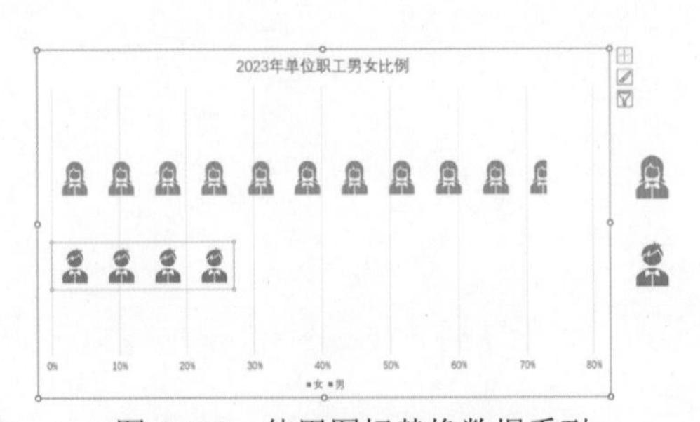

图 6-119 使用图标替换数据系列

(6) 单击图表右上角的“＋”按钮，在弹出的列表中设置隐藏(去掉)图表的网格线和坐标轴，显示数据标签。

(7) 调整图表标题、数据标签和图例的位置和字体格式。选中图表中的图例，在【设置图例格式】窗格中取消选中【显示图例，但不与图表重叠】复选框，如图6-120所示。

(8) 最后，为图表设置黑色背景色，并将其中所有的文本颜色设置为白色，即可得到如图6-115右图所示的条形图。

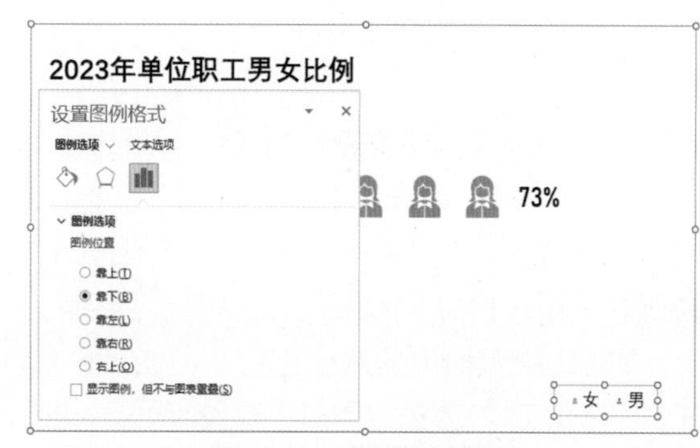

图 6-120　设置图例格式

6.2.3　制作动态可视化图表

在PPT中添加动态可视化图表可以在演讲时随意更换图表内容，让观众看到更加专业、丰富、生动的数据。

在PowerPoint中，通过为PPT元素设置对象动画，并利用触发器控制动画的发生时机，就可以制作出利用按钮控制数据源切换的动态图表，如图6-121所示。

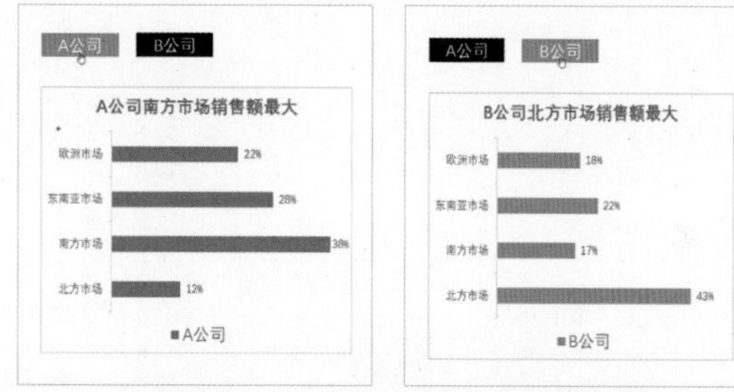

图 6-121　单击按钮控制图表显示

【例6-20】制作图6-121所示的动态图表。

(1) 在PPT中制作“A公司”“B公司”两个按钮和与之对应的两个图表，然后单击【开始】选项卡的【编辑】组中的【选择】下拉按钮，从弹出的下拉列表中选择【选择窗格】选项，在打开的窗格中分别为按钮和图表命名，如图6-122所示。

(2) 按住Ctrl键选中页面中的两张图表，选择【动画】选项卡中的【出现】选项，为图表设置“出现”动画，然后在【计时】组中将【开始】设置为【与上一动画同时】，如图6-123所示。

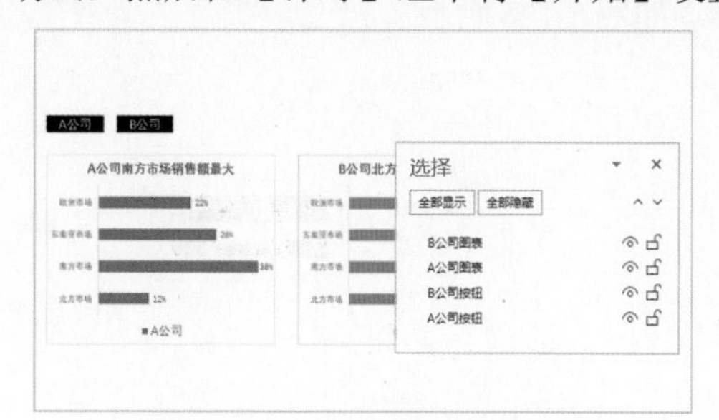

图 6-122　重命名页面中的对象

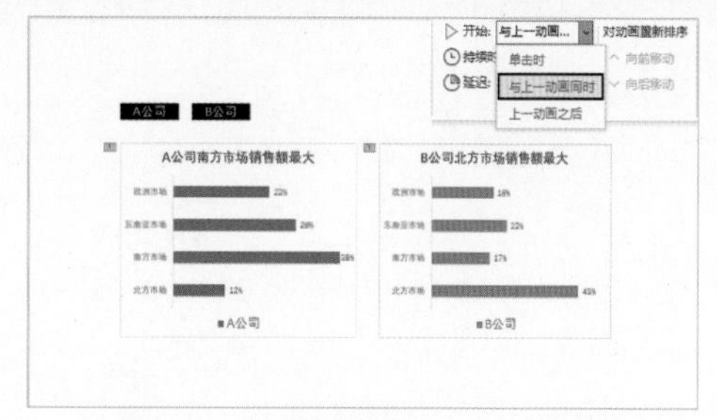

图 6-123　为图表设置“出现”动画

(3) 选中A公司图表，单击【高级动画】组中的【触发】下拉按钮，从弹出的下拉列表中选择【通过单击】|【A公司按钮】选项。

(4) 使用同样的方法设置B公司图表由按钮B触发。

(5) 按住Ctrl键的同时选中页面中的两张图表，单击【高级动画】组中的【添加动画】下拉按钮，从弹出的下拉列表中选择【消失】选项，为两张图表设置“消失”动画，并在【计时】组中将动画的【开始】设置为【与上一动画同时】。

(6) 单击【高级动画】组中的【动画窗格】按钮，在打开的【动画窗格】窗格中调整“消失”动画的位置，使B公司按钮触发A公司图表上的消失动画，A公司按钮触发B公司图表上的消失动画，如图6-124所示。

(7) 选中页面中的两个按钮，单击【添加动画】下拉按钮，从弹出的下拉列表中选择【填充颜色】选项，为按钮添加“填充颜色”动画，在【动画窗格】窗格中右击添加的两个“填充颜色”动画，从弹出的快捷菜单中选择【效果选项】命令，如图6-125所示。

(8) 打开【填充颜色】对话框，设置【填充颜色】为橙色后单击【确定】按钮，如图6-126所示。

图 6-124　设置触发器

图 6-125　选择【效果选项】命令

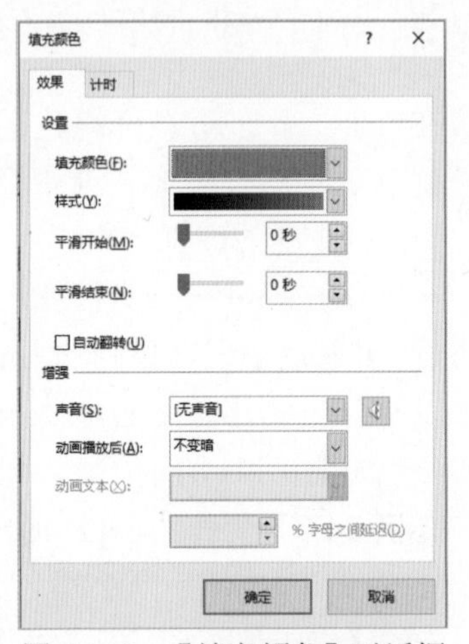

图 6-126　【填充颜色】对话框

(9) 在【动画窗格】窗格中分别调整两个“填充颜色”动画的位置，如图6-127所示。

(10) 使用同样的方法，为两个按钮分别再添加一个“填充颜色”动画，并在【填充颜色】对话框中设置这两个动画的【填充颜色】为黑色，如图6-128所示。

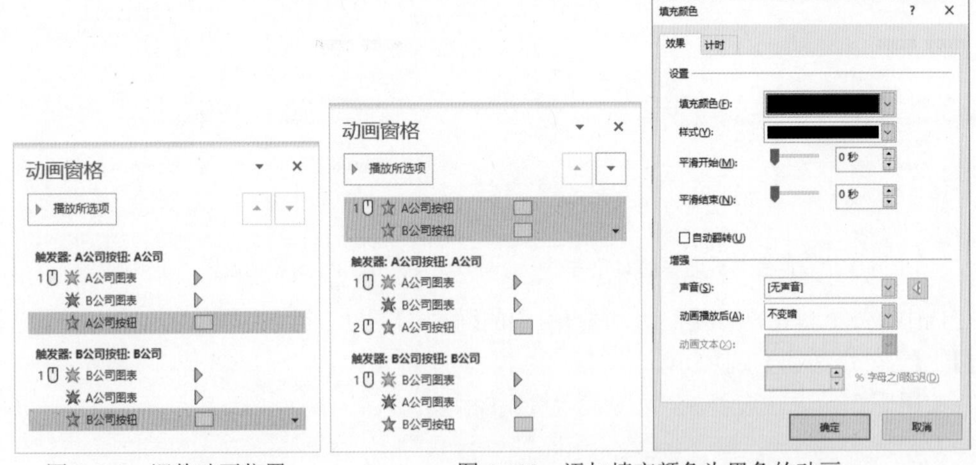

图 6-127　调整动画位置　　图 6-128　添加填充颜色为黑色的动画

(11) 在【动画窗格】窗格中调整“填充颜色”动画的位置(注意：所有动画均要在【计时】组中设置为“与上一动画同时”开始播放)。

(12) 按住Ctrl键选中页面中的两张图表，单击【添加动画】下拉按钮，在弹出的下拉列表中选择【擦除】选项，为图表添加“擦除”动画，然后单击【动画】选项卡中的【效果选项】下拉按钮，在弹出的下拉列表中选择【自左侧】选项。

(13) 在【动画窗格】窗格中调整“擦除”动画的播放顺序，然后调整页面中两个图表的位置，使其重叠，如图6-129所示，完成动态图表的制作。

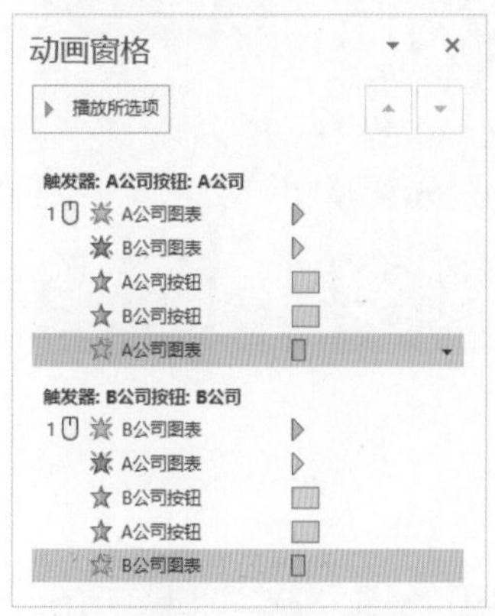

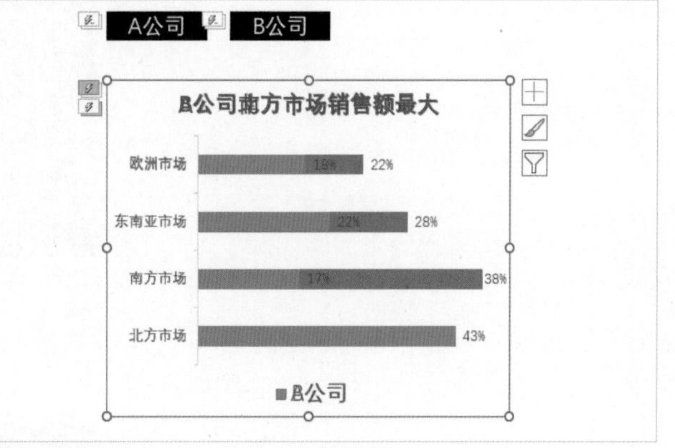

图 6-129 调整动画播放顺序并将两张图表重叠

提 示

扫描右侧的二维码可以观看以上实例的效果。关于PowerPoint动画制作的相关内容，本书将在第7章详细介绍。读者可以通过完成第7章提供的实例，进一步巩固PPT动画制作的相关知识。

6.3 使用数字

表格和图表适用于展示较多(或大量)的数据。但如果数据仅有少量的文字，要怎么去表现？答案是使用数字。

在PPT中使用数字展现数据，其实就是利用数字来烘托环境，就像冬天看到大火心里暖洋洋，夏天看到冰河也有一丝凉意一样。例如，要在图6-130左图所示的内容页中展现文字中包含的数据，首先我们需要对文字进行梳理和简单加工，通过合理设置页面中数字的大小在页面中突出数据，然后再为文字配上一张合适的图片和形状，用画面来烘托数字以传达信息，如图6-130右图所示。

2028年，美国多州遭遇“史无前例”山火肆虐，天空深橙宛如末世

据报道，美国多地山火烧毁森林面积约为50万公顷，西部各地被迫撤离民众高达数十万

202X年中国成人烟草调查结果
中国15岁以上人群吸烟占比为全国人口总数的26.6%

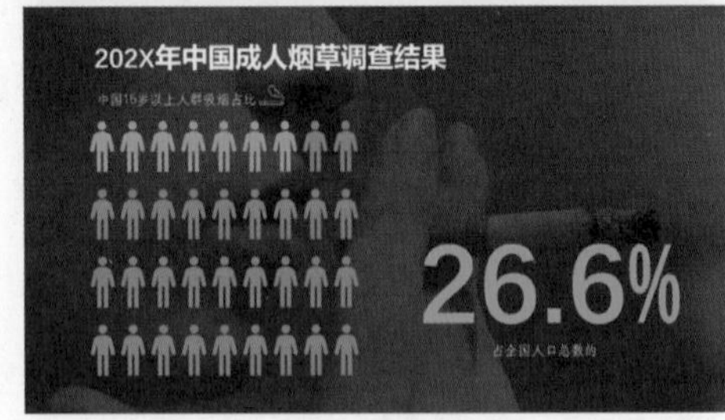

图 6-130　提炼文本中的数字并用图片和形状来烘托环境

在一些场景中，用户也可以通过布尔运算将数字与图片融合，为数字设置符合页面氛围和文字描述的背景。例如，图6-131右图中采用深海鱼群图片与文字“9174米”融合。

世界上最深的海洋是珊瑚海

珊瑚海总面积达479.1平方公里，相当于半个中国的国土面积，它的西边是澳大利亚大陆，南连塔斯曼海，东北面被新赫布里群岛、所罗门群岛、新几内亚（又名伊利安岛）所包围。从地理位置看，它是南太平洋的最大的一个属海。珊瑚海的海底地形大致由西向东倾斜，大部分地方水深3000－4000米，最深处则达9174米，因此，它是世界上最深的一个海

图 6-131　通过布尔运算为数字设置符合环境的背景图

或者将数字与形状、图片组合，帮助观众理解数字背后的意义，如图6-132所示。

图 6-132　与形状 / 图片组合的数字

此外，用户还可以将数字制作成滚动动画，在演讲中这样的动画不仅能展示数字的变化过程，而且相比图表更加灵动、吸引眼球(让观众产生期待)，如图6-133所示。

图 6-133　在 PPT 中使用滚动数字动画展示数据

提示

图6-133所示数字滚动动画的制作方法，读者可以参考本书第7章的相关实例。

6.4　新手常见问题答疑

在PPT中展示各种数据时，新手可能遇到的常见问题汇总如下。

问题一：想用PPT做个数据分析报告，需要做哪些工作？

在职场中，数据分析报告是一个非常好的展示自己工作能力的机会。要用PPT制作一份数据分析报告，首先要做好以下几方面的工作。

- 第一，借鉴分析报告网站上成熟报告的逻辑结构，找到符合自己要求的结构。
- 第二，通过在线图表制作网站，制作出好看的图表。
- 第三，将结构与图表应用于 PPT 模板中，形成报告。

一份高质量的数据分析报告可以体现在两个方面：一方面是指报告内容要专业、严谨，逻辑清晰，能够分析清楚问题，得出结论，还能够提出后续的建议；另一方面是指报告需要有“高颜值”，这里的“高颜值”并不是指要把报告设计得花哨、功能复杂，而是指报告要简洁大方、配色舒适且能直观地展现问题。表6-1所示为推荐的几个数据分析网站，供用户参考。

表 6-1　数据分析网站

网　站	特　点
艾瑞咨询	报告更新快、覆盖行业广、可视化效果好
36氪研究院	报告的逻辑结构清晰完整，报告包含研究背景，主要观点会提到目录前面
阿里研究院	图表样式和可视化效果精美，值得新手用户借鉴和学习
Linkedin	主要覆盖招聘领域，包含各行各业洞察的分析报告
移动观象台Talking Data	报告简洁，内容对于标题的提炼比较精准

问题二：网上那些漂亮的图表是怎么做出来的？

虽然PowerPoint和WPS演示是专业的PPT制作工具，但是它们并不是专门的图表设计软件。使用以下网站或工具可以制作出精美、漂亮的图表。

▶ Flourish 网站

Flourish是一个非常容易上手的在线可视化工具网站(其大部分功能免费)。通过该网站可以制作各种具有动画与交互属性的图表。例如，抖音、快手等短视频平台上常见的各种动态数据竞赛对比图表，如图6-134所示。

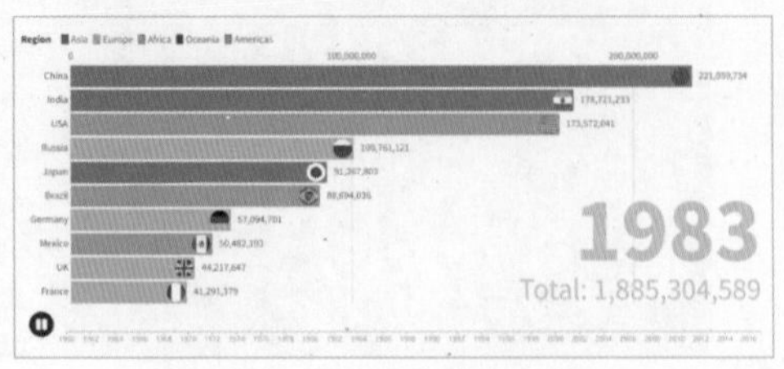

图 6-134　动态竞赛数据图表

▶ 镝数图表

镝数图表是一款功能强大的在线数据可视化工具，能够帮助用户在PPT中生成各种动态图表、交互图表、数据报告和复杂的组合图表。

▶ 图表秀

图表秀是一个数据可视化领域深度服务的垂直网站，提供简单易用的图表制作工具。用户使用图表秀可制作多种类型的图表，其界面简单易懂，设计精美。

▶ Canva

Canva是一个强大的在线设计工具和信息图表制作网站，通过该网站可以创建各式各样的图表(大部分免费)，新手用户即使没有任何设计基础，也能制作出效果不错的图表。

提示

在使用PowerPoint或WPS制作PPT图表时，借鉴网站提供的图表模板的配色方案和动画效果，可以帮助新手用户提高图表的制作效率和审美水平。

问题三：将图表复制到另一个PPT后无法编辑该怎么办？

在复制图表后，打开另一个PPT，然后右击鼠标，从弹出的快捷菜单中选择【使用目标主题和嵌入工作簿】选项即可。

第7章 PPT动画创作

本章导读

动画(Animation)源自Animate一词，即“赋予生命”“使……活动”之意。广义来说，把一些原先不具备生命的、不活动的对象，经过艺术加工和技术处理，使之成为有生命的、会动的影像，即为动画。

在PowerPoint中，让PPT生成动画的方法有两种：一种是为幻灯片上的元素设置动画(设置对象动画)；另一种是给PPT中两个幻灯片之间添加切换效果(设置切换动画)。在实际操作中，工作型PPT中一定要把握好使用动画的度。恰当的动画可以代替大段的文字描述使页面效果更加丰富，但动画过多，文字图片满屏飞来飞去，则会影响观众的阅读效果。

7.1 PPT 动画概述

想要让PPT“动”起来，就要在PPT中使用动画。

7.1.1 什么是 PPT 动画

PPT动画就是利用PPT制作软件(PowerPoint或WPS)提供的预置功能，让PPT页面或页面中的元素产生的连续运动(或变形、属性变化)效果，如图7-1所示。

灯光照射动画

图书翻页动画

数字滚动动画

炫彩文字动画

过渡页动画

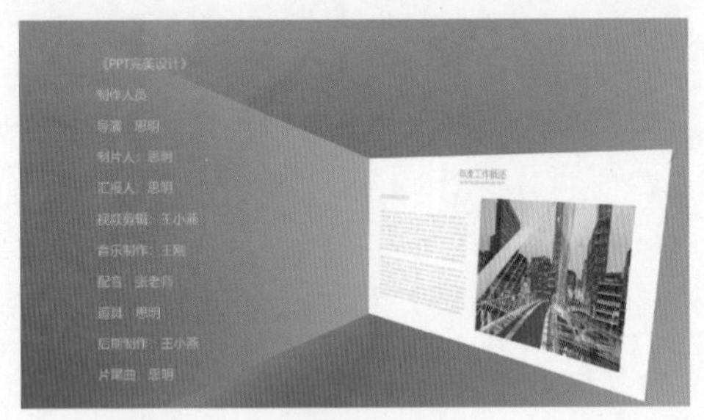
结尾页动画

图 7-1　PPT 中常见的动画效果

7.1.2 为什么要在 PPT 中使用动画

演讲的主角不是演讲PPT，而是演讲者。衡量一个PPT好坏的标准只有一个，那就是能否在演讲中“帮助演讲者，达到演讲目标”。在PPT中使用动画，可以让PPT的效果上升一个层次，更能帮助演讲者达到演讲的目标。理由有以下几个。

- 使用动画有利于加深观众印象。如果在演讲 PPT 中设计了精美、独特的动画效果，那么演讲者所代表的品牌或立场，会给观众留下更专业、创新的良好形象。
- 使用动画有利于观众理解内容。有些 PPT 所要介绍 (表达) 的内容具有很强的技术背景，因此有些观众可能并不太懂技术。当观众对演讲内容并不熟悉的时候，就很难对内容产生兴趣。而相对文字和图片，动画可以更好地呈现内容的特点、用户体验、竞品对比等，让观众更容易理解并认同演讲内容。
- 使用动画有利于引起观众的共鸣。要在演讲中引起观众的共鸣，关键是要让观众感同身受。PPT 动画可以轻易搭建出一个令观众感觉置身其中的场景，使演讲内容更加具象化。比如，要展示一款新款汽车，将汽车原车搬到演讲台上可能不现实，而我们又想让观众全面了解这款汽车的外观和性能，此时借助 PPT 动画就可以产生比图片和文字更好的效果。
- 使用动画有利于引起观众的关注。在演讲中，我们总希望观众记住某些关键性的信息，比如产品的核心特点、工作中创造的重要成果、企业的发展历程、教学中的重点和难点等，这些重点信息如果用动画效果呈现，会更容易被观众记住。

7.1.3　PPT 动画有哪些类型

PPT动画分为对象动画和切换动画两种，前者可以控制页面的元素，后者则可以对整个页面起作用，使其在切换时产生特殊效果。

1. 切换动画

PPT切换动画是指一张幻灯片从屏幕上消失的同时，另一张幻灯片如何显示在屏幕上的方式。PPT中幻灯片切换方式可以是简单地以一个幻灯片代替另一个幻灯片，也可以是幻灯片以特殊的效果出现在屏幕上。

在PowerPoint中选择【切换】选项卡，在【切换到此幻灯片】组中单击【其他】按钮 ，在弹出的列表中，用户可以为PPT中的幻灯片设置切换动画，如图7-2所示。其中，比较重要的几种切换动画是平滑、推入、上拉帷幕、棋盘等。

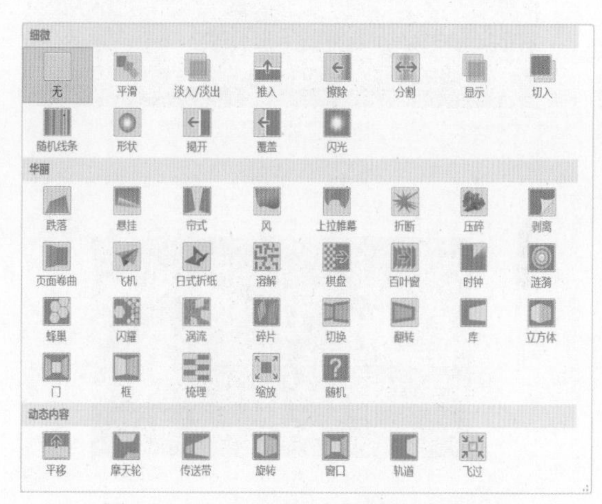

图 7-2　PowerPoint 中提供的切换动画

- 平滑：平滑切换动画是 PowerPoint 中功能最强大、应用最广的切换动画。它可以使同一个对象通过两页幻灯片的切换，在两种不同样式之间平滑地变化，如图 7-3 所示。使用平滑切换动画，可以让 PPT 在播放时产生各种神奇的效果，如元素变形、书签内容切换、3D 模型动态展示等 (本书将在后面的章节中通过实例进行详细的介绍)。

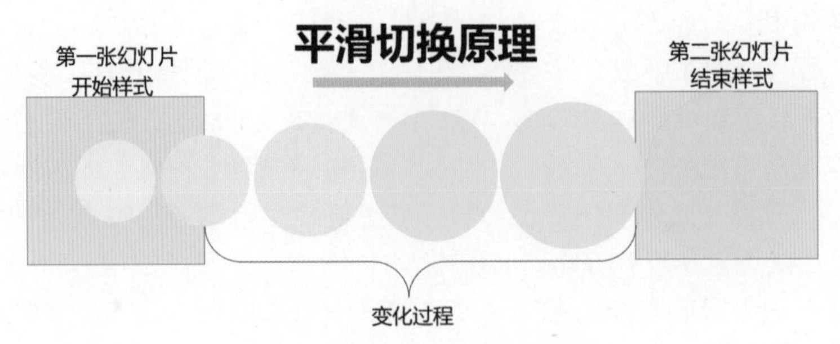

图 7-3　PPT 中常见的动画效果

【例 7-1】使用“平滑”切换动画制作文字在幻灯片中逐次进出页面的效果，如图 7-4 所示(扫描右侧的二维码可观看动画制作方法和演示效果)。

(1) 打开图 7-4 左图所示的PPT后，调整PowerPoint工作界面右下角的缩放滑块，缩小幻灯片，将第2张幻灯片中要显示的“目录”文本放置在幻灯片显示区域的下方，如图 7-5 所示。

(2) 在幻灯片列表中选中第1张幻灯片，按Ctrl+D组合键复制出第2张幻灯片，将第2张幻灯片显示区域内的文本移出显示区域，将“目录”文本框移进显示区域，如图 7-6 所示。

第 1 张幻灯片 (开始样式)

第 2 张幻灯片 (结束样式)

图 7-4　使用平滑切换动画制作文字逐步进出页面效果

图 7-5　制作第 1 张幻灯片

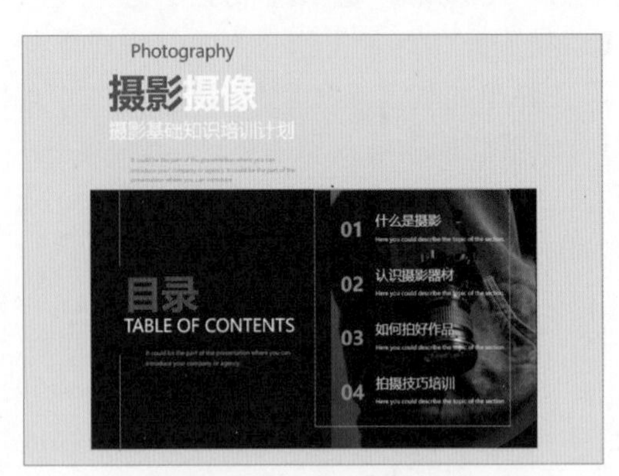

图 7-6　制作第 2 张幻灯片

(3) 选中第2张幻灯片，在【切换】选项卡中选中【平滑】选项即可。

【例7-2】在图7-7所示的4张PPT幻灯片中用一幅图片和一个矩形形状制作多个连续且相互衔接的幻灯片动画(扫描右侧的二维码可观看动画演示效果)。

(a) 第1张幻灯片

(b) 第2张幻灯片

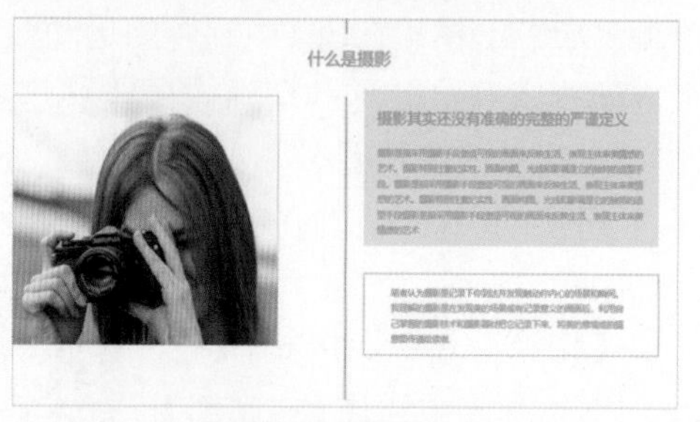

(c) 第3张幻灯片

(d) 第4张幻灯片

图7-7　使用平滑切换动画制作图片和形状的连续变化效果

(1) 打开图7-7(a)所示的PPT后，按3次Ctrl+D组合键将当前幻灯片复制3份。

(2) 选中第2张幻灯片，通过裁减图片和调整形状大小，改变页面中图片和形状的大小与位置，添加文本框后制作出图7-7(b)所示的页面效果。

(3) 选中第3张幻灯片，进一步裁减图片并调整形状的位置，制作图7-7(c)所示页面。

(4) 选中第4张幻灯片，在页面中绘制一个圆形形状，通过使用【合并形状】|【相交】命令将页面中的矩形图片变为圆形，然后调整页面中图片和矩形形状的位置，制作图7-7(d)所示页面。

(5) 最后，在幻灯片预览窗格中按住Ctrl键，同时选中第2~4张幻灯片，在【切换】选项卡中选择【平滑】选项，为幻灯片设置平滑切换效果。

【例7-3】使用“平滑”切换动画在PPT中制作三维对象旋转的效果(扫描右侧的二维码可观看动画演示效果)。

(1) 打开PPT文件后选择【插入】选项卡，在【插图】组中单击【3D模型】下拉按钮，从弹出的下拉列表中选择【库存3D模型】选项，在打开的对话框中选择一个PowerPoint软件自带的3D模型(如“地球”模型)，单击【插入】按钮，如图7-8所示。

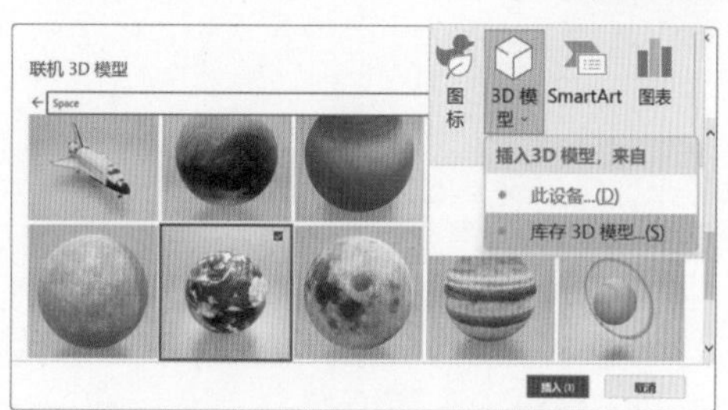

图7-8　在PPT中插入3D模型

(2) 此时，3D模型将被添加到当前幻灯片，拖动其四周的控制柄调整3D模型的大小和位置，如图7-9所示。在幻灯片预览窗口按Ctrl+D组合键将幻灯片复制一份，然后选中复制的幻灯片，在其中输入新的文本，并调整3D模型的位置，将鼠标指针放置在模型中间的⊕区域，按住鼠标左键拖动调整模型的旋转角度，如图7-10所示。

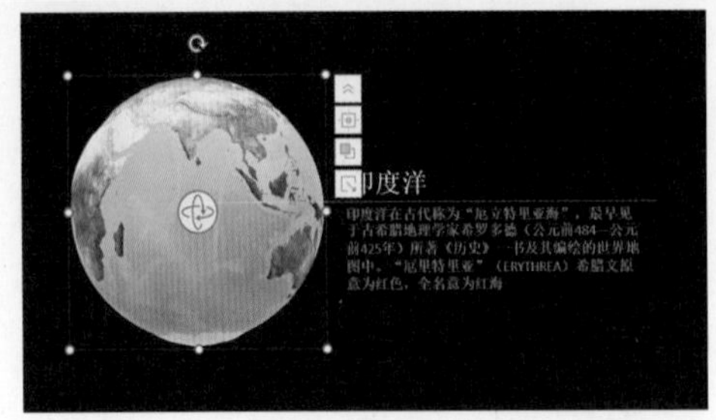

图 7-9　调整 3D 模型的大小和位置

图 7-10　旋转 3D 模型

(3) 为第2张幻灯片添加“平滑”切换动画，即可实现3D模型在PPT中旋转的运动效果。

- 推入：推入动画可以使当前幻灯片从某个方向推入视野。这种动画效果能够建立起多个页面之间的逻辑及视觉关联(例如，制作跨时间轴或流程图)。

【例7-4】在图7-11所示的PPT中使用“推入”切换动画，制作时间线自然切换的动画效果(扫描右侧的二维码可观看动画效果)。

(1) 打开PPT后，选中图7-11(b)所示的幻灯片，在【切换】选项卡中选择【推入】选项，然后单击【效果选项】下拉按钮，从弹出的下拉列表中选择【自底部】选项。

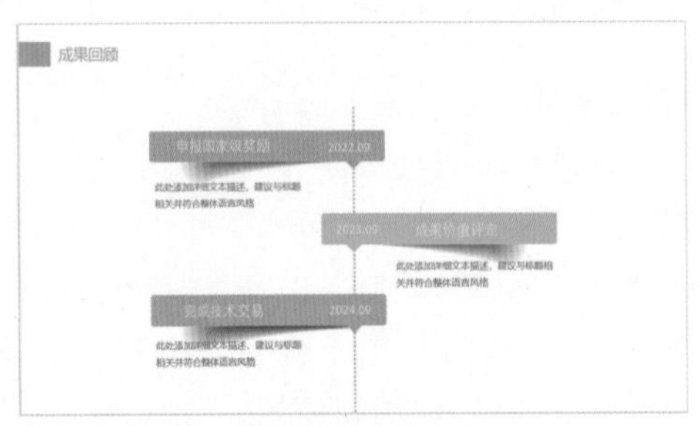

(a) 第 1 张幻灯片

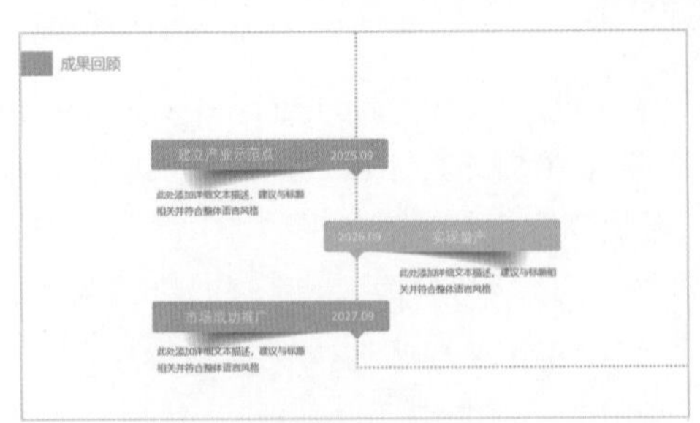

(b) 第 2 张幻灯片

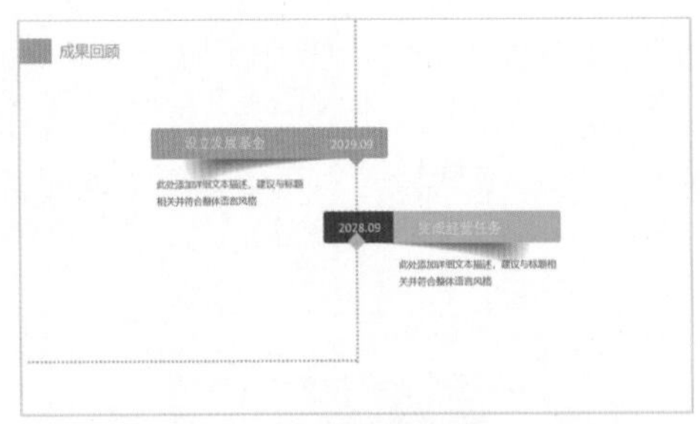

(c) 第 3 张幻灯片

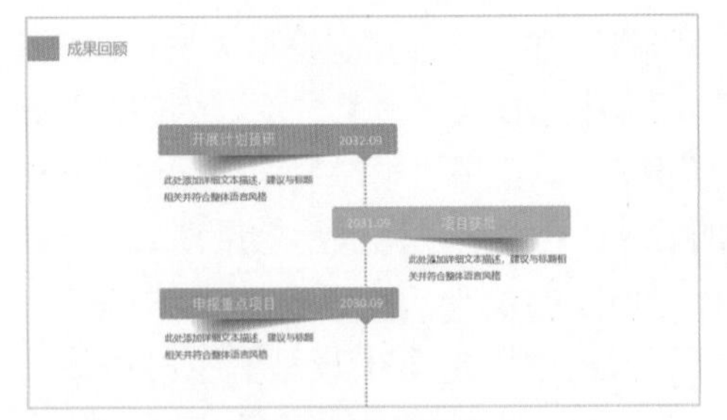

(d) 第 4 张幻灯片

图 7-11　使用推入切换动画制作时间轴推进动画

(2) 选中图7-11(c)所示的第3张幻灯片，在【切换】选项卡中选择【推入】选项后，单击【效果选项】下拉按钮，从弹出的下拉列表中选择【自右侧】选项。

(3) 选中图7-11(d)所示的幻灯片，在【切换】选项卡中选择【推入】选项后，单击【效果选项】下拉按钮，从弹出的下拉列表中选择【自顶部】选项。

- 上拉帷幕：上拉帷幕动画是一种模拟掀起幕布的动画，通过使用该动画可以在PPT中制作帷幕揭开效果。
- 棋盘：使用棋盘切换动画能够在幻灯片切换时制作出如同阅兵式一样的整齐翻盖效果动画。这样的效果常用于在页面中展示整齐分布的商品或商标。

【例7-5】使用“上拉帷幕”和“棋盘”切换动画制作图7-12所示的帷幕揭开动画和格子翻转动画(扫描右侧的二维码可观看动画制作方法)。

图7-12　帷幕揭开动画(左图)和格子翻转动画(右图)

- 页面卷曲：利用页面卷曲切换动画可以在PPT中模拟书本翻页效果。

【例7-6】使用“页面卷曲”切换动画在PPT中实现翻页效果(扫描右侧的二维码可观看动画制作方法)。

(1) 打开PPT后，在页面中心位置插入一个矩形形状，然后在【设置形状格式】窗格中为矩形设置渐变填充，将【类型】设置为【线性】，【方向】设置为【线性向左】；将【渐变光圈】左侧和右侧的填充点都设置为黑色，左侧填充点的透明度设置为82%，右侧填充点的透明度设置为100%，如图7-13所示。

图7-13　使用形状模拟书脊部分

(2) 按Ctrl+C组合键复制制作的矩形形状，然后选中PPT中的其他幻灯片，按Ctrl+V组合键将形状粘贴到其他幻灯片中。

(3) 在PPT中选中除第一张幻灯片以外的其余幻灯片，在【切换】选项卡中选择【页面卷曲】选项，为选中的幻灯片设置“页面卷曲”切换动画，如图7-14所示。

(4) 在【计时】组中选中【单击鼠标时】复选框，取消【设置自动换片时间】复选框的选中状态。单击【声音】下拉按钮，从弹出的下拉列表中选择【其他声音】选项，在打开的对话框中选择一个电脑硬盘中保存的“翻书.wav”音效文件。

(5) 按F5键从头放映PPT，即可得到效果如图7-15所示的翻页效果动画。

图 7-14　为幻灯片设置切换动画

图 7-15　设置翻页效果动画

2. 对象动画

所谓对象动画，是指为幻灯片内部某个对象设置的动画效果。对象动画设计在幻灯片中起着至关重要的作用，具体体现在三个方面：一是清晰地表达事物关系，如以滑轮的上下滑动做数据的对比，是由动画的配合体现的；二是更能配合演讲，当幻灯片进行闪烁和变色时，观众的目光就会随演讲内容而移动；三是增强效果表现力，如设置不断闪动的光影、漫天飞雪、落叶飘零、亮闪闪的效果等。

在PowerPoint中选中PPT中的一个元素(如图片、文本框、图表等)后，在【动画】选项卡的【动画】组中单击【其他】按钮，从弹出的列表中可以为元素应用一个对象动画效果，如图7-16所示。

图 7-16　PowerPoint 中提供的对象动画

在实际工作中，一份逻辑清晰的PPT包括开场、内容、过渡、结尾等多个环节，其中每个环节动画的制作往往需要不同的对象动画，或者将多个对象动画搭配使用。下面将通过实例操作进行详细的介绍。

7.2　惊艳全场的开场动画

在演讲中如果能够用好PPT开场动画，绝对可以让人眼前一亮。

7.2.1 制作倒计时开场动画

在PPT开场中使用倒计时动画和有冲击力的音效，能够很好地吸引观众的眼球，为PPT的开场增色不少，如图7-17所示。

图7-17 PPT开场的倒计时动画效果

【例7-7】在PPT中使用对象动画制作图7-17所示的倒计时开场动画效果(扫描右侧的二维码可观看动画效果)。

(1) 打开PPT后，在开场页面中插入5个文本框，分别在每个文本框中输入数字1~5并为数字设置合适的字体和格式。

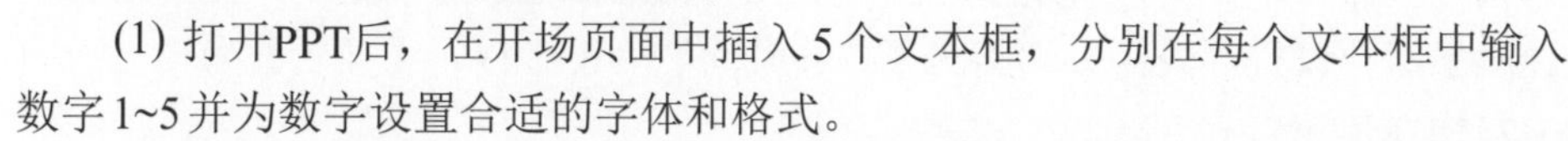

(2) 按住Ctrl键选中页面中的所有文本框(如图7-18所示)，选择【动画】选项卡，在【动画】组中单击【其他】按钮，在弹出的如图7-16所示的列表中选择【更多进入效果】选项，打开【更改进入效果】对话框，选择【基本缩放】选项，单击【确定】按钮，如图7-19左图所示。

(3) 在【高级动画】组中单击【添加动画】按钮，从弹出的列表中选择【更多动作路径】选项，打开图7-19右图所示的【添加动作路径】对话框，选择【向上】选项，单击【确定】按钮。

图7-18 选中所有数字

图7-19 为元素添加对象动画

(4) 单击【高级动画】组中的【动画窗格】按钮，打开图7-20左图所示的【动画窗格】窗格，将"向上"路径动画移至"基本缩放"动画之下，然后按住Ctrl键的同时选中窗格中的所有动画，在【计时】组中将【持续时间】设置为0.75，如图7-20中图所示。

(5) 在【动画窗格】窗格中分别选中每个动画，通过在【计时】组中设置动画【开始】方式，调整动画的播放顺序，结果如图7-20右图所示。

(6) 按住Ctrl键，在【动画窗格】中选中所有的路径动画，然后右击鼠标，从弹出的快捷菜单中选择【效果选项】命令，如图7-21左图所示。

(7) 打开【向上】对话框，将【平滑开始】和【平滑结束】都设置为0秒，如图7-21中图所示，然后单击【确定】按钮。

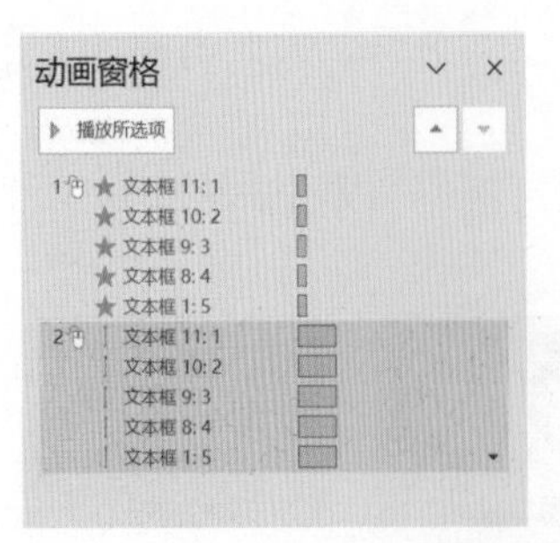

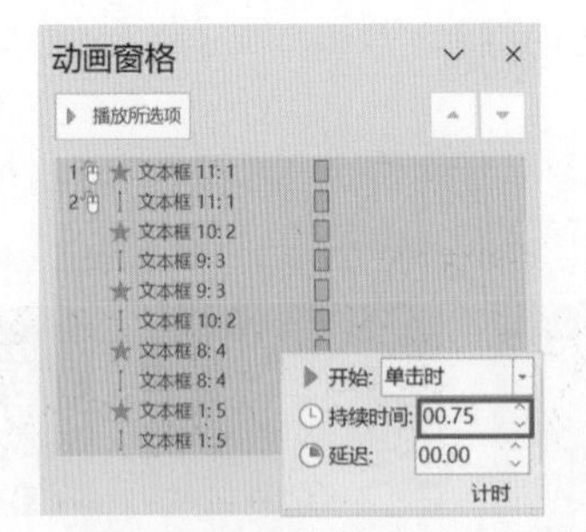

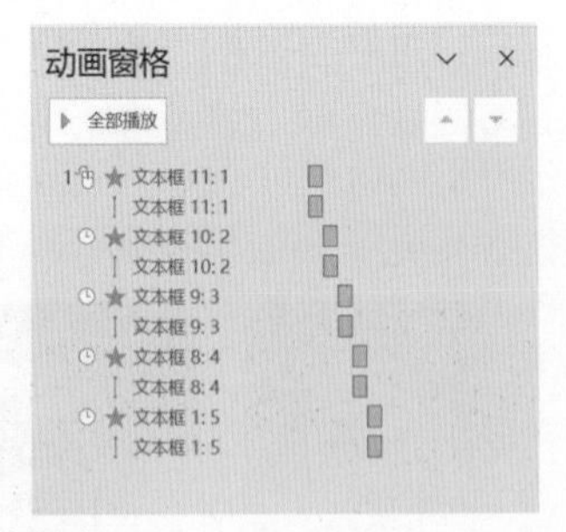

图 7-20　设置对象动画的持续时间和播放顺序

(8) 单击【高级动画】组中的【添加动画】按钮，在弹出的列表中选择【淡化】选项，为页面中的每个文本框都添加一个“淡化”退出动画，并在【动画窗格】中调整“淡化”动画的播放顺序，在【计时】组中设置“淡化”动画的【持续时间】为0.25秒、【开始】为【上一动画之后】，如图7-21右图所示。

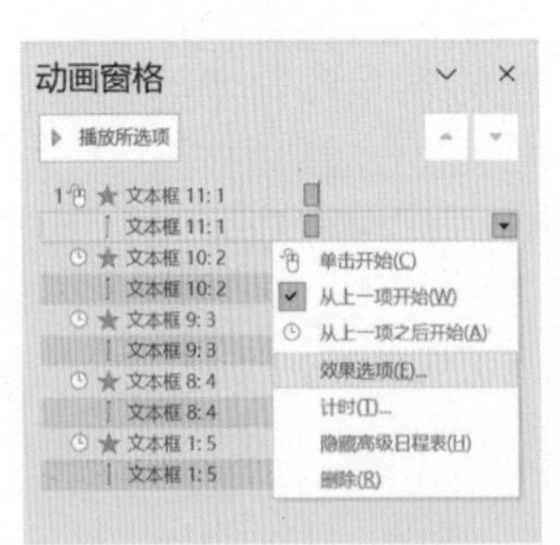

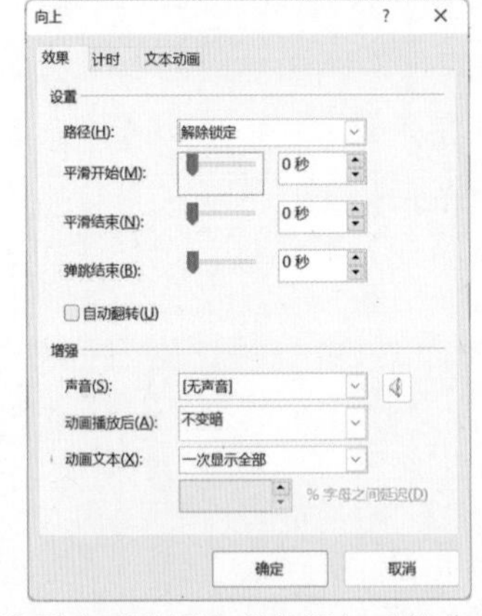

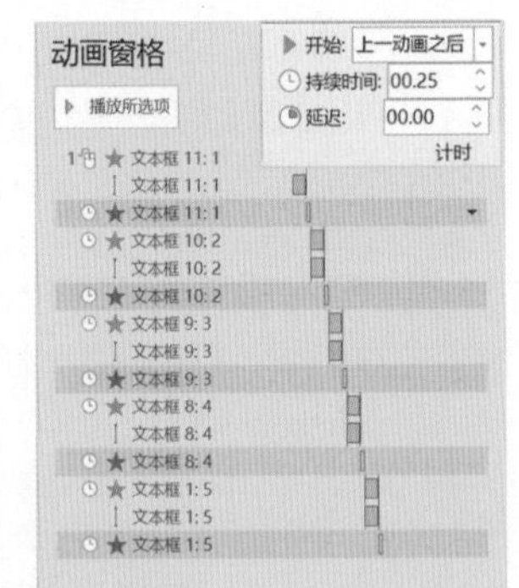

图 7-21　设置动画效果选项并添加“淡化”退出动画

(9) 选中页面中的所有文本框，选择【形状格式】选项卡，在【排列】组中单击【对齐】下拉按钮，在弹出的下拉列表中选择【对齐幻灯片】选项后，依次选择【垂直居中】【水平居中】【底端对齐】选项，将所有文本框聚在一起并与幻灯片底端对齐，如图7-22所示。

(10) 最后，为PPT开场页面添加一个图片或视频背景，完成开场页面的制作。

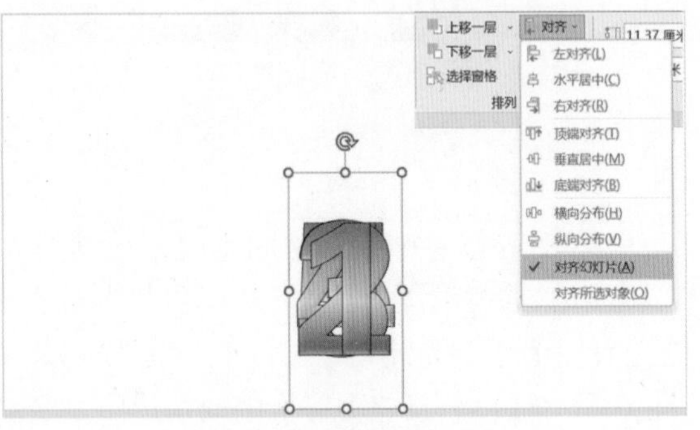

图 7-22　设置文本框对齐

7.2.2　制作聚光灯开场动画

在舞台演出、活动现场等大型、重要的场合，在PPT开场中使用聚光灯动画，可以让周围的一切都隐藏在黑暗中，只有光照的位置备受瞩目，可以给观众带来期待、向往、神秘的观看体验。

【例7-8】在PPT中使用对象动画制作一个聚光灯开场动画(扫描右侧的二维码可观看动画效果)。

(1) 在幻灯片页面中插入一个文本框并在其中输入文本，然后选中文本框，在【开始】选项卡中单击【字体】组中的【字体】按钮，打开【字体】对话框，选择【字符间距】选项卡，设置【间距】为【加宽】、【度量值】为30磅，如图7-23所示。

(2) 在幻灯片中插入一个圆形形状，并调整该形状的大小和位置，使其正好挡住文本框中的第一个汉字，如图7-24所示。

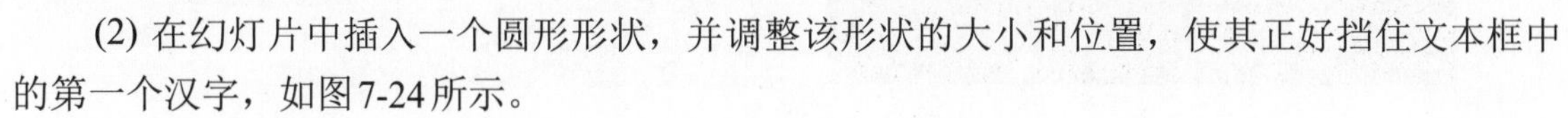

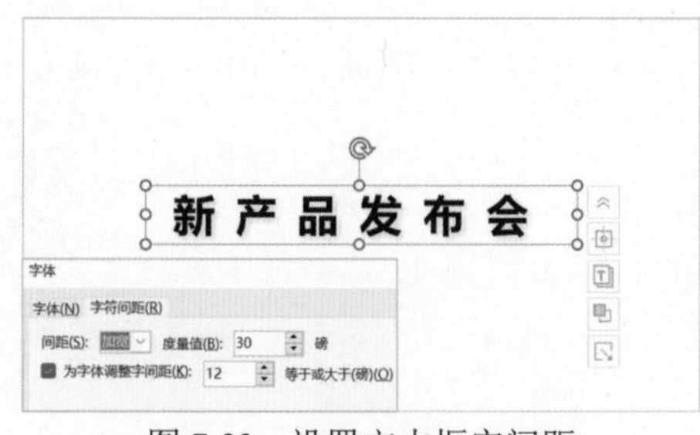

图7-23　设置文本框字间距

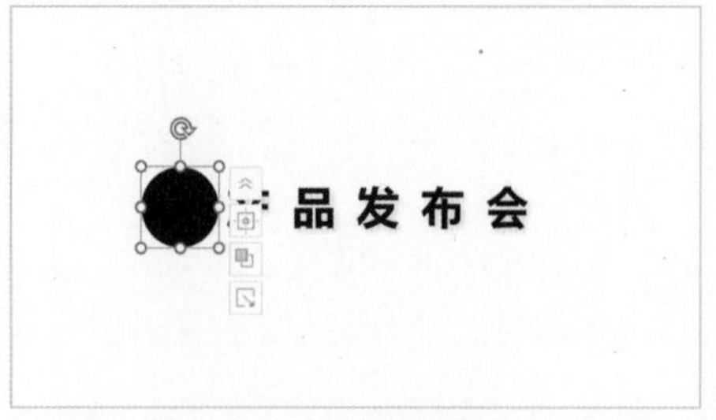

图7-24　绘制圆形形状

(3) 将幻灯片页面的背景色设置为“黑色”，将圆形形状的填充色设置为白色，无轮廓，并在【形状格式】选项卡的【形状样式】组中单击【形状效果】下拉按钮，为其添加柔化边缘效果，如图7-25所示。

(4) 选中圆形形状后右击鼠标，从弹出的快捷菜单中选择【置于底层】命令，将形状置于幻灯片的最底层。

(5) 选择【动画】选项卡，在【动画】组中单击【其他】按钮，从弹出的列表中选择【直线】动画，为圆形形状设置“直线”动作路径动画，然后调整动画的绿色开始端和红色结束端，使其呈水平运动，如图7-26所示。

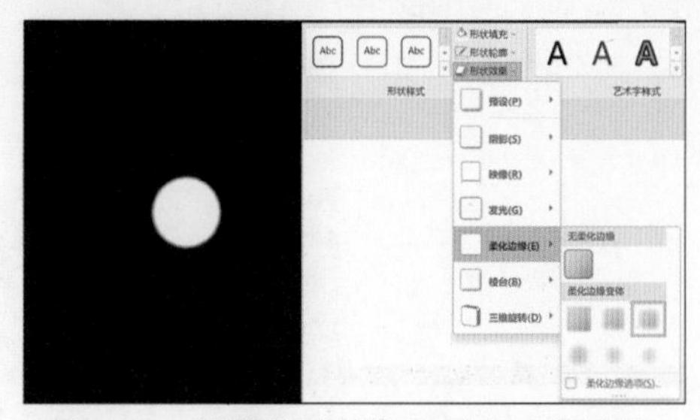

图7-25　设置形状颜色和柔化边缘效果

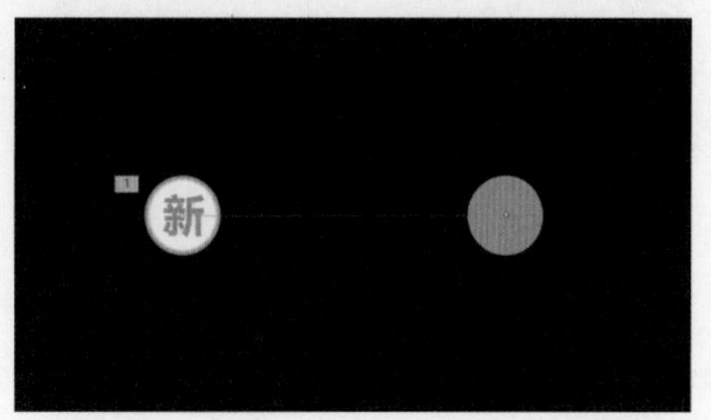

图7-26　设置“直线”动画运动路径

(6) 在【计时】组中设置【持续时间】为5秒，然后单击【预览】组中的【预览】按钮即可预览聚光灯开场效果。

除了使用“直线”动画以外，还可以使用“平滑”切换动画制作可根据讲解内容切换聚光位置的聚光灯开场动画(扫描右侧的二维码可查看具体制作方法)。

7.2.3　制作进度条开场动画

使用进度条动画不仅可以帮助观众缓解在等待演讲开始之前的焦虑，还可以通过动画进度数值的变化使观众感觉时间被加速从而获得“激动”的体验，如图7-27所示。

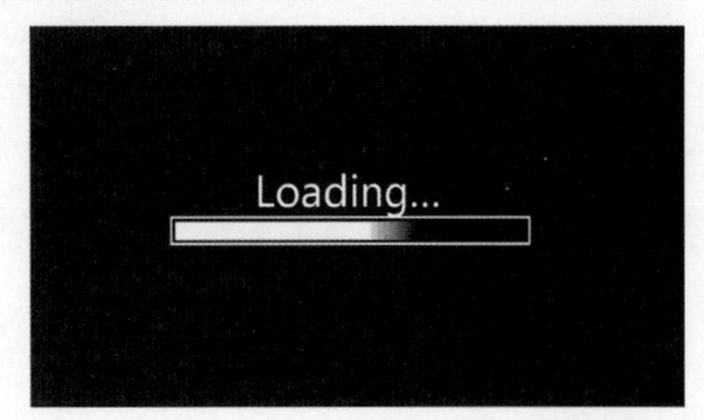

图 7-27　进度条开场动画

【例7-9】在PPT中使用对象动画制作一个效果如图7-27右图所示的进度条开场动画(扫描右侧的二维码可观看动画效果)。

(1) 在封面页中插入一个视频并设置视频自动循环播放，如图7-28所示。

(2) 在页面中插入一个白色(透明度为50%)矩形和一个黑色矩形，将白色矩形置于封面页底部，将黑色矩形置于白色矩形的左侧(幻灯片范围以外)，如图7-29所示。

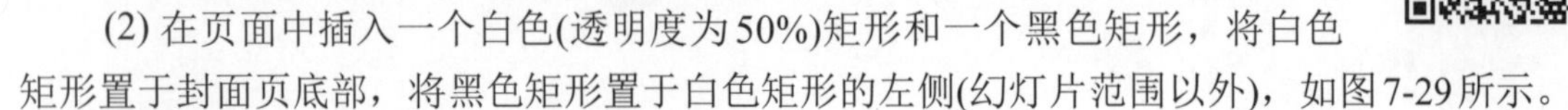

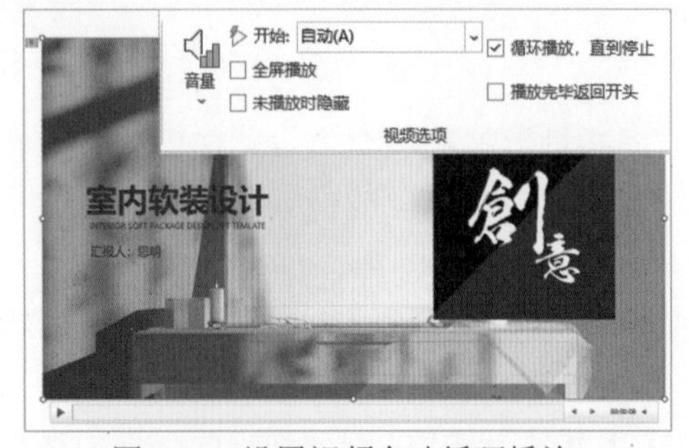

图 7-28　设置视频自动循环播放

图 7-29　添加两个矩形

(3) 选中黑色矩形，在【动画】选项卡中单击【动画】组中的【其他】按钮，从弹出的列表中选择【直线】选项，为黑色矩形设置“直线”动画，如图7-30左图所示。

(4) 选中并拖动“直线”动画中红色的控制柄，使其与白色矩形的最右侧重叠，设置黑色矩形向右侧做直线运动，如图7-30右图所示。

图 7-30　为黑色矩形设置向右运动的“直线”动画

(5) 单击【高级动画】组中的【动画窗格】选项，在打开的【动画窗格】窗格中分别右击视频和矩形动画，在弹出的快捷菜单中选择【从上一项开始】选项，如图7-31所示。

(6) 选中矩形动画，在【动画】选项卡的【计时】组中为动画设置一个演讲进程的【持续时间】(如18秒)。

(7) 右击矩形动画，在弹出的快捷菜单中选择【效果选项】选项，在打开的对话框中将【平滑开始】和【平滑结束】均设置为0秒，如图7-32所示。

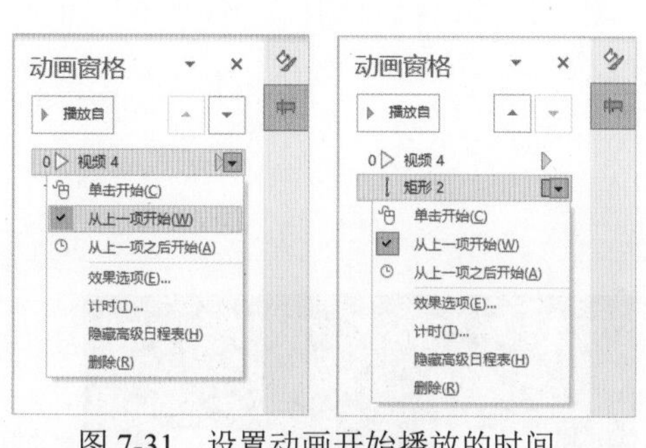

图 7-31　设置动画开始播放的时间

图 7-32　设置平滑开始 / 平滑结束

(8) 最后，在封面页进度条上添加文本和形状，对PPT内容进行简单的介绍，完成后的动画效果如图7-27右图所示。

7.2.4　制作拉幕布开场动画

将放大/缩小、飞出、浮入等对象动画结合使用，可以制作出幕布被缓缓拉开的PPT开场动画效果。

【例7-10】在PPT中将多种动画结合使用，制作一个幕布拉开动画(扫描右侧的二维码可观看动画效果)。

(1) 打开PPT后，在其中插入文本和形状，制作文本和标题色块，然后同时选中制作的文本和色块，按Ctrl+G组合键将其组合。

(2) 选中组合后的标题，单击【动画】选项卡中的【其他】按钮，在弹出的列表中选择【浮入】选项，为标题添加“浮入”动画。在【计时】组中将【持续时间】设置为3秒，【延迟】设置为0.5秒，如图7-33所示。

(3) 在幻灯片中插入一幅背景图，并将该图片置于幻灯片最底层。

(4) 选中背景图，单击【动画】选项卡中的【其他】按钮，在弹出的列表中选择【放大/缩小】选项，在【计时】组中将【持续时间】设置为6秒，如图7-34所示。

(5) 单击【高级动画】组中的【动画窗格】选项，在打开的【动画窗格】窗格中右击“图片”动画，从弹出的快捷菜单中选择【效果选项】选项，打开【放大/缩小】对话框，单击【尺寸】下拉按钮，在弹出的下拉列表中将【自定义】设置为120%，如图7-35所示。

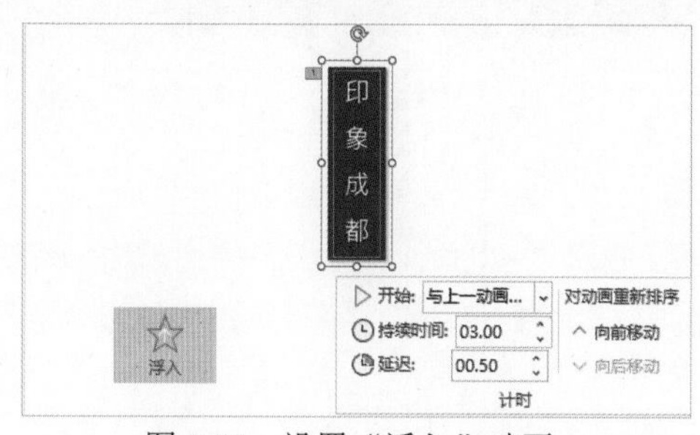

图 7-33　设置“浮入”动画

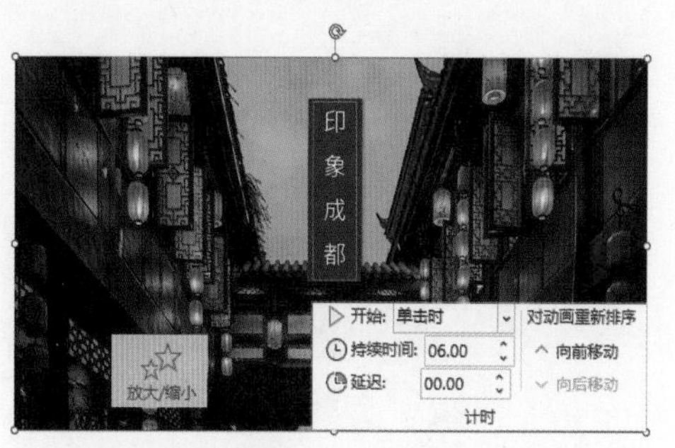

图 7-34　设置“放大 / 缩小”动画

(6) 在页面中添加两个黑色矩形(无边框)，并为其添加“飞出”动画，通过单击【动画】组中的【效果选项】下拉按钮，设置左侧矩形向屏幕左侧飞出，右侧矩形向平面右侧飞出，如图 7-36 所示。

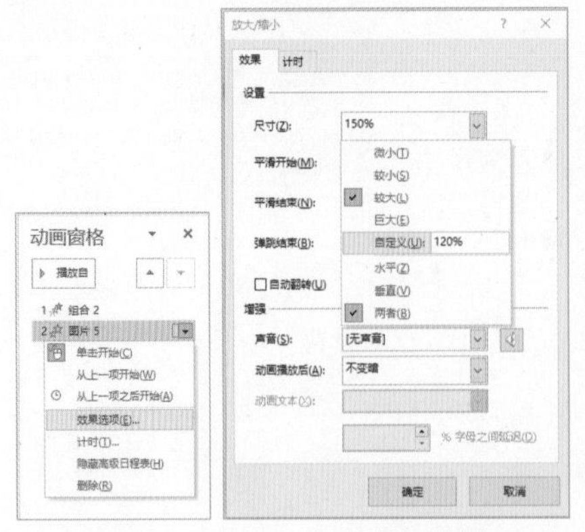

图 7-35　自定义动画放大比例

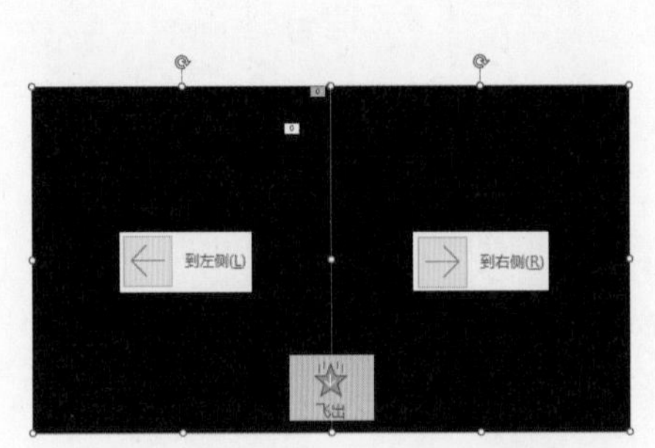

图 7-36　设置“飞出”动画

(7) 同时选中两个矩形，在【计时】组中将“飞出”动画的【持续时间】设置为5秒。

(8) 最后，单击【高级动画】组中的【动画窗格】选项，在打开的【动画窗格】窗格中选中并右击所有动画，在弹出的快捷菜单中将所有动画都设置为【从上一项开始】播放。

7.2.5　制作数字滚动开场动画

使用路径动画结合PowerPoint的“动画刷”功能，可以快速制作出数字滚动动画。

【例 7-11】在PPT中制作一个数字滚动显示动画(扫描右侧的二维码可观看动画效果)。

(1) 为幻灯片页面设置背景，并添加文本框和表格，制作图 7-37 所示的页面效果。

(2) 在幻灯片中插入 3 个对齐的文本框，在每个文本框中依次输入数字 1~9，然后在每个文本框的最后再输入一个文本框的最终显示的数字，如图 7-38 所示。

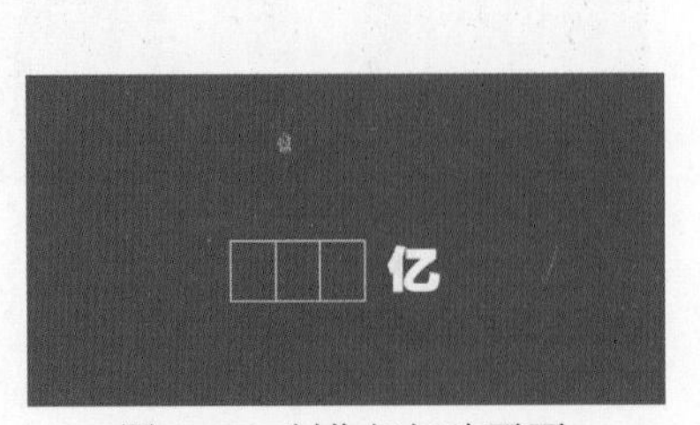

图 7-37　制作幻灯片页面

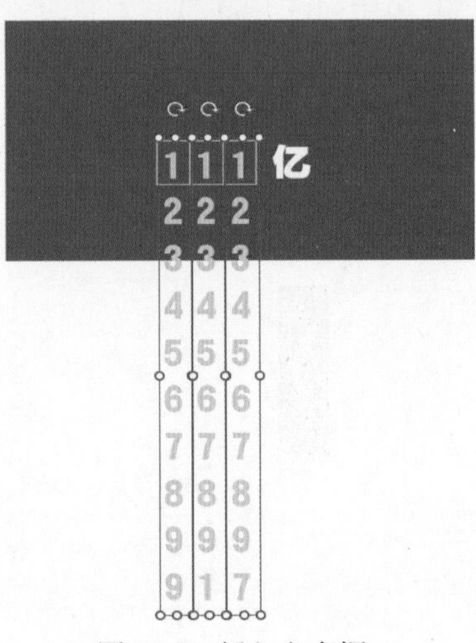

图 7-38　插入文本框

(3) 单独选中左侧的文本框，单击【动画】选项卡中的【其他】按钮，从弹出的列表中选择【直线】选项，为文本框添加“直线”动画。

(4) 调整“直线”动画的红色控制柄，使动画最终显示数字与数字1对齐，如图7-39所示。

(5) 双击【高级动画】选项卡中的【动画刷】选项，然后分别单击幻灯片中的其他两个文本框，将设置好的“直线”动画应用于这两个文本框，完成后按Esc键退出应用。

(6) 在【动画窗格】中同时选中并右击3个文本框动画，从弹出的快捷菜单中选择【从上一项开始】选项，如图7-40所示。

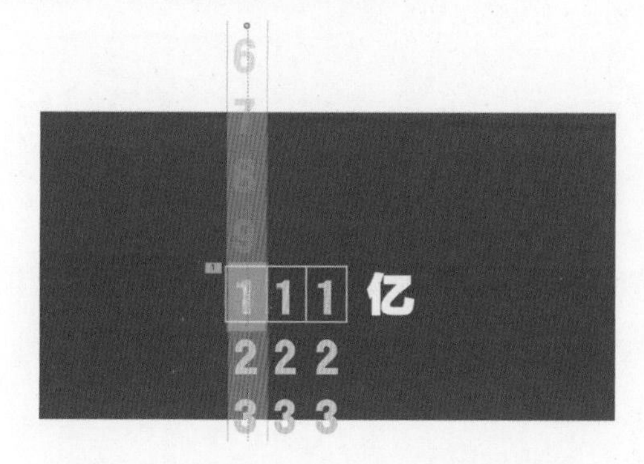

图7-39　设置“直线”动画运动结果

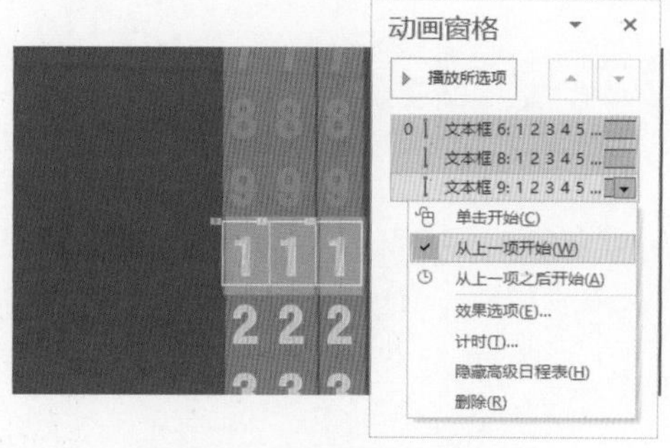

图7-40　设置动画开始方式

(7) 在页面中添加两个矩形形状(无边框)，遮罩住除了数字滚动框以外的部分。按住Ctrl键的同时选中这两个矩形形状，在【设置形状格式】窗格中选中【幻灯片背景填充】单选按钮，如图7-41所示。

(8) 在幻灯片中添加文本和形状完成页面的内容排版，如图7-42所示。在【动画窗格】中分别选中第2个和第3个文本框动画，在【计时】组中将第2个文本框动画的【延迟】设置为0.3秒，将第3个文本框动画的【延迟】设置为0.6秒。完成数字滚动动画的制作。

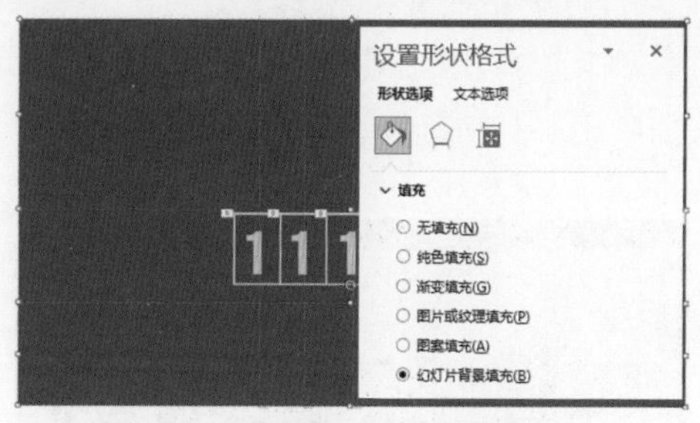

图7-41　使用矩形形状遮罩页面

图7-42　设计页面内容

提示

灵活设置“直线”动画中的数字和方向，可以在PPT中制作出效果多变的数字滚动动画效果，如图7-43所示。

图 7-43　在 PPT 内容页中应用滚动数字

7.3　好看不复杂的内容动画

在一些场合，PPT内容页中只有静态的文字和图片元素，容易使演讲语言与屏幕内容产生脱节。这个时候，一个好看并不花哨的PPT内容动画就是除了演讲者的肢体语言之外吸引观众注意力的主要方式。

7.3.1　制作光线扫描动画

使用两个直线相互配合，可以在PPT内容页中制作出扫描动画。扫描动画可以在内容页中实现扫描并显示物体的效果。

【例7-12】在PPT中制作扫描动画(扫描右侧的二维码可观看动画效果)。

(1) 在页面中插入一个矩形形状，然后在矩形形状之上插入文本框并在其中输入文字。

(2) 先选中页面中的矩形形状，再选中文本框，然后单击【形状格式】选项卡中的【合并形状】下拉按钮，从弹出的下拉列表中选择【拆分】选项，如图7-44所示。

(3) 将文字拆分成形状后删除其中的笔画，按住Ctrl键选中剩余的形状，如图7-45所示。

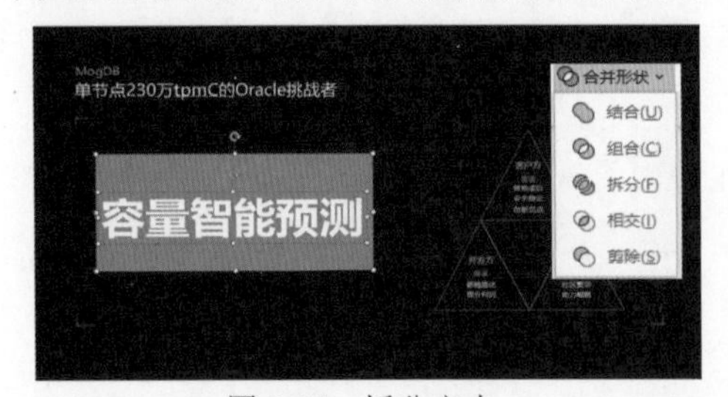

图 7-44　拆分文本

图 7-45　处理笔画

(4) 在【设置形状格式】窗格中设置选中形状的填充色与幻灯片背景色一致。

(5) 绘制一个矩形形状并调整其大小(与文字一致)，将其置于底层，如图7-46左图所示。

(6) 插入一幅图片，通过裁剪调整其大小，使其与矩形形状一致，如图7-46右图所示。

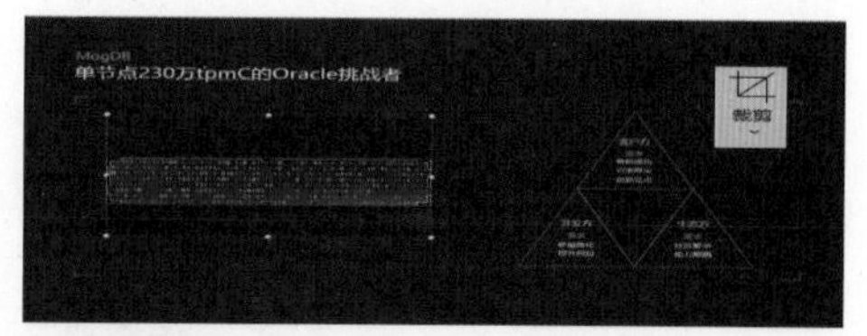

图7-46　插入矩形和图片

(7) 将图片置于幻灯片页面最底层。选中步骤(5)绘制的矩形形状，选择【动画】选项卡中的【直线】选项，为形状设置一个从左向右移动的“直线”动画，如图7-47所示。

(8) 在幻灯片中绘制一个渐变填充的直线形状，将其放置在文本的左侧，也为其添加一个从左向右移动的直线动画，并设置其结束端在文本的最右侧，如图7-48所示。

图7-47　为矩形形状设置直线动画

容量智能预测

图7-48　为直线设置直线动画

(9) 将插入页面的矩形形状的填充色设置为幻灯片背景色。单击【动画】选项卡中的【动画窗格】选项，在打开的【动画窗格】窗格中按住Ctrl键选中矩形和直线动画，右击鼠标，从弹出的快捷菜单中选择【从上一项开始】选项，如图7-49所示。

(10) 在【计时】组中将动画的【持续时间】设置为3秒。完成扫描动画的制作。

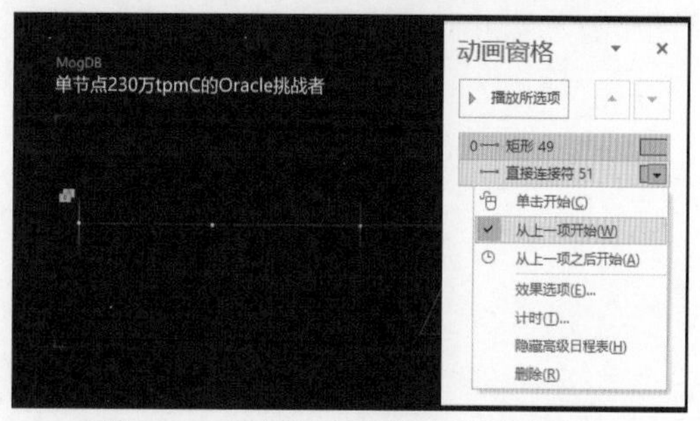

图7-49　设置两个直线动画同时开始

7.3.2　制作流体形状动画

利用陀螺旋动画，可以在PPT中制作形状呈流体转动的动画效果。

【例7-13】在PPT中制作流体形状动画(扫描右侧的二维码可观看动画效果)。

(1) 打开PPT后在幻灯片中插入一个等腰三角形形状，然后右击该形状，在弹出的快捷菜单中选择【编辑顶点】命令，进入顶点编辑模式，通过拖动顶点控制柄调整形状的外观效果，制作如图7-50所示的圆角三角形形状。

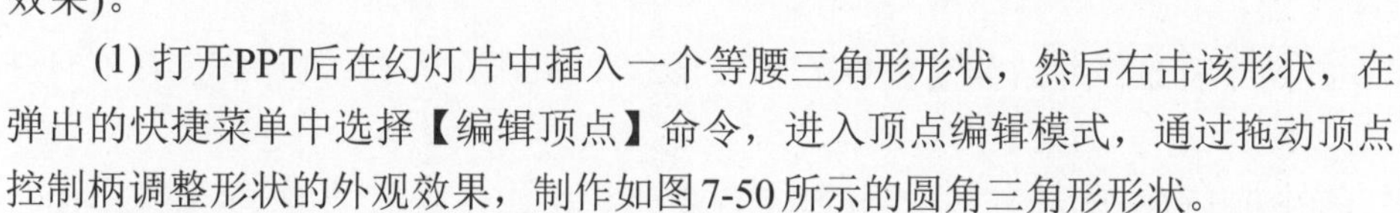

(2) 按Esc键退出顶点编辑模式。在页面中插入一个灰色背景的圆形形状，将其置于底层后与步骤(1)制作的形状重叠。

(3) 按住Ctrl键先选中圆形形状再选中圆角三角形形状，单击【形状格式】选项卡中的【合并形状】下拉按钮，从弹出的下拉列表中选择【剪除】选项，如图7-51所示。

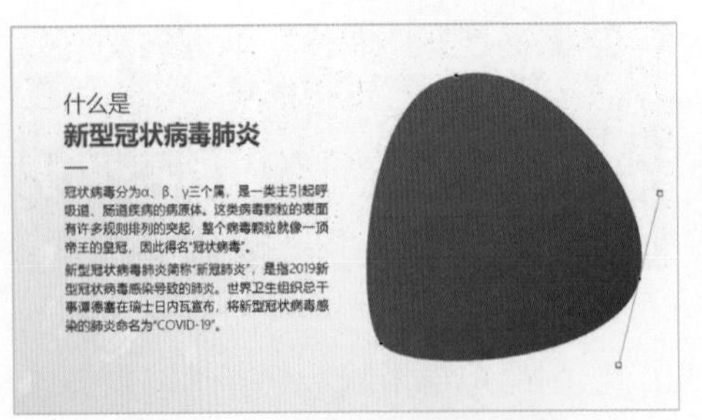

图 7-50　制作圆角三角形形状

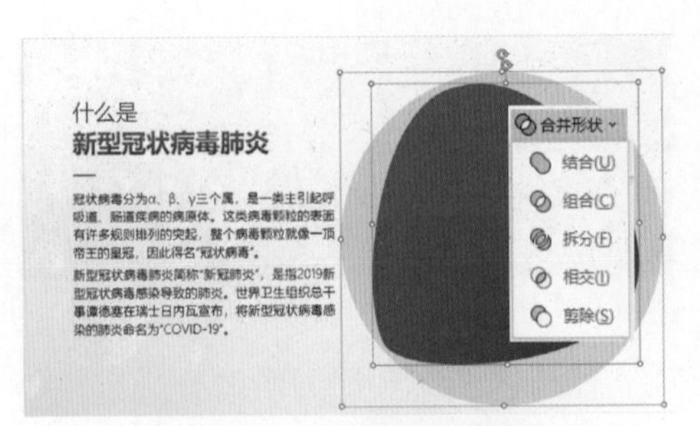

图 7-51　合并形状 (剪除)

(4) 在【动画】选项卡中为形状设置【陀螺旋】动画，打开【动画窗格】窗格，双击其中的动画，在打开的【陀螺旋】对话框中选择【计时】选项卡，将【期间】设置为【非常慢(5秒)】，将【重复】设置为【直到幻灯片末尾】，然后单击【确定】按钮，如图7-52所示。

(5) 在【动画窗格】窗格中右击动画，从弹出的快捷菜单中选择【从上一项开始】选项。在【计时】组中将动画的【持续时间】设置为12秒。

(6) 在幻灯片中插入图片和一个圆形形状，通过布尔运算将图片裁剪为圆形，调整圆形图片的位置和大小，使其与步骤(3)得到的形状重叠，并将其置于页面的底层，如图7-53所示。

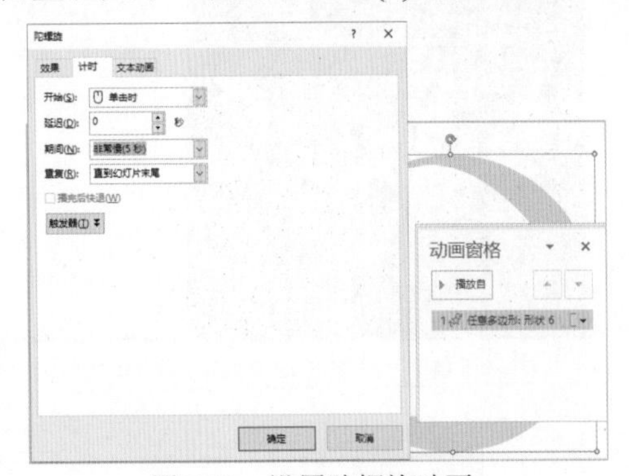

图 7-52　设置陀螺旋动画

图 7-53　调整圆形图片位置

(7) 最后，单击【动画】选项卡中的【预览】按钮，预览动画效果。

7.3.3　制作炫彩镂空动画

将陀螺旋动画应用于背景，并结合镂空的文字(或形状)，可以在PPT中制作出色彩不断变化的炫彩镂空动画。

【例7-14】在PPT中制作炫彩文字动画(扫描右侧的二维码可观看动画效果)。

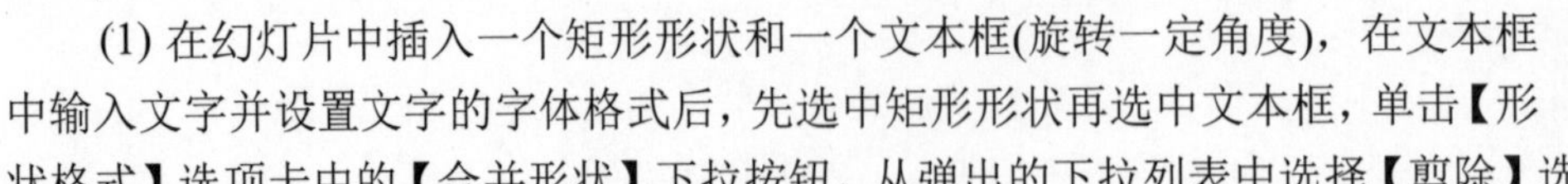
(1) 在幻灯片中插入一个矩形形状和一个文本框(旋转一定角度)，在文本框中输入文字并设置文字的字体格式后，先选中矩形形状再选中文本框，单击【形状格式】选项卡中的【合并形状】下拉按钮，从弹出的下拉列表中选择【剪除】选项，如图7-54所示。

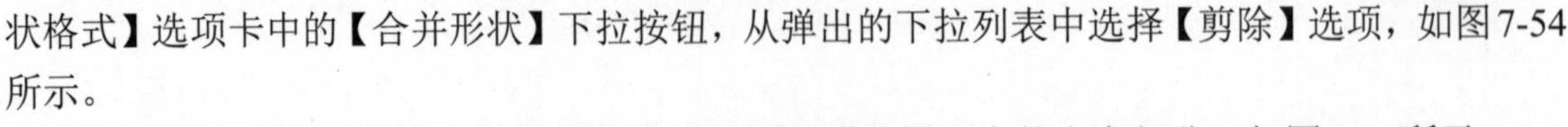
(2) 插入一个炫彩图片，调整图片的大小使其覆盖页面中的文字部分，如图7-55所示。

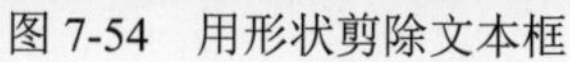
图 7-54 用形状剪除文本框

图 7-55 调整图片大小

(3) 选中图片，在【动画】选项卡中选择【陀螺旋】选项，为图片设置“陀螺旋”动画，然后单击【动画窗格】选项，在打开的【动画窗格】窗格中右击图片动画，在弹出的快捷菜单中选择【计时】命令，打开【陀螺旋】对话框，将【期间】设置为【非常慢(5秒)】，将【重复】设置为【直到幻灯片末尾】，然后单击【确定】按钮，如图7-56所示。

(4) 再次右击【动画窗格】中的图片动画，从弹出的快捷菜单中选择【从上一项开始】命令。右击幻灯片中的图片，在弹出的快捷菜单中选择【置于底层】命令，将图片置于幻灯片底层。

(5) 在幻灯片中添加其他元素，完成页面设计，按F5键放映PPT，其中的炫彩文字效果如图7-57所示。

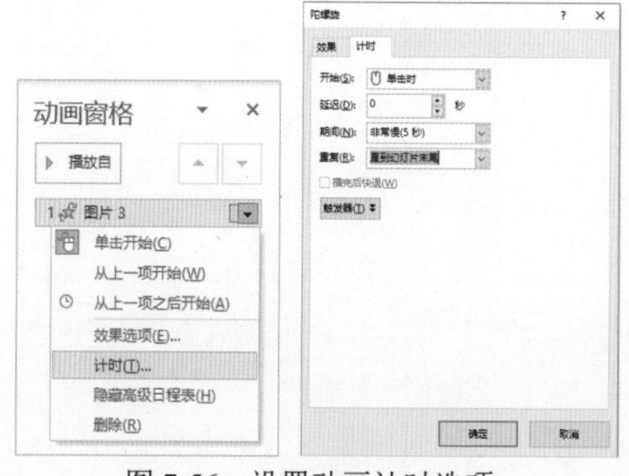

图 7-56 设置动画计时选项

图 7-57 PPT 中的炫彩文字效果

7.3.4 制作动态笔刷动画

使用“擦除”动画可以在采用墨迹排版页面中制作出动态笔刷动画效果。

【例 7-15】在PPT中制作动态笔刷动画(扫描右侧的二维码可观看动画效果)。

(1) 在幻灯片中插入一个矩形形状，调整其大小后将其旋转一定角度，如图7-58所示。

(2) 使用旋转后的矩形挡住页面中墨迹的一部分，然后按Ctrl+D组合键将矩形形状复制多份，分别挡住墨迹的不同部分。

(3) 将所有矩形形状的背景颜色设置为白色，边框设置为无，然后按住Ctrl键选中所有矩形，在【动画】选项卡中选择【退出】|【擦除】选项，为矩形设置“擦除”动画，如图7-59所示。

图 7-58　绘制矩形

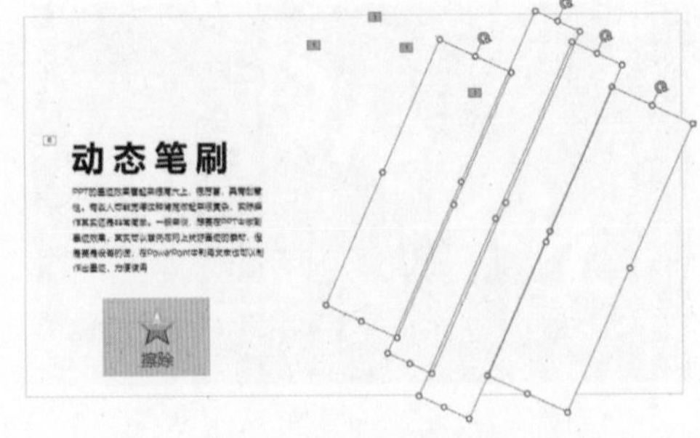

图 7-59　为矩形设置“擦除”动画

(4) 选中页面中的第1个矩形形状，单击【动画】选项卡的【高级动画】组中的【效果选项】下拉按钮，从弹出的下拉列表中选择【自左侧】选项，如图7-60左图所示。

(5) 选中页面中的第2个矩形形状，单击【动画】选项卡的【高级动画】组中的【效果选项】下拉按钮，从弹出的下拉列表中选择【自右侧】选项，如图7-60右图所示。

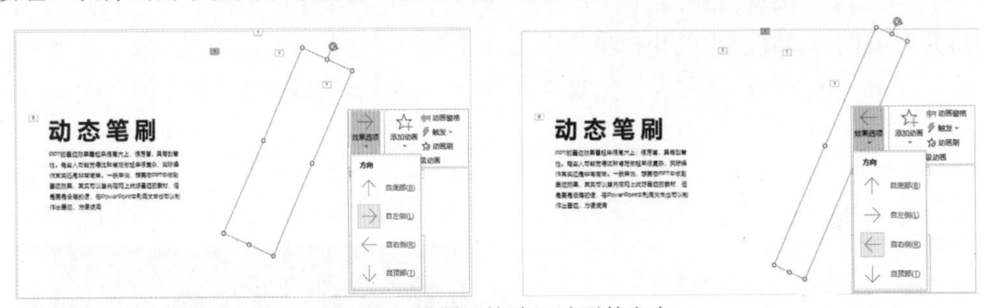

图 7-60　设置“擦除”动画的方向

(6) 使用同样的方法设置第3个矩形自左侧生效，设置第4个矩形自右侧生效。

(7) 单击【高级动画】组中的【动画窗格】选项，在打开的【动画窗格】窗格中选中并右击所有矩形动画，在弹出的快捷菜单中选择【从上一项之后开始】选项。

(8) 最后，在【计时】组中将所有“擦除”动画的【持续时间】设置为0.3秒，将【延迟】设置为0.1秒。完成动态笔刷动画的制作。

7.3.5　制作滑动手机动画

使用“向上”路径动画可以在PPT中制作模拟滑动手机屏幕的动画效果。

【例7-16】在PPT中制作滑动手机动画(扫描右侧的二维码可观看动画效果)。

(1) 在页面中插入一个手机屏幕内容图片，在【图片格式】选项卡中单击【裁剪】下拉按钮，从弹出的下拉列表中选择【裁剪为形状】|【圆角矩形】选项▢，如图7-61左图所示。

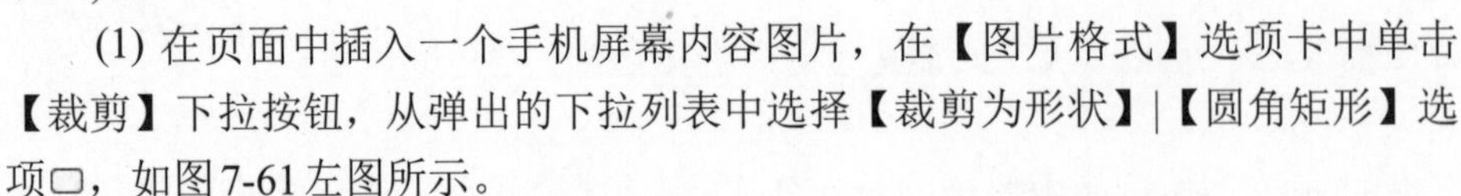

(2) 拖动图片顶部显示的黄色控制柄，将图片裁剪为圆角矩形，如图7-61右图所示。

(3) 在【动画】选项卡中单击【其他】按钮，从弹出的列表中选择【其他动作路径】选项，打开图7-62所示的【更改动作路径】对话框，选择【向上】选项后单击【确定】按钮。

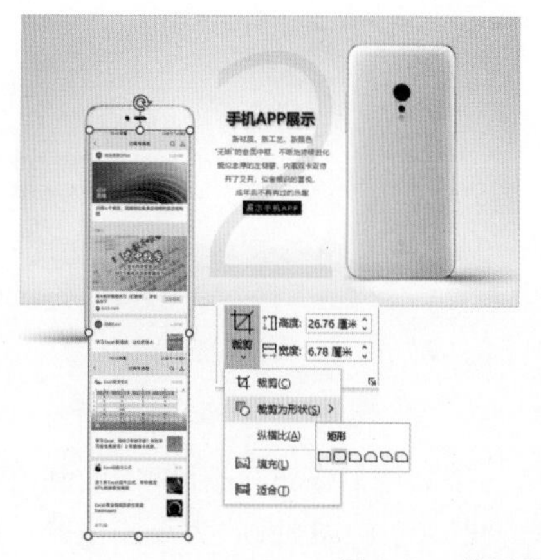

图 7-61　将图片裁剪为圆角矩形

(4) 向上调整“向上”动画的红色控制柄，设置动画中滑动显示平面的范围。

(5) 右击页面中的手机样机图片，在弹出的快捷菜单中选择【置于顶层】命令，用样机盖住手机屏幕图片。

(6) 在手机样机顶部插入一个矩形形状，在【设置形状格式】窗格的【填充】卷展栏中选中【幻灯片背景填充】单选按钮，在【线条】卷展栏中选中【无线条】单选按钮，如图7-63所示。完成手机屏幕滑动动画的制作。

图 7-62　为图片设置“向上”动画

图 7-63　使用矩形挡住顶部动画效果

7.3.6　制作加载循环动画

为包含圆形符号的文本框设置“形状”动画，可以在PPT中制作出加载循环动画效果。

【例7-17】在PPT中制作加载循环动画(扫描右侧的二维码可观看动画效果)。

(1) 插入一个文本框，单击【插入】选项卡中的【符号】按钮，打开【符号】对话框，选择圆形符号并连续单击多次【插入】按钮，在文本框中插入一长串圆形符号，如图7-64所示。

(2) 选中文本框，在【开始】选项卡中设置字体的格式、颜色和对齐方式(居中对齐)，然后单击【字体】组右下角的【字体】按钮，打开【字体】对话框，选择【字符间距】选项卡，将【间距】设置为【紧缩】，【度量值】设置为100磅，如图7-65所示。此时，文本框中所有的圆形符号将被紧缩为一个符号。

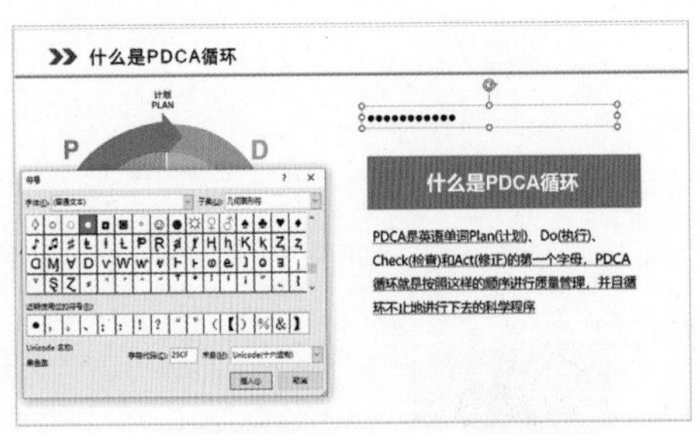

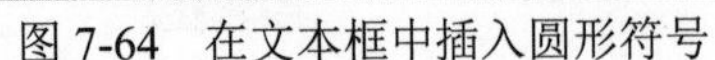
图 7-64　在文本框中插入圆形符号

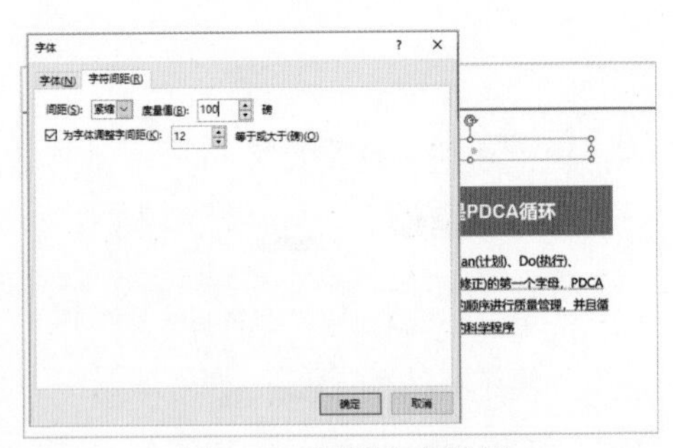
图 7-65　设置文字紧缩

(3) 选择【动画】选项卡，单击【动画】组中的【其他】按钮，在弹出的列表中选择【形状】选项，为文本框添加“形状”动画。调整“形状”动画生成圆的大小和位置，使其与幻灯片页面中的圆形形状重叠，如图 7-66 所示。

(4) 单击【动画】选项卡【高级动画】组中的【动画窗格】选项，在打开的【动画窗格】窗格中右击文本框动画，从弹出的快捷菜单中选择【计时】选项，在打开的【圆形扩展】对话框中将【开始】设置为【与上一动画同时】，将【期间】设置为1.8秒，将【重复】设置为【直到幻灯片末尾】，如图 7-67 所示。

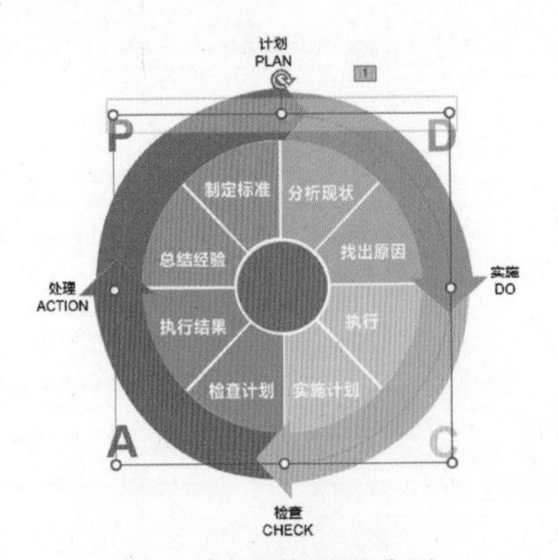

图 7-66　调整圆形动画

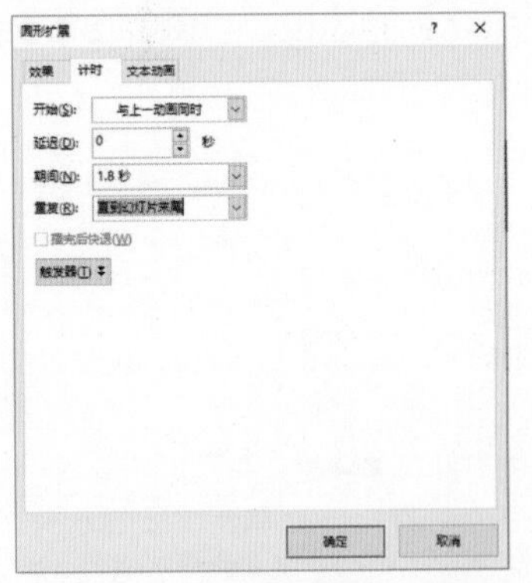
图 7-67　设置动画计时选项

(5) 在【圆形扩展】对话框中选择【效果】选项卡，将【平滑开始】和【平滑结束】都设置为0.9秒，将【动画文本】设置为【按字母顺序】，将【字母之间延迟】设置为3%，然后单击【确定】按钮，如图 7-68 所示。

(6) 按F5键放映PPT，加载循环动画效果如图 7-69 所示。

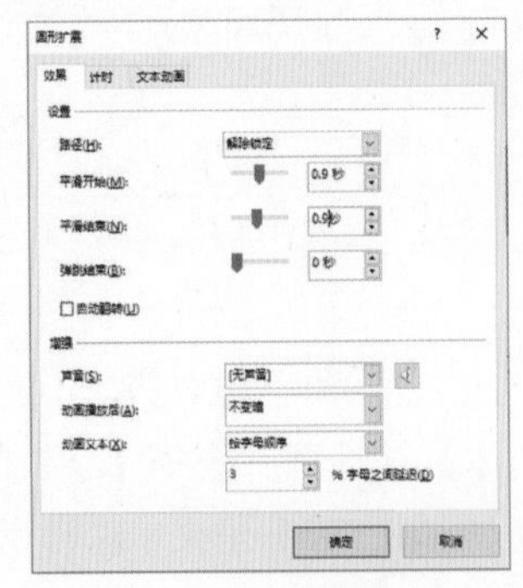
图 7-68　设置动画效果选项

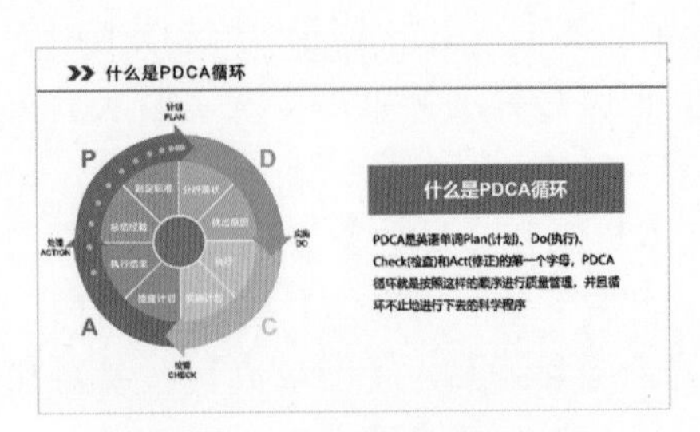

图 7-69　加载循环动画效果

7.3.7　制作灯光照射动画

通过在页面中的光线遮罩层应用“淡化”动画，可以在PPT中制作出灯光照射动画效果。

【例7-18】在PPT中制作灯光照射动画(扫描右侧的二维码可观看动画效果)。

(1) 在PPT中插入一幅图片和两个梯形形状，单击【开始】选项卡中的【选择】下拉按钮，从弹出的下拉列表中选择【选择窗格】选项，在打开的【选择】窗格中调整梯形形状和图片的位置，使图片位于梯形1和梯形2之间，如图7-70所示。

(2) 分别为梯形1和梯形2形状设置渐变填充和柔化边缘效果，制作图7-71所示的灯光照射手机的页面效果。

图 7-70　调整图层顺序

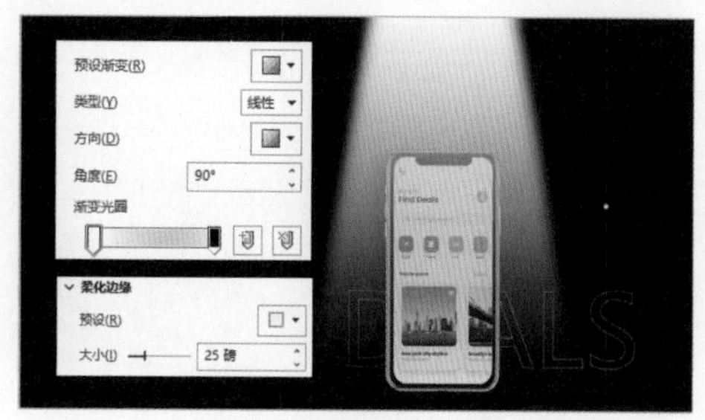

图 7-71　制作光效果

(3) 在【选择】窗格中按住Ctrl键的同时选中“梯形1”和“梯形2”形状，然后在【动画】选项卡中选择【淡化】选项，为两个梯形灯光形状设置“淡化”动画。

(4) 在【动画窗格】中按住Ctrl键选中两个梯形动画，右击鼠标，从弹出的快捷菜单中选择【计时】选项，打开【淡化】对话框，将【开始】设置为【与上一动画同时】，【期间】设置为0.16秒，【重复】设置为3，然后单击【确定】按钮，如图7-72所示。

(5) 在【动画窗格】中单独右击“梯形2”动画，从弹出的快捷菜单中选择【计时】选项，打开【淡化】对话框，选中【播完后快退】复选框，然后单击【确定】按钮，如图7-73所示。

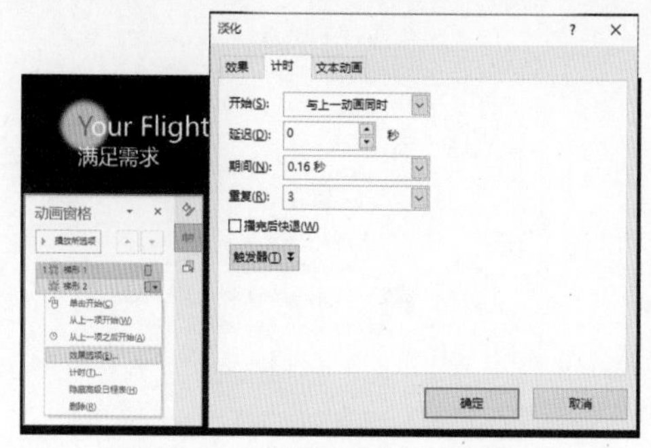

图 7-72　设置动画计时选项

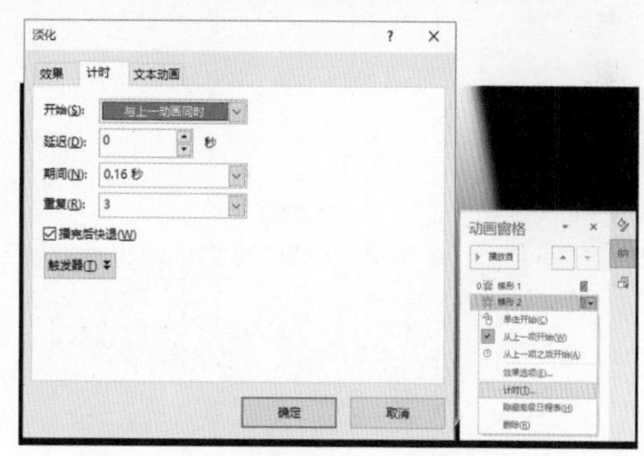

图 7-73　设置梯形2动画播完后快退

(6) 按F5键预览PPT，即可观看灯光照亮手机的动画效果。

7.3.8　制作抽拉标签动画

通过为“直线”动画设置触发器可以在PPT中实现抽拉标签动画效果。

【例7-19】在PPT中制作抽拉标签动画(扫描右侧的二维码可观看动画效果)。

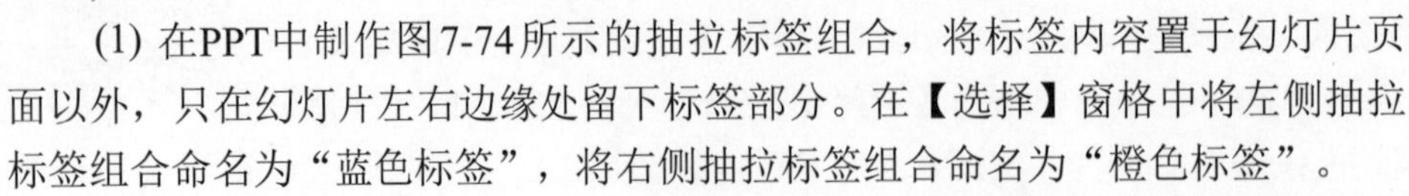

(1) 在PPT中制作图7-74所示的抽拉标签组合，将标签内容置于幻灯片页面以外，只在幻灯片左右边缘处留下标签部分。在【选择】窗格中将左侧抽拉标签组合命名为“蓝色标签”，将右侧抽拉标签组合命名为“橙色标签”。

(2) 选中右侧的橙色标签，在【动画】选项卡中为其设置“直线”动画，并单击【效果选项】下拉按钮，从弹出的下拉列表中选择【靠左】选项，如图7-75所示。

图7-74　制作标签

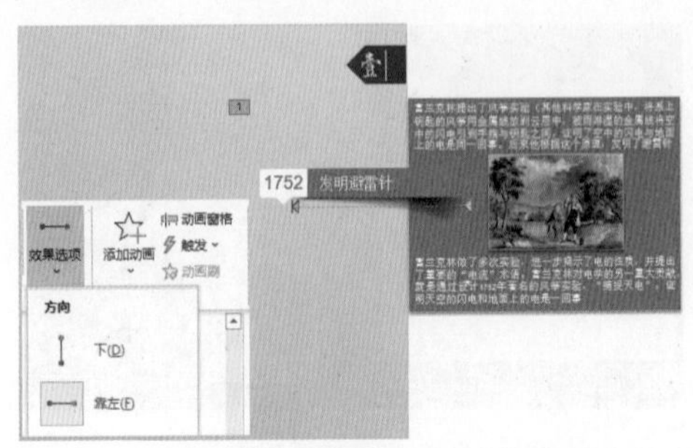

图7-75　为橙色标签设置向左移动的直线动画

(3) 将鼠标指针放置在“直线”动画红色控制柄上，调整动画运动的结束位置；将鼠标指针放在动画绿色控制柄上，调整动画运动的开始位置，如图7-76所示。

(4) 单击【动画】选项卡的【高级动画】组中的【动画窗格】选项，在打开的【动画窗格】窗格中双击橙色标签动画，打开【向左】对话框，选择【计时】选项卡，单击【触发器】按钮，在展开的选项区域中选中【单击下列对象时启动动画效果】单选按钮，然后单击该单选按钮右侧的下拉按钮，在弹出的下拉列表中选择【橙色标签】选项，如图7-77所示。

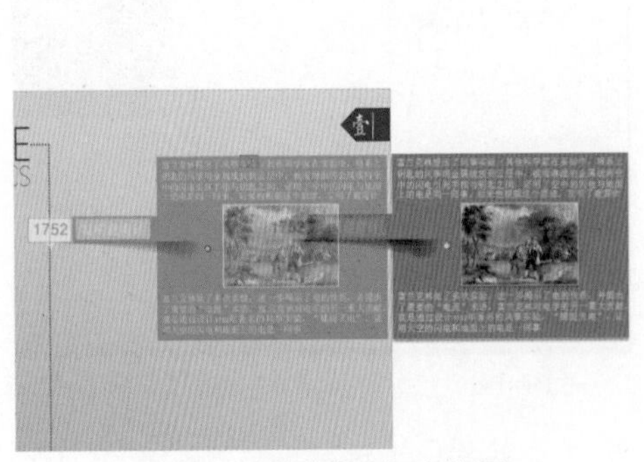

图7-76　设置动画起止位置

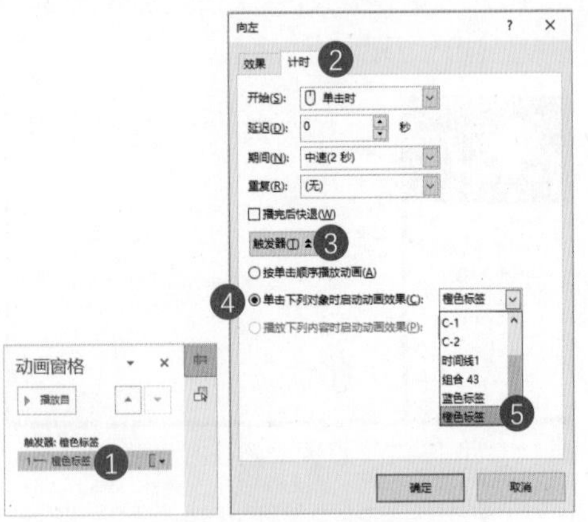

图7-77　设置动画触发器

(5) 使用同样的方法为幻灯片左侧的“蓝色标签”组合设置一个向右移动的“直线”动画，并设置控制器。

(6) 按F5键放映PPT，单击页面中的标签将抽拉出相应的内容，如图7-78所示。

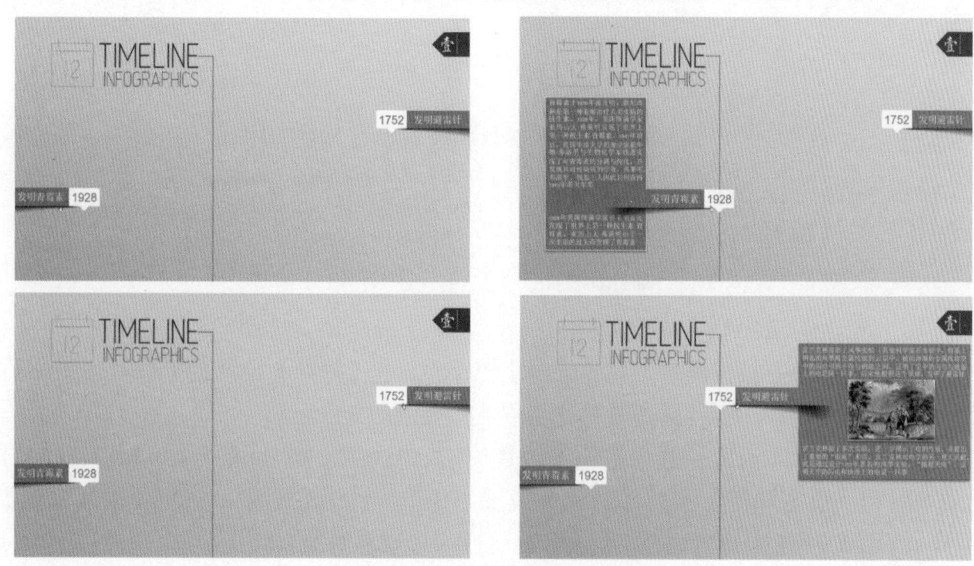

图7-78　抽拉标签动画效果

7.4　柔和流畅的过渡动画

在PPT中静态的目录页和过渡页通常是比较难以设计的页面，原因是这些页面中信息量往往较少，难以使其和封面页、内容页和结尾页流畅地衔接。但如果运用动画使页面实现过渡，则可以起到良好的承上启下作用，柔和地引导用户从演讲的一个环节进入下一个环节，掌控现场观众的注意力焦点。

7.4.1　制作色彩填充过渡动画

将“放大/缩小”和“淡化”动画结合使用，可以在PPT过渡页中制作出色彩填充画面后显示文字的动画效果。

【例7-20】在PPT中制作色彩填充动画(扫描右侧的二维码可观看动画效果)。

(1) 在幻灯片页面以外三个角落绘制图7-79所示的三个圆形形状。

(2) 选中蓝色的圆形形状，在【动画】选项卡中为其设置【放大/缩小】动画，然后单击【高级动画】组中的【动画窗格】选项，在打开的【动画窗格】窗格中双击蓝色圆动画，打开【放大/缩小】对话框，将【尺寸】设置为400%，如图7-80所示。

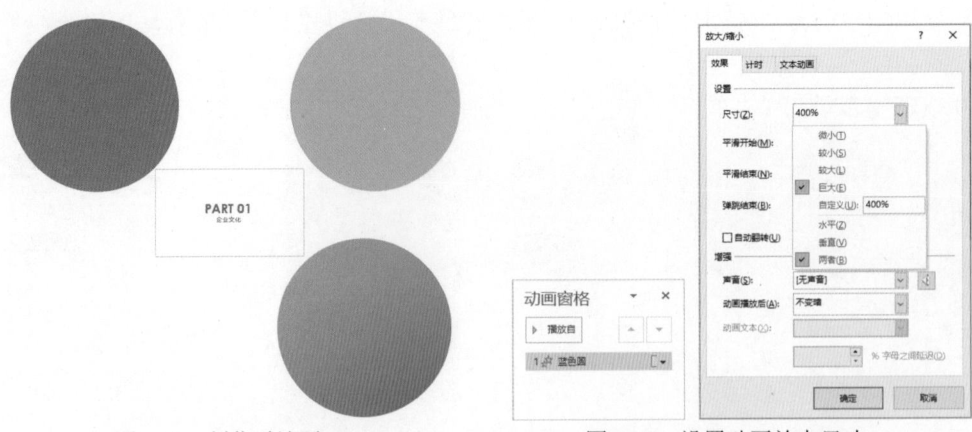

图 7-79　制作过渡页　　　　图 7-80　设置动画放大尺寸

(3) 在【放大/缩小】对话框中选择【计时】选项卡，将【开始】设置为【与上一动画同时】，将【期间】设置为0.2秒，然后单击【确定】按钮，如图7-81所示。

(4) 使用同样的方法为绿色圆和橙色圆设置“放大/缩小”动画，在【放大/缩小】对话框的【计时】选项卡中将绿色圆和橙色圆的【开始】设置为【上一动画之后】，将绿色的【延迟】设置为0.25秒(如图7-82所示)，橙色圆的【延迟】设置为0.5秒(如图7-83所示)。

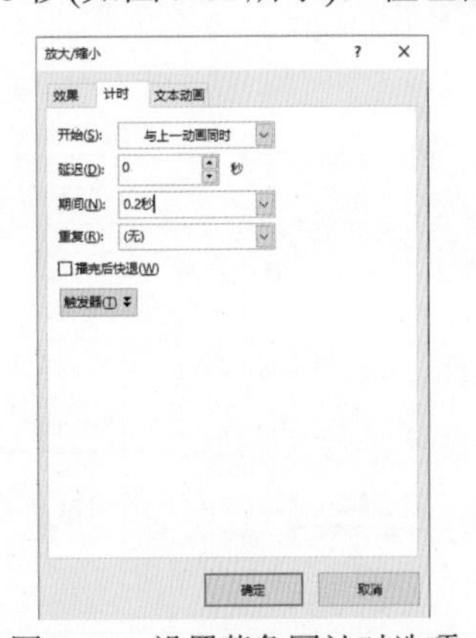

图 7-81　设置蓝色圆计时选项

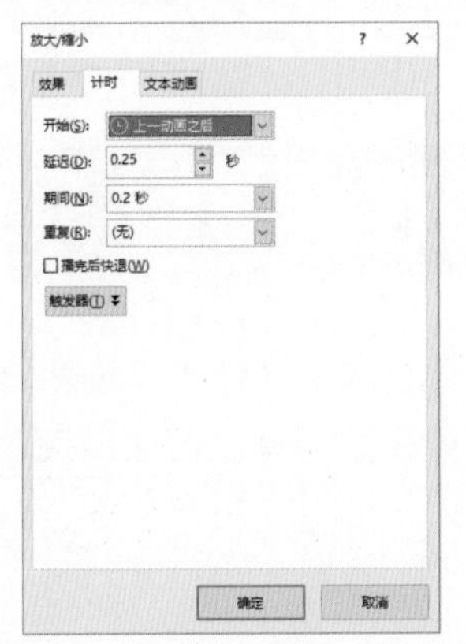

图 7-82　设置绿色圆计时选项

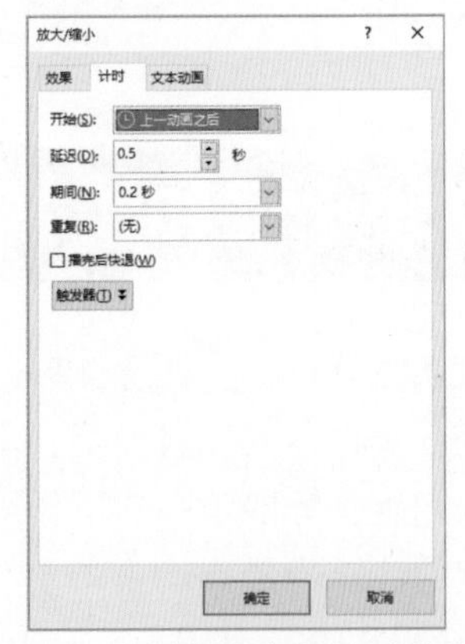

图 7-83　设置橙色圆计时选项

(5) 选中页面中的两个标题文本框，在【动画】选项卡中为其设置“淡化”动画，在【计时】组中将【开始】设置为【上一动画之后】，将【持续时间】设置为00.50，将【延迟】设置为00.25，如图7-84所示。

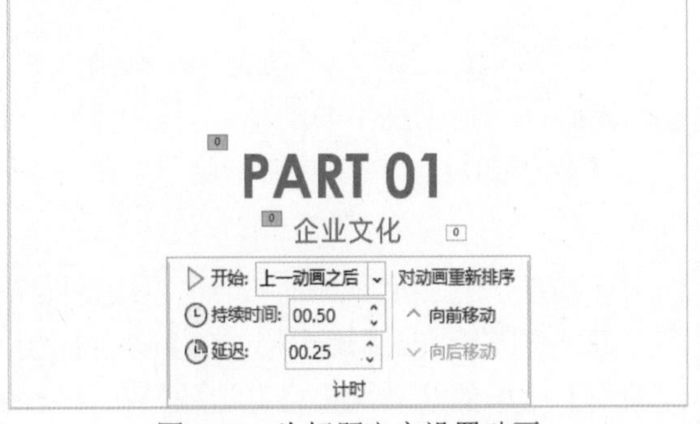

图 7-84　为标题文字设置动画

(6) 最后，将两个标题文本框中的文本颜色设置为白色，完成色彩填充动画的制作。按F5键放映PPT，过渡页中将依次填充蓝色、绿色和橙色，然后缓缓出现标题文字。

7.4.2　制作视差切换过渡动画

将“平滑”切换动画应用于扭曲的图片，可在PPT中制作出图片视差切换动画效果。

【例 7-21】制作视差切换动画(扫描右侧的二维码可观看动画效果)。

(1) 在PPT中插入一幅图片后将其调整为占满整个幻灯片页面，然后按Ctrl+D组合键将图片复制一份，选择其中一幅图片后单击【图片格式】选项卡中的【删除背景】选项，删除图片右下角的山脉，如图 7-85 左图所示。

(2) 选中另外一幅图片，再次单击【删除背景】选项，删除除了右下角山脉以外的其他部分，如图 7-85 右图所示。

图 7-85　删除图片背景

(3) 将两幅删除背景后的图片拼接成一幅图片，在页面底部添加一个渐变色蒙版，在【设置形状格式】窗格中设置其【类型】为【线性】、渐变色为从黑色到白色、【角度】为 90°、【透明度】为 38%，如图 7-86 所示。

图 7-86　制作渐变蒙版

(4) 在幻灯片中插入 3 个文本框，分别输入三段文本，将其中一段文本置于幻灯片右下角黑色山脉部分，其余两段文本置于幻灯片页面以外，如图 7-87 所示。

(5) 在幻灯片预览窗格中选中当前幻灯片，按Ctrl+D组合键将其复制一份，然后将图 7-85 左图所示的图片复制两份，并分别进行删除背景处理，将图片拆分为图 7-88 所示。

图 7-87　插入文本框

图 7-88　通过删除背景拆分图片

(6) 将图 7-88 所示的图片组合在一起复原之前图片的效果，并将组合后的图片和页面中其他的图片和蒙版图形适当放大。

(7) 调整幻灯片中文本框的位置，将幻灯片以外的文本框移至幻灯片右下角，将原先幻灯片右下角的文本框移至幻灯片范围以外。

(8) 最后，在【切换】选项卡的【切换到此幻灯片】组中选择【平滑】选项(如图7-89所示)，为幻灯片设置“平滑”切换动画。完成视差切换过渡动画的制作。

图 7-89　制作平滑切换动画

7.5　点亮演讲的结尾动画

一份出彩的PPT，结尾页是否精彩也非常重要。在结尾页中使用一些简约而优雅的动画来礼貌地向观众表达感谢，同样可以点亮演讲，使人记忆深刻。

7.5.1　制作回顾式结尾动画

通过将制作好的PPT导出为视频文件，我们可以在PPT的结尾部分制作出一个可以回顾演讲内容的结尾动画效果。

【例7-22】制作内容回顾式结尾动画(扫描右侧的二维码可观看动画效果)。

(1) 将制作好的PPT文件复制一份，然后编辑复制的PPT内容，删除其封面页和目录页，在【动画】选项卡的【高级动画】组中单击【动画窗格】选项，在打开的【动画窗格】窗格中按Ctrl+A组合键选中幻灯片页面中所有的动画，然后按Delete键将其全部删除。

(2) 重复执行以上步骤，删除PPT中所有幻灯片页面内的对象动画。

(3) 选择【切换】选项卡，在【切换到此幻灯片】组中选择【推入】选项；在【计时】组中将【持续时间】设置为“01.50”，设置自动换片时间为“00:02.00”，取消【单击鼠标时】复选框的选中状态，然后单击【应用到全部】选项，如图7-90所示。

(4) 按F12键打开【另存为】对话框，将文件保存为视频格式(.mp4)文件，如图7-91所示。

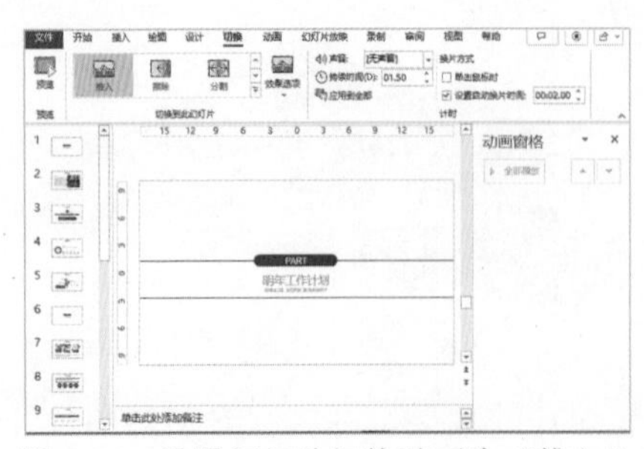

图 7-90　设置幻灯片切换动画为“推入”

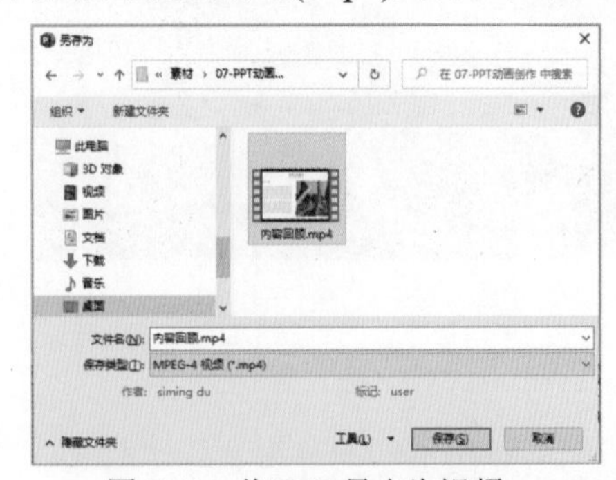

图 7-91　将 PPT 导出为视频

(5) 关闭当前PPT，打开步骤(1)复制的PPT。选择【插入】选项卡，单击【媒体】组中的【视频】下拉按钮，从弹出的下拉列表中选择【此视频】选项，将步骤(4)保存的视频插入PPT的结束页中。

(6) 选中插入的视频，单击【视频格式】选项卡中的【视频效果】下拉按钮，从弹出的下拉列表中选择【三维旋转】|【透视：极左极大】选项，为视频设置图 7-92 所示的三维旋转效果。

(7) 选择【播放】选项卡，在【视频选项】组中将【开始】设置为【自动】，选中【循环播放，直到停止】复选框。

(8) 在幻灯片中插入一个文本框并在其中输入图 7-93 所示的文本内容，然后将文本框移至幻灯片范围外。

图 7-92　为视频设置三维旋转效果

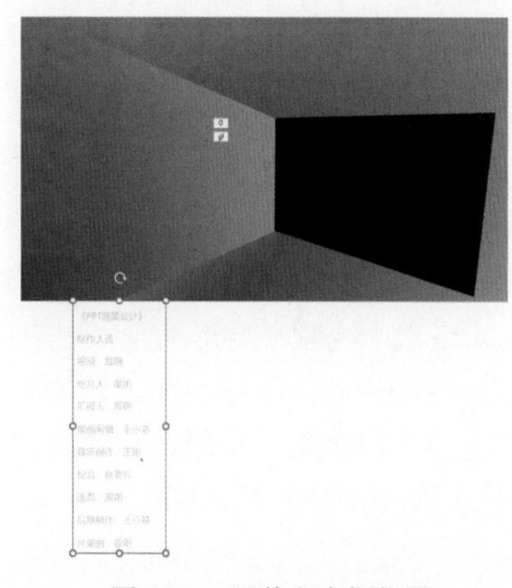

图 7-93　调整文本框位置

(9) 选择【动画】选项卡，单击【动画】组中的【其他】按钮，从弹出的列表中选择【直线】选项，为文本框添加“直线”动画，然后拖动动画控制柄调整其开始和结束位置，如图 7-94 所示。

(10) 单击【动画】选项卡【高级动画】组中的【动画窗格】选项，在打开的【动画窗格】窗格中同时选中并右击文本框和视频动画，在弹出的快捷菜单中选择【从上一项开始】选项。单独选中文本框动画，在【计时】组中将【持续时间】设置为“15.00”，如图 7-95 所示。

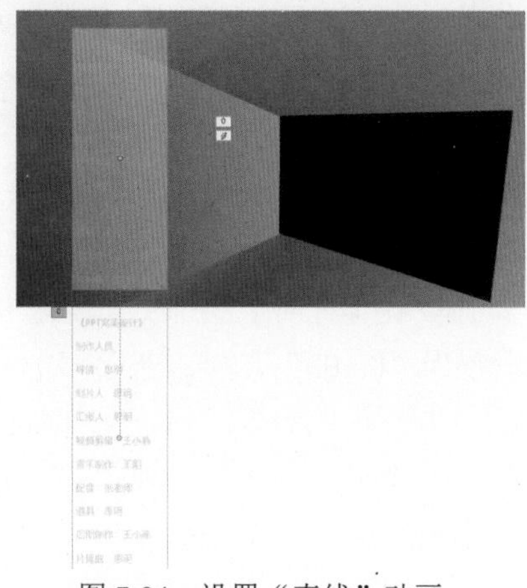

图 7-94　设置“直线”动画

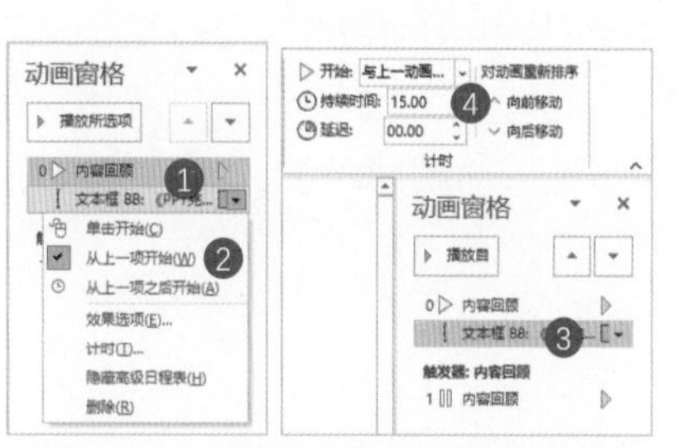

图 7-95　设置动画触发和持续时间

(11) 最后，选择【切换】选项卡，在【计时】组中取消【单击时】和【设置自动换片时间】复选框的选中状态。

7.5.2　制作电影式结尾动画

将多种动画与视频背景相结合可以制作出电影式的PPT结尾效果。

【例7-23】制作内容电影式结尾动画(扫描右侧的二维码可观看动画效果)。

(1) 选择【插入】选项卡，单击【媒体】组中的【视频】下拉按钮，从弹出的下拉列表中选择【此设备】选项，在幻灯片中插入一个视频。

(2) 调整视频的大小使其与幻灯片页面一致。选择【播放】选项卡，在【视频选项】组中将【开始】设置为【自动】，如图7-96所示。

(3) 在幻灯片页面顶部和底部分别插入一个黑色的矩形形状(大小相等)，然后在【动画】选项卡的【动画】组中单击【其他】按钮，从弹出的列表中选择【放大/缩小】选项，为两个矩形设置“放大/缩小”动画。

(4) 单击【动画】选项卡的【高级动画】组中的【动画窗格】选项，在打开的【动画窗格】窗格中按住Ctrl键选中视频和矩形动画，右击鼠标，从弹出的快捷菜单中选择【从上一项开始】选项，如图7-97左图所示。设置3个动画同时播放。

(5) 选中并右击两个矩形动画，从弹出的快捷菜单中选择【效果选项】选项，如图7-97右图所示，打开【放大/缩小】对话框。

图7-96　设置视频自动播放

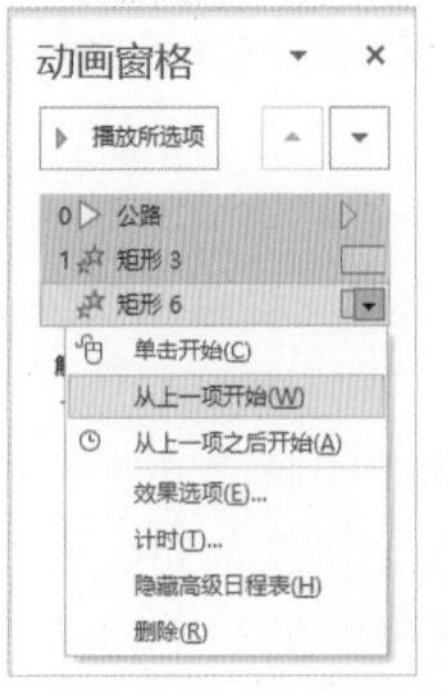

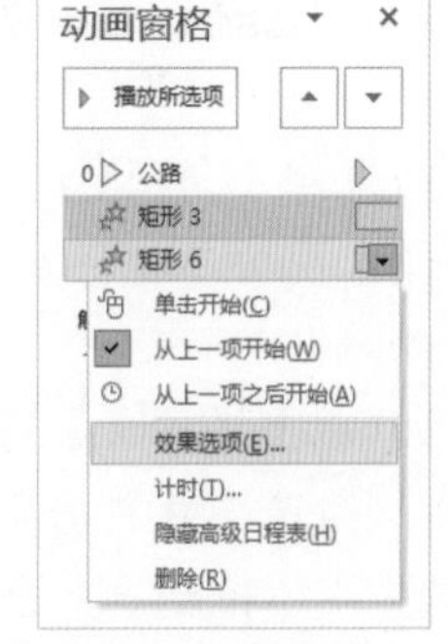

图7-97　设置动画同时播放和效果选项

(6) 在【放大/缩小】对话框中单击【尺寸】下拉按钮，在弹出的下拉列表中将【自定义】设置为200%，然后单击【确定】按钮，如图7-98所示。

(7) 在幻灯片中插入一个【透明度】为50%的黑色蒙版(无边框)，并调整其大小使其覆盖整个幻灯片，如图7-99所示。

(8) 在【动画】选项卡中为蒙版设置“淡化”动画，在【计时】组中将“淡化”动画的【开始】设置为【与上一动画同时】，【持续时间】设置为“03.00”。

图 7-98　设置动画放大图形比例

图 7-99　添加蒙版

(9) 在幻灯片中插入两个文本框，并在【动画】选项卡中为其设置“淡化”动画，在【计时】组中将“淡化”动画的【开始】设置为【与上一动画同时】，【持续时间】设置为“03.00”，【延迟】设置为“03.00”，如图 7-100 所示。

(10) 按F5键，观看结尾页动画效果。

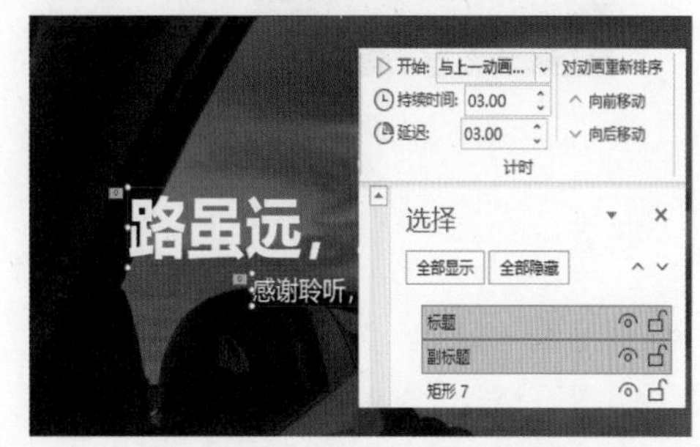

图 7-100　为文本框设置动画

7.6　控制 PPT 动画播放时间

对很多人来说，在PPT中添加动画是一件非常麻烦的工作：要么动画效果冗长拖沓，喧宾夺主；要么演示时手忙脚乱，难以和演讲精确配合。之所以会这样，很大程度上是因为他们不了解如何控制PPT动画的时间。

文本框、图形、照片的动画时间多长，重复几次，各个动画如何触发，是单击鼠标后直接触发，还是在其他动画完成之后自动触发，触发后是立即执行，还是延迟几秒钟之后再执行，这些问题虽然简单，但却是PPT动画制作的核心。

7.6.1　对象动画的时间控制

下面将从触发方式、动画时长、动画延迟和动画重复这 4 个方面介绍如何设置对象动画的控制时间。

1. 动画的触发方式

PPT的对象动画有 3 种触发方式：一是通过单击鼠标的方式触发，一般情况下添加的动画默认就是通过单击鼠标来触发的；二是与上一动画同时，指的是上一个动画触发的时候，也会同时触发这个动画；三是上一动画之后，是指上一个动画结束之后，这个动画就会自动被触发。

选择【动画】选项卡，单击【高级动画】组中的【动画窗格】按钮，打开【动画窗格】窗格，然后单击该窗格中动画右侧的下拉按钮，从弹出的下拉菜单中选择【计时】选项，可以打开动画设置对话框，如图7-101所示。

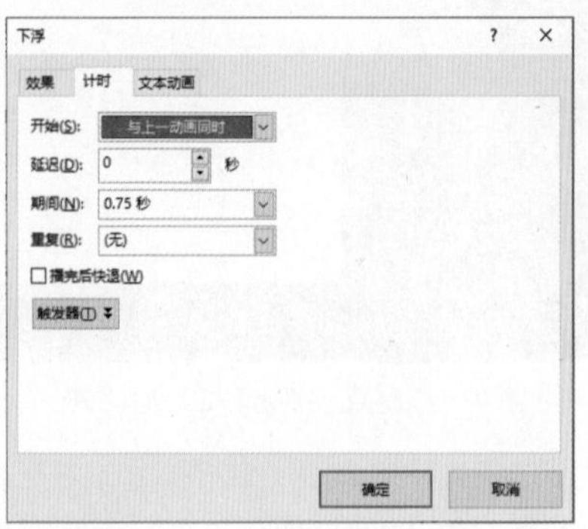

图7-101　打开动画设置对话框

提示

不同的动画，打开的动画设置对话框的名称也不相同，以【下浮】对话框为例，在该对话框的【计时】选项卡中单击【开始】下拉按钮，在弹出的下拉列表中可以修改动画的触发方式，如图7-102所示。其中，通过单击鼠标的方式触发又可分为两种：一种是在任意位置单击鼠标即可触发；另一种是必须单击某一个对象才可以触发。前者是PPT动画默认的触发类型，后者就是我们常说的触发器。单击图7-101所示对话框中的【触发器】按钮，在显示的选项区域中，用户可以对触发器进行详细的设置，如图7-103所示。

图7-102　设置动画的触发方式

图7-103　设置动画触发器

下面以A和B两个对象动画为例，介绍几种动画触发方式的区别。

- 设置为【单击时】触发：当A、B两个动画都是通过单击鼠标的方式触发时，相当于分别为这两个动画添加了一个开关。单击一次鼠标，第一个开关打开；再单击一次鼠标，第二个开关打开。

- 设置为【与上一动画同时】触发：当A、B两个动画中B动画的触发方式设置为“与上一动画同时”时，则意味着A和B动画共用了同一个开关，当单击鼠标打开开关后，两个对象的动画就同时执行。
- 设置为【上一动画之后】触发：当A、B两个动画中B的动画设置为“上一动画之后”时，A和B动画同样共用了一个开关，所不同的是，B的动画只有在A的动画执行完毕之后才会执行。
- 设置触发器：当用户把一个对象设置为对象A的动画的触发器时，意味着该对象变成了动画A的开关，单击对象，意味着开关打开，A的动画开始执行。

2. 动画时长

动画时长就是动画的执行时间，PowerPoint在动画设置对话框中(以【下浮】对话框为例)预设了6种时长，分别为非常快(0.5秒)、快速(1秒)、中速(2秒)、慢速(3秒)、非常慢(5秒)、20秒(非常慢)，如图7-104所示。实际上，动画的时长可以设置为0.01秒和59.00秒之间的任意数字。

3. 动画延迟

延迟时间，是指动画从被触发到开始执行所需的时间。为动画添加延迟时间，就像是把普通炸弹变成了定时炸弹。与动画的时长一样，延迟时间也可以设置为0.01秒和59.00秒之间的任意数字。

以图7-105中所设置的动画选项为例。将图中的【延迟】参数设置为2.5秒，表示动画被触发后，再过2.5秒才执行(若将【延迟】参数设置为0，则表示动画被触发后立即执行)。

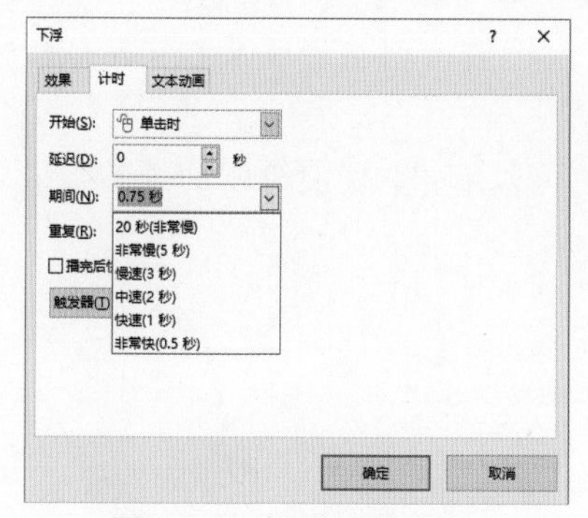

图7-104　设置动画时长

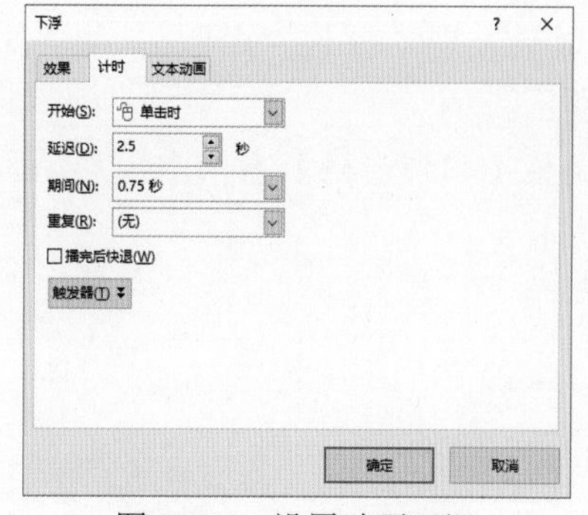

图7-105　设置动画延迟

4. 动画重复

动画的重复次数是指动画被触发后连续执行几次。需要注意的是，重复次数可以是整数，也可以是小数。当重复次数为小数时，动画执行过程中就会戛然而止。换言之，当一个退出动画的重复次数设置为小数时，这个退出动画实际上就相当于一个强调动画。在图7-105所示的动画设置对话框中，单击【重复】下拉按钮，即可在弹出的下拉列表中为动画设置重复次数。

7.6.2 PPT切换时间的控制

与对象动画相比，页面切换的时间控制就简单得多。页面切换的时间控制是通过【计时】组中的两个参数完成的：一个是持续时间，也就是翻页动画执行的时间；另一个是换片方式，如图7-106所示。

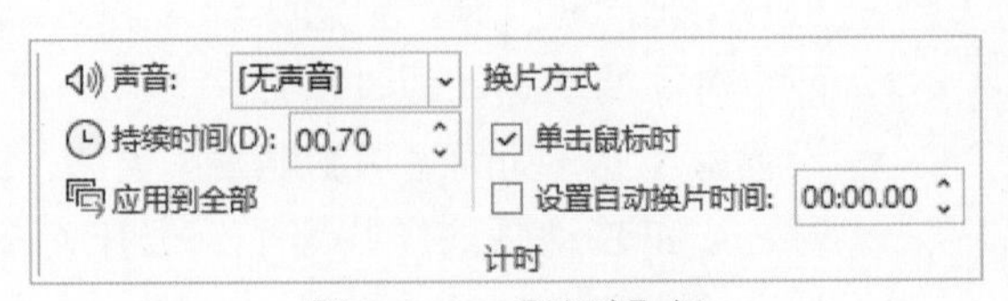

图7-106 【计时】组

当幻灯片切换被设置为自动换片时，所有对象的动画将会自动播放。如果这一页PPT里所有对象动画执行的总时间小于换片时间，那么换片时间一到，PPT就会自动翻页；如果所有对象动画的总时间大于换片时间，那么幻灯片就会等到所有对象自动执行完毕后再翻页。

7.7 调整PPT动画播放顺序

在放映PPT时，默认放映顺序是按照用户制作幻灯片内容时设置动画的先后顺序进行的。在对PPT完成所有动画的添加后，如果在预览时发现效果不佳，可以通过【动画窗格】窗格调整动画的播放顺序。

【例7-24】通过在【动画窗格】窗格中调整动画播放顺序，改变幻灯片中动画播放的效果(扫描右侧的二维码可观看本例操作)。

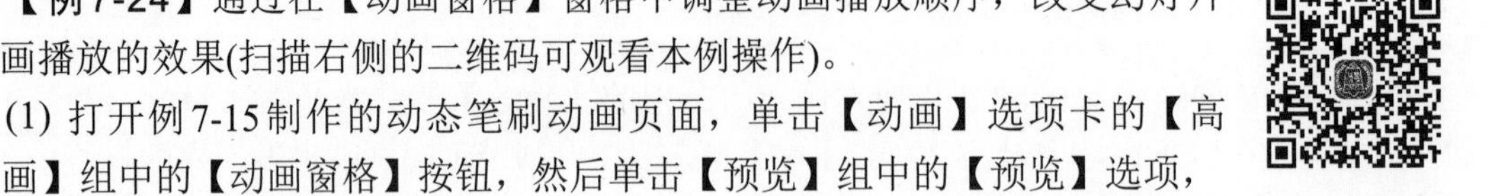

(1) 打开例7-15制作的动态笔刷动画页面，单击【动画】选项卡的【高级动画】组中的【动画窗格】按钮，然后单击【预览】组中的【预览】选项，预览动画时会发现动画从“矩形5”至“矩形1”依次播放，动态笔刷从右向左依次出现，如图7-107所示。

(2) 调整【动画窗格】窗格中矩形动画的顺序，可以调整PPT中笔刷动画的播放顺序，如图7-108所示。

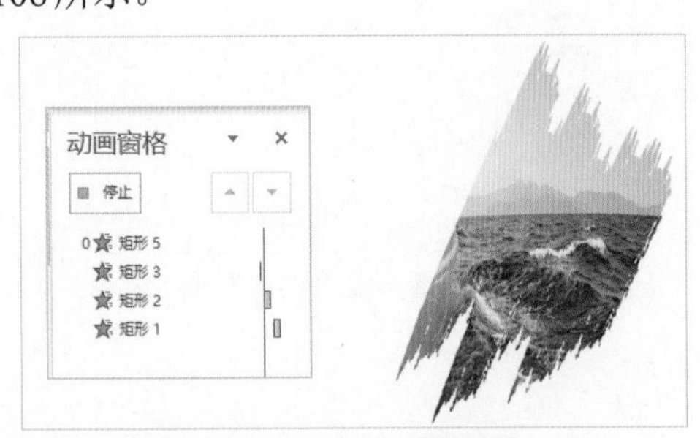

图7-107 动画默认顺序

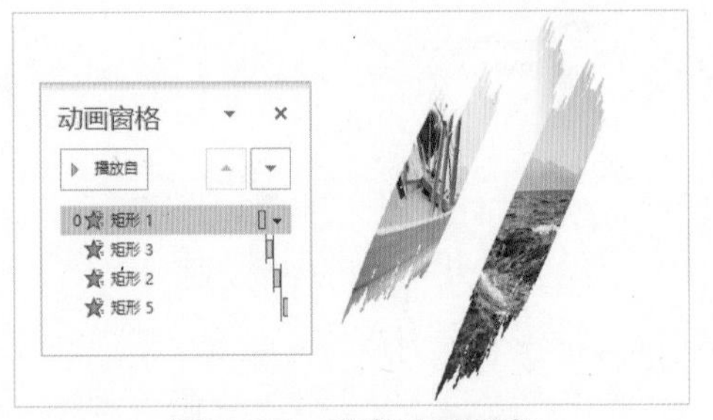

图7-108 改变动画顺序

7.8 新手常见问题答疑

关于PPT动画制作的新手常见问题汇总如下。

问题一：在PPT中使用动画前需要注意哪些问题？

在PPT中使用动画时，我们应了解以下几个问题。

- PPT动画效果无法打印。有很多PPT是为了工作成果提交的（或者需要导出为PDF文件、图片格式），其中有一些需要打印成册在会场上分发给每一位参会者配合演讲时阅读。这种类型的PPT不适合添加动画，因为添加动画的PPT，其中元素位置往往会出现重叠或者移位。
- 添加动画不利于协同修改PPT内容。为领导制作演讲PPT时，很多时候需要多个部门协同合作完成PPT的制作，并且会经历多个层级的审核与修改。此时，如果在PPT中添加了动画，修改起来就会变得非常麻烦。
- 放映PPT时，播放动画容易出错。在演讲的过程中演讲者对PPT的误操作，会导致其中的动画自动播放，从而打断演讲原有的节奏。在大型会场演讲PPT时，由于演讲者需要背对屏幕，面向观众，如果PPT的动画时间过长，不能和演讲者很好地契合，将会给演讲效果带来负面影响。

好的PPT动画就像好的设计一样，会让观众在观看演讲时感觉不到突兀，仿佛一切本来就是这个样子。我们不会在PPT做好之后才考虑该不该为PPT加个动画，而是在设计PPT内容时就已经考虑好要不要使用动画，以及需要什么样的动画。

问题二：有什么插件可以帮助我们快速制作出炫酷的PPT动画？

想要快速制作出一份好看的PPT，需要掌握运用的软件可不止PowerPoint或WPS这两款，可以帮助我们快速制作出PPT动画效果的插件也同样需要学会使用。目前，常用于PPT动画制作的插件是Motion Go插件，该插件由原口袋动画插件的开发者推出，需要制作PPT动画的用户如果曾经使用并熟悉口袋动画插件，可以直接使用该插件来制作动画，如图7-109所示。

图7-109　安装在PowerPoint中的Motion Go插件

问题三：如何尽快熟悉PPT动画？

在实际工作中，只要熟悉动画效果的一般规律即可解决与之相关的一系列问题。比如，PPT中的基础动画有200多种，可以进一步分为进入动画、强调动画、退出动画和路径动画4大类型，如图7-110所示。

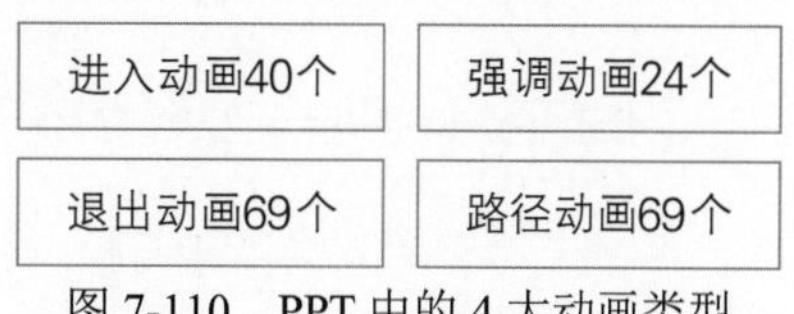

图7-110　PPT中的4大动画类型

- 进入动画的特征表现为“从无到有”，即由“不存在到存在”。只要给任意一个元素或对象添加了进入动画类型中的任何一种动画，无论动画的效果形态如何不同，该元素或对象的呈现状态都是从无到有。

- 强调动画的特征表现为改变对象属性来实现对比强调的作用。比如，改变形状的透明度、大小、填充颜色、线条颜色、颜色饱和度、角度等；改变文字下画线、字体颜色、粗细等。
- 退出动画的特征表现为“从有到无”，即由“存在到不存在”。只要给任意一个元素或对象添加了退出动画类型中的任何一种动画，无论动画的效果形态如何不同，该元素或对象的呈现状态都是从有到无。
- 路径动画的特征表现为由一点到另一点，并形成轨迹变化。路径动画的轨迹可以是直线、折线、圆、曲线和任意曲线等。

熟悉以上4个类型的动画效果规律后，在制作动画时，我们可以用3个步骤把看到的或者想象中的画面变成PPT动画：步骤1，分析动画的特性；步骤2，明确动画的类型；步骤3，选择具体动画效果。即在我们看到或者想到动画表现形式后，首先判断动画的特性；由其特性判断动画的类型；确定动画类型后，根据动画的表现形态选择具体的动画效果。

问题四：如何快速取消PPT模板中预设的所有动画？

在PowerPoint中选择【幻灯片放映】选项卡，然后单击【设置】组中的【设置幻灯片放映】选项，在打开的【设置放映方式】对话框中选中【放映时不加动画】复选框，单击【确定】按钮后PPT在放映时将不播放所有对象动画效果，如图7-111所示。

选择【切换】选项卡，在【切换到此幻灯片】组中单击【无】按钮，然后单击【应用到全部】按钮，如图7-112所示，可以取消PPT中所有的切换动画。

图 7-111　停止 PPT 播放对象动画

图 7-112　取消 PPT 中所有的切换动画

问题五：如何一次性地为PPT中所有幻灯片设置切换动画？

在为PPT设置切换动画时，用户可以参考以下方法，快速为PPT中的所有幻灯片同时设置相同的动画效果。

(1) 选择PPT中的任意一张幻灯片后，在【切换】选项卡的【切换到此幻灯片】组中为该幻灯片设置切换动画。

(2) 在【计时】组中单击【应用到全部】按钮(一些版本的PowerPoint中为【全部应用】按钮)，即可将设置的切换动画一次性地应用到PPT中的所有幻灯片。

问题六：如何在PPT中制作文字逐个输入的动画效果？

在PPT中为一个文本框设置动画效果后(如“擦除”“出现”“淡化”等动画)，默认将文字作为一个整体来播放，即在播放动画时整段文字同时显示。如果要让这些动画将文本框中的文字逐个显示，可以在【动画窗格】窗格中双击动画，在打开的对话框的【效果】选项卡中，单击【动画文本】下拉按钮，在弹出的下拉列表中选择【按词顺序】或者【按字母顺序】选项即可，如图7-113所示。

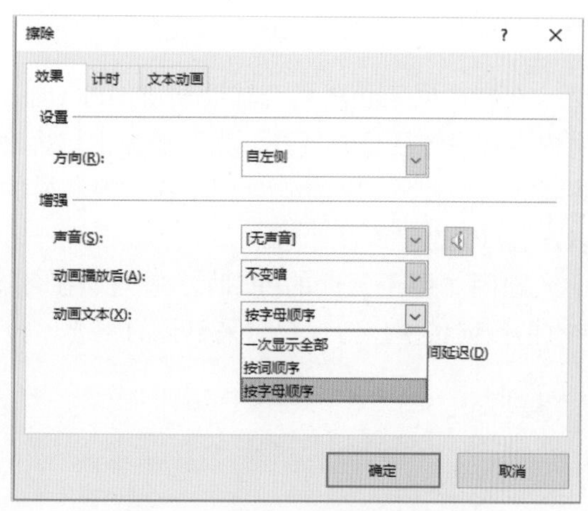

图 7-113　设置一段文字逐字显示

问题七：能不能在PPT中制作一些复杂的动画？

在PPT中不但可以制作简单的动画还可以制作复杂的动画。在PowerPoint中制作动画主要依赖【幻灯片切换】和【动画】选项卡中的功能，其实现动画的操作相比Adobe公司的After Effects和Animate软件要简单得多，操作也更加人性化。用户只要花费足够多的精力，完全可以制作出媲美专业动画软件制作的动画效果。此外，PPT拥有一些专门的动画制作插件(本书第1章曾介绍过)，使用这些插件来制作动画，可以大大提升动画的制作效率并强化PPT动画的实现效果。

问题八：PPT动画中的音效文件可以从哪里找到？

在PPT中制作动画时，可以通过表7-1所示的几个网站下载音效文件。

表 7-1　音效网站

网　站	简　介
Icons8	一个提供免费但不可商用的音效/音乐文件下载的网站
音效网	一个提供免费下载海量音效文件素材的网站，包括自然界、人为声音、综合声音、主题配乐、乐器配乐等类别的音效
淘声网	一个提供超过100万种声音文件资源的网站，用户可以通过该网站的搜索功能找到自己想要的音乐或者音效素材
办公资源网	一个提供各类办公资源下载的网站，其中包含的音效文件可以免费下载
音笑网	一个专注于音效、声音素材、背景音乐素材创作分享的网站
耳聆网	一个分享共享资源(知识)的网站，用户可以通过该网站提供的分类找到自己想要的音效文件
Freesound	一个 Creative Commons 授权音乐的多人协作数据库，其中收录许多音效文件，如环境噪声、和成音效或乐器产生的音效
Kompoz	一个聚集了世界各地音乐人的在线音乐分享网站平台，提供免费音效/音乐文件的下载与上传服务
CCTrax	一个免费的音乐分类下载网站，该网站提供 Creative Commons 授权的音乐数据库，包含大量免费的音乐专辑和音效文件

问题九：PPT中的切换动画该如何使用？

在制作用于正式场合辅助演讲的PPT时，考虑到实际演讲环境中需要使用PPT配合演讲，将内容有序地展现给观众，为了避免由切换动画带来的多余播放时间打乱演讲节奏，一般在内容页之间不使用切换动画。但是在过渡性质的页面中(如过渡页)，可以考虑使用一些切换动画，以增强PPT的整体设计感。

在制作用于阅读的PPT时，适当地在各个页面中加入一些切换动画，则可以很好地烘托PPT的阅读氛围，给观众带来不错的阅读体验。

第 8 章
PPT 功能优化

本章导读

PPT的核心是内容和逻辑。在优化PPT的过程中，常见的误区是，只注重视觉效果的提升，未优化表达重点；只注重页面细节的雕琢，未优化整体结构。优化PPT，不仅仅是提高页面排版的设计感、添加动画、用可视化的方式呈现内容和数据，围绕PPT内容和逻辑的功能提升也是不可忽视的要点。

本章将主要通过实例介绍进一步优化PPT功能的相关知识。例如，在页面中设置文本、图片与其他页面的超链接，提升PPT的内容交互性；为PPT添加能够打开说明文件的动作按钮；在封面页和过渡页中插入声音和视频，为演讲的间隙设计轻松愉快的氛围等。

8.1 使用超链接

在PPT中，超链接是一项强大的功能，它可以实现包括内容跳转、控制平滑切换、幻灯片缩放定位、插入外部对象、增加交互动作在内的各种炫酷效果，从而帮助我们在演讲中更好地组织内容逻辑，吸引观众的注意力。

8.1.1 实现内容跳转

为PPT中的文字、色块、图片等元素添加超链接，当放映幻灯片时可以通过在元素上单击，实现从一个页面跳转到另一个页面(或者打开某个文件)的操作，如图8-1所示。超链接使PPT在放映时不再是从头到尾地顺序播放，而是在各个页面中具有一定的交互性，能够按照预先设定的方式，在适当的时候放映需要的内容。

单击文本链接

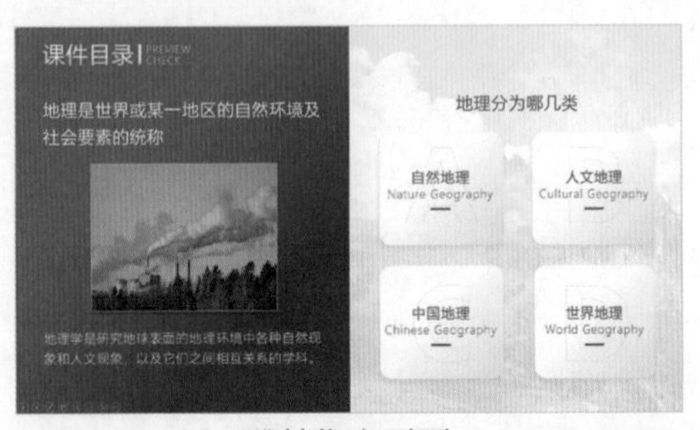

跳转指定页面

单击图片链接

放映另一个 PPT

图 8-1 超链接在 PPT 中的应用

1. 创建指向幻灯片的内部链接

【例8-1】使用PowerPoint为PPT目录页和过渡页之间设置内部链接。

(1) 打开PPT后选中其中目录页中的文字“01-品牌简介”所在的文本框，然后右击鼠标，在弹出的快捷菜单中选择【链接】命令(或者在【插入】选项卡的【链接】组中单击【链接】按钮，快捷键：Ctrl+K)，如图8-2左图所示。

(2) 打开【插入超链接】对话框，选择【本文档中的位置】选项，在【请选择文档中的位置】列表框中选择【3. 幻灯片3】选项(过渡页PART01页)，单击【屏幕提示】按钮。打开【设置超链接屏幕提示】对话框，在【屏幕提示文字】文本框中输入提示性文字，然后连续单击【确定】按钮，如图8-2右图所示。

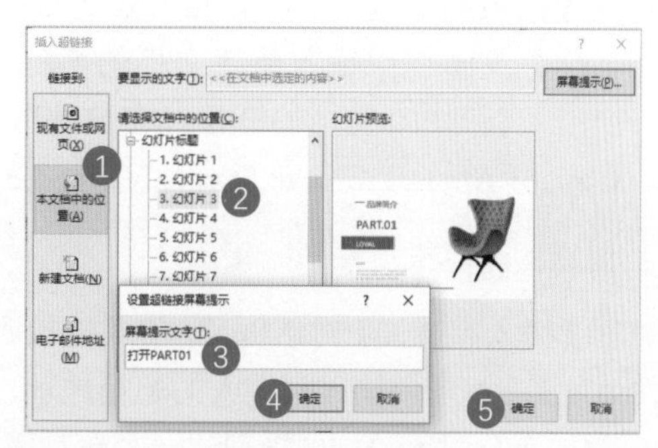

图 8-2　为幻灯片中的文本设置跳转至PPT其他幻灯片的内部链接

(3) 使用同样的方法为目录页中其他文本框设置指向其他过渡页的PPT内部链接。按F5键放映PPT，将鼠标指针移到设置超链接的文本框范围内，鼠标指针会变为手形，并弹出提示框，显示屏幕提示信息，如图8-3所示。此时单击鼠标，PPT将自动跳转到超链接指向的幻灯片。

图 8-3　鼠标移到超链接上显示为手形

2. 创建打开文件或网页的链接

【例8-2】使用PowerPoint在PPT中创建一个可以打开百度百科网页的超链接。

(1) 打开PPT后选中幻灯片中的某个元素(文字、色块、文本框或图片)，选择【插入】选项卡，单击【链接】组中的【链接】按钮，如图8-4左图所示。

(2) 打开【插入超链接】对话框，在【链接到】列表框中选择【现有文件或网页】选项，在【地址】文本框中输入一个指向百度百科的网址，然后单击【确定】按钮，如图8-4右图所示。

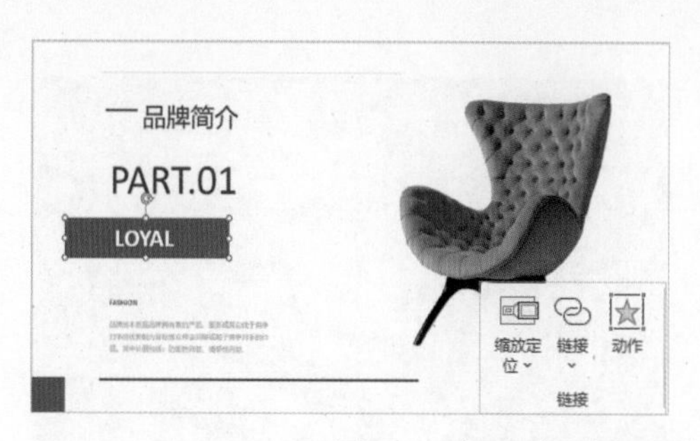

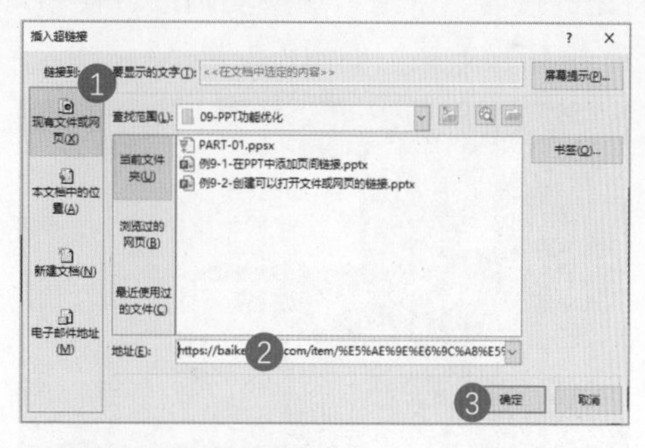

图 8-4　为页面元素设置指向百度百科网页的超链接

(3) 按F5键放映PPT，单击幻灯片中设置了超链接的元素，将打开百度百科页面。

提示

在图8-4右图所示【插入超链接】对话框中单击【查找范围】下拉按钮，在弹出的下拉列表中选择本地保存的文件路径，然后选中路径中的一个文件，单击【确定】按钮即可为元素设置指向文件的超链接(在放映PPT时，单击元素将直接打开文件)。

3. 创建新建PPT文档的链接

打开【插入超链接】对话框后，在【链接到】列表框中选择【新建文档】选项，在【新建文档名称】文本框中输入新建文档的名称，然后单击【确定】按钮，如图8-5所示，可以创建一个用于新建PPT文档的链接。在放映PPT时单击添加了此类链接的元素，PPT将在路径C:\Users\ miaof\AppData\Local\Temp\360zip$Temp\360$1 中创建一个空白PPT文档。

4. 创建发送电子邮件的链接

打开【插入超链接】对话框后，在【链接到】列表框中选择【电子邮件地址】选项，在【电子邮件地址】文本框中输入收件人的邮箱地址，在【主题】文本框中输入邮件主题，然后单击【确定】按钮(如图8-6所示)，可以创建一个自动发送电子邮件的链接。在放映PPT时，单击添加此类链接的元素，PPT将打开计算机中安装的邮件管理软件，自动填入邮件的收件人地址和主题，我们只需要撰写邮件内容，单击【发送】按钮即可发送邮件。

图 8-5　创建新建 PPT 文档超链接

图 8-6　创建电子邮件链接

8.1.2　控制平滑切换

将超链接与“平滑”切换动画结合使用，可以在PPT中实现内容在同一个幻灯片中由元素控制的平滑切换效果，如图8-7所示。

图 8-7　页面内容受超链接控制平滑切换

【例 8-3】在PowerPoint中将超链接与平滑切换动画相结合，制作图8-7所示的页面内容平滑切换效果(扫描右侧的二维码可观看实例效果)。

(1) 打开PPT后制作3张幻灯片，第1张幻灯片如图8-8左图所示；第2张幻灯片如图8-8中图所示；第3张幻灯片如图8-8右图所示。

第 1 张幻灯片　　第 2 张幻灯片　　第 3 张幻灯片

图 8-8　制作 3 张幻灯片 (将一部分内容放在幻灯片范围之外)

(2) 选中第1张幻灯片中的文本“里格半岛”所在的矩形形状，按Ctrl+K组合键打开【插入超链接】对话框，选择【链接到】列表框中的【本文档中的位置】选项，在【请选择文档中的位置】列表框中选择第1张幻灯片，然后单击【确定】按钮，如图8-9所示。

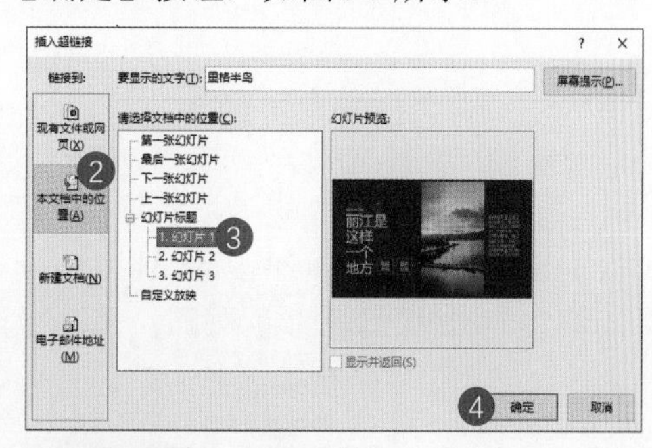

图 8-9　为矩形设置超链接

(3) 选中文本“里务比岛”所在的矩形形状，按Ctrl+K组合键，使用同样的方法设置形状指向第2张幻灯片的超链接。

(4) 将设置超链接的两个矩形形状分别复制到第2张和第3张幻灯片中。

(5) 在幻灯片预览窗口选中3张幻灯片，选择【切换】选项卡，在【切换到此幻灯片】组中选择【平滑】选项，如图8-10所示。

(6) 按F5键预览PPT，单击矩形形状即可实现图8-7所示的内容平滑切换效果。

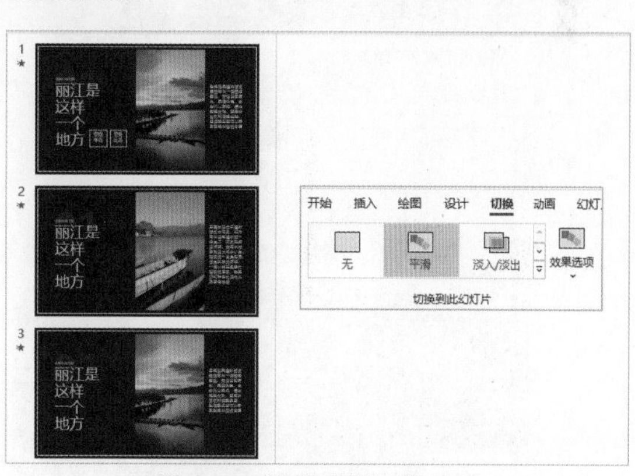

图 8-10　设置平滑切换动画

掌握例8-3介绍的方法后，举一反三，可以在PPT中实现各种书签、图片或图块的动态变化效果，如图8-11所示(素材文件可通过本书资源库下载)。

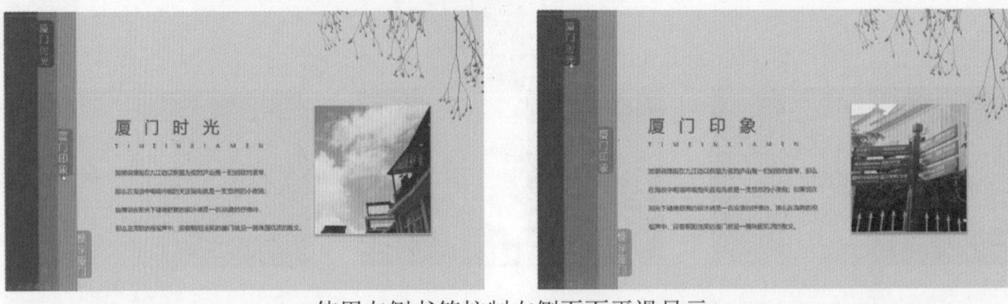

使用左侧书签控制右侧页面平滑显示

控制幻灯片中的条目动态平滑显示

图 8-11　使用超链接控制 PPT 中的平滑切换动画

8.1.3　设计缩放定位

缩放定位是PowerPoint(2019版及以上版本)中提供的一种特殊的超链接形式，通过缩放定位，我们可以打破PPT线性的播放顺序，让幻灯片按照演讲的进程跳跃式播放，如图8-12所示。

图 8-12　使用缩放定位功能控制 PPT 演示进程

【例8-4】使用PowerPoint在PPT中制作图8-12所示的页面缩放定位链接效果(扫描右侧的二维码可观看实例效果)。

(1) 打开PPT后，在第1页幻灯片中输入标题等文本，然后新建多张幻灯片并在每张幻灯片中插入图片和相应的文字说明，完成PPT内容版式的设计。

(2) 选中第1张幻灯片，在【插入】选项卡的【链接】组中单击【缩放定位】下拉按钮，从弹出的下拉列表中选择【幻灯片缩放定位】选项，如图8-13左图所示。

(3) 打开【插入幻灯片缩放定位】对话框，选择需要在第1张幻灯片中显示缩略图的几张幻灯片，然后单击【插入】按钮，如图8-13右图所示。

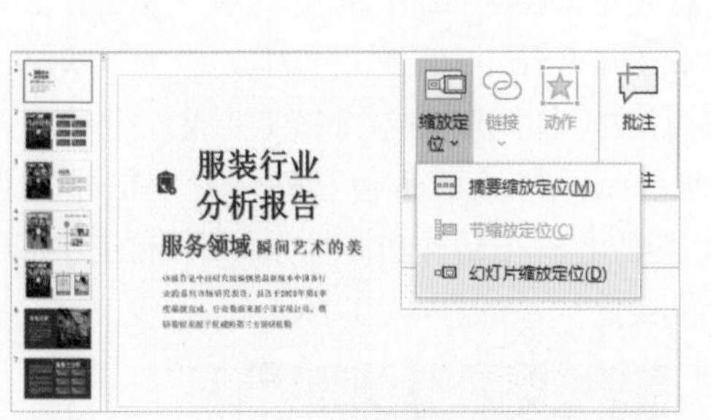

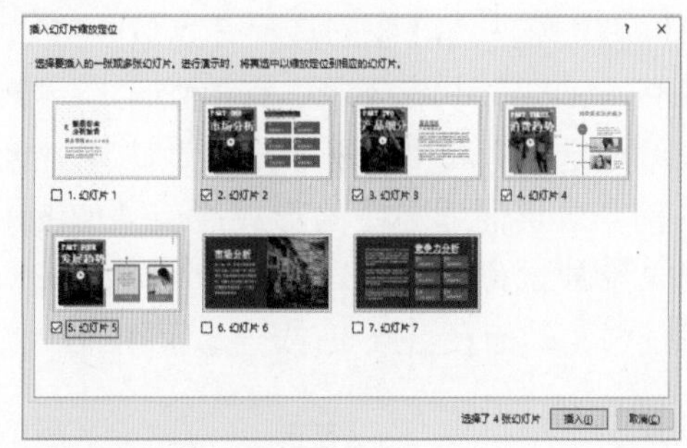

图8-13　在第1张幻灯片中插入幻灯片缩放定位

(4) 在第1张幻灯片中调整所有幻灯片缩略图的位置和版式效果，选中第1张缩略图，在【缩放】选项卡的【缩放定位选项】组中选中【返回到缩放定位】复选框，如图8-14所示。设置进入缩略图幻灯片后，单击鼠标返回第1张幻灯片。

(5) 分别选中其他缩略图，按F4键，重复执行步骤(4)的操作。

(6) 在PPT中选中第2张幻灯片，单击【链接】组中的【缩放定位】下拉按钮，从弹出的下拉列表中选择【幻灯片缩放定位】选项，如图8-15所示。

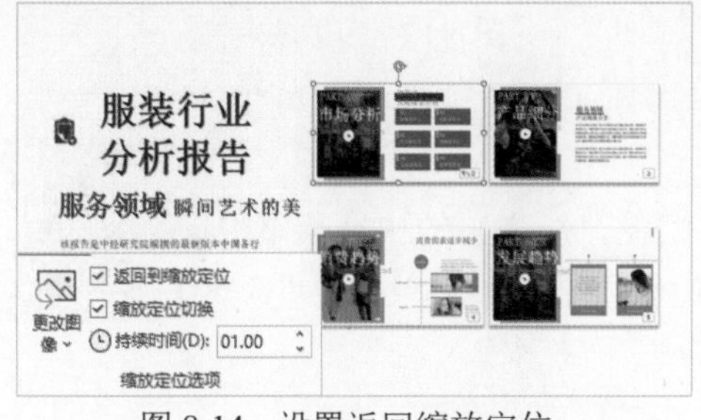

图8-14　设置返回缩放定位

图8-15　在第2张幻灯片中插入缩放定位

(7) 打开【插入幻灯片缩放定位】对话框，选择最后两张幻灯片，然后单击【插入】按钮，在第2张幻灯片中插入两个缩放定位缩略图。

(8) 调整幻灯片中的两张缩放定位缩略图的大小和位置，如图8-16所示。参考步骤(4)的操作分别为两张缩略图在【缩放定位选项】组中设置【返回到缩放定位】。

(9) 按住Ctrl键选中两个缩略图，右击鼠标，从弹出的快捷菜单中选择【设置形状格式】命令，在打开的【设置形状格式】窗格中将【柔化边缘】卷展栏中的【大小】设置为100磅，如图8-17所示。此时，缩略图将在幻灯片中被隐藏。

图 8-16　调整缩略图的位置

图 8-17　设置柔化边缘参数隐藏缩略图

(10) 按F5键从第1张幻灯片开始放映PPT，效果将如图8-12所示。

在PowerPoint中缩放定位有3种形式，除了例8-4介绍的“幻灯片缩放定位”以外，还有“摘要缩放定位”和“节缩放定位”，其中摘要缩放定位能够为整个PPT生成一个目录，目录上的各部分以页面缩略图的形式展现，如图8-18所示；节缩放定位和幻灯片缩放定位类似，区别是节缩放定位可以跳转到PPT中具体的节，需要用户在制作PPT时先将所有的幻灯片设置为不同的节，然后在目录页(或导航页)中插入节缩放定位，如图8-19所示。

图 8-18　摘要缩放定位

图 8-19　节缩放定位

【例8-5】使用PowerPoint在PPT中制作图8-19所示的节缩放定位效果(扫描右侧的二维码可观看实例效果)。

(1) 在幻灯片预览窗格中右击第1张过渡页缩略图，从弹出的快捷菜单中选择【新增节】命令，在打开的【重命名节】对话框中输入节名称后单击【重命名】按钮，如图8-20所示。

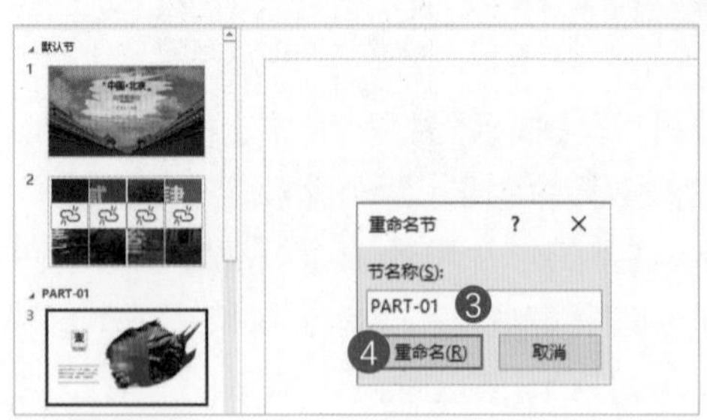

图 8-20　在 PPT 中新增节

(2) 使用同样的方法，在PPT中新增更多的节。

(3) 选中PPT目录页，在【插入】选项卡的【链接】组中单击【缩放定位】下拉按钮，从弹出的下拉列表中选择【节缩放定位】选项，打开【插入节缩放定位】对话框，选中步骤(1)、步骤(2)设置的节，然后单击【插入】按钮，如图8-21所示。在目录页中插入节缩放定位。

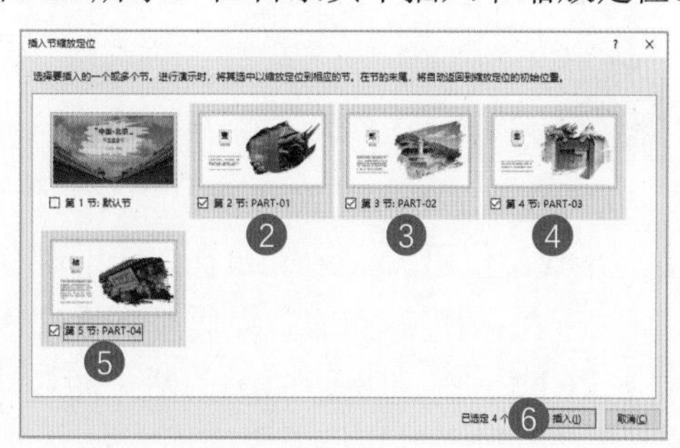

图8-21 在PPT目录页中插入节缩放定位

(4) 在目录页中调整所有节缩略图的位置和大小，如图8-22左图所示。按住Ctrl键选中页面中的所有缩略图，右击鼠标，从弹出的快捷菜单中选择【设置形状格式】命令，在打开的【设置形状格式】窗格中将【柔化边缘】卷展栏中的【大小】参数设置为100磅，如图8-22右图所示。将缩略图隐藏。

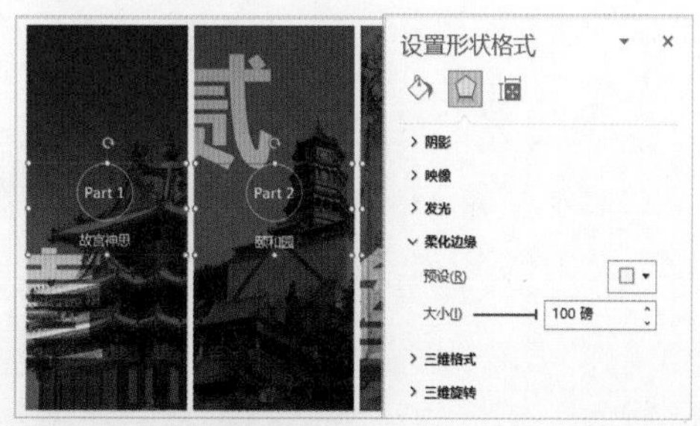

图8-22 调整缩略图位置并将缩略图隐藏

(5) 放映PPT，单击目录中的文本标题，节缩放定位效果如图8-19所示。

利用缩放定位，我们可以很好地解决大量内容(文字、表格、图表等)在单页PPT幻灯片中的排版问题，如图8-23所示(素材文件可通过本书资源库下载)。

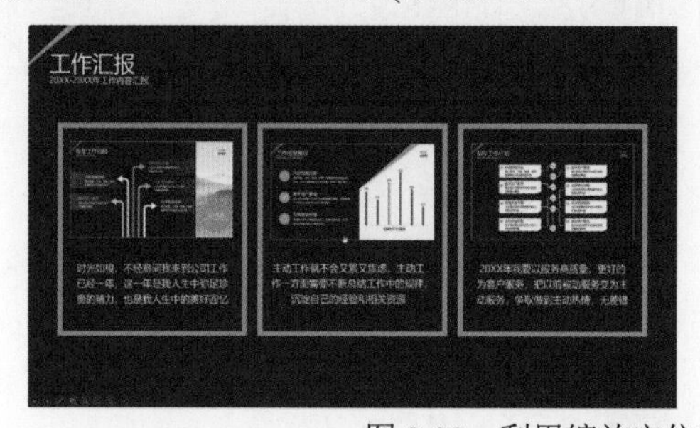

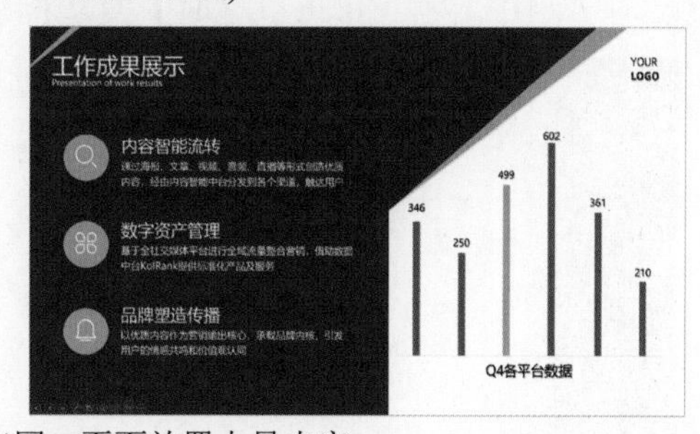

图8-23 利用缩放定位在同一页面放置大量内容

此外，我们还可以将缩放定位与控制平滑切换的超链接相结合，使页面内容的显示在可控的情况下具有平滑切换动画效果，如图8-24所示。

图 8-24　在平滑切换的幻灯片中加入缩放定位

【例 8-6】使用PowerPoint在PPT中制作图8-24所示的平滑切换＋缩放定位幻灯片效果(扫描右侧的二维码可观看实例效果)。

(1) 在PPT中制作图8-25所示的两页幻灯片(将一部分内容放在幻灯片以外，作为单击超链接时平滑切换的内容)。

图 8-25　设计平滑切换页面

(2) 在图8-25中选中第1张幻灯片中文字“厦门印象”所在的色块，按Ctrl+K组合键打开【插入超链接】对话框，设置指向第2张幻灯片的超链接，如图8-26所示。

(3) 使用同样的方法，为第2张幻灯片中文字“厦门时光”所在的色块设置指向第1张幻灯片的超链接。在幻灯片预览窗口中同时选中第1张和第2张幻灯片，为其设置“平滑”切换动画，并在【计时】组中取消【单击鼠标时】复选框的选中状态，如图8-27所示。

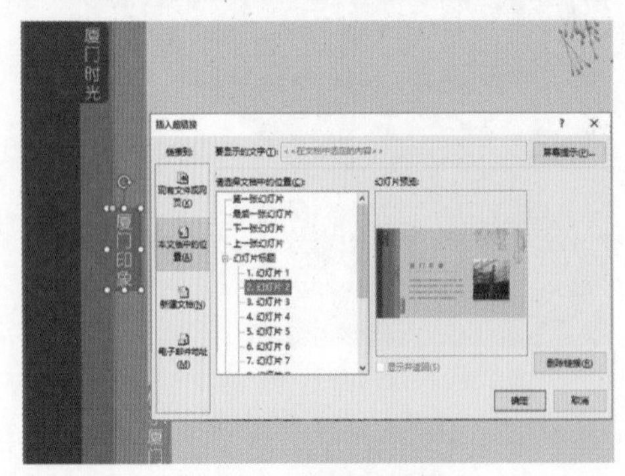

图 8-26　设置超链接

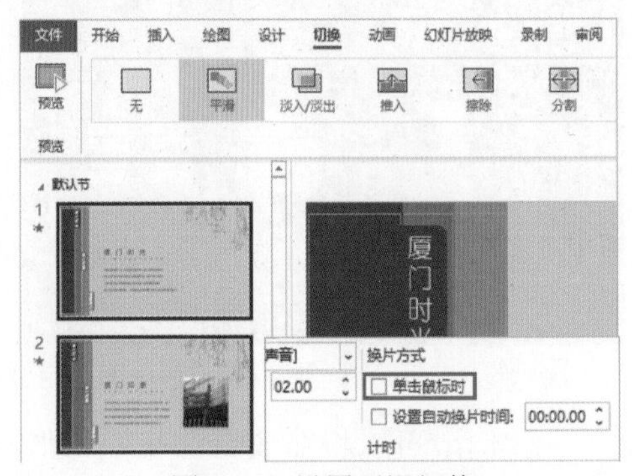

图 8-27　设置平滑切换

(4) 在PPT中制作关于“厦门时光”和“厦门印象”的内容幻灯片，并参考例8-5介绍的方法，对内容幻灯片设置分节。

(5) 选中第1张幻灯片，在【插入】选项卡的【链接】组中单击【缩放定位】下拉按钮，从弹出的下拉列表中选择【节缩放定位】选项，打开【插入节缩放定位】对话框，选中步骤(4)创建的节后，单击【插入】按钮，如图8-28所示，在幻灯片中插入节缩放定位缩略图。

(6) 选中“厦门时光”节缩放定位缩略图，在【缩放】选项卡的【缩放定位选项】组中单击【更改图像】下拉按钮，从弹出的下拉列表中选择【更改图像】选项，如图8-29所示，在打开的对话框中选择一个图像文件，单击【确定】按钮用图片替换缩略图。

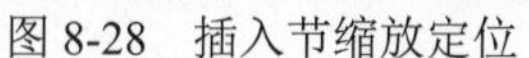
图 8-28　插入节缩放定位

图 8-29　用图片替换缩略图

(7) 使用同样的方法，用图片替换“厦门印象”节缩放定位缩略图，并将替换后的节缩放定位图放置在幻灯片中图8-30所示的位置(同时复制一份到第2张幻灯片)。

图 8-30　调整缩放定位图的位置

(8) 按F5键放映PPT，效果将如图8-25所示。

8.1.4　插入外部对象

通过插入外部对象，我们可以在PPT中添加各种Office办公文档(如Word或Excel文件)、字体文件或者一些可执行的外部文件(如一些外部视频、音频、软件程序等)，从而使PPT的功能得到进一步的强化，为演讲提供辅助。

1. 在PPT中插入Office文档

在制作PPT时，我们可以将Word或Excel文档以对象链接的形式插入幻灯片中，以便在演讲中快速调用、修改。

【例8-7】使用PowerPoint在PPT内容页的流程图中插入一份制作好的Word文档。

(1) 选择【插入】选项卡，单击【文本】组中的【对象】按钮，如图8-31左图所示。

(2) 打开【插入对象】对话框，选中【由文件创建】单选按钮后单击【浏览】按钮，如图8-31右图所示。

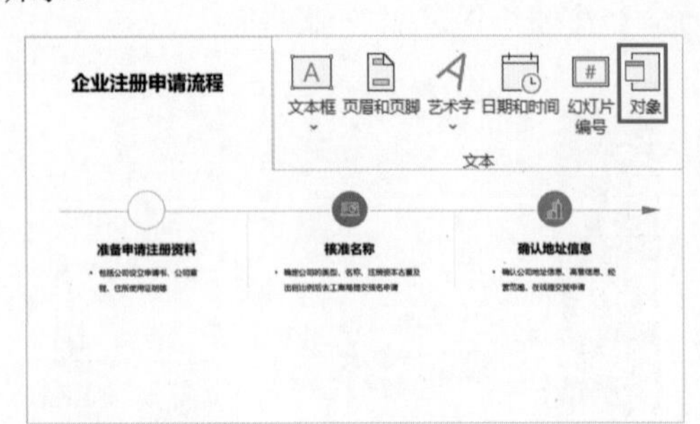

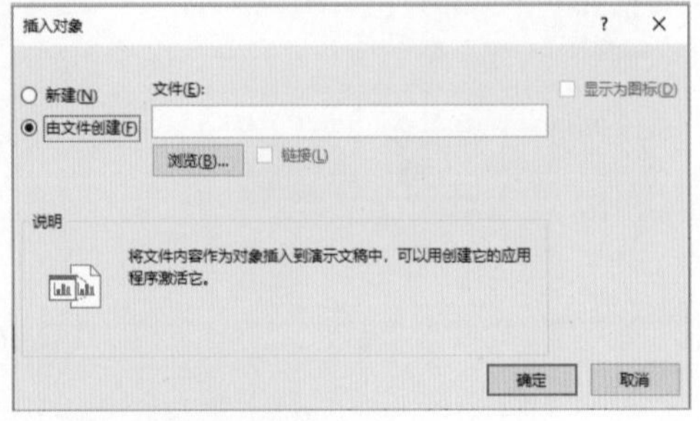

图 8-31　在幻灯片中插入由文件创建的对象

(3) 打开【浏览】对话框，选择一个Word文档后单击【打开】按钮。

(4) 返回【插入对象】对话框，选中【显示为图标】复选框后单击【更改图标】按钮，打开【更改图标】对话框，选择一种图标类型后在【标题】文本框中输入Word图标的名称，然后连续单击【确定】按钮，如图8-32所示。

(5) 此时，在幻灯片中插入了一个Word文档图标，如图8-33所示。选择【插入】选项卡，单击【链接】组中的【动作】按钮。

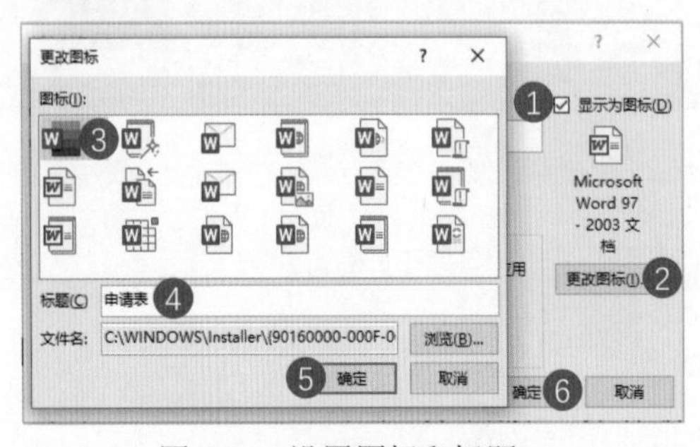

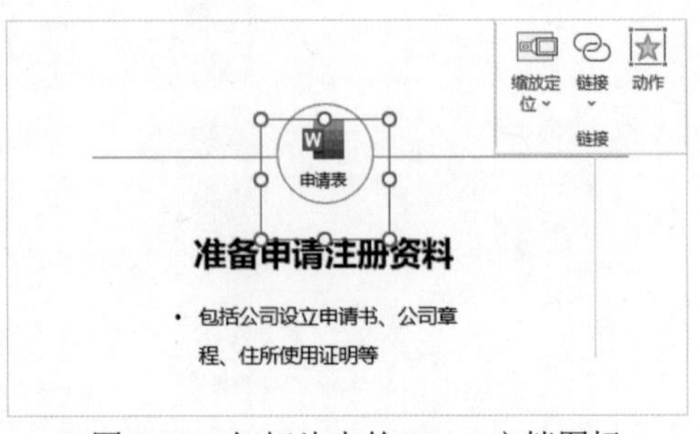

图 8-32　设置图标和标题

图 8-33　幻灯片中的 Word 文档图标

(6) 打开【操作设置】对话框，选中【对象动作】单选按钮，将对象动作设置为【编辑】，然后单击【确定】按钮，如图8-34所示。

(7) 按F5键放映PPT，单击幻灯片中的Word图标，在打开的提示对话框中单击【启用】按钮，即可启动Word软件打开指向的文档，如图8-35所示。

图 8-34　为 Word 图标设置动作

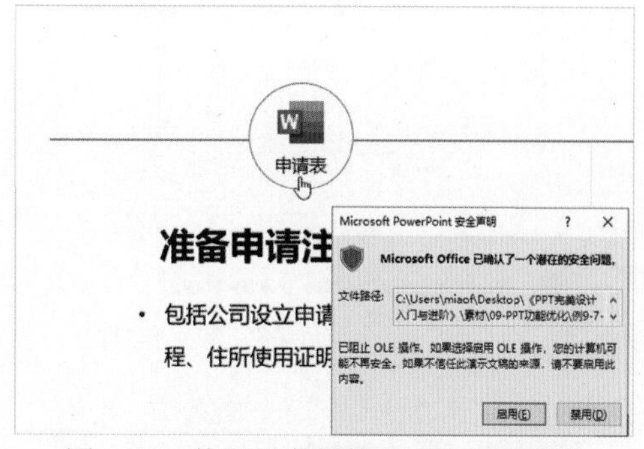

图 8-35　使用对象链接打开 Word 文档

在PPT中插入Office文档之前，应将文档与PPT文件放置在同一个文件夹中。如果要把PPT复制到其他计算机中使用，需要将链接的外部文档和PPT文件一并打包后再复制。此外，在使用PPT开始演讲之前，用户应养成检查PPT中各种超链接可用性的习惯，避免在演讲过程中因为超链接路径错误而导致链接不可用的尴尬局面发生。

2. 在PPT中插入字体文件

通过将字体文件插入PPT，可以使PPT被复制到其他计算机后，幻灯片版式中设计的各种字体也能得到系统的支持，不会因为字体文件丢失而造成版式错乱的情况。

【例 8-8】使用PowerPoint在制作好的PPT文档中插入字体文件。

(1) 选择【插入】选项卡，单击【文本】组中的【对象】按钮。打开图 8-31 右图所示的【插入对象】对话框，选中【由文件创建】单选按钮后单击【浏览】按钮。

(2) 打开【浏览】对话框，选择一个字体文件后单击【打开】按钮即可。

(3) 在PPT中将插入的字体文件移到幻灯片显示范围以外。这样字体对象既不会影响PPT内容的正常显示，也能够支持PPT中相关字体的显示。

3. 在PPT中插入可执行文件

通过插入外部文件，可以使PPT在放映时不必结束放映，就可以运行指定的软件或者打开素材图片、视频。

【例 8-9】使用PowerPoint在PPT中插入一个截图软件HyperSnap的启动文件。

(1) 选择【插入】选项卡，单击【文本】组中的【对象】按钮。打开图 8-31 右图所示的【插入对象】对话框，选中【由文件创建】单选按钮后单击【浏览】按钮。

(2) 打开【浏览】对话框，选择HyperSnap.exe文件后单击【打开】按钮，在PPT中插入软件图标。

(3) 选择【插入】选项卡，单击【链接】组中的【动作】按钮，打开图 8-34 所示的【操作设置】对话框，选中【对象动作】单选按钮后单击【确定】按钮。

(4) 按F5键放映PPT，单击幻灯片页面中的HyperSnap软件图标，系统将弹出图8-36所示的提示对话框，提示Office软件已经阻止对象的运行。此时，需要解除这个提醒。

(5) 关闭当前正在运行的所有Office应用。

(6) 按Win+R组合键打开【运行】对话框，在【打开】文本框中输入Regedit命令后，单击【确定】按钮，如图8-37所示。

图 8-36　系统提示已阻止程序运行

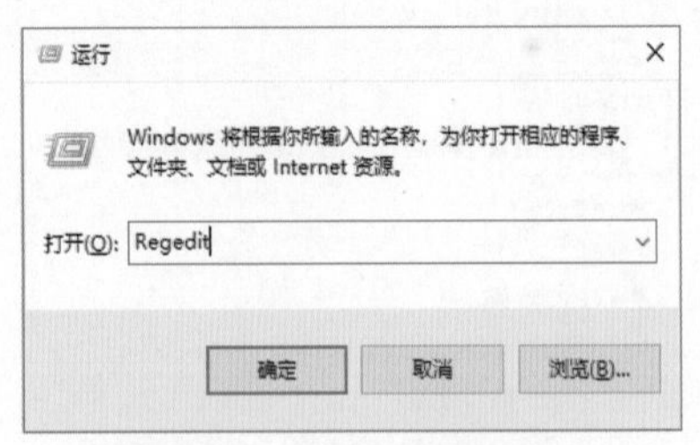

图 8-37　【运行】对话框

(7) 打开【注册表编辑器】窗口，依次找到：

HKEY_CURRENT_USER\SOFTWARE\Microsoft\Office\16.0\PowerPoint\Security。

(8) 在窗口右侧的空白处右击鼠标，从弹出的快捷菜单中选择【新建】|【DWORD(32位)值】命令，创建名为PackagerPrompt的数据，并设置【数值数据】为0，单击【确定】按钮，如图8-38所示。

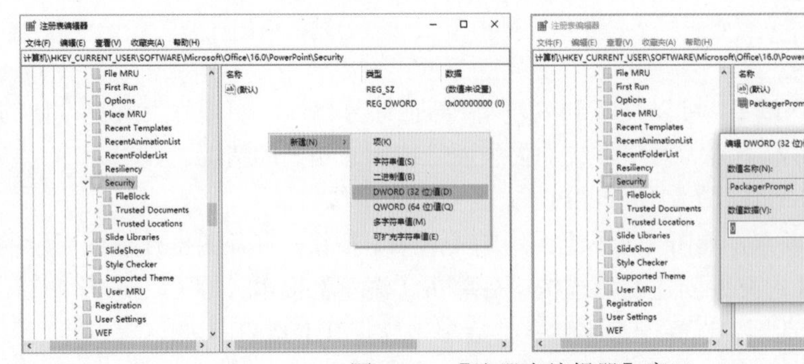

图 8-38　【注册表编辑器】窗口

(9) 关闭【注册表编辑器】窗口后，再次打开并放映PPT，单击程序图标即可运行程序。

8.1.5　增加交互动作

在PowerPoint中，我们可以为PPT中的任意元素(文字、图片、形状等)添加动作，从而使PPT在放映时可以产生更多的效果。例如，单击一个形状色块时发出声音；单击一段文字立即结束PPT放映；单击文本自动播放一段自定义幻灯片；将鼠标悬停在图片上可以自动切换图片内容等，如图8-39所示。

图 8-39　鼠标指针经过，图片自动切换

【例8-10】使用PowerPoint在PPT中制作图8-39所示的图片自动切换效果(扫描右侧的二维码可观看实例效果)。

(1) 在PPT中创建图8-40左图所示的5张幻灯片，选中第1张幻灯片中的遮罩1，单击【插入】选项卡的【链接】组中的【动作】按钮，如图8-40左图所示。

(2) 打开【操作设置】对话框，选择【鼠标悬停】选项卡，选中【超链接到】单选按钮并单击其下的下拉按钮，在弹出的下拉列表中选择【幻灯片】选项，打开【超链接到幻灯片】对话框，选中第2张幻灯片，然后连续单击【确定】按钮，如图8-40右图所示。

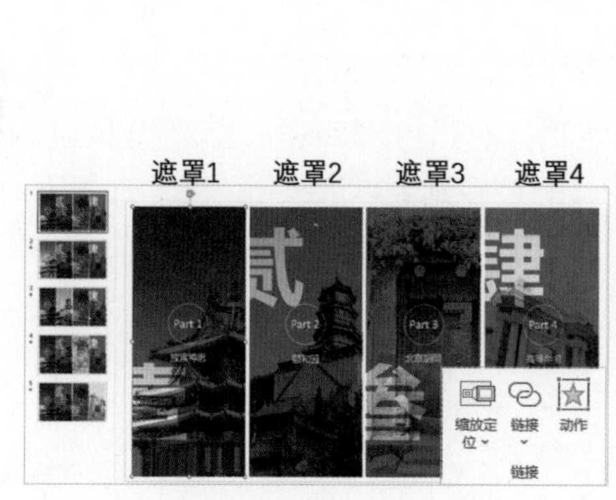

图8-40 为图片设置动作

(3) 使用同样的方法为PPT中的其他图片设置鼠标悬停动作，参考表8-1检查动作链接。

表8-1 PPT中图片动作链接对应的幻灯片

第1张幻灯片		第2张幻灯片		第3张幻灯片		第4张幻灯片		第5张幻灯片	
图片	幻灯片	图片	幻灯片	图片	幻灯片	图片	幻灯片	图片	幻灯片
图1	第2张	图1	第2张	图1	第2张	图1	第2张	图1	第2张
图2	第3张	图2	第3张	图2	第3张	图2	第3张	图2	第3张
图3	第4张	图3	第4张	图3	第4张	图3	第4张	图3	第4张
图4	第5张	图4	第5张	图4	第5张	图4	第5张	图4	第5张

(4) 在幻灯片预览窗格中选中第1~5张幻灯片后，在【切换】选项卡的【切换到此幻灯片】组中选择【平滑】选项，为幻灯片设置平滑切换动画。完成动画制作后按F5键观看动画效果，如图8-39所示。

【例8-11】使用PowerPoint在PPT中制作可以通过单击播放一段自定义放映的文本(扫描右侧的二维码可观看实例效果)。

(1) 打开PPT后选择【幻灯片放映】选项卡，单击【开始放映幻灯片】组中的【自定义幻灯片放映】下拉按钮，从弹出的下拉列表中选择【自定义放映】选项。

(2) 打开【自定义放映】对话框，单击【新建】按钮，如图8-41左图所示。

(3) 打开【定义自定义放映】对话框，在【幻灯片放映名称】文本框中输入自定义放映的名称“课后作业”，在【在演示文稿中的幻灯片】列表中选中需要自定义放映幻灯片前的复选框，然后依次单击【添加】按钮和【确定】按钮，如图8-41右图所示。

(4) 返回【自定义放映】对话框单击【关闭】按钮。

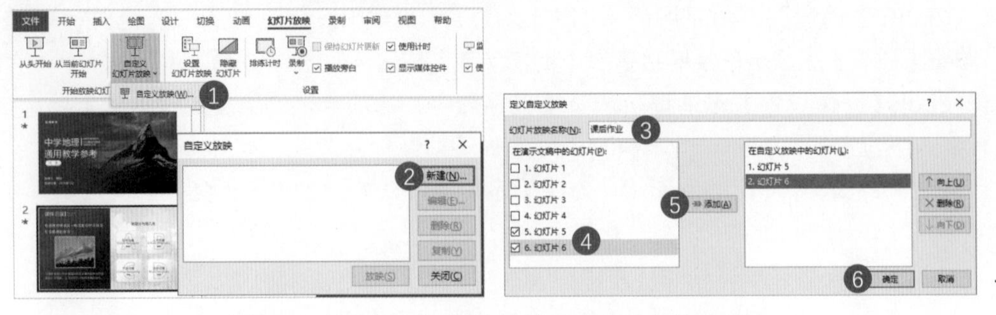

图 8-41　创建名称为“课后作业”的自定义放映项目

(5) 选中幻灯片中的一段文本，单击【插入】选项卡的【链接】组中的【动作】按钮，打开【操作设置】对话框，在【单击鼠标】选项卡中选中【超链接到】单选按钮，并单击其下的下拉按钮，从弹出的下拉列表中选择【自定义放映】选项，在打开的【自定义放映】对话框中选中“课后作业”项目并单击【确定】按钮，如图8-42所示。

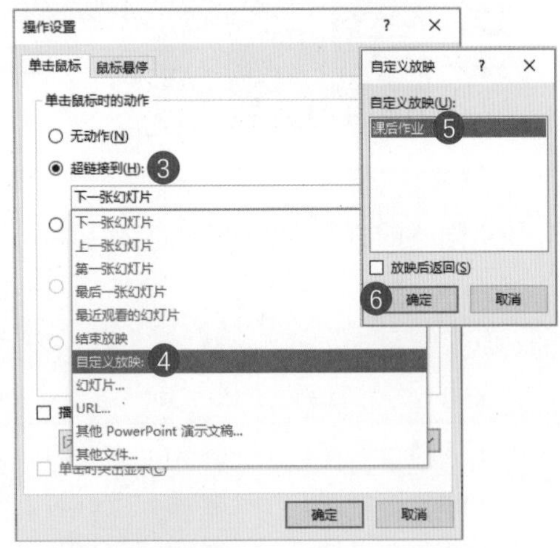

图 8-42　为文本设置单击时触发的动作

(6) 返回【操作设置】对话框，单击【确定】按钮。放映PPT时，在幻灯片中单击设置动作的文本后将自动播放“课后作业”自定义放映项目，如图8-43所示。

图 8-43　单击文本触发动作跳转自定义放映

8.2　使用动作按钮

动作按钮是PowerPoint软件中提供的一种按钮对象，它的作用是在单击或用鼠标指向按钮时产生动作交互效果(与上一节介绍的“动作”功能类似)，常用于制作PPT内容页中的播放控制条和各种交互式课件中的控制按钮。

8.2.1　制作 PPT 导航控制条

在PowerPoint中选择【插入】选项卡，单击【插图】组中的【形状】下拉按钮，从弹出的下拉列表的【动作按钮】区域选择相应的选项在PPT中插入动作按钮(如图8-44所示)。其中各个动作按钮的功能说明如表8-2所示。

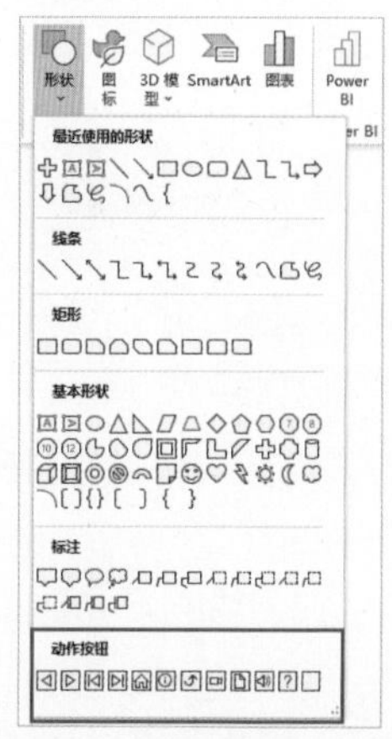

图 8-44　【形状】下拉列表

表 8-2　动作按钮功能说明

动作按钮	图标	动作按钮	图标
后退或前一项		上一张	
前进或下一项		视频	
转到开头		文档	
转到结尾		声音	
转到主页		帮助	
获取信息		空白	

在PPT中设计一组动作按钮，可以很方便地对幻灯片的播放进度进行控制。

【例8-12】在PPT中制作一组用于控制PPT播放进度的动作按钮(导航控制条)。

(1) 打开PPT后选择【视图】选项卡，在【母版视图】组中单击【幻灯片母版】选项，进入幻灯片母版视图。

(2) 在幻灯片母版视图中选择一个版式，然后单击【插入】选项卡的【插图】组中的【形状】下拉按钮，在弹出的下拉列表中选择【后退或前一项】选项，在版式页面中绘制动作按钮并在打开的【操作设置】对话框中单击【确定】按钮。

(3) 选择【形状格式】选项卡，在【形状样式】组中设置动作按钮的样式。

(4) 使用同样的方法，在版式页中绘制【前进或下一项】【转到开头】【转到结尾】3个动作按钮。

(5) 按住Ctrl键选中版式页中的所有动作按钮，选择【形状格式】选项卡，在【大小】组中设置【高度】和【宽度】均为1厘米，如图8-45所示。

(6) 将设置好的动作按钮对齐，并复制到其他版式页中。退出母版视图，为PPT中的幻灯片应用版式，幻灯片将自动添加图8-46所示的导航控制条。

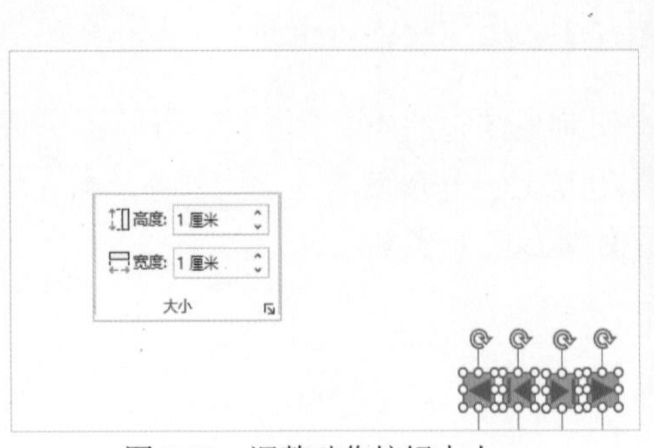

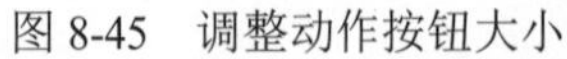

图 8-45　调整动作按钮大小

图 8-46　批量添加导航控制条

8.2.2　制作动态交互式课件

利用动作按钮还可以在教学课件中制作出图8-47所示的动态交互式效果。

图 8-47　使用动作按钮控制课件中 3D 模型的状态

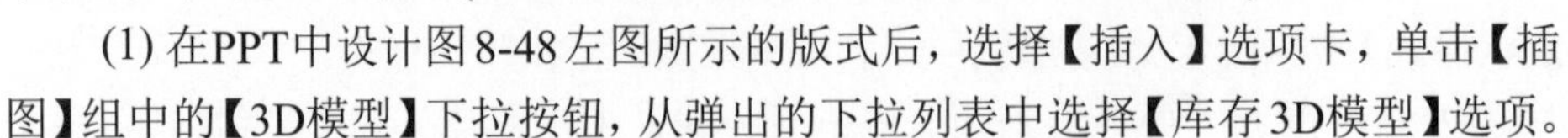

【例8-13】使用动态按钮，在多媒体课件中制作3D模型的全方位平滑展示效果，如图8-47所示(扫描右侧的二维码可观看实例演示效果)。

(1) 在PPT中设计图8-48左图所示的版式后，选择【插入】选项卡，单击【插图】组中的【3D模型】下拉按钮，从弹出的下拉列表中选择【库存3D模型】选项。

(2) 在打开的【联机3D模型】对话框中选择Space 分类，在细分类中选择一个月球车模型，单击【插入(1)】按钮，如图8-48右图所示。

(3) 选中幻灯片中插入的3D模型，拖动其四周的控制柄调整模型大小，按住其中心的控制球拖动调整模型的旋转方向，如图8-49所示。

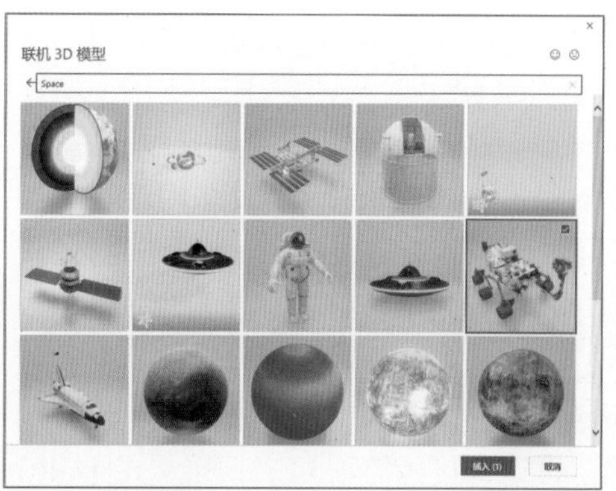

图 8-48 在 PPT 中插入 3D 模型

(4) 在幻灯片中插入直线和文本框，标注模型中的机械臂部分。单击【插入】选项卡的【插图】组中的【形状】下拉按钮，从弹出的下拉列表中选择【空白】选项□，在幻灯片中绘制空白动作按钮，在打开的【操作设置】对话框中保持默认设置，单击【确定】按钮，如图 8-50 所示。

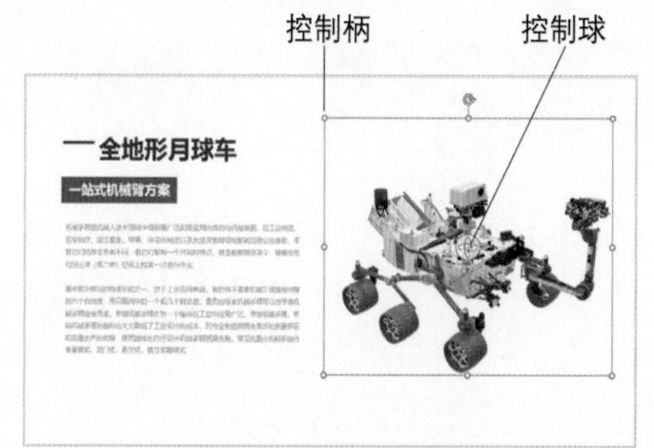

图 8-49 调整 3D 模型

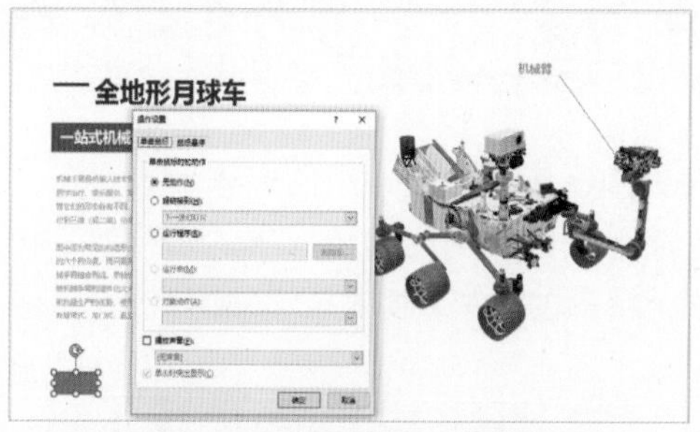

图 8-50 插入空白动作按钮

(5) 在空白动作按钮上输入文本“机械臂”，并通过【形状格式】选项卡设置按钮的样式，然后将该按钮复制多份，并分别设置图 8-51 所示的按钮样式和文字(分别为“定向装置”“移动装置”“导航相机”)。

(6) 将当前幻灯片复制 3 份，分别设置每份幻灯片中的文本和相应动作按钮的样式，并拖动控制球调整每张幻灯片中 3D模型的角度，如图 8-52 所示。

图 8-51 通过复制创建更多的动作按钮

图 8-52 调整复制的幻灯片内容

(7) 选中第1张幻灯片，右击“导航相机”动作按钮，从弹出的快捷菜单中选择【编辑链接】命令(或按Ctrl+K组合键)，打开【操作设置】对话框，设置链接到第2张幻灯片，然后选中【播放声音】复选框，设置播放“电压”音效并单击【确定】按钮，如图8-53所示。

图 8-53　重新为按钮设置动作

(8) 使用同样的方法在所有幻灯片中设置“移动装置”按钮链接到第3张幻灯片，“定向装置”按钮链接到第4张幻灯片，“机械臂”按钮链接到第1张幻灯片。

(9) 在幻灯片预览窗口中按住Ctrl键选中所有幻灯片，在【切换】选项卡的【切换到此幻灯片】组中选中【平滑】选项，为所有幻灯片设置平滑切换动画。按F5键，演示PPT的效果将如图8-47所示。

8.3　插入声音和视频

声音和视频是比较常用的媒体形式。在一些特殊环境下，为PPT插入声音和视频可以很好地烘托演示氛围。例如，在喜庆的婚礼PPT中加入背景音乐，在演讲PPT中插入一段独白，或者为一个精彩的PPT动画效果添加配音。

8.3.1　为 PPT 设置背景音乐

为使PPT在放映时能够辅助演讲并营造氛围，往往需要为PPT设置背景音乐。

1. 在PPT中插入音乐

为PPT设置背景音乐，首先需要在PPT中插入音乐。

在PowerPoint中选择【插入】选项卡，单击【媒体】组中的【音频】下拉按钮，从弹出的下拉列表中选择【PC上的音频】选项，如图8-54所示，可以选择将计算机硬盘中保存的音乐文件插入PPT。

图 8-54　插入音乐文件

2. 设置音乐自动播放

选中PPT中插入的背景音乐图标，将其拖至页面显示范围外作为背景音乐。然后单击【动画】选项卡的【高级动画】组中的【动画窗格】按钮，在打开的【动画窗格】窗格中选中音乐，在【计时】组中将【开始】设置为【与上一动画同时】，如图8-55所示。此时，PPT中的音乐将在PPT放映时自动开始播放。

3. 设置音乐在PPT中循环播放

如果PPT演示的时间较长，而背景音乐时长一般只有3~5分钟，我们就需要通过设置让背景音乐在PPT中循环播放。选中PPT中的背景音乐图标，选择【播放】选项卡，在【音频选项】组中选中【跨幻灯片播放】和【循环播放，直到停止】复选框，如图8-56所示。

图 8-55　设置音乐自动播放

图 8-56　设置音乐跨页面循环播放

4. 设置背景音乐在PPT中的播放区域

如果我们要在PPT中使用多段音乐，或者在某些页面中不设置音乐，就需要设置背景音乐的播放区域，使其在一些页面中不播放。选中PPT中的背景音乐图标，单击【动画】选项卡的【高级动画】组中的【动画窗格】按钮，在打开的【动画窗格】窗格中双击音乐，在打开的【播放音频】对话框的【开始播放】和【停止播放】选项区域设置背景音乐起始区间即可，图8-57所示为设置背景音乐从PPT的第1张幻灯片开始，到第5张幻灯片停止。

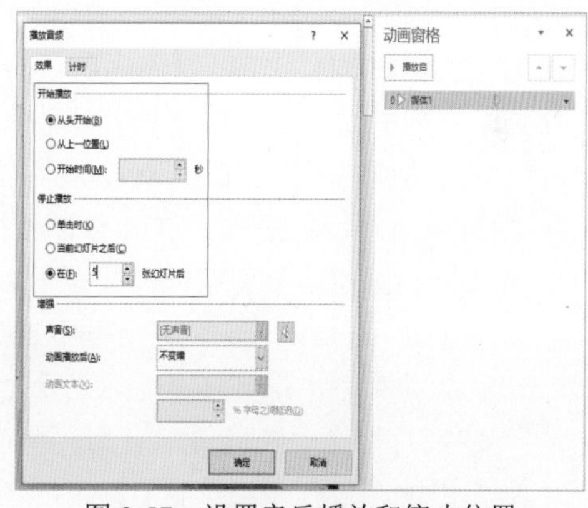

图 8-57　设置音乐播放和停止位置

5. 隐藏PPT中的音乐图标

如果要在PPT放映时隐藏音乐图标，可以在选中该图表后，选中【播放】选项卡的【音频选项】组中的【放映时隐藏】复选框。

提 示

在选中音乐图标后，单击播放器右侧的按钮，可以设置音乐在PPT中播放的音量大小。

8.3.2　为 PPT 录制语音旁白

在一些PPT应用场景中(如教学课件)，我们需要为PPT添加语音旁白，以便在放映PPT的过程中可以对内容进行说明。将录音设备与计算机连接后，在PowerPoint中选择【录制】选项卡，单击【录制】组中的【从当前幻灯片开始】按钮。此时，PPT进入图8-58左图所示的录制状态，单击屏幕顶部的【开始录制】按钮，倒计时3秒后即可通过录音设备(话筒)开始录制旁白，当录完一页幻灯片语音后，按键盘上的方向键↓切换下一张幻灯片开始录制下一页(按方向键↑可以返回上一张幻灯片)，如图8-58右图所示。

图 8-58　录制语音旁白

旁白录制结束后，按Esc键停止录制，再次按Esc键退出录制状态。此时在有录制旁白的幻灯片右下角将显示声音图标(PowerPoint在录音时为每次换页自动分割了音频)。同时PPT默认将录制的旁白声音设置为自动播放，放映PPT时将会同步播放旁白。

8.3.3　为动画设置配音

PPT中的声音文件不仅可以作为背景音乐和语音旁白，还可以作为动画的配音。例如，声音文件可以作为多媒体课件中诗词朗诵动画的配音、英语课件中课文朗诵的配音，以及为PPT切换时产生的动画的配音。在PowerPoint中，我们可以为对象动画和切换动画设置配音。

- 为对象动画设置配音。单击【动画】选项卡的【高级动画】组中的【动画窗格】按钮，打开【动画窗格】窗格，单击动画右侧的下拉按钮，在弹出的下拉列表中选择【效果选项】选项，在打开的对话框中选择【效果】选项卡，单击【声音】下拉按钮，从弹出的下拉列表中选择【其他声音】选项，即可为对象动画设置配音，如图8-59所示。
- 为幻灯片切换动画设置配音。选择【切换】选项卡，单击【计时】组中的【声音】下拉按钮，从弹出的下拉列表中选择【其他声音】选项，可以为幻灯片切换动画设置配音，如图8-60所示。

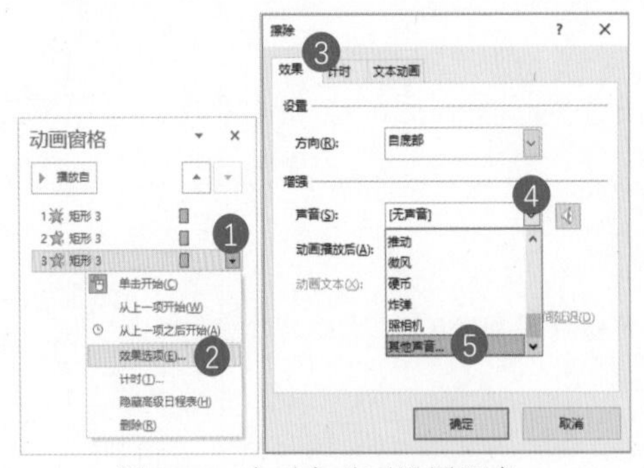

图 8-59　为对象动画设置配音

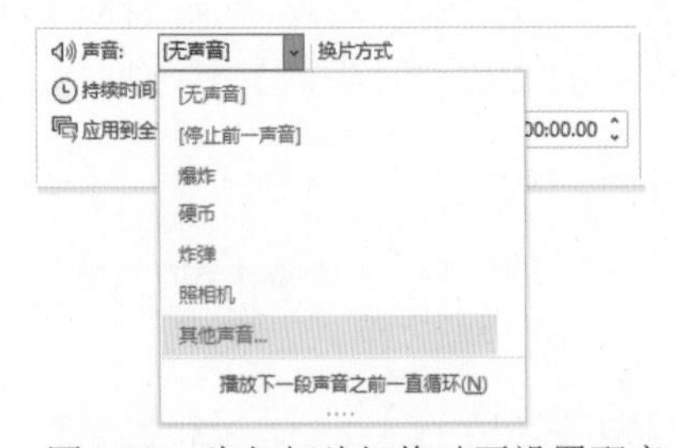

图 8-60　为幻灯片切换动画设置配音

提示

需要注意的是，为动画设置配音的声音文件应为.wav格式。

【例8-14】通过制作一个诗词朗诵动画，进一步掌握为PPT中对象动画设置配音的方法(扫描右侧的二维码可观看本例效果)。

(1) 打开PPT后按住Ctrl键选中页面中的所有文本框，选择【动画】选项卡，在【动画】组中单击【擦除】按钮，为选中的文本框设置“擦除”动画，如图8-61左图所示。

(2) 在【计时】组中将【开始】设置为【上一动画之后】，如图8-61右图所示。

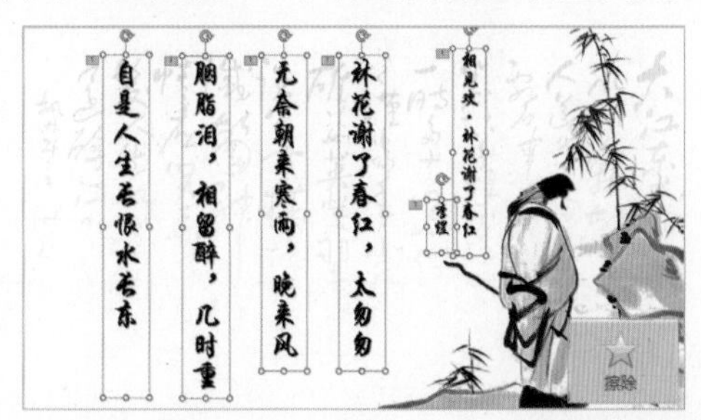

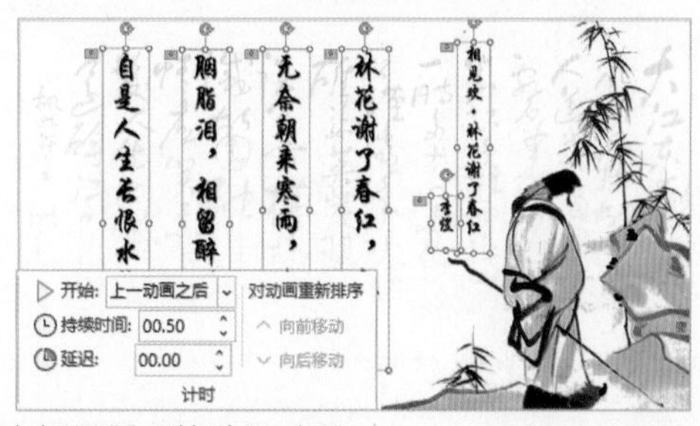

图 8-61　为幻灯片中的文本框设置“擦除”动画

(3) 单击【动画】组中的【效果选项】下拉按钮，从弹出的下拉列表中选择【自顶部】选项，设置“擦除”动画从文本框顶部向下执行效果。

(4) 单独选中“相见欢·林花谢了春红”文本框，在【计时】组中将该文本框的“擦除”动画的【开始】方式设置为【单击时】。此时，按F5键放映PPT，单击鼠标，诗词内容将以从上至下的“擦除”显示方式从右向左逐句显示。

(5) 单击【动画】选项卡的【高级动画】组中的【动画窗格】按钮，在打开的【动画窗格】窗格中选中顶部第一个动画(PPT中最先播放的动画)，在【计时】组中根据配音时长设置动画的【持续时间】(本例设置为“02.50”)，如图8-62所示。

(6) 单击动画右侧的下拉按钮，在弹出的下拉列表中选择【效果选项】选项，在打开的对话框中选择【效果】选项卡，单击【声音】下拉按钮，从弹出的下拉列表中选择【其他声音】选项，如图8-63所示。

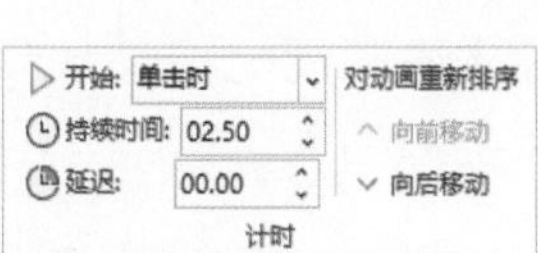

图 8-62　设置动画的持续时间

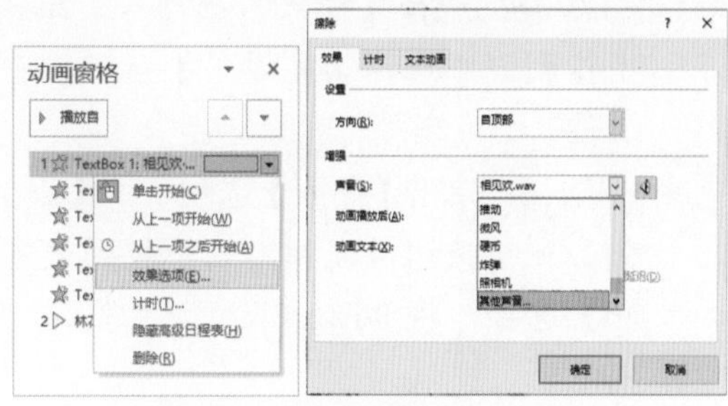

图 8-63　为动画设置配音

(7) 打开【添加音频】对话框，选择“相见欢·林花谢了春红”的配音文件(.wav格式的文件)，单击【确定】按钮。此时，文本框“相见欢·林花谢了春红”上的“擦除”动画就有了一段配音，单击【动画】选项卡的【预览】组中的【预览】按钮可以预览动画效果并检查声音文件与动画节奏是否匹配，根据声音文件的播放节奏调整动画的“持续时间”，可以使文字的显示与声音朗读一致。

(8) 从右到左依次选中页面中的其他文本框，并参考上面的方法为文本框上的“擦除”动画设置配音，并设置动画的持续时间。

(9) 最后，单击【动画】选项卡的【预览】组中的【预览】按钮，PPT中文字将自上而下逐个显示，伴随文字的显示将播放相应的朗读，效果如图8-64所示。

图 8-64　诗词朗读课件效果

8.3.4　为 PPT 设置背景视频

在PPT中使用视频，可以动态地呈现信息。将视频作为背景应用于PPT，则可以提高PPT的整体品质，使观众有耳目一新的感觉，如图8-65所示。

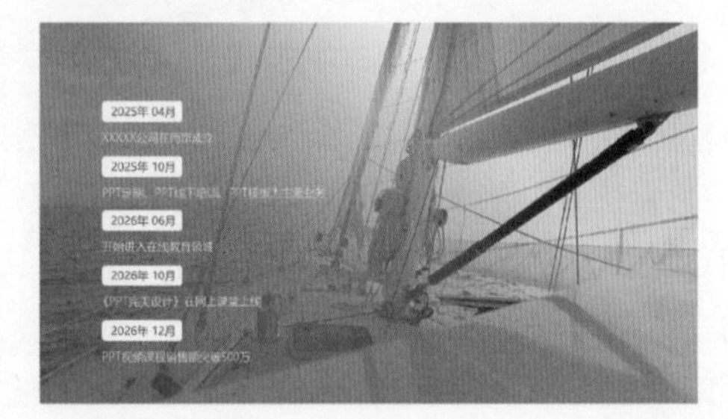

图 8-65　PPT 中的背景视频

下面将通过分解制作图8-65右图所示视频效果，介绍在PPT中插入视频并设置视频形态和自动播放的方法(扫描右侧的二维码可观看视频播放效果)。

1. 在PPT中插入视频

在PowerPoint中，用户可以通过多种方法在PPT中插入视频。

- 方法一：选择【插入】选项卡，单击【媒体】组中的【视频】下拉按钮，从弹出的下拉列表中选择【此设备】选项，在打开的对话框中选择一个计算机硬盘中的视频文件。
- 方法二：单击【插入】选项卡的【媒体】组中的【视频】下拉按钮，在弹出的下拉列表中选择【库存视频】选项，将 PowerPoint 软件提供的视频资源插入 PPT。
- 方法三：单击【插入】选项卡的【媒体】组中的【视频】下拉按钮，在弹出的下拉列表中选择【联机视频】选项，通过引用网址的方式将其他网站中的视频插入 PPT，如图 8-66 所示。

图 8-66　【视频】下拉列表

- 方法四：打开保存视频文件的文件夹，选中要插入 PPT 的视频后按 Ctrl+C 组合键，然后在 PowerPoint 中选中需要插入视频的幻灯片，按 Ctrl+V 组合键即可。
- 方法五：单击【插入】选项卡的【媒体】组中的【屏幕录制】按钮，通过录制屏幕操作 (或视频影像) 的方式，在 PPT 中插入视频。

提示

扫描右侧的二维码可通过扩展资料了解以上方法的具体运用。

2. 调整视频大小与内容

选中PPT中插入的视频，选择【视频格式】选项卡，单击【大小】组中的【裁剪】按钮，然后拖动视频四周的控制点，可以对PPT中的视频进行裁剪，使其与PPT页面大小一致(或者符合排版位置的要求)，如图8-67所示。

选择【播放】选项卡，单击【编辑】组中的【剪裁视频】按钮，在打开的【剪裁视频】对话框中拖动时间轴左右两侧绿色和红色的控制柄可以选择剪裁视频中的片段(系统将保留两个控制柄之间的视频)，完成后单击【确定】按钮可以剪裁视频的内容，使其满足PPT制作的需要，如图8-68所示。

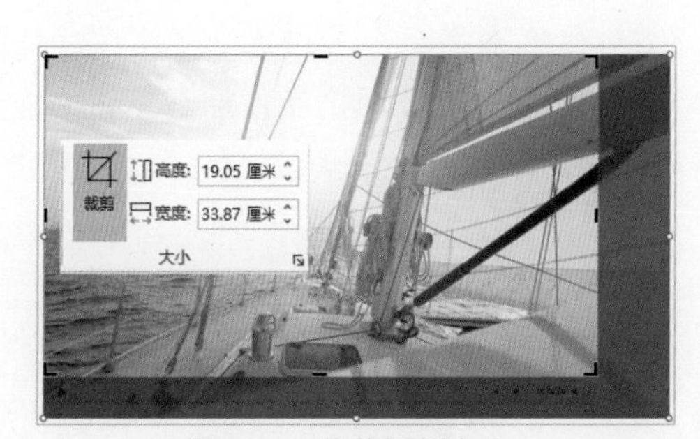

图 8-67　裁剪视频大小

图 8-68　剪裁视频内容

3. 设置视频自动循环播放

选中PPT中的视频，选择【播放】选项卡，在【视频选项】组中将【开始】设置为【自动】，可以设置视频在PPT放映时自动播放；选中【循环播放，直到停止】复选框，可以设置视频在当前幻灯片中循环播放，如图8-69所示。

完成以上设置后，在幻灯片中添加一个渐变蒙版，并在蒙版上插入文本框和形状，即可实现图8-65右图所示的页面效果。

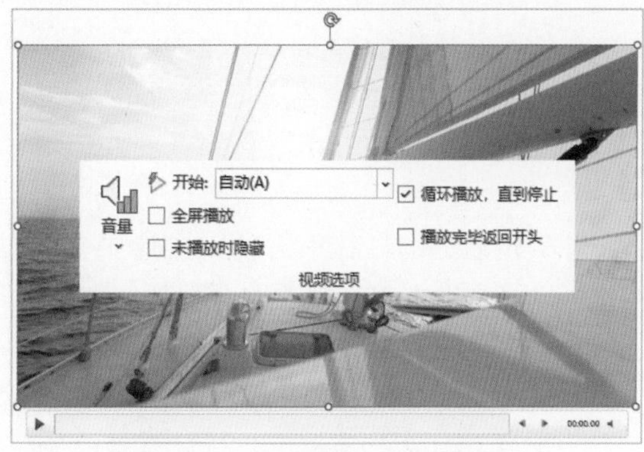

图 8-69　设置视频自动循环播放

8.3.5 制作广告级视频效果

在PPT中不仅可以插入视频，将文字和视频通过布尔运算组合在一起，还可以制作出犹如广告画面一般的视频效果，如图8-70所示。

图 8-70　PPT 中文字与视频结合效果

【例8-15】通过制作图8-70左图所示视频，掌握在PowerPoint中将文字与视频融合，制作广告品质视频效果的方法(扫描右侧的二维码可观看实例效果)。

(1) 在PPT中插入视频后，调整视频的大小。

(2) 插入一个文本框，在其中输入一段文本并设置文本的字体格式和大小。然后单击PowerPoint左上角快速访问工具栏右侧的【自定义快速访问工具栏】按钮，在弹出的下拉列表中选择【其他命令】选项，如图8-71左图所示。

(3) 打开【PowerPoint选项】对话框，将【从下列位置选择命令】设置为【不在功能区中的命令】，在对话框左侧的列表中选择【相交[相交形状]】选项，单击【添加】按钮，将其移至对话框右侧的列表中，如图8-71右图所示，单击【确定】按钮。在快速访问工具栏添加【相交】按钮。

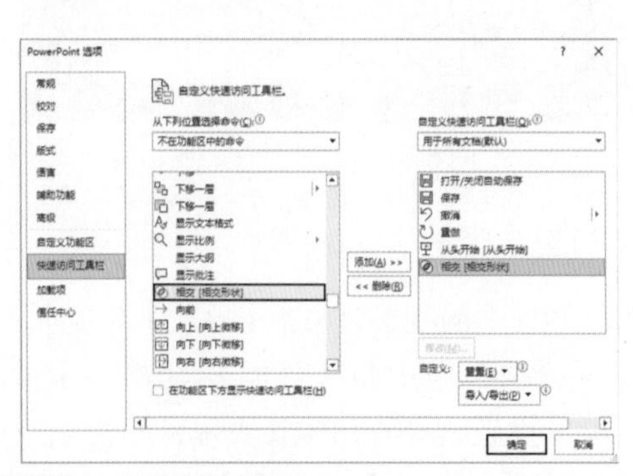

图 8-71　在快速访问工具栏添加“相交”按钮

(4) 先选中幻灯片中的视频再选中文本框，然后单击快速访问工具栏中的【相交】按钮，可以将文本框与视频相融合，制作出图8-72所示文字形状的视频(单击视频下方的【播放】按钮▶播放视频，视频将在文本框中播放)。

(5) 选中幻灯片中的文字视频，在【视频格式】选项卡中为其设置边框和阴影效果。然后在幻灯片中再插入一个与文字视频播放时间一样长的另一个视频，将该视频置于页面底部后，按住Ctrl键的同时选中页面中的两个视频，选择【播放】选项卡，在【视频选项】组中将【开始】

设置为【自动】；选择【动画】选项卡，在【计时】组中将【开始】设置为【与上一动画同时】，如图8-73所示。

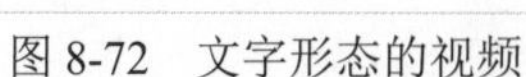

图 8-72　文字形态的视频　　　　图 8-73　设置两个视频同时自动播放

(6) 最后，按F5键放映PPT，视频播放效果将如图8-70左图所示。

8.3.6　为视频设置控制按钮

将视频与动画结合，就可以利用触发器在PPT中实现视频播放控制，如图8-74所示。

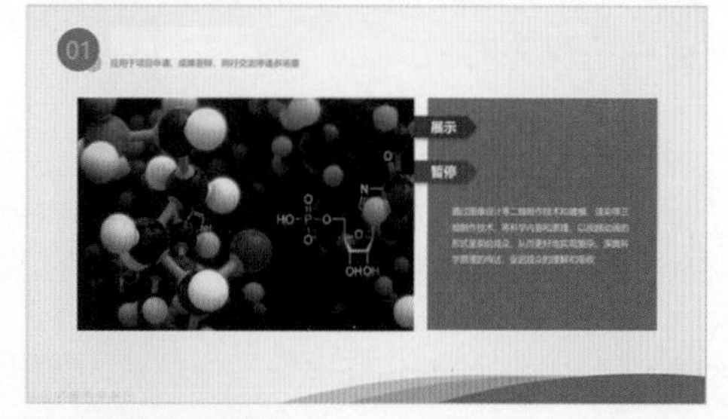

图 8-74　使用按钮控制视频播放和暂停

【例8-16】 在PPT中制作图8-74左图所示的视频播放和暂停控制按钮(扫描右侧的二维码可观看实例效果)。

(1) 在PPT中插入视频后调整视频的大小和位置，然后在视频的下方插入两个圆角矩形形状，并分别在其上输入文本“播放”和“暂停”。

(2) 选中页面中的视频，选择【播放】选项卡，在【视频选项】组中将【开始】设置为【单击时】。

(3) 选择【动画】选项卡，单击【高级动画】组中的【添加动画】下拉按钮，从弹出的下拉列表中依次选择【播放】和【暂停】选项，为视频添加“播放”和“暂停”动画，如图8-75所示。

(4) 单击【高级动画】组中的【动画窗格】按钮，在打开的【动画窗格】窗格中单击播放动画右侧的下拉按钮▾，从弹出的下拉列表中选择【效果选项】选项，在打开的对话框中选择【计时】选项卡，单击【触发器】按钮，在激活的选项区域中将【单击下列对象时启动动画效果】设置为【圆角矩形56：播放】，然后单击【确定】按钮，如图8-76所示。

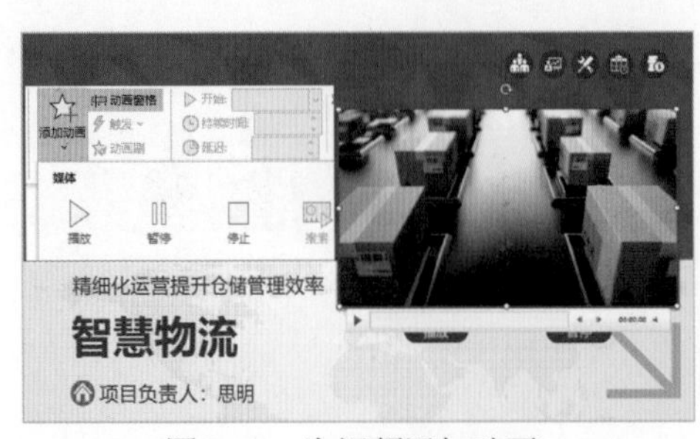

图 8-75　为视频添加动画

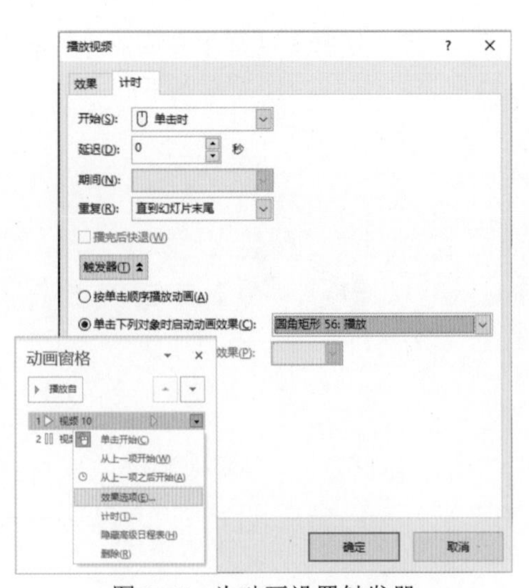

图 8-76　为动画设置触发器

(5) 使用同样的方法，将暂停动画的触发按钮设置为【圆角矩形56：暂停】。

(6) 按F5键放映PPT，单击页面中的【播放】按钮将播放幻灯片中的视频；单击【暂停】按钮则会暂停视频的播放。

8.4　设置页眉和页脚

一般情况下，普通PPT不需要设置页眉和页脚。如果我们要做一份专业的PPT演示报告，在制作完成后还需要将PPT输出为PDF文件，或者要将PPT打印出来，那么就有必要在PPT中设置页眉和页脚了。

8.4.1　为 PPT 设置日期和时间

在PowerPoint中，选择【插入】选项卡，在【文本】组中单击【页眉和页脚】按钮，打开图8-77所示的【页眉和页脚】对话框。选中【日期和时间】复选框和【自动更新】单选按钮，然后单击【自动更新】单选按钮下文本框右侧的下拉按钮，从弹出的下拉列表中，用户可以选择PPT页面中显示的日期和时间格式。单击【全部应用】按钮，可以将设置的日期与时间应用到PPT的所有幻灯片中。

图 8-77　为 PPT 设置日期和时间

▶ 如果仅需要为当前选中的幻灯片页面设置日期和时间，在【页眉和页脚】对话框中单击【应用】按钮即可。

▶ 如果需要为PPT设置一个固定的日期和时间，可以在【页眉和页脚】对话框中选中【固定】单选按钮，然后在其下的文本框中输入需要添加的日期和时间。

8.4.2 为PPT设置编号

单击【插入】选项卡的【文本】组中的【页面和页脚】按钮后，在打开的【页眉和页脚】对话框中选中【幻灯片编号】复选框，然后单击【全部应用】按钮，即可为PPT中的所有幻灯片设置编号(编号一般显示在幻灯片页面的右下角)。

提示

一般情况下，PPT中作为标题的幻灯片不需要设置编号，我们可以通过在【页眉和页脚】对话框中选中【标题幻灯片中不显示】复选框，在标题版式的幻灯片中不显示编号。

8.4.3 为PPT设置页脚

在【插入】选项卡的【文本】组中单击【页眉和页脚】按钮，打开【页眉和页脚】对话框，选中【页脚】复选框后，在其下的文本框中可以为PPT页面设置页脚文本。单击【全部应用】按钮，将设置的页脚文本应用于PPT的所有页面，用户还需要选择【视图】选项卡，在【母版视图】组中单击【幻灯片母版】按钮，进入幻灯片母版视图，确认页脚部分的占位符在每个版式中都能正确显示，如图8-78所示。

8.4.4 为PPT设置页眉

在PowerPoint中，单击【插入】选项卡的【文本】组中的【页眉和页脚】按钮，在打开的【页眉和页脚】对话框中选择【备注和讲义】选项卡，选中【页眉】复选框，然后在该复选框下的文本框中输入页眉的文本内容(如图8-79所示)，并单击【全部应用】按钮，即可为PPT设置页眉。

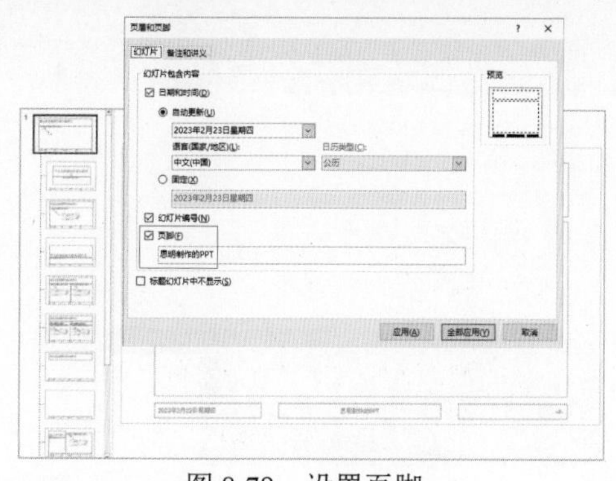

图8-78 设置页脚

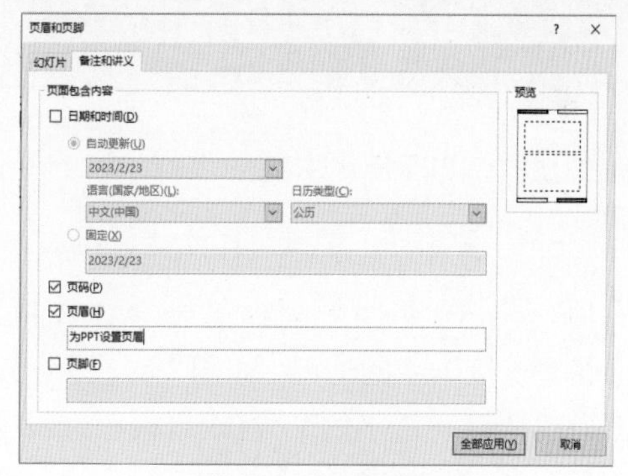

图8-79 设置页眉

提示

PPT设置页眉后，选择【视图】选项卡，单击【讲义母版】或【备注母版】按钮，可以在讲义或备注母版中查看或修改PPT页眉效果。

如果PPT中的页眉、页脚、页码、日期和时间位置被其他人调整过，发生了格式或位置错误，可以在打开【页眉和页脚】对话框后，先取消页眉、页脚、页码等复选框的选中状态，单击【全部应用】按钮。然后再次将这些选项重新选中，并单击【全部应用】按钮(相当于“刷新”页面操作)，使页眉、页脚等设置恢复为默认设置。

8.5 添加批注

有时，我们在制作PPT的过程中需要针对页面中的内容或设计效果与他人进行沟通，并听取他人的意见。此时，就可以在PPT中设置批注，通过批注给下一个编辑者留言，得到其对内容与设计的看法。

在PowerPoint中，选择【审阅】选项卡，然后单击【批注】组中的【新建批注】按钮，将打开【批注】窗格，允许用户在幻灯片中插入一个批注，如图8-80所示。

图 8-80　在 PPT 中添加批注

提示

关闭【批注】窗格，幻灯片中的批注图标将自动隐藏，并且批注内容和图标不会在放映PPT时显示，只有在编辑PPT时单击【审阅】选项卡中的【显示批注】按钮，软件才会打开【批注】窗格显示PPT中的批注内容。

8.6 新手常见问题答疑

新手在设置PPT强化功能的过程中，常见的问题汇总如下。

问题一：在将PPT复制到其他计算机后，如何检查并维护其中的链接?

有时，将PPT文件复制到另一台计算机后会出现超链接失效的情况，如图8-81所示。这是因为超链接所链接的文件(或目标)位置发生了改变。需要我们执行【复制超链接】命令检查链接指向的位置，再通过编辑超链接修正链接错误，并删除完全失效的超链接。

图 8-81　失效的 PPT 链接

▶ 复制超链接

选中一个设置了指向文件或网页的超链接元素后，右击鼠标，从弹出的快捷菜单中选择【复制链接】命令，可以复制该元素上所设置的超链接路径信息，如图8-82左图所示。按Ctrl+V组合键可以将复制的路径信息粘贴在文本编辑软件或当前幻灯片中，如图8-82右图所示。

▶ 打开超链接

在图8-82左图所示的菜单中选择【打开链接】命令，PowerPoint软件将以窗口形式打开元素上超链接所指向的页面或文件。

图 8-82　通过复制超链接获取链接地址

▶ 编辑超链接

选中幻灯片中设置了超链接的元素后，右击鼠标，在弹出的快捷菜单中选择【编辑链接】命令(或按Ctrl+K组合键)，将打开图8-83所示的【编辑超链接】对话框。在该对话框中用户可以更改超链接的类型或链接地址。完成设置后，单击【确定】按钮即可。

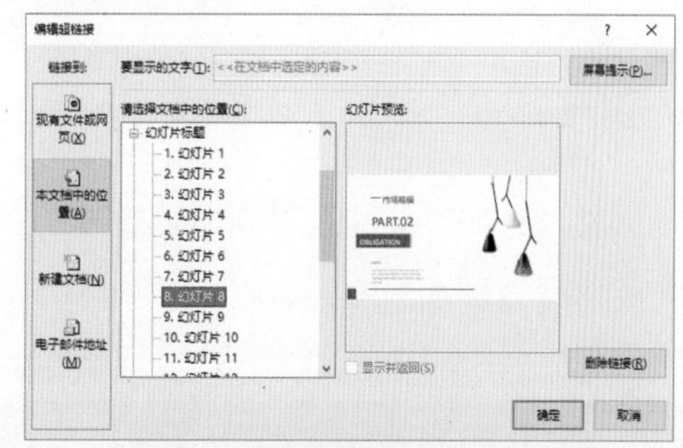

图 8-83　【编辑超链接】对话框

▶ 删除超链接

在PowerPoint中，可以使用以下两种方法删除幻灯片中失效的超链接：方法一，选中幻灯片中添加了超链接的元素后，按Ctrl+K组合键，在打开的【编辑超链接】对话框中单击【删除链接】按钮；方法二，右击幻灯片中的超链接元素，在弹出的快捷菜单中选择【删除链接】命令。

问题二：有哪些免费、无广告的网站可以把音频文件转换成.wav格式的文件？

常用的音频文件转换网站如表8-3所示。

表 8-3　常用的音频文件转换

网　站	简　介
Convertio	一个提供了各种文件转换的网站，转换小的文件不需要登录，打开后单击“转换”下拉按钮，可以看到各种文件转换功能(最大支持免费转换100MB以内的文件)
Freelrc	一个免费的在线音频格式转换网站，提供的音频格式非常丰富，一些平台下载的音乐文件都可以用它转换成指定格式

问题三：PPT中支持插入哪些格式的3D模型文件？通过哪些网站可以获取模型素材？

目前，PowerPoint支持的3D模型格式文件有fbx、obj、3mf、ply、stl和glb这几种。

常用的3D模型素材网站如表8-4所示。

表 8-4　3D 模型素材网站

网　站	简　介
模型网	一个提供3D模型下载的网站，包括众多的3D模型(有免费模型，也有收费模型)
Poly	谷歌公司的3D模型库，其中提供的3D模型素材偏向于卡通化
3D Free	一个免费提供3D模型下载的网站，其提供的模型数量众多
Sketchfab	一个提供炫酷模型的3D模型素材网站，虽然其提供的素材质量较高，但其中的很大一部分素材的兼容性不高(无法与PPT进行很好的兼容)

问题四：使用WPS演示制作PPT是否也能插入3D模型？

目前，支持插入3D模型的软件有PowerPoint 2019/2021/365，WPS演示不支持3D模型。

问题五：PPT可以变成有声音的视频吗？

可以。如果PPT内容是线性顺序播放的图片和文字，按F12键打开【另存为】对话框，将其直接保存为.mp4、.wmv等视频文件格式即可。如果PPT中包含了超链接或者设置了触发器操作的元素，则可以使用第三方录屏软件将PPT的演示过程录制下来，生成视频文件。

提示

将PPT转化为视频后，可以通过剪辑视频加入声音制作成微视频。

问题六：如果要通过录制视频的方式生成PPT中的视频，可以使用哪些录屏软件？

常用录屏软件如表8-5所示。

表 8-5　常用录屏软件

软　件	简　介
Windows 10录屏功能	如果对录屏要求不高，使用Windows 10自带的录屏功能即可(按Win+G组合键使用)
Captura	一款免费、开源的屏幕录制工具，它可以将屏幕上的任意区域、应用窗口录制成视频，也可以选择是否显示鼠标、记录鼠标单击、键盘按键声音
Free Screen Recorder	一款简单易用且免费的屏幕录制和捕获软件。它可以将录制的视频保存为所有流行的视频格式(包括.avi、.mov、.wmv、.flv、.mp4等)
ShareX	一款免费、开源的录屏工具，它可以让用户捕捉或记录屏幕的任何区域，并且支持中文界面
OBS Studio	一款免费且开源的用于视频录制以及直播串流的工具。其支持Windows、macOS以及Linux系统(也支持中文界面)

问题七：设计PPT内容、排版、视觉效果，优化PPT功能的意义何在？

一个逻辑合理、设计精美、功能完善的PPT并不能给我们的工作、学习带来直接的经济效益。但优秀的PPT能够使观众对我们的能力产生高度的认同感和共情，进而帮助我们获得更多的帮助和资源。特别是在一些比较重要的场合，比如项目申报、学术报告、毕业答辩、招商引资、产品发布、工作汇报、上市路演等。

所以，千万不要小看PPT，其中每一项功能优化，它在关键时刻起着决定性的作用。

第 9 章
PPT 演示技巧

本章导读

制作PPT的目的就是在投影仪或计算机上对其中的内容进行演示。想要让演示效果更加精彩，掌握PPT的放映、演讲与输出技巧是必不可少的。

在实际演示环境中，针对不同的场合、不同的人群，PPT的放映方式可能有所不同，在PowerPoint中，我们除了可以使用快捷键和鼠标右键控制PPT的放映内容和节奏以外，还可以使用演示者视图放映PPT，或者通过自定义设置灵活展示PPT内容。

9.1 PPT 放映技巧

PPT最主要的功能在于将内容以幻灯片的形式在投影仪或计算机上进行放映。因此，熟练掌握PPT的放映方法与技巧，对每个PPT使用者而言是必要的。

9.1.1 使用快捷键放映 PPT

在放映PPT时使用快捷键，是每个演讲者必须掌握的基本操作。虽然在PowerPoint中用户可以通过单击【幻灯片放映】选项卡的【开始放映幻灯片】组中的【从头开始】与【从当前幻灯片开始】按钮，或单击软件窗口右下角的【幻灯片放映】图标和【读取视图】图标来放映PPT(如图9-1所示)，但是在正式的演讲场合中进行以上操作难免会手忙脚乱，不如使用快捷键快速且高效。

1. 按F5键快速放映PPT

使用PowerPoint打开PPT文档后，用户只需按F5键，即可快速将PPT从头开始播放。但需要注意的是，在笔记本电脑中，功能键F1~F12往往与其他功能绑定在一起，如在Surface的键盘上，F5键就与计算机的“音量减小”功能绑定。此时，只有在按F5键的同时按Fn键(一般在键盘底部的左侧)，才算是按了F5键，PPT才会开始放映。

提示

在演讲时放映PPT，演讲开头的前30秒是观众参与程度最高的时间段，通常在这段时间中观众会用开讲的30秒来判断演讲者的演讲是否值得听下去。因此，当按F5键从头播放PPT开场的开始30秒，是演讲的“重中之重”。

在PPT演讲的开头，我们要避免以下三种“自杀”式开场白。

- 同质式开场白，例如：

“大家好，我是×××，我今天演讲的题目是……”。

- 演戏式开场白，例如：

“大家好，邀朋把盏聚一堂，感情硕果共分享，值此良辰美景之际……”。

- 道歉式开场白，例如：

“很抱歉，因为时间太紧，我没有准备这一次演讲……，本来我是不想说的，但是……”。

观众在听演讲时不希望听的是借口、道歉和千篇一律的表演，以上三类开场白很容易影响观众的情绪，让观众感觉观看演讲是在浪费时间，在这种情绪的带动下，即便PPT做得再出色，内容逻辑组织得再精彩，也会让演讲效果大打折扣。

因此，在按F5键播放PPT的同时，我们一开始要做的就是避免给观众带去消极的信息。下面三种万能开场方式，可用在演讲时配合PPT使用。

- 承诺式开场。在演讲一开始就告诉观众，他们将会非常享受你的演讲并从中受益，例如，“从现在开始的一个小时内，你将收获三项有关财富的秘密”。
- 想象式开场。将 PPT 定格在封面页，用“想象”一词开始演讲，可以让观众想象一下过去或者未来。想象的力量是非常强大的，它能使观众思考，让观众身临其境，例如，“请大家在观看我的 PPT 前先想象一下，我们倒退到十年以前，有没有什么事情是你当初想做，而现在仍然没有做的……”。

- 震惊式开场。在开场时提出一个鲜为人知的事实真相，或者让人震惊的数字、事件、话语，让观众在一瞬间被震惊，从而对演讲的内容产生强烈的好奇心，会聚精会神地听下去。例如，卡耐基在“怎样才能不再忧虑地生活”演讲的开场使用了令人震惊的话语：“那是 1987 年的春天，一个叫威廉的年轻人，他是一个医学专业的学生，原本他的生活中充满了忧虑，怎样才能通过期末考试？该到什么地方去发展？将如何开一个诊所谋生？他拿起一本书，读到了影响他将来一生的 21 个字。后来他成为牛津大学医学院的教授，还被封为爵士，拿到了英国医学界的最高荣誉。就是这 21 个字，帮他度过了无忧无虑的一生。”说到这里，所有观众都想知道这 21 个字到底是什么，为什么能影响他一生。这就是震惊式开场。

2. 按Ctrl+P组合键暂停放映并激活激光笔

在PPT的放映过程中，按Ctrl+P组合键，将立即暂停当前正在播放的PPT并激活PowerPoint的“激光笔”功能。应用该功能，用户可以在幻灯片放映页面中对内容进行涂抹、标注或圈示，如图9-2所示。

图 9-1　通过工作界面按钮放映 PPT

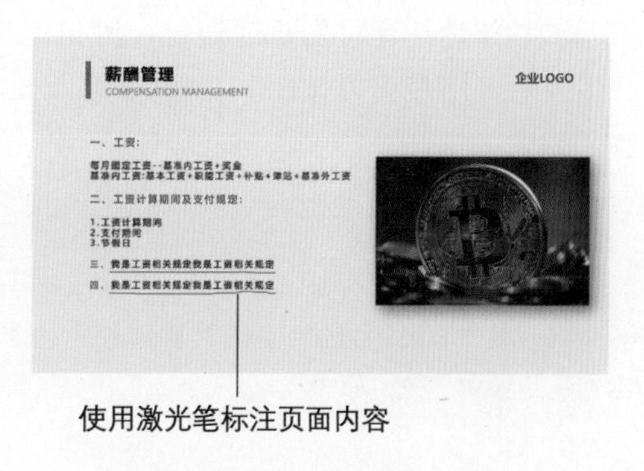

图 9-2　放映 PPT 时使用激光笔

演讲型PPT中往往信息有限，为了让演讲内容更加“合乎逻辑”，演讲者可以在暂停PPT放映时对PPT的内容进行圈示，使用以下三种不同的词汇做进一步介绍。

- 数字词。例如，第一点、第二点、第三点；一个中心，两个基本点。
- 时间词。例如，首先、其次、最后；现在、过去、未来。
- 关键词。例如，人设、使命、用心、细节、预期、共情、类比。

3. 按E键取消激光笔涂抹的线条

当用户在PPT中使用激光笔涂抹线条后，按E键可以将线条快速删除。

4. 停止PPT放映并显示幻灯片列表

在放映PPT时，按-键将立即停止放映，并在PowerPoint中显示如图9-3左图所示的幻灯片列表。单击幻灯片列表中的某张幻灯片，PowerPoint将快速切换到该幻灯片页面中，如图9-3右图所示。

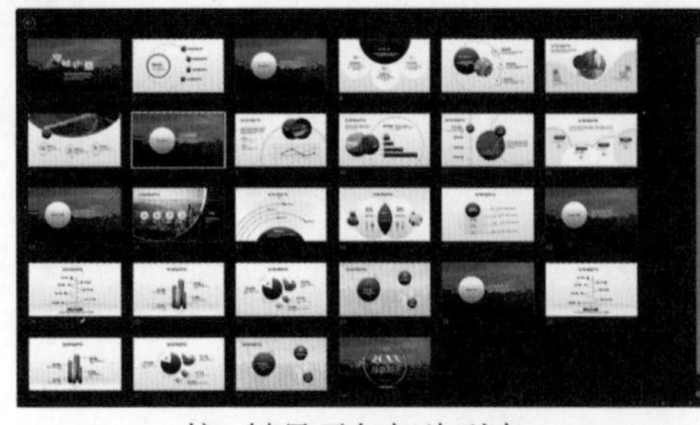

按 - 键显示幻灯片列表

快速切换到选中的幻灯片

图 9-3　使用 - 键选择 PPT 放映顺序

5. 按W键进入白屏状态

在演讲过程中，如果临时需要和观众就某一个论点或内容进行讨论，可以按W键进入PPT空白页状态(按任意键可退出空白页状态)。

6. 按B键进入黑屏状态

在放映PPT时，有时需要观众自行讨论演讲的内容。此时，为了避免PPT中显示的内容对观众产生影响，用户可以按B键，使PPT进入黑屏状态。当观众讨论结束后，再次按B键即可恢复播放。

提示

演讲不是拍电影，在过程中无法叫停，也不能重新再来。所以，如果在演讲中出现卡壳、忘词、话筒失声等情况，就可以切入PPT白屏或黑屏状态，通过和观众互动准备“救场”，利用间隙重新厘清思绪，逆转局面，从容面对后面的演讲。

7. 隐藏与显示鼠标指针

在放映PPT时，如果在特定环境下需要隐藏鼠标的指针，可以按Ctrl+H组合键，如果要重新显示鼠标指针，按Ctrl+A组合键即可。

8. 指定播放PPT的特定页面

PPT正在放映的过程中，如果用户需要马上指定从PPT的某一张幻灯片(如第5张)开始放映，可以按该张幻灯片的数字键+Enter键(如5＋Enter键)。

9. 快速返回PPT的第一张幻灯片

在PPT放映过程中，如果用户需要使放映页面快速返回第一张幻灯片，只需要同时按住鼠标的左键和右键两秒钟左右即可。

提示

在演讲中如果想讲的内容太多，往往会影响整个演讲的节奏。有的演讲者在PPT中准备了太多的内容，在演讲过程中火急火燎地播放，语速也越来越快，往往会出现演讲时间到了但准备的内容还没有讲完的情况。遇到这种情况，如果实在讲不完PPT中要表达的内容，就不要讲完。例如，PPT中原本要讲12个点，我们就把其中最重要的几个核心点讲好，剩下的几点完全可以附在PPT的第一页或其中某一页中，在演讲快要结束时按指定的数字＋Enter键切换到那一页，作为延伸练习或者推荐内容让观众在结束后自主学习。或者同时按住鼠标的左键和右键两秒返回PPT第一页(封面页)，通过链接的形式提供给观众，引导观众继续跟随自己学习。

在一开始演讲时，可以在目录页中列出PPT中所有的点，然后询问观众对哪个点最感兴趣，针对他们的选择再按数字键＋Enter键跳转到相应的页面开讲。讲完一个点后，返回目录页，让观众再选择下一个点，直到演讲时间结束。这样可以保证PPT中准备的内容始终都是观众最感兴趣的内容。

10. 暂停或重新开始PPT自动放映

如果要暂停放映或重新恢复幻灯片的自动放映，按S键或＋键即可。

11. 快速停止PPT放映

在PPT放映时按Esc键将立即停止放映，并在PowerPoint中选中当前正在放映的幻灯片。

12. 从当前选中的幻灯片开始放映

在PowerPoint中可以通过按Shift+F5组合键，从当前选中的幻灯片开始放映PPT。

提示

在演讲过程中，如果观众对演讲的内容不感兴趣，出现了冷场的情况，可以先按S键(＋键)或按Esc键将PPT的放映先停下来，然后主动走到观众中间，在注视观众的同时，一边说和他们有关的内容，如“下面我会分享一些方法，帮助大家快速理解……”，将观众的注意力拉回来。

演讲者在演讲中遇到冷场应把握一个原则，停下PPT的同时尽量不要停下发言，也不要将事态扩大(比如遇到“泼冷水”，不能将水“泼”回去或者“怼”回去)，否则会让事态升级；同时，不要慌，然后在演讲过程中临场植入一个与当前状态相关的新主题，根据现场观众的反应，再决定下面的演讲节奏。在演讲氛围恢复后，快速切换到PPT中合适的页面，按Shift＋F5组合键，从当前幻灯片开始放映。

9.1.2　使用鼠标右键放映 PPT

虽然通过快捷键可以快速地放映PPT，但有时在放映PPT的过程中用户也需要使用右键菜单来控制PPT的放映进程或放大页面中的某些元素，如图9-4所示。

1. 查看【上一张】或【下一张】幻灯片

在演讲中放映PPT时，右击幻灯片，在弹出的快捷菜单中选择【上一张】或【下一张】命令，可以跳过PPT中的切换动画直接放映当前幻灯片的上一张或下一张幻灯片(使用键盘上的左右方向键可以实现同样的操作)。

2. 放映指定的幻灯片页面

在放映幻灯片时，如果用户想让PPT从某一张幻灯片开始播放，可以在幻灯片上右击鼠标，从弹出的快捷菜单中选择【查看所有幻灯片】命令，显示图9-3左图所示的幻灯片列表。选中幻灯片列表中的幻灯片，即可使PPT从指定的幻灯片开始播放。

3. 放大页面中的某个区域

如果用户需要在PPT放映时，将页面中的某个区域放大显示在投影设备上，右击幻灯片页面，在弹出的快捷菜单中选择【放大】命令，然后将鼠标移至需要放大的页面位置，单击即可，如图9-5所示。

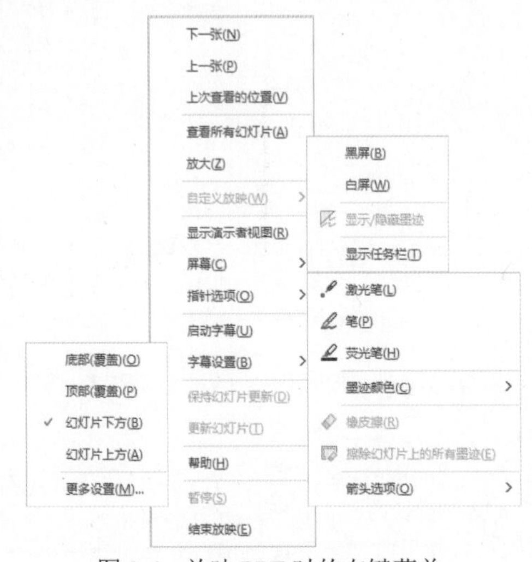

图9-4　放映PPT时的右键菜单

图9-5　放大幻灯片一部分区域

4. 显示Windows任务栏

在图9-4所示的右键菜单中选择【屏幕】|【显示任务栏】命令，可以在放映窗口底部显示Windows任务栏，演讲者可以通过任务栏在演讲中切换演示其他软件(如Word)。

5. 使用笔/激光笔/荧光笔

在图9-4所示的右键菜单中选择【指针选项】命令，在弹出的子菜单中可以选择在放映的幻灯片中使用笔、激光笔或荧光笔圈示或标注重点。

6. 启动字幕

在图9-4所示的右键菜单中选择【启动字幕】命令，可以在放映PPT时启动字幕。选择【字幕设置】命令，在弹出的子菜单中可以选择字幕的显示位置和方式。

9.1.3　使用演示者视图放映PPT

所谓“演示者视图”就是在放映PPT时设置演讲者在PowerPoint中看到一个与观众看到的不同画面的视图。当观众通过投影屏幕观看PPT时，演讲者可以利用演示者视图(如图9-6所示)，在自己的计算机屏幕一端使用备注、幻灯片缩略图、荧光笔、计时等功能进行演讲。

图9-6　PowerPoint演示者视图

【例9-1】在PowerPoint中启用并设置演示者视图。

(1) 打开PPT后，选择【幻灯片放映】选项卡，在【监视器】组中选中【使用演示者视图】复选框。

(2) 按F5键放映幻灯片，然后在页面中右击鼠标，从弹出的快捷菜单中选择【显示演示者视图】命令，即可进入演示者视图。

(3) 此时，如果计算机连接到了投影设备，“演示者视图”模式将生效。视图左侧将显示图9-6所示的当前幻灯片预览，界面左上角显示当前PPT的放映时间。

(4) 演示者视图左下角显示一排控制按钮，分别用于显示荧光笔、查看所有幻灯片、放大幻灯片、变黑或还原幻灯片，单击⊙按钮，在弹出的快捷菜单中，还可以对幻灯片执行【上次查看的位置】【自定义放映】【隐藏演示者视图】【屏幕】【帮助】【暂停】和【结束放映】等命令，如图9-7所示。

(5) 单击图9-6所示视图底部的【返回上一张幻灯片】按钮◀或【切换到下一张幻灯片】按钮▶，用户可以控制PPT的播放(此外，在演示者视图中单击，PPT将自动进行换片)。

(6) 在演示者视图的右侧是幻灯片的预览视图和备注内容，将鼠标指针放置在演示者视图左右两个区域的中线上，按住左键拖动可以调整演示者视图左右两个区域的大小，如图9-8所示。

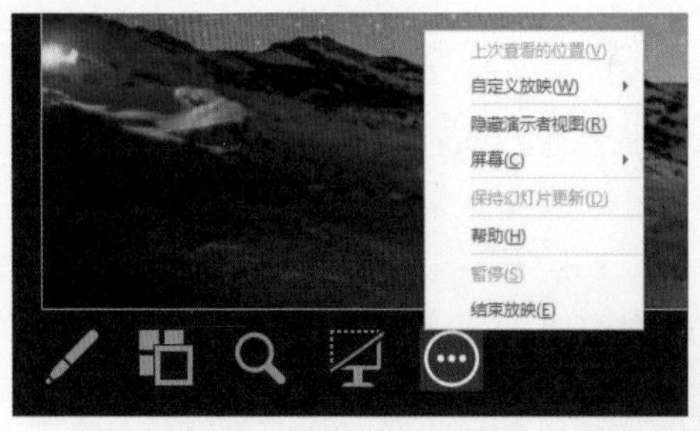

图 9-7　设置幻灯片放映

图 9-8　调整演示者视图

(7) 完成幻灯片的播放后，按Esc键即可退出演示者视图状态。

提 示

使用演示者视图时应了解：

- 在 PowerPoint 中，按 Alt+F5 组合键可以快速进入演示者视图；
- 在 PowerPoint 界面底部单击【备注】图标，可以显示图 9-9 所示的备注栏，在备注栏中用户可以为幻灯片设置备注文本；
- 在演示者视图中，用户无法对 PPT 中的视频进行快进或倒退播放操作，只能控制视频的播放与暂停。

图 9-9　PowerPoint 演示者视图

9.1.4　设置自定义方式放映 PPT

在使用PPT进行演讲时，并不是只能对幻灯片执行前面介绍的各种播放控制。用户也可以在PowerPoint中通过自定义放映幻灯片、指定PPT放映范围、指定PPT中幻灯片的放映时长等操作来控制演讲的节奏和进度，使PPT的内容能够灵活展示。

1. 设定PPT放映方式

一般情况下，我们会把制作好的演示文稿从头到尾播放出来。但是，在一些特殊的演示场景或针对某些特定的演示对象时，则可能只需要演示PPT中的部分幻灯片，这时可以通过自定义放映来实现。

【例 9-2】在PPT中设置自定义幻灯片播放。

(1) 打开PPT后，选择【幻灯片放映】选项卡，单击【开始放映幻灯片】组中的【自定义幻灯片放映】下拉按钮，从弹出的下拉列表中选择【自定义放映】选项。

(2) 打开【自定义放映】对话框，单击【新建】按钮，如图9-10所示。

(3) 打开【定义自定义放映】对话框，在【幻灯片放映名称】文本框中输入自定义放映的名称，在【在演示文稿中的幻灯片】列表框中选中需要自定义放映幻灯片前的复选框，然后单击【添加】按钮，如图9-11所示。

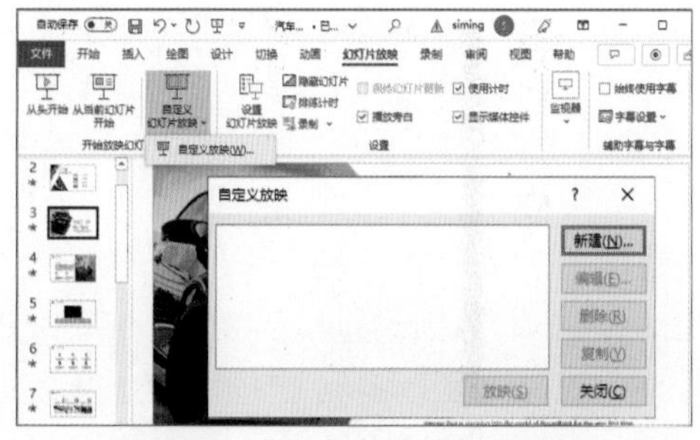

图 9-10　【自定义放映】对话框

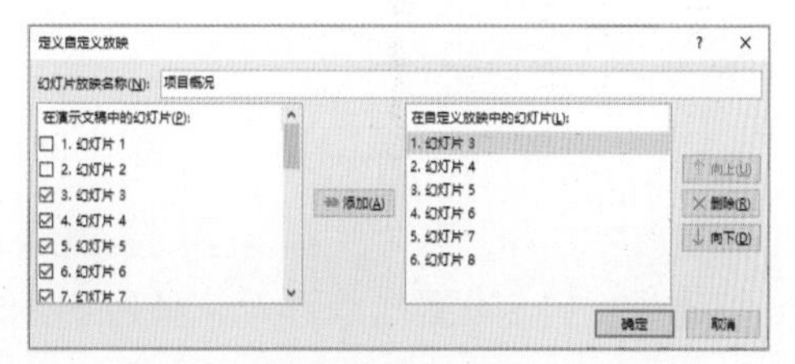

图 9-11　添加自定义放映的幻灯片

(4) 在【在自定义放映中的幻灯片】列表框中通过单击↑和↓按钮，可以调整幻灯片在自定义放映中的顺序，单击【确定】按钮。

(5) 返回【自定义放映】对话框，如图9-12所示，在该对话框中单击【放映】按钮，查看自定义放映幻灯片的顺序和效果。如果发现有问题，可以单击【编辑】按钮，打开【定义自定义放映】对话框进行调整。

(6) 单击【关闭】按钮，关闭【自定义放映】对话框，单击【开始放映幻灯片】组中的【自定义幻灯片放映】下拉按钮，从弹出的下拉列表中选择创建的自定义放映，如图9-13所示，即可按其设置的幻灯片顺序开始播放PPT。

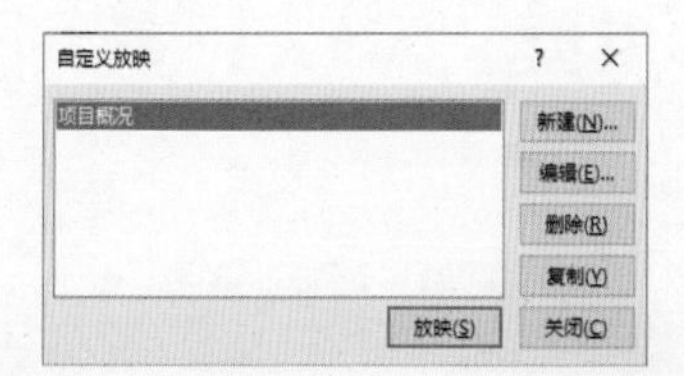

图 9-12　返回【自定义放映】对话框

图 9-13　按自定义顺序播放 PPT 内容

提　示

在PPT放映的过程中，也可以通过选择右键菜单中【自定义放映】子菜单中的命令，来选择PPT中的自定义放映片段。

2. 设定PPT放映范围

在默认设置下，按F5键后PPT将从第一张幻灯片开始播放，但如果用户需要在演讲时，只放映PPT中的一小段连续的内容，可以参考以下方法进行设置。

(1) 选择【幻灯片放映】选项卡，在【设置】组中单击【设置幻灯片放映】按钮，打开【设置放映方式】对话框，选中【从】单选按钮，并在其后的两个微调框中输入PPT的放映范围。图9-14所示为指定PPT从第3张幻灯片放映到第12张幻灯片。

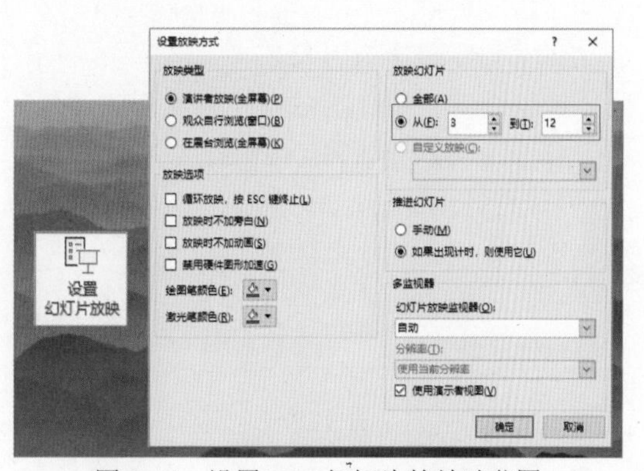

图 9-14　设置 PPT 幻灯片的放映范围

(2) 单击【确定】按钮，然后按F5键放映PPT，此时PPT将从指定的幻灯片开始播放，至指定的幻灯片结束放映。

3. 设定PPT放映时长

在PowerPoint中放映PPT时，一般情况下用户通过单击鼠标才能进入下一张幻灯片的播放状态。但当PPT被用于商业演示，摆放在演示台上时，这项默认设置就显得非常麻烦。此时，用户可以通过为PPT设置排练计时，使PPT既能自动播放，又可以自动控制其自身每张幻灯片的播放时长。

【例9-3】在PowerPoint中为PPT设置排练计时，控制PPT的放映节奏。

(1) 打开PPT后，选择【幻灯片放映】选项卡，单击【设置】组中的【排练计时】按钮，进入PPT排练计时放映状态。

(2) 此时，在界面左上方显示【录制】对话框，其中显示了时间进度，如图9-15所示。

(3) 重复以上操作，单击【下一项】按钮，直到PPT放映结束，按Esc键可结束放映，软件将弹出图9-16所示的提示对话框，询问用户是否保留新的幻灯片计时。单击【是】按钮，然后按F5键放映PPT，幻灯片将按照排练计时设置的时间进行播放，无须用户通过单击鼠标控制播放。

图9-15　排练计时状态

图9-16　保存幻灯片的排练时间

提示

如果要取消PPT中设置的排练计时，可以选择【幻灯片放映】选项卡，单击【设置】组中的【录制】下拉按钮，从弹出的下拉列表中选择【清除】|【清除所有幻灯片中的计时】选项。

4. 设定PPT放映时自动换片

如果PPT的作用只是为了辅助显示演讲中的非关键性信息，可以在PowerPoint中设置自动循环放映PPT，并通过幻灯片浏览视图调整每张幻灯片的放映时间。

【例9-4】设置PPT中每张幻灯片的自动切换时间。

(1) 打开PPT后，单击PowerPoint工作界面右下角的【幻灯片浏览】按钮，切换至幻灯片浏览视图，选中PPT中的第1张幻灯片。选择【切换】选项卡，在【计时】组中选中【设置自动换片时间】复选框，在该复选框后的微调框中输入当前PPT第1张幻灯片的换片时间，如图9-17左图所示。

(2) 在幻灯片浏览视图中选中PPT的其他幻灯片，然后重复步骤(1)的操作，设置该幻灯片的换片时间。PPT中每张幻灯片的自动切换时间将显示在该幻灯片缩略图的右下角，如图9-17右图所示。

(3) 选择【幻灯片放映】选项卡，在【设置】组中单击【设置幻灯片放映】按钮，打开图9-14所示的【设置放映方式】对话框，选中【放映选项】选项区域中的【循环放映，按Esc键终止】复选框后单击【确定】按钮，可以设置PPT循环放映。

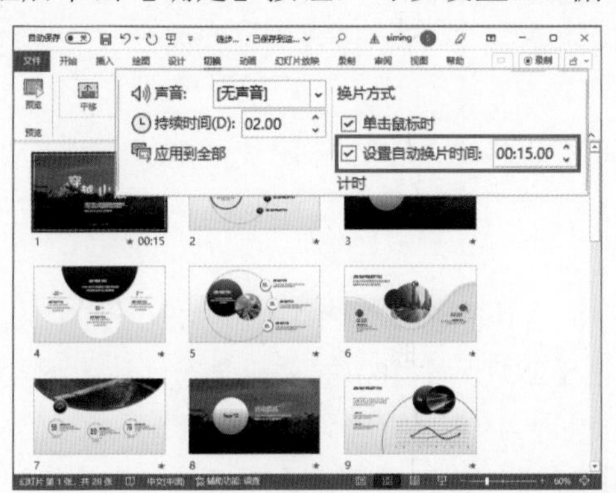

图 9-17　设置 PPT 中每张幻灯片的自动切换时间

提 示

如果要取消一份PPT的自动播放状态，可以在使用PowerPoint打开该PPT后，选择【切换】选项卡，在【计时】组中取消【设置自动换片时间】复选框的选中状态，然后单击【应用到全部】按钮。

5. 快速“显示”PPT内容

在Windows系统中，右击PPT文件，从弹出的快捷菜单中选择【显示】命令(如图9-18所示)，无须启动PowerPoint就能快速放映PPT。

图 9-18　通过选择文件的右键菜单命令快速放映 PPT

6. 制作PPT放映文件

PPT制作完成后，按F12键，打开【另存为】对话框，将【保存类型】设置为【PowerPoint放映(*.ppsx)】，然后单击【保存】按钮，可以将PPT保存为“PowerPoint 放映”文件。此后，在演示活动中，用户双击制作的PowerPoint放映文件，就可以直接放映PPT，而不会启动PowerPoint进入PPT编辑界面。

7. 禁用PPT单击换片功能

在PowerPoint中选择【切换】选项卡，然后在【计时】组中取消【单击鼠标时】复选框的选中状态，即可设置PPT放映时单击鼠标左键无法切换幻灯片。此时，用户只能通过按Enter键切换幻灯片。

9.2 PPT合并技巧

在使用PPT辅助演讲时，如果遇到在当前PPT中需要使用其他PPT中的某一页或某几页幻灯片的情况，通常大多数用户会使用“复制”操作(Ctrl+C组合键)，将需要的幻灯片页面“粘贴”(Ctrl+V组合键)到当前PPT中。使用这种方法有两个弊端：一是在“复制”和“粘贴”幻灯片页面的过程中容易造成幻灯片格式和版式的错误；二是需要耗费大量的时间执行重复的操作，影响工作效率。

其实，在PowerPoint中用户可以使用“重用幻灯片”功能，将制作好的PPT文档作为素材快速导入另一个PPT中，也就是将多个PPT合并，并且合并后的PPT文件能够避免“复制”和“粘贴”带来的诸多问题。

【例9-5】使用PowerPoint自带的“重用幻灯片”功能将多个PPT合并为一个PPT。

(1) 在PowerPoint中选择【开始】选项卡，单击【幻灯片】组中的【新建幻灯片】下拉按钮，从弹出的下拉菜单中选择【重用幻灯片】命令，如图9-19左图所示。

(2) 打开【重用幻灯片】窗格，单击【浏览】按钮，打开【浏览】对话框，选择一个制作好的PPT文件后，单击【打开】按钮，如图9-19右图所示，将选择的PPT作为素材导入【重用幻灯片】窗格中。

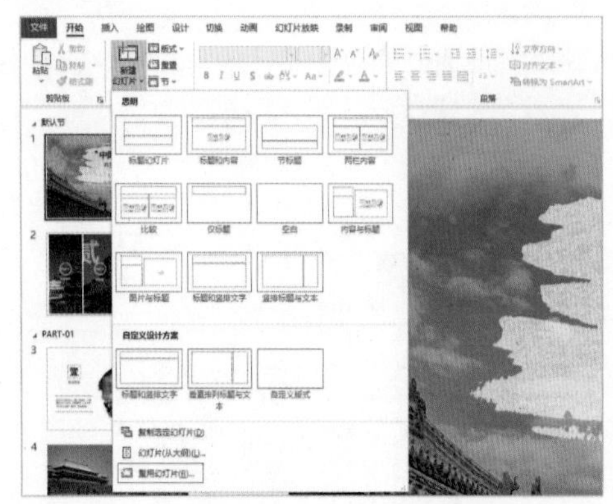

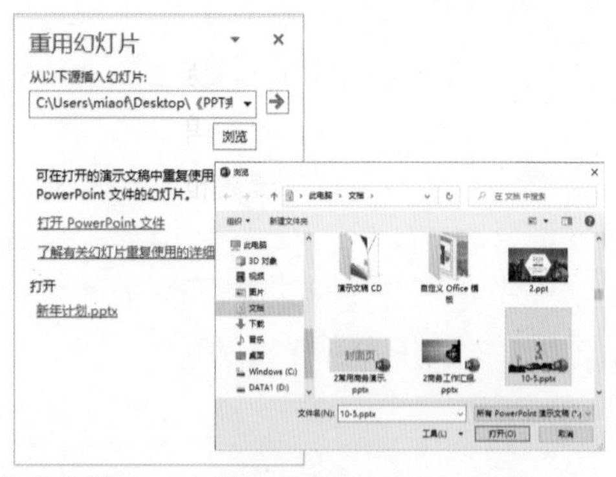

图9-19　通过“重用幻灯片”功能在当前PPT中导入其他PPT

(3) 此时，【重用幻灯片】窗格中显示导入PPT文件中的幻灯片列表，选中窗格下方的【保留源格式】复选框(保留导入PPT的原有格式不变)，然后在PowerPoint工作界面左侧的幻灯片列表中选择PPT中插入新幻灯片的位置，通过单击【重用幻灯片】窗格中导入的幻灯片缩略图即可在当前PPT中快速导入其他PPT中的幻灯片，并且保留幻灯片格式，如图9-20所示。

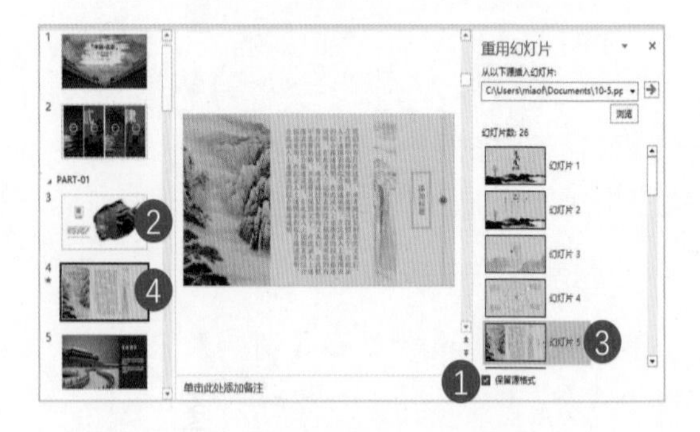

图9-20　导入其他PPT页面

重复以上实例的操作，可以将其他PPT文件导入【重用幻灯片】窗格，并将其插入当前PPT，从而快速实现将多个PPT中的幻灯片合并在一个PPT中。

9.3　PPT 输出技巧

在使用PPT的过程中，为了让PPT可以在不同的环境(场景)下正常放映，我们可以将制作好的PPT演示文稿输出为不同的格式，以便播放。例如，将PPT输出为MP4格式的视频，可以让PPT在没有安装PPT放映软件(PowerPoint或者WPS)的计算机中也能够正常放映；将PPT保存为图片格式，可以方便用户快速预览PPT的所有幻灯片内容；将PPT导出为PDF格式的文件，可以避免PPT文件中的版权内容在转发给其他用户后，产生因内容被篡改而引发的侵权问题；将PPT文件打包可以将PPT中嵌入的对象(包括字体、视频、音频)与PPT文件压缩在同一个文件夹中，从而确保PPT在被复制后，其中的内容仍然可以正常放映。

9.3.1　将 PPT 导出为 MP4 视频

日常工作中，为了让没有安装PowerPoint软件的计算机也能够正常放映PPT，或是需要把制作好的PPT放到一些网络平台上播放(如微信群、QQ群、微博等)，就需要将PPT转换成视频格式。目前最常用的视频格式是MP4格式，PPT在输出为MP4格式视频后，其效果不会发生变化，依然会播放动画效果、嵌入的视频、音乐或语音旁白等内容。

【例 9-6】将制作好的PPT文件导出为MP4格式的视频文件。

(1) 打开PPT后选择【文件】选项卡，在打开的窗口中选择【导出】|【创建视频】选项，在显示的功能区域中设置导出视频的清晰度、是否使用录制的计时和旁白，以及PPT中每张幻灯片在视频中的持续时间，然后单击【创建视频】按钮，如图9-21左图所示。

(2) 打开【导出视频】对话框，设置视频的保存位置后单击【导出】按钮即可，如图9-21右图所示。

图 9-21　将 PPT 导出为视频

9.3.2　将 PPT 转换为图片文件

在PowerPoint中，用户可以将PPT中的每一张幻灯片以GIF、JPEG或PNG格式的图片文件输出。

【例9-7】通过【另存为】对话框，将PPT保存为图片。

(1) 打开PPT后按F12键(或者选择【文件】|【另存为】|【浏览】选项)，打开【另存为】对话框，将【保存类型】设置为一种图片文件类型(如“JPEG文件交换格式”)，然后单击【保存】按钮，如图9-22左图所示。

(2) 在打开的提示对话框中单击【所有幻灯片】按钮，如图9-22右图所示。

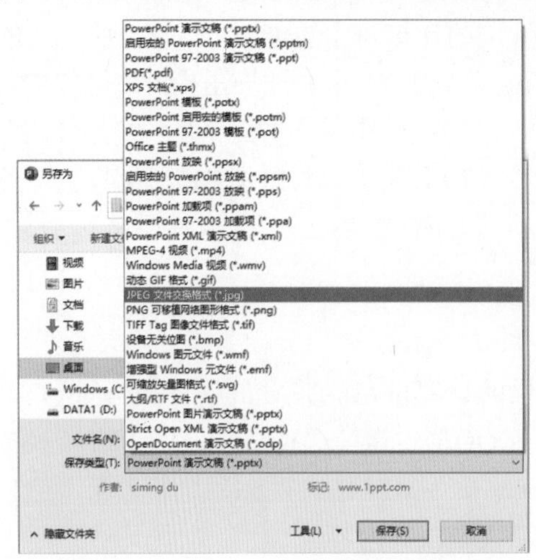

图 9-22　将 PPT 中的所有幻灯片保存为图片

(3) 此时，PowerPoint将新建一个与PPT同名的文件夹用于保存输出的图片文件。

9.3.3　将 PPT 导出为 PDF 文件

PDF是一种以PostScript语言和图像模型为基础，无论在哪种打印机上都可以确保以很好的效果打印出来的文件格式。PDF格式的文件是电子出版物中最为常用的发布格式之一，通常用于发布工作文档的终极状态。PDF文件的作者可以通过设定编辑权限，数字签名和加密等一系列安全控制措施来保证文件发布版本的一致性。

在完成PPT文件的制作后，我们可以将其导出为PDF格式，具体方法如下。

【例9-8】使用PowerPoint将PPT保存为PDF格式的文件。

(1) 选择【文件】选项卡，在打开的窗口中选择【导出】选项，在显示的【导出】选项区域选择【创建PDF/XPS文档】选项，并单击【创建PDF/XPS】按钮。

(2) 打开【发布为PDF或XPS】对话框，在其中设置PDF文件的保存路径，然后单击【发布】按钮，如图9-23所示。

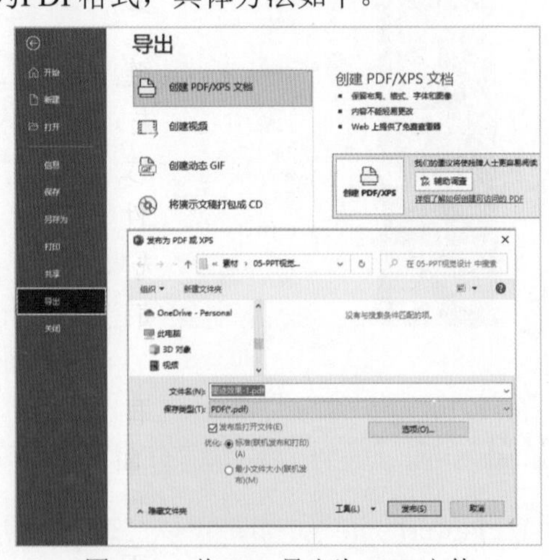

图 9-23　将 PPT 导出为 PDF 文件

提示

单击【发布为PDF或XPS】对话框中的【选项】按钮，可以在打开的对话框中设置PPT导出文件的范围、内容，以及包含的非打印信息。

9.3.4　将 PPT 插入 Word 文档中

在PowerPoint中可以“创建讲义”将PPT内容快速插入Word文档中。

【例 9-9】使用PowerPoint将PPT内容插入新建的Word文档中。

(1) 选择【文件】选项卡，在打开的窗口中选择【导出】选项，在显示的【导出】选项区域选择【创建讲义】选项，并单击【创建讲义】按钮。

(2) 打开【发送到Microsoft Word】对话框，在该对话框中选中一种版式后，单击【确定】按钮，如图9-24所示。

(3) 稍等片刻后，系统将自动启动Word软件并打开一个文档，即可将PPT以讲义的形式(PPT中各幻灯片内容将被保存为图片)插入Word文档中，如图9-25所示。

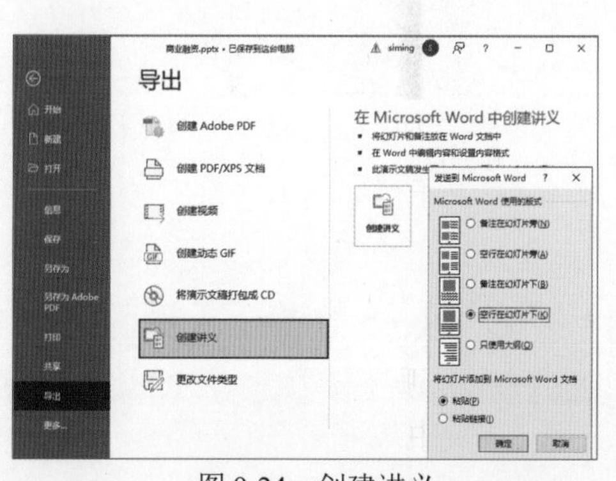

图 9-24　创建讲义

图 9-25　将 PPT 插入 Word 文档中

9.3.5　将 PPT 打包到文件夹

将PPT文件以及其中使用的链接、字体、音频、视频和配置文件等打包到文件夹，可以避免在演示场景中PPT出现内容丢失或者计算机中PowerPoint版本与PPT不兼容的问题发生。

【例 9-10】将制作好的PPT文件打包。

(1) 打开PPT文件后选择【文件】选项卡，在打开的窗口中选择【导出】选项，在显示的【导出】选项区域选择【将演示文稿打包成CD】|【打包成CD】选项。

(2) 打开【打包成CD】对话框，单击【复制到文件夹】按钮，在打开的【复制到文件夹】对话框中单击【浏览】按钮选择打包PPT文件存放的文件夹位置，如图9-26所示。

图 9-26　设置打包 PPT

(3) 最后，返回【复制到文件夹】对话框，单击【确定】按钮，在打开的提示对话框中单击【是】按钮即可。

9.3.6 将 PPT 文件压缩

如果PPT文件制作得过大，为了方便通过网络传输，我们可以通过将其中的图片文件压缩来减小PPT自身的文件大小。

【例 9-11】将制作好的PPT文件压缩。

(1) 打开PPT文件后按F12键打开【另存为】对话框，然后单击该对话框底部的【工具】下拉按钮，从弹出的下拉列表中选择【压缩图片】选项。

(2) 打开【压缩图片】对话框，选中【电子邮件(96 ppi)】单选按钮，然后单击【确定】按钮，如图 9-27 所示。

(3) 返回【另存为】对话框，选择一个PPT文件的保存文件夹，单击【保存】按钮即可。

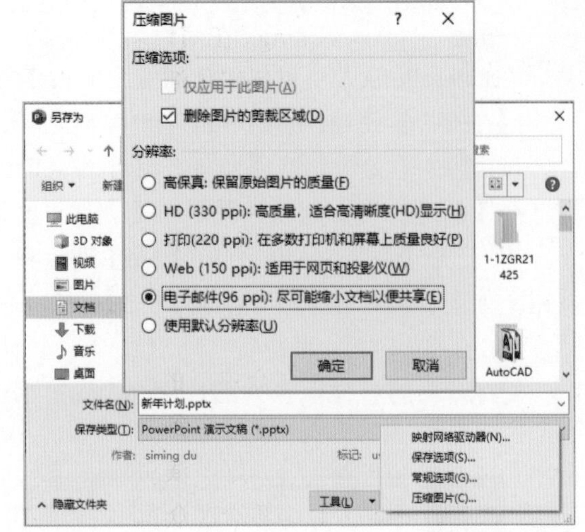

图 9-27　设置压缩 PPT 文件

9.4 新手常见问题答疑

在使用PPT辅助演讲时，新手可能遇到的常见问题如下。

问题一：如何摆脱“流水账”式演讲？

在演讲中，无论我们要讲多少内容，将信息归类成以下三个点，有助于摆脱演讲中的“流水账”式表达。

▶ 第一点：找到兴趣点

好的演讲在开场的第一句话就能够吸引观众的兴趣。我们需要用两句话来吸引观众的注意力，引起观众的兴趣。一般情况下，要找到观众兴趣点可以采用以下几种方法。

(1) 应用有震撼效果的数字。

(2) 提出问题，如“你们当中有多少人花了人生近一半的时间来……”“有没有人知道现在×××的数量？”等。

(3) 让观众震惊，如“我们正面临一次前所未有的挑战……”。

(4) 坦白，如“我一直很害怕面对公众演讲，所以我……”。

(5) 讲故事，如“今天早上我出门的时候，我儿子……”。

▶ 第二点：讲出观点

讲出观点就是要讲出演讲的主题结构，无论我们需要在演讲中讲多少观点和内容，都需要总结抽象为三点。因为人的大脑记录三件事情是最高效的。

▶ 第三点：饭后甜点

就像吃西餐最后要有一道餐后甜点一样，演讲的最后也需要有一个圆满的结尾，这个结尾通常被称为Happy ending。在演讲中准备“饭后甜点”的关键在于要引起观众的“共情”与“共鸣”，让观众在演讲结束后记住演讲，并付诸行动。

“饭后甜点”可以是多种多样的，一个小故事、一个玩笑、一个问题或一段情怀，都可以成为很好的“甜点”。总之，结尾的亮点，能够为演讲加分，给观众留下好的印象。

问题二：在一场演讲的结尾应该注意一些什么问题？

在演讲中最容易让观众崩溃的结尾是“没完没了式结尾”，很多观众都害怕这样的结尾。这是因为该类型的结尾一般在讲到最后，PPT都放完了，演讲人还会表示“我再强调一下……”。这种强调，就是没完没了。好的演讲者在演讲时应该像演唱歌曲的演员一样，在结尾阶段无论是在思想上还是情感上，都给观众留下一个“高音”，不要没完没了。而最好的结尾就是“戛然而止”。

因此，在演讲的结尾应该注意以下几点。

▶ 第一点：切忌以问答环节结束

很多演讲者会在演讲的结尾部分安排用问答的形式结束演讲，这是不可取的。因为有时问答结尾破坏演讲结束后给观众带来的良好氛围，甚至带来尴尬。例如，当演讲结束，前面的内容讲得非常不错，演讲者在最后问了一句“大家还有什么问题吗？”，但是场下一片沉默。

▶ 第二点：使用金句结尾

金句是知识经济时代的象征，在演讲中使用金句结尾，让演讲伴随金句戛然而止，可以让观众回味无穷。金句分为两种：一种由演讲者自己创造，另一种是借鉴名人名言。表9-1列举了几位颇有名气的演讲者在演讲中所使用的金句。

表 9-1 演讲中的金句

宁可被困难击败，也不要被困难定义	安全感，来自确定性；但机会，往往来自不确定性
先以自己为道路，再为后来者开路	你能好，一定是因为很多人希望你好
人生经历全数打包，换个战场还能开张	弹性是有成本的，但是猝死的危害更大
看得见多远的过去，就能看到多远的未来	最高级的主人，是以宠物形象出现的
我没有失败过。要么赢得胜利，要么学到东西	半山腰总是最挤的，我们主峰相见
勇敢是关于希望和害怕的知识	悲观者更接近真相，乐观者更接近成功
乐观是一种天赋，悲观是一种能力	功能、文化、审美、情感，这是消费市场的进化路径
在风雪中，当一个“抱薪者”	与其关注外界，不如向内求
换一个姿势奔跑	一边练习敏感，一边修炼钝感
专注一个赛道，专注技术，专注审美	在周期中生存下来是能力，能穿越周期的才是本事

使用金句不仅能提升整个演讲的品位和格局，同时也可以为观众准备好最佳的朋友圈转发句子，再结合PPT，就可以实现演讲效果的二次传播。

▶ 第三点：使用号召式结尾

如果演讲的目的是要给观众灌输一个非常棒的思想(或目标)，可以在演讲的结尾要求观众去做一件非常棒的事。号召式结尾就是要在演讲结束时，运用富有鼓动性的言辞，或提出希望，或提出要求，号召观众努力行动，完成演讲的任务。

此外，号召式结尾提出的号召必须是可以快速且容易实施的。例如，如果号召观众带着自己的父母一起出国旅游，这对于很多观众来说并不容易做到，号召的推动效果也会大打折扣。

▶ 第四点：使用幽默式结尾

除了在某些较为庄重的场合以外，利用幽默语言结束演讲可以为演讲添加许多欢声笑语，使观众感到演讲更有趣味，令人在笑声中深思，并给他们留下一个深刻的印象。例如，我国著名的作家老舍先生在某一次演讲中，开头即说“我今天给大家谈六个问题”，接着他就第一、第二、第三、第四、第五这样井井有条地讲了下去。讲完第五个问题后，他发现离散会的时间不多了，于是他提高嗓门，一本正经地说：“第六，散会”。观众起初一愣，但不久就欢快地鼓起掌来。老舍先生在这次演讲中运用的就是一种“平地起波澜”的造势艺术，打破了正常的演讲内容，从而出乎观众的意料，起到了幽默式结尾的效果。

幽默式结尾的具体方法不胜枚举。最关键的是演讲者要有幽默感，并能在演讲中恰如其分地把握住演讲的氛围和观众的心态。

▶ 第五点：使用点题式结尾

点题式结尾又被称为总结首尾，是演讲中最常用的一种结尾方式，几乎在所有的演讲中都适合使用。具体的做法就是在演讲结束时对演讲的内容进行简单的总结和回顾，并升华主题，从而加深观众的印象。

至此，《PPT完美设计入门与进阶》的全部内容就讲完了。在即将到来的人工智能时代，随着技术的进步，PPT制作必将与AI不断融合，各种PPT制作的新技术、新思路、新方法也必然会层出不穷。但我们始终会冲锋在时代的最前面，不断将最高质量的PPT学习资料提供给大家。祝大家在今后的PPT学习和工作中，越来越好，变得更强！